W0259393

Ladislav Cemič

# Thermodynamik in der Mineralogie

## Eine Einführung

Mit 75 Abbildungen

Springer-Verlag
Berlin Heidelberg New York
London Paris Tokyo

Dr. Ladislav Cemič
TU Berlin
Institut für Mineralogie und Kristallographie
Ernst-Reuter Platz 1
1000 Berlin 12

ISBN-13:978-3-540-18717-2 e-ISBN-13:978-3-642-73296-6
DOI: 10.1007/978-3-642-73296-6

CIP-Kurztitelaufnahme der Deutschen Bibliothek. Cemič, Ladislav:
Thermodynamik in der Mineralogie : e. Einf. / Ladislav Cemič. – Berlin ; Heidelberg ; New York ; London ; Paris ; Tokyo : Springer, 1988
ISBN-13:978-3-540-18717-2 (Berlin ...) brosch.



2132/3130-543210

## Vorwort

Die Bedeutung der Thermodynamik als Mittel zur Interpretation von Beobachtungen an natürlichen Vorkommen und an synthetischen Proben aus dem Laboratorium kann nicht hoch genug eingeschätzt werden. Experimentelle Ergebnisse mit ihrem Modellcharakter können nur mit Hilfe dieses Wissenschaftszweiges wirklich sinnvoll genutzt werden. Dieser Sachverhalt spiegelt sich auch in den Fachpublikationen wider. Ohne solide Kenntnisse thermodynamischer Zusammenhänge können sie kaum oder überhaupt nicht verstanden werden. Die Studienkommission der Deutschen Mineralogischen Gesellschaft hat dieser Tatsache Rechnung getragen und empfahl das Fach Physikalisch-Chemische Mineralogie in das Curriculum für den Studiengang der Mineralogen aufzunehmen. Dadurch wurde der Bedarf nach einem geeigneten Lehrbuch geweckt. Sieht man sich auf dem Büchermarkt um, so muß man feststellen, daß es zwar englischsprachige, jedoch so gut wie keine deutschsprachigen Lehrbücher gibt, in denen die Thermodynamik speziell für eine Anwendung auf den Gebieten der Geowissenschaften aufbereitet wird. Ziel des Buches ist es, diese Lücke soweit wie möglich zu schließen. Es ist in erster Linie als Wegweiser für Studierende der Mineralogie gedacht. Darüberhinaus dürfte es aber auch interessant sein für Geologen, Geophysiker und Materialwissenschaftler. Das Buch ist so konzipiert, daß es ohne Vorkenntnisse in Physikalischer Chemie lesbar ist. Damit soll insbesondere auf jene Interessenten Rücksicht genommen werden, die in ihrem Studiengang keine Vorlesungen in Physikalischer Chemie belegen mußten und erst durch ihre wissenschaftliche Arbeiten den Bedarf nach thermodynamischen Grundkenntnissen verspürten.

Die Auswahl des Stoffes ist durch die spezielle geowissenschaftliche Problematik bestimmt. Ausführlich behandelt wird die Thermodynamik fester und gasförmiger Phasen. Dagegen konnte die Thermodynamik der Schmelzen und die der wäßrigen Lösungen nur kurz angerissen werden. Den beiden Themenbereiche sind zwei Kapitel gewidmet. Am Ende des Buches sind Beispiele für Geobaro- und Geothermometer angeführt. Im Zusammenhang mit der Vorstellung der Methodik, nach der thermodynamische Daten aus den Ergebnissen der Gleichgewichtsexperimente gewonnen werden können, werden auch Fehler diskutiert, die solchen Daten anhaften. Kurz angesprochen wird auch die Frage der Fehlerfortpflanzung in thermodynamischen Rechnungen.

Um eine Verbindung zwischen Theorie und ihrer Anwendung auf praktische Probleme wenigstens im Ansatz sichtbar werden zu lassen, sind jedem Kapitel Rechenbeispiele angefügt. Die dazu benötigten Zahlenwerte wurden der Fachliteratur entnommen.

Berlin, März 1988

Lado Cemič

## Inhaltsverzeichnis


Verzeichnis der häufig benutzten Symbole ........ 5

1. Einleitung ........ 8

2. Thermodynamische Systeme ........ 10
2.1. Phasen ........ 11
2.2. Komponenten ........ 12

3. Zustandsfunktionen ........ 13
3.1. Druck ........ 15
3.2. Temperatur ........ 15
3.3. Chemische Zusammensetzung ........ 16
3.3.1. Graphische Darstellungen der Zusammensetzungen ........ 18

4. Thermische Zustandsgleichung ........ 30
4.1. Volumen reiner Phasen ........ 30
4.1.1. Ausdehnungs-, Kompressibilitäts- und Spannungskoeffizient ........ 32
4.1.1.1. Rechenbeispiele zur thermischen Ausdehnung und Kompressibilität ........ 40
4.1.2. Volumen idealer und realer Gase als Zustandsfunktion ... 48
4.1.3. Volumen kondensierter Stoffe ........ 49
4.1.4. Bestimmungen der Molvolumina von Mineralen aus röntgenographischen Daten und Dichteangaben ........ 52
4.2. Volumina der Mischphasen ........ 54
4.2.1. Partielles Molvolumen ........ 55
4.2.2. Mittleres Molvolumen ........ 57
4.2.3. Volumina binärer Mischungen ........ 58
4.2.4. Reaktionsvolumen ........ 62
4.2.5. Mineralogische Beispiele für Volumina in Mischphasen ... 63

5. Kalorische Zustandsgleichungen ........ 72
5.1. Erster Hauptsatz der Thermodynamik ........ 72
5.1.1. Volumenarbeit ........ 73
5.1.2. Enthalpie ........ 77
5.1.3. Innere Energie und Enthalpie reiner Phasen ........ 79
5.1.3.1. Molwärmen $C_V$ und $C_p$ ........ 80
5.1.3.1.1. Temperaturabhängigkeit der Molwärmen ........ 84
5.1.3.1.2. Temperaturabhängigkeit der Enthalpie reiner Phasen ........ 89
5.1.3.2. Umwandlungsenthalpie reiner Stoffe ........ 91
5.1.4. Enthalpie zusammengesetzter Systeme und Phasen

(Mischphasen) ........ 95
5.1.4.1. Beispiel für Mischungswärmen bzw. mittlere molare sowie partielle molare Enthalpien in einem binären System ........ 100
5.1.4.2. Reaktionsenthalpie ........ 103
5.1.4.2.1. Temperaturabhängigkeit der Reaktionsenthalpie ........ 105
5.1.4.3. Heßscher Satz ........ 107

6. Zweiter Hauptsatz der Thermodynamik (Entropiesatz) ........ 109
6.1. Definition der Entropie ........ 110
6.2. Entropie reiner Phasen ........ 111
6.2.1. Temperaturabhängigkeit der Entropie ........ 113
6.2.2. Entropieänderungen bei Phasenumwandlungen ........ 117
6.2.3. Entropieänderungen bei irreversiblen Phasentransformationen ........ 119
6.3. Entropie zusammengesetzter Systeme ........ 124
6.3.1. Mischungsentropie idealer Gasmischungen ........ 124
6.3.2. Mischungsentropie idealer Mischkristalle ........ 127
6.3.3. Reaktionsentropie und ihre Abhängigkeit von der Temperatur ........ 130

7. Gibbs'sche Freie Energie und Freie Enthalpie ........ 133
7.1. Chemisches Potential reiner Phasen ........ 135
7.1.1. Chemisches Potential reiner idealer Gase ........ 136
7.1.2. Chemisches Potential reiner realer Gase ........ 136
7.1.3. Chemisches Potential reiner fester Phasen ........ 140
7.2. Chemisches Potential von Komponenten in Mischphasen ........ 141
7.2.1. Chemisches Potential eines idealen Gases in idealen Gasmischungen ........ 144
7.2.2. Chemisches Potential realer Gase in idealen und realen Gasmischungen ........ 146
7.2.3. Chemisches Potential der Komponenten in idealen kondensierten Mischphasen ........ 149
7.2.4. Chemisches Potential der Komponenten in realen kondensierten Mischungen ........ 155
7.2.4.1. Die Abhängigkeit des Aktivitätskoeffizienten von der Zusammensetzung der Mischphase ........ 155
7.2.4.2. Das Standardpotential (Normierung) ........ 157
7.2.4.3. Temperatur- und Druckabhängigkeit des

| | |
|---|---|
| | Aktivitätskoeffizienten....162 |
| 7.2.5. | Mittlere molare Freie Mischungsenthalpie....164 |
| 7.2.5.1. | Aktivitätskoeffizienten symmetrischer und asymmetrischer Mischungen....166 |
| 7.2.5.2. | Aktivitätskoeffizienten in ternären Mischungen....178 |
| 7.3. | Freie Reaktionsenthalpie....180 |
| 7.3.1. | Standardreaktion und Freie Standardreaktionsenthalpie..181 |
| 8. | Thermisches Gleichgewicht....184 |
| 8.1. | Stabilität und Phasengleichgewichte in Einstoffsystemen....184 |
| 8.1.1. | Druck- und Temperaturabhängigkeit von Phasengleichgewichten in Einstoffsystemen....188 |
| 8.2. | Gleichgewichtsbedingungen in reaktionsfähigen Systemen....191 |
| 8.2.1. | Thermodynamisches Gleichgewicht in Reaktionen mit Beteiligung reiner fester Phasen....192 |
| 8.2.2. | Fest-Festreaktionen mit Beteiligung von Mischphasen...200 |
| 8.2.3. | Reaktionsgleichgewichte mit Beteiligung von Gasen....206 |
| 8.2.3.1. | Reaktionen unter Beteiligung idealer Gase in idealen Gasmischungen....206 |
| 8.2.3.2. | Reaktionen mit realen Gasen in idealen und realen Gasmischungen....211 |
| 8.3. | Druck- und Temperaturabhängigkeit der thermodynamischen Gleichgewichtskonstante....214 |
| 8.4. | Gleichgewichts- und Stabilitätsbedingungen bei Mischphasen....217 |
| 8.4.1. | Beziehungen zwischen der mittleren molaren Freien Enthalpie bzw. mittleren molaren Freien Mischungsenthalpie und dem Phasendiagramm in binären Systemen....226 |
| 8.5. | Gibbs'sche Phasenregel....230 |
| 8.6. | Verteilungskoeffizient....234 |
| 8.6.1. | Temperatur- und Druckabhängigkeit des Verteilungskoeffizienten....241 |
| 9. | Thermodynamik wäßriger Lösungen und silikatischer Schmelzen....244 |
| 9.1. | Wäßrige Lösungen....244 |
| 9.2. | Schmelzen....261 |
| 9.2.1. | Schmelzen reiner Phasen....261 |

9.2.2. Schmelzen mehrkomponentiger Systeme......................263

10. Geothermometrie und Geobarometrie............................268

10.1. Beispiele für Geothermo- und Geobarometer...............270

10.1.1. Phasengleichgewichte in Einstoffsystemen.....................270

10.1.1.1. Intrakristalline Gleichgewichte......................................272

10.1.2. Phasengleichgewichte in einem Zweistoffsystem...........275

10.1.3. Reaktionsgleichgewichte mit festen Phasen als Reaktionsteilnehmer.......................................................278

10.1.4. Reaktionsgleichgewichte mit Beteiligung gasförmiger Komponenten................................................................283

11. Gewinnung thermodynamischer Daten aus den Gleichgewichtsuntersuchungen an Ein- und Mehrstoffsystemen.....................................................288

11.1. Fehlerfortpflanzung.....................................................294

12. Literatur.....................................................................297

13. Sachverzeichnis...........................................................307

## Verzeichnis der häufig benutzten Symbole

*Anmerkung*: Die Symbole sind hier in ihrer vollständigen Form aufgeführt. Sie werden immer dann benutzt, wenn Verwechslungen möglich sind. Besteht diese Gefahr nicht, werden sie durch Weglassen überflüssiger Indices verkürzt. Auf abweichende Bezeichnungen in Ausnahmefällen wird im einzelnen hingewiesen.

|  |  |
|---|---|
| $V$ | Volumen eines Systems (Gesamtvolumen) |
| $\mathbf{V}_i^{ph}$ | Molvolumen einer reinen Phase |
| $V_i^{ph}$ | partielles Molvolumen einer Komponente i in der Phase ph |
| $\bar{V}^{ph}$ | mittleres Molvolumen einer Mischphase (oder eines Systems) |
| $V_i^{e,ph}$ | partielles Exzeßvolumen der Komponente i in der Phase ph |
| $V_i^{e,\infty,ph}$ | partielles Exzeßvolumen der Komponente i in der Phase ph bei unendlicher Verdünnung |
| $\Delta\bar{V}^{e,ph}$ | mittleres Exzeßvolumen einer Mischphase |
| $\Delta V_r$ | Reaktionsvolumen |
| $\Delta V_{u,i}^{(\varepsilon/\eta)}$ | Umwandlungsvolumen der Komponente i beim Übergang von $\varepsilon$ nach $\eta$ |
| $\alpha$ | isobarer thermischer Ausdehnungskoeffizient (Volumenausdehnung) |
| $\chi$ | isothermer Kompressibilitätskoeffizient |
| $U$ | innere Energie eines Systems |
| $\mathbf{U}_i^{ph}$ | molare innere Energie der Komponente i in der Phase ph. |
| $U_i^{e,\infty,ph}$ | partielle molare innere Energie der Komponente i bei unendlicher Verdünnung in der Phase ph |
| $H$ | Gesamtenthalpie eines Systems |
| $\bar{H}_{i,j}^{ph}$ | Mittlere molare Enthalpie einer aus Komponenten i und j bestehenden Mischphase ph |
| $H_i^{ph}$ | partielle molare Enthalpie der Komponente i in der Phase ph |
| $\mathbf{H}_i^{ph}$ | molare Enthalpie der Komponente i als reine Phase ph |
| $H_i^{e,ph}$ | partielle molare Exzeßenthalpie der Komponente i in der Phase ph |
| $H_i^{e,\infty,ph}$ | partielle molare Exzeßenthalpie der Komponente i in unendlicher Verdünnung |
| $\Delta\bar{H}^{e}$ | mittlere molare Exzeßenthalpie einer Mischphase (= Mischungswärme) |
| $\Delta H_{B,i}^{ph}$ | Standardbildungsenthalpie |
| $\Delta H_r$ | Reaktionsenthalpie |
| $\Delta H_r^{o}$ | Standardreaktionsenthalpie |
| $\Delta H_{s,i}$ | Schmelzenthalpie der Komponente i (auch $\Delta H^{(s/l)}$) |
| $\Delta H_{u,i}^{(\varepsilon/\eta)}$ | Umwandlungsenthalpie der Komponente i beim Übergang von $\varepsilon$ nach $\eta$ |

| | |
|---|---|
| $C_{p,i}^{ph}$ | Molwärme der Komponente i bei konstantem Druck (als Phase ph) |
| $C_{V,i}^{ph}$ | Molwärme der Komponente i bei konstantem Volumen |
| $\Delta C_{p,i}^{(\varepsilon/\eta)}$ | Änderung der Molwärme einer Komponente i beim Übergang von ε nach η |
| $\Delta C_p$ | Reaktionsbedingte Änderung der Wärmekapazität eines Systems |
| $S$ | Gesamtentropie eines Systems |
| $\bar{S}_{i,j}^{ph}$ | mittlere molare Entropie einer aus den Komponenten i und j bestehenden Mischphase ph |
| $\mathbf{S}_i^{ph}$ | molare Entropie der Komponente i als Phase ph (konventionelle Standardentropie) |
| $S_i^{ph}$ | partielle molare Entropie der Komponente i in der Mischphase ph |
| $S_i^{e,ph}$ | partielle molare Exzeßentropie der Komponente i in der Mischphase ph |
| $S_i^{e,\infty,ph}$ | partielle molare Exzeßentropie der Komponente i in der Mischphase ph bei unendlicher Verdünnung |
| $\Delta\bar{S}_m$ | mittlere molare Mischungsentropie |
| $\Delta\bar{S}^e$ | mittlere molare Exzeßentropie einer Mischphase |
| $\Delta S_r$ | Reaktionsentropie |
| $\Delta S_r^o$ | Standardreaktionsentropie |
| $\Delta S_{B,i}^{ph}$ | Standardbildungsentropie der Komponente i als Phase ph |
| $\Delta S_{s,i}$ | Schmelzentropie |
| $\Delta S_{u,i}^{(\varepsilon/\eta)}$ | Umwandlungsentropie der reinen Komponente i beim Übergang von ε nach η |
| $F$ | Freie Gibbs'sche Energie eines Systems |
| $G$ | Freie Enthalpie eines Systems |
| $\bar{G}$ | mittlere molare Freie Enthalpie eines Systems |
| $\Delta\bar{G}_m$ | mittlere molare Freie Mischungsenthalpie eines Systems |
| $\Delta\bar{G}^e$ | mittlere molare Freie Exzeßenthalpie einer Mischphase |
| $\Delta G_r$ | Freie Reaktionsenthalpie |
| $\Delta G_r^o$ | Freie Standardreaktionsenthalpie |
| $\Delta G_{B,i}^{o,ph}$ | Freie Standardbildungsenthalpie der Komponente i als Phase ph |
| $\mu_i^{ph}$ | chemisches Potential der Komponente i in der Phase ph |
| $\boldsymbol{\mu}_i^{ph}$ | chemisches Standardpotential der Komponente i in der Phase ph (normiert auf reine Stoffe bei P und T der Mischung) |
| $\boldsymbol{\mu}_i^{\infty}$ | chemisches Standardpotential der Komponente i, normiert auf den Zustand der unendlichen Verdünnung |
| $\mu_i^{e,ph}$ | chemisches Exzeßpotential der Komponente i in der Phase ph |

| | |
|---|---|
| $f$ | Fugazität eines reinen realen Gases |
| $f^{id}$ | Fugazität eines realen Gases in einer idealen Gasmischung |
| $f_i$ | Fugazität eines realen Gases in einer realen Gasmischung |
| $\boldsymbol{\varphi}$ | Fugazitätskoeffizient eines reinen realen Gases |
| $\varphi$ | Fugazitätskoeffizient eines realen Gases in einer realen Gasmischung |
| $x_i^{ph}$ | Molenbruch der Komponente i in der Mischphase ph |
| $a_i^{ph}$ | Aktivität der Komponente i in der Mischphase ph |
| $\gamma_i^{ph}$ | Aktivitätskoeffizient der Komponente i in der Mischphase ph |
| $R$ | Universelle Gaskonstante (8.3144 J/Mol•K; 1.9872 cal/Mol•K) |
| $K(P,T)$ | Thermodynamische Gleichgewichtskonstante |
| $W_G$ | Wechselwirkungsparameter |
| $\omega$ | Freiheitsgrad |
| $\Phi$ | Zahl der Phasen |
| $C$ | Zahl der Komponenten |
| $T$ | Temperatur in K |
| $t$ | Temperatur in $^{o}C$ |
| $P$ | Druck [kbar] |
| $E_h$ | Oxidationspotential |
| pH | negativer dekadischer Logarithmus der Hydroniumionenaktivität |

## 1. Einleitung

Die Forschungsobjekte der Mineralogie sind natürliche stoffliche Systeme, in denen als Folge von Druck-, Temperatur- und Zusammensetzungsänderungen verschiedene Prozesse ablaufen können. Abkühlungen der Magmen führen zu Kristallisation, steigende Drücke und Temperaturen während einer Metamorphose bedingen Phasenumwandlungen und Mineralreaktionen, stoffliche Zufuhr während einer Metasomatose verursacht Änderungen der Zusammensetzungen und setzt ebenfalls Mineralreaktionen in Gang. Diese Vorgänge können nicht direkt beobachtet werden. Zugänglich sind nur die *Ergebnisse* der vormals stattgefundenen Prozesse. Um Rückschlüsse auf die Vorgänge selbst ziehen zu können, braucht man Methoden, mit denen das Verhalten mineralogischer Systeme unter aufgeprägten äußeren Bedingungen erfaßt werden kann. Dies ist der Grund für die Anwendung der Thermodynamik in der Mineralogie. Dieser Wissenschaftszweig bietet Methoden an, mit deren Hilfe Auskünfte über Möglichkeiten oder Unmöglichkeiten von Prozeßabläufen in Systemen unter den vorgegebenen Bedingungen wie Druck, Temperatur und Zusammensetzung gewonnen werden können. Umgekehrt liefern solche Auskünfte unter Umständen die Bildungsbedingungen einer Paragenese und tragen somit zur Rekonstruktion geologischer Prozesse bei.

Eine Anwendung der Thermodynamik im Bereich der Mineralogie ist wegen der großen Variabilität und Komplexität der Minerale und Gesteine nicht problemlos. Es ist oft schwer, Fragestellungen so zu definieren, daß sie mit den Methoden dieses Wissenschaftszweiges bearbeitet werden können. Komplexe Probleme müssen hierfür häufig in Teilbereiche aufgeteilt und diese dann isoliert untersucht werden. Infolge solcher Zerlegungen können Informationen verlorengehen, die für die Klärung des anstehenden Problems vielleicht wichtig wären.

Trotz dieser Schwierigkeiten können mit Hilfe allgemeiner thermodynamischer Gesetzmäßigkeiten Erkenntnisse über die Bildungsbedingungen von Mineralen und Gesteinen gewonnen werden, die über die bloße Plausibilität hinausgehen. Hauptvoraussetzung dafür ist, daß sogenannte thermodynamische *Grundgrößen* von Mineralen genau bekannt sind. In der Literatur existiert bereits eine beachtliche Anzahl solcher Daten. Hier soll beispielhaft auf das Tabellenwerk von Robie et al. (1979) hingewiesen werden. Der Datensatz ist noch lange nicht vollständig. Es ist unter anderem die Aufgabe der experimentellen Mineralogie, diese Daten zu liefern.

Vor der Anwendung der Thermodynamik auf ein mineralogisches Problem muß gesichert sein, daß der vorliegende Zustand einen *Gleichgewichtszustand* darstellt. Man versteht darunter einen Zustand, der bei gleichbleibenden äußeren Bedingungen beliebig lange besteht. Im Laboratorium lassen sich Gleichgewichtszustände relativ leicht feststellen. Wird z.B. bei einer bestimmten Temperatur ein bestimmter Schwefelpartialdruck über eine Pyrrhotinprobe ($Fe_{1-\delta}S$) eingestellt, nimmt Pyrrhotin nach einer gewissen Zeit eine definierte Zusammensetzung an. Ändert man den Schwefeldampfdruck oder die Temperatur, ändert sich die Zusammensetzung des Pyrrhotins. Bei gleichbleibendem Schwefeldampfdruck und gleichbleibender Temperatur aber bleibt die Zusammensetzung des Pyrrhotins beliebig lange bestehen; Pyrrhotin befindet sich im Gleichgewicht mit der Gasphase. In natürlichen Mineralparagenesen lassen sich Gleichgewichtszustände strenggenommen nicht nachweisen. Es kann bestenfalls das Fehlen von *Ungleichgewichten* festgestellt werden (Seifert, 1978). Während geologischer Prozesse durchläuft das Gesteinsmaterial infolge von Senkungen und Hebungen verschiedene Temperatur- und Druckbereiche; es folgt sogenannten P-T- Pfaden. Ob es bei den jeweiligen P- und T- Bedingungen zur Ausbildung von Gleichgewichtszuständen kommt, hängt davon ab, ob die Zeit, die für die Gleichgewichtseinstellung in einem System benötigt wird, kürzer ist als die Verweildauer des Gesteins unter diesen Bedingungen. Der langsamste Schritt ist dabei entscheidend. In fest-fest-Reaktionen ist dies häufig die Diffusion. Ändern sich Druck- und Temperaturbedingungen schnell im Vergleich zu der Zeit, die für das Erreichen des Gleichgewichts benötigt wird, entstehen *Ungleichgewichte*. Sie äußern sich in Form von Zonierungen, Reaktionssäumen usw. Oft reicht die Zeit nur für die Ausbildung lokaler, sogenannter *Mosaikgleichgewichte* aus. Je tiefer die Temperatur ist, desto langsamer stellen sich Gleichgewichtszustände ein. Am Gesteinsmaterial auf der Erdoberfläche beobachten wir nur noch *eingefrorene* Zustände, die gegebenenfalls Gleichgewichte aus dem Bereich höherer Temperaturen und höherer Drücke darstellen. Letzteres wird bei der Benutzung sogenannter Geothermo- und Geobarometer vorausgesetzt, für deren Aufstellung die Anwendung der Thermodynamik praktisch unerläßlich ist.

## 2. Thermodynamische Systeme

Unter einem thermodynamischen System versteht man eine beliebige Menge Material, das als Untersuchungsobjekt dient. Das kann sowohl ein einzelner Stoff als auch eine Stoffgruppe sein. Das Material, das nicht in ein System einbezogen wird, nennt man die *Umgebung* des Systems. Sie muß im Falle einer Wechselwirkung mit dem System berücksichtigt werden.

Im Bereich der Mineralogie können im obigen Sinne einzelne Minerale, Mineralassoziationen, Gesteinshandstücke, Gesteinskomplexe usw. als Systeme definiert werden.

Ein System kann von seiner Umgebung durch physikalische oder gedachte Wände abgegrenzt sein. Anhand der Wechselwirkung zwischen dem System und seiner Umgebung unterscheiden wir:

a) isolierte oder abgeschlossene Systeme
b) geschlossene Systeme
c) offene Systeme

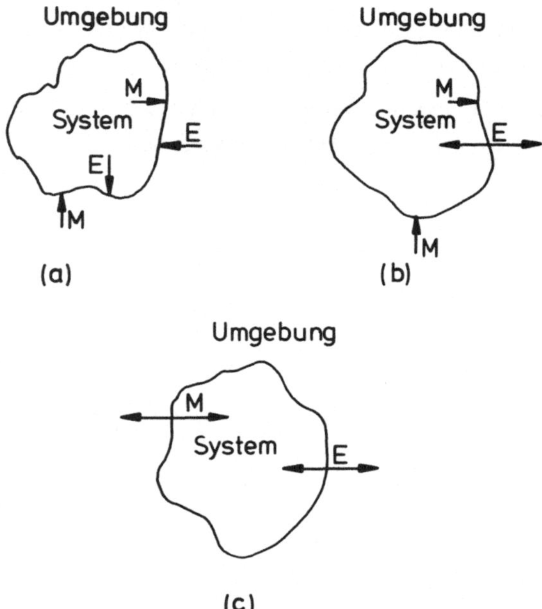


Abb. 1: Definition thermodynamischer Systeme und ihrer Umgebungen. a) abgeschlossenes, b) geschlossenes und c) offenes System; Symbolik: Doppelpfeil = Austausch ist möglich, Einfachpfeil = Austausch ist nicht möglich; E = Energie, M = Materie.

Systeme gelten als *abgeschlossen*, wenn zwischen ihnen und ihrer Umgebung weder ein Energie- noch ein Materieaustausch stattfindet. An den Systemgrenzen kann es sprunghafte Änderungen der Energie und der Materie geben (vgl. Abb. 1a).

Bei *geschlossenen* Systemen sind die Wände für die Energie, nicht aber für die Materie durchlässig. Da zwischen dem System und seiner Umgebung ein Energieaustausch stattfindet, können entlang der Systemgrenzen keine bleibenden Energiedifferenzen aufgebaut werden. Materieunterschiede können jedoch bestehen bleiben (vgl. Abb. 1b).

Findet sowohl ein Energie- als auch ein Materieaustausch über die Systemgrenzen hinweg statt, spricht man von *offenen* Systemen. An den Grenzen des Systems können auf Dauer weder Energie- noch Materieunterschiede existieren (vgl. 1c).

Die Bezeichnung offen oder geschlossen kann auch nur für ein Teil eines Systems zutreffen. Ein Gestein stellt in der Regel ein geschlossenes System in bezug auf die festen Bestandteile dar, kann aber offen sein in bezug auf die fluiden.

Völlig abgeschlossene Systeme entzögen sich unserer Beobachtung. Sie gibt es in der Praxis nicht, denn alle Wände lassen einen gewissen Energieaustausch zu. Ob ein System dennoch als abgeschlossen angesehen werden kann, hängt von der Dauer des stattfindenden Prozesses ab.

## 2.1. **Phasen**

Unter einer Phase werden all die homogenen Teile eines Systems zusammengefaßt, die einheitliche chemische, strukturelle und physikalische Eigenschaften aufweisen. In einem System sind die Phasen durch Grenzflächen voneinander getrennt. Die chemischen, strukturellen und physikalischen Eigenschaften ändern sich an den Phasengrenzen sprunghaft.

Bestehen Systeme nur aus einer Phase, werden sie *homogen* genannt. Sind sie aus mehreren Phasen zusammengesetzt, nennt man sie *heterogen*. Im oben definierten Sinn stellt ein monomineralisches Gestein, wie z.B. Marmor, ein homogenes, ein polymineralisches, wie z.B. Granit, dagegen ein heterogenes System dar. Bei dieser Einteilung wird die Gesamtheit einer Mineralart als eine Phase betrachtet. Es wird vorausgesetzt, daß alle Körner einer Mineralart völlig gleiche physikalische, strukturelle und chemische Eigenschaften besitzen und daß die Oberfläche der Mineralkörner im Vergleich zu deren Volumen klein ist. Im Granit stellen nach dieser Definition alle Quarzkörner die Quarzphase, alle Glimmerkörner die Glimmerphase, alle Plagioklaskörner die Plagioklasphase, alle Alkalifeldspatkörner die Alkalifeldspatphase usw. dar.

## 2.2. Komponenten

Als Komponenten bezeichnet man die voneinander unabhängigen chemischen Bestandteile, die für den Aufbau eines Systems im Gleichgewicht unbedingt erforderlich sind. Welche Bestandteile jeweils zu einer Komponente zusammengefaßt werden dürfen, ist nicht von vornherein festgelgt. Ihre Wahl hängt vielmehr von dem jeweils gestellten Problem ab.

Zusammenfassend sollen nun noch einmal die Begriffe: thermodynamisches System, Phase und Komponente am Beispiel des Olivins, $(Mg,Fe)_2SiO_4$, erläutert werden.

Thermodynamisch gesehen ist das Mineral Olivin eine Phase und kann Bestandteil verschiedener Systeme sein. Entscheidend dabei ist nur, daß das betreffende System die chemischen Bestandteile enthält, die den Olivin aufbauen, nämlich die Elemente Eisen, Magnesium, Silizium und Sauerstoff. Eine Zusammenfassung der Bestandteile zu Komponenten definiert zugleich das System.

a) Werden die Elemente Magnesium, Eisen, Silizium und Sauerstoff als Komponenten genommen, erhält man ein Vierkomponenten- oder quaternäres System $Mg - Fe - Si - O_2$.
b) Die Wahl der Oxide $MgO$, $FeO$ und $SiO_2$ als Komponenten ergibt ein ternäres System nämlich $MgO - FeO - SiO_2$.
c) Nimmt man schließlich $Mg_2SiO_4$ und $Fe_2SiO_4$ als Komponenten, bekommt man das binäre System $Mg_2SiO_4 - Fe_2SiO_4$.

Die Stabilität von Mg-Fe-Olivinen wird wegen der Oxidations- bzw. Reduktionsmöglichkeit des in ihnen enthaltenen Eisens außer vom Druck und der Temperatur auch von dem im System herrschenden Sauerstoffpartialdruck bestimmt. Um dies berücksichtigen zu können, wird über die bereits genannten Komponenten-Kombinationen hinaus häufig eine weitere Komponentenwahl getroffen, nämlich:

d) $MgO - SiO_2 - Fe - O_2$

Natürlich kann das Mineral Olivin auch in solchen Systemen vorkommen, die mehr Komponenten enthalten, als für seinen Aufbau nötig sind. Es kann z.B. als Phase im System $MgO - FeO - SiO_2 - Al_2O_3$ auftreten, wenn die sonstigen thermodynamischen Bedingungen dies zulassen.

In der mineralogischen Literatur wird zwischen den Komponenten und Phasen oft nicht sauber getrennt. Die Komponenten eines Mischsystems werden aus traditionellen Gründen sehr häufig mit ihren mineralogischen Namen belegt. Man sagt z. B., daß Forsterit und Fayalit miteinander Mischkristalle bilden und benennt entsprechend das System als Forsterit - Fayalit - System. Genaugenommen versieht die Art der Bezeichnung die Komponenten mit einer bestimmten, nämlich der orthorhombischen Olivinstruktur. Die strukturellen und die sich daran knüpfenden physikalischen und chemischen Eigenschaften sind aber Bestandteile der Phasendefinition. Darüber hinaus setzt diese Art der Komponentennennung voraus, daß ganze Formeleinheiten des Forsterits bzw. Fayalits miteinander mischen. Es ist bekannt, daß sowohl $Mg_2SiO_4$ als auch $Fe_2SiO_4$ bei hohen Drücken kubische Strukturen besitzen. Auch in dieser sogenannten Spinellphase gibt es eine Mischbarkeit zwischen den magnesium- und eisenhaltigen Endgliedern. Während im Falle des Olivins die Benutzung der Phasennamen Forsterit bzw. Fayalit für die beiden Komponenten noch nicht störte, wäre ihre Weiterverwendung hier widersprüchlich.

## 3. Zustandsfunktionen und Zustandsvariable

Durch die aufgeprägten äußeren Bedingungen wie Druck und Temperatur wird ein System in einen bestimmten *Zustand* versetzt. Konkret bedeutet das, daß einzelne Eigenschaften des Systems (z.B. Molvolumina der am System beteiligten Phasen) ganz bestimmte, für die gegebenen Bedingungen charakteristische Werte annehmen. Es ist unter anderem die Aufgabe der Thermodynamik, diese Werte zahlenmäßig zu erfassen und dadurch den jeweiligen Zustand eines Systems festzulegen. Um diese Aufgabe erfüllen zu können, sind Funktionen definiert worden, die man *Zustandsfunktionen* nennt. Die allgemeine Form einer Zustandsfunktion lautet:

$$Z = f(v_1, v_2, v_3 \cdots) \qquad (3.1)$$

wenn mit Z die Zustandsfunktion und mit $v_i$ die *Zustandsvariablen* gekennzeichnet werden. Besteht das betreffende Mineral nur aus einer Komponente oder sind seine Komponenten durch die Stöchiometrie bestimmt (reine Phasen), so ist seine Dichte durch Druck (P) und Temperatur (t) festgelegt. Wenn das Mineral aus mehreren Komponenten zusammengesetzt ist und die Mengenverhältnisse der Komponenten variieren können (Mischkristall), kommt als dritte Variable noch die Zusammensetzung hinzu. Die Zustandsfunktion Dichte kann dann in Analogie zur Gleichung (3.1) wie folgt geschrieben werden:

$$\rho = f(P, t, n_1, n_2, n_3 \cdots) \qquad (3.2)$$

$n_i$ gibt die Zahl der Mole der Komponente i in der betrachteten Phase.

Welche Eigenschaft als Zustandsfunktion und welche als Zustandsvariable dient, ist weitgehend willkürlich.

**Beispiel**: Das Volumen einer vorgegebenen Gasmenge ist von Druck und Temperatur abhängig. So gesehen ist das Volumen des Gases eine Zustandsfunktion, Druck und Temperatur sind Zustandsvariablen. Gibt man dagegen das Volumen und die

Temperatur vor, nimmt der Druck des Gases einen den beiden anderen Größen entsprechenden Wert an. Druck wird auf diese Weise zur Zustandsfunktion, das Volumen und die Temperatur zu Zustandsvariablen. Da Druck, Temperatur und chemische Zusammensetzung experimentell gut zu handhaben sind, werden diese Größen in der Regel als Zustands-, d.h. als unabhängige Variablen gewählt.

Die Zustandsfunktionen und ihre partiellen Ableitungen nach den Zustandsvariablen liefern Zusammenhänge zwischen den meßbaren Eigenschaften thermodynamischer Systeme. Ist ein Teil dieser Eigenschaften experimentell bestimmt, kann man die restlichen mit Hilfe thermodynamischer Beziehungen ausrechnen. Angewandt auf mineralogische Probleme würde das heißen, daß kein System zu kompliziert ist, um thermodynamisch nicht erfaßt werden zu können, vorausgesetzt, die erforderliche Minimalzahl von Grunddaten ist vorhanden. Leider führt in vielen Fällen die Anwendung der Thermodynamik, selbst wenn diese Daten vorhanden sind, nicht zu quantitativen Ergebnissen. Die Gründe hierfür sind vielfältig. Einer liegt in der Tatsache begründet, daß die Verknüpfungen zwischen den Zustandsvariablen in den Zustandsfunktionen nicht ohne weiteres angegeben werden können. Zu deren Ermittlung geht man von den partiellen Ableitungen der Zustandsfunktionen nach den einzelnen Zustandsvariablen aus und versucht durch Integrationsverfahren die Stammfunktion zu finden. Wegen der komplexen Abhängigkeiten der Variablen untereinander müssen vereinfachende Annahmen gemacht werden, die der Anwender aus theoretischen Überlegungen oder infolge experimenteller Ergebnisse für zulässig hält. Der Geltungsbereich so ermittelter Zusammenhänge ist natürlich entsprechend eingeschränkt.

Hängt der Zahlenwert einer Zustandsfunktion oder einer Zustandsvariablen von der Masse des betrachteten Materials ab, nennt man sie *extensiv*. Ist sie von der Menge des Materials unabhängig, wird sie als *intensiv* bezeichnet. Typische intensive Zustandsvariablen sind Druck und Temperatur. Typische intensive Zustandsfunktionen sind dagegen z.B. die bereits oben erwähnte Dichte und Viskosität. Eine extensive Zustandsfunktion ist z.B. das Volumen eines Minerals oder Systems.

**Beispiel**: Das Volumen eines Orthoklas-Einkristalls ist direkt proportional zu der Masse des Minerals. Darüber hinaus ist es aber auch eine Funktion des Drucks und der Temperatur. Mathematisch kann die Zustandsfunktion Volumen, V, daher in folgender Form geschrieben werden:

$$V = m \cdot f(P,t) \tag{3.3}$$

m gibt die Masse des Kristalls an.

Da es sich beim betrachteten Mineral um eine reine Phase handelt, bedarf es keiner Angaben über die Zusammensetzung in Form von Molzahlen.

Extensive Zustandsgrößen lassen sich in intensive überführen, wenn man sie auf eine Masseneinheit bezieht. Teilt man z.B. das Gesamtvolumen V in der Gleichung (3.3) durch die Masse des Kristalls, m, erhält man das *spezifische Volumen*

$$V_{\sigma} = f(P,t) \qquad (3.4)$$

Eine Multiplikation des spezifischen Volumens mit der Molmasse des betreffenden Stoffes ergibt das *Molvolumen*

$$\mathbf{V} = f(P,t) \qquad (3.5)$$

Eine extensive Zustandsfunktion einer aus mehreren Komponenten bestehenden Phase setzt sich aus den Zustandsfunktionen der in der Phase enthaltenen Komponenten zusammen. Im Gegensatz dazu ergibt eine Addition der intensiven Zustandsfunktionen der Komponenten im allgemeinen nicht die entsprechende Zustandsfunktion der Mischphase.

## 3.1. Druck

In mineralogischen Prozessen spielt Druck als Zustandsvariable eine wichtige Rolle. Es gibt eine Reihe von Mineralen und Mineralparagenesen, von denen man weiß, daß sie nur unter dem Einfluß hoher Drücke entstehen konnten. Man benutzt solche Mineralvergesellschaftungen häufig zur zahlenmäßigen Erfassung von Bildungsbedingungen (Fazies).

Aus der Definition des Drucks als die pro Flächeneinheit wirkende Kraft ergibt sich seine Dimension, nämlich $N/m^2$ (Newton pro Quadratmeter) oder Pascal, Pa. Aus traditionellen Gründen werden in der Mineralogie noch häufig bar bzw. kbar zur Druckangabe verwendet. Zwischen Pascal und bar besteht folgende Beziehung:

$$1 \text{ bar} = 10^5 \text{ Pa}$$

## 3.2. Temperatur

Der Begriff Temperatur rührt zunächst vom Wärme- und Kälteempfinden des Menschen her. Als Zustandsvariable ist diese Größe von der Thermodynamik eingeführt worden. Man sagt, daß zwei Körper, die im Wärmegleichgewicht stehen, die gleiche Temperatur besitzen. Der Zahlenwert der Temperatur wird mit Hilfe von Thermometern ermittelt, indem das Thermometer und der Körper, dessen Temperatur gemessen werden soll, in Kontakt gebracht werden. Da die Skaleneinteilung eines Thermometers zunächst ziemlich wilkürlich sein kann, können Zahlenwerte für die gleiche Temperatur verschieden sein (Celsius-, Fahrenheit-Skala usw.).

Die in der Thermodynamik benutzte Kelvin-Skala beruht auf der Tatsache, daß die Temperaturabhängigkeit des Volumens von Gasen bei niedrigen Drücken eine lineare Funktion darstellt, nämlich:

$$V = \frac{V_o(273{,}15 + t[^\circ C])}{273{,}15} \qquad P = \text{const} \qquad (3.6)$$

$V_o$ ist das Volumen des betreffenden Gases bei $0^\circ C$ und P. Mit t wird die Temperatur in Grad Celsius angegeben. Aus der Gleichung (3.6) geht unmittelbar hervor, daß bei $t = -273{,}15^\circ C$ $V = 0$ sein würde. Dieser Wert, der nur als Extrapolationswert ermittelt werden kann, ist der Nullpunkt der Kelvin-Skala und wird *absoluter Nullpunkt* genannt. Die Temperatur, die in der Kelvin-Skala angegeben wird, nennt man *absolute Temperatur*. Die Kelvin-Skala ist gegenüber der Celsius-Skala um 273,15 versetzt, so daß gilt:

$$T[K] = 273{,}15 + t[^\circ C] \qquad (3.7)$$

## 3.3. **Chemische Zusammensetzung**

Neben Druck und Temperatur ist die chemische Zusammensetzung die dritte unabhängige Zustandsvariable, die zur Definition von zusammengesetzten Systemen eingeführt werden muß. Die chemische Zusammensetzung eines Systems kann auf verschiedene Arten angegeben werden. Man benutzt im wesentlichen folgende Konzentrationsangaben:

a) Molenbrüche oder Molprozente
b) Gewichtsprozente
c) Molare Gewichtskonzentrationen (Molalitäten)
d) Molare Volumenkonzentrationen (Litermolaritäten)

Den Molenbruch einer Komponente i in einer zusammengesetzen Phase gewinnt man, indem man die Molzahl der betreffenden Komponente durch die Summe der Molzahlen aller in der fraglichen Mischphase vorkommenden Komponenten teilt. Wenn C Komponenten an einer Phase beteiligt sind und der Molenbruch, wie allgemein üblich, mit x bezeichnet wird, läßt sich der Molenbruch der Komponente i wie folgt angeben:

$$x_i = \frac{n_i}{n_1 + n_2 + n_3 + \cdots\cdots n_C} = \frac{n_i}{\sum_1^C n_i} \tag{3.8}$$

$n_i$ ist die Molzahl der Komponente i.

Um Mißverständnisse zu vermeiden, soll an dieser Stelle der Begriff der Mischphase etwas näher erläutert werden. Man versteht darunter eine aus mehreren Komponenten zusammengesetzte Phase. Das Wesentliche dabei ist, daß die Mengenverhältnisse der Komponenten in diesen Phasen große Variationsbereiche aufweisen können. Auch eine reine Phase kann bei entsprechender Komponentenwahl aus mehreren Komponenten bestehen. Die Verhältnisse der Komponenten sind hier jedoch durch die stöchiometrischen Koeffizienten festgelegt.

**Beispiel:** Alkalifeldspat, $(K,Na)AlSi_3O_8$, ist eine Mischphase, denn das Verhältnis von $KAlSi_3O_8$ zu $NaAlSi_3O_8$ kann stark variieren. Dagegen ist Orthoklas, $KAlSi_3O_8$, auch dann eine reine Phase, wenn Oxide und nicht die gesamte Formeleinheit des Orthoklases als Komponenten gewählt werden, denn die Mengenverhältnisse der Oxide sind durch die Stöchiometrie des Kalifeldspats festgelegt, nämlich $K_2O : Al_2O_3 : SiO_2 = 1 : 1 : 6$.

Multipliziert man die Molenbrüche mit 100, erhält man *Molprozente*, die mit *"Mol%"* bezeichnet werden. Während die Summe aller Molenbrüche der Komponenten in einem System 1 ergibt, addieren sich Molprozente zu 100. Für ein System, das aus C Komponenten besteht, sind somit nur C − 1 Konzentrationsangaben nötig.

Ähnlich gewinnt man *Gewichtsprozente*. Anstelle der Molzahlen werden hier jedoch die Massen der Komponenten durch die Gesamtmasse der betreffenden Phase geteilt und mit 100 multipliziert. Für die Bezeichnung der Gewichtsprozente wird gewöhnlich die Abkürzung *"Gew%"* benutzt. Die Gewichtsprozente addieren sich wie die Molprozente zu 100.

$$\text{Gew\%} = \frac{m_i}{m_1 + m_2 + \cdots\cdots m_C} \cdot 100 \tag{3.9}$$

$m_i$ gibt die Masse der Komponente i in der Phase an.

Bei der Behandlung wäßriger Lösungen wird anstelle der Molenbrüche bzw. Molprozente, eine aus der analytischen Chemie stammende Konzentrationsangabe, nämlich die *molare Gewichtskonzentration (Molalität), benutzt.* Sie gibt die Molzahl der gelösten Spezies (Ionen, Moleküle) pro 1000 g Lösungsmittel ($H_2O$) an. Als Formel ausgedrückt mit $m_i$ für die Molalität des Stoffes i und $n_{H_2O}$ sowie $M_{H_2O}$ für die Molzahl bzw. Molmasse des Wassers lautet die Rechenvorschrift:

$$m_i = \frac{n_i}{\frac{n_{H_2O} \cdot M_{H_2O}}{1000}} = \frac{1000 n_i}{n_{H_2O} \cdot M_{H_2O}} \qquad (3.10)$$

Wird die Molzahl der gelösten Spezies auf 1 Liter Lösung (Lösungsmittel + gelöster Stoff) bezogen, spricht man von *Molaritäten* oder molaren *Volumenkonzentrationen*. Sie werden gewöhnlich mit $c_i$ gekennzeichnet.

$$c_i = \frac{1000 n_i}{V} \qquad (3.11)$$

V ist das Volumen der Lösung.

Gewichtsprozente eignen sich als Konzentrationsangaben insbesondere für die chemisch-analytische Behandlung von Systemen. Bevorzugt werden sie auch in der keramischen Industrie benutzt. In den thermodynamischen Rechnungen verwendet man fast ausschließlich Molenbrüche bzw. Volumenkonzentrationen. Die ersteren sind bei der Behandlung fester Phasen, die letzteren in der Thermodynamik wäßriger Lösungen gebräuchlich.

### 3.3.1. Graphische Darstellungen der Zusammensetzungen

Bei den graphischen Darstellungen der Zusammensetzungen können Gewichts-, Molprozente und Molenbrüche verwendet werden.

In binären, aus zwei Komponenten bestehenden Systemen stellt man die Zusammensetzungen auf einer Geraden dar. Die Länge der Geraden, an deren Enden sich die reinen Komponenten befinden, entspricht, je nach Art der Konzentrationsangaben, entweder 1 (bei Molenbrüchen) oder 100 (bei Gewichts- und Molprozenten). Werden Druck und Temperatur bei der Konzentrationsdarstellung nicht näher angegeben, erscheinen alle im System möglichen Phasen ohne Rücksicht auf ihre Stabilität auf der Konzentrationsgeraden. Die verschiedenen Modifikationen einer Verbindung fallen dann, wie in Abb. 2a demonstriert wird, in einem Punkt zusammen.

Sollen aus dem Pauschalchemismus die Mengenverhältnisse zweier koexistierender der Phasen mit bekannten Zusammensetzungen ermittelt werden, benutzt man das sogenannte *Hebelgesetz*. Nach diesem Gesetz sind die Mengenanteile der Phasen den Strecken auf den Konzentrationsgeraden direkt proportional, die zwischen dem Molenbruch der Pauschalzusammensetzung und dem Molenbruch der jeweils anderen Phase liegen. Die Gültigkeit des Hebelgesetzes läßt sich leicht veranschaulichen.

Nehmen wir an, daß bei einem Experiment aus einer Mischung, die aus den Komponenten A und B besteht und deren Pauschalzusammensetzung mit $x_B^P$ angegeben werden kann, die Phasen α und β mit den Zusammensetzungen $x_B^\alpha$ und $x_B^\beta$ enstehen. Gefragt sei nach den Mengenverhältnissen der gebildeten Phasen.

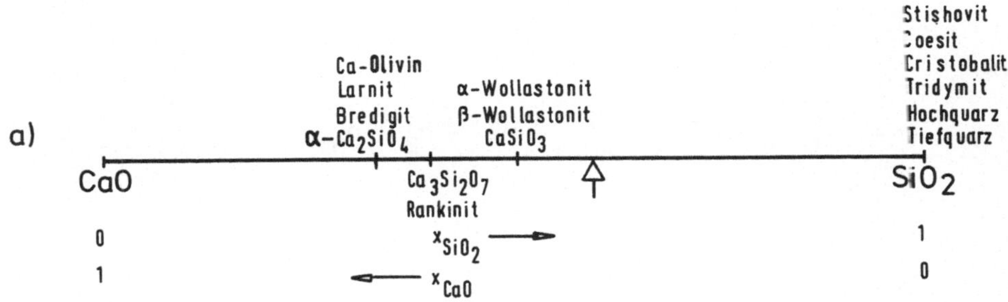


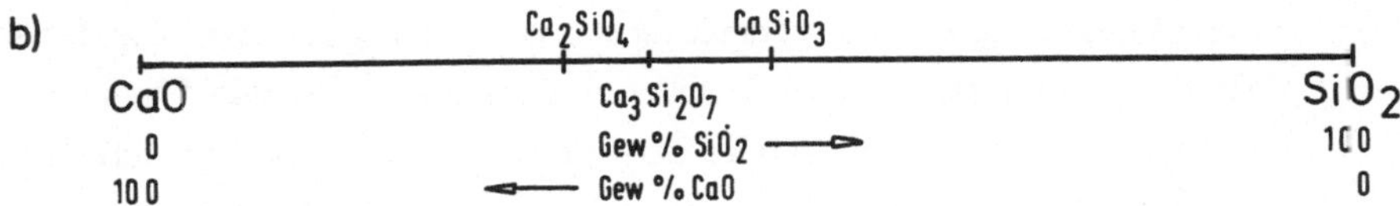


Abb. 2: Konzentrationsgeraden im System $CaO-SiO_2$. a) Konzentrationsangaben in Molenbrüchen, b) Konzentrationsangaben in Gewichtsprozenten. Der Pfeil kennzeichnet die Lage der Pauschalzusammensetzung, die im Rechenbeispiel vorgegeben wird (siehe Text).

Nach Gleichung (3.8) gilt für den Molenbruch der Komponente B in der Ausgangsmischung

$$x_B^P = \frac{n_B^P}{n_A^P + n_B^P} \qquad (3.12)$$

wobei $n_i^P$-s die Molzahlen der Komponenten angeben.

Zwischen den Molzahlen der Komponenten in den Phasen α und β und dem Gesamtchemismus bestehen folgende Beziehungen:

$$n_A^P = n_A^\alpha + n_A^\beta \qquad (3.13)$$

und

$$n_B^P = n_B^\alpha + n_B^\beta \qquad (3.14)$$

Setzt man diese Ausdrücke für $n_A^p$ und $n_B^p$ in die Gleichung (3.12) ein, erhält man für den Molenbruch der Komponente B in der Ausgangsmischung:

$$x_B^p = \frac{n_B^\alpha + n_B^\beta}{n_A^\alpha + n_A^\beta + n_B^\alpha + n_B^\beta} \tag{3.15}$$

oder

$$x_B^p(n_A^\alpha + n_A^\beta) + x_B^p(n_B^\alpha + n_B^\beta) = n_B^\alpha + n_B^\beta \tag{3.16}$$

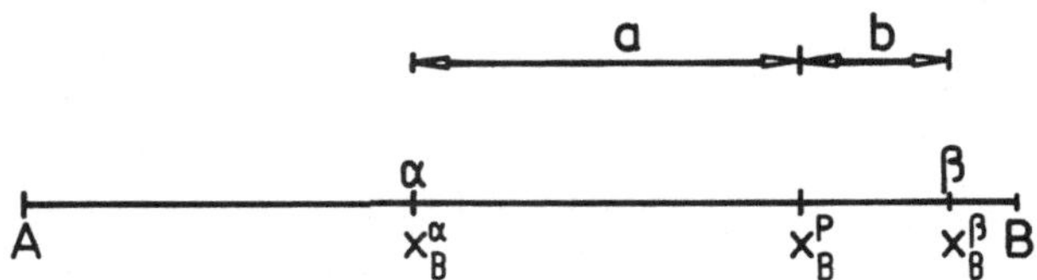


Abb. 3: Konzentrationsgerade zur Erläuterung des Hebelgesetzes. Die Strecke a ist der Menge der Phase β und die Strecke b der der Phase α direkt proportional (vgl. auch rechnerischen Beweis). $x_B^p$ = Molenbruch der Komponente B in der Pauschalzusammensetzung, $x_B^\alpha$ = Molenbruch der Kompo-nete B in der Phase α und $x_B^\beta$ = Molenbruch der Komponente B in der Phase β.

Aus der Definition der Molenbrüche für die Komponente B in den Phasen α und β nämlich

$$x_B^\alpha = \frac{n_B^\alpha}{n_A^\alpha + n_B^\alpha} \tag{3.17}$$

und

$$x_B^\beta = \frac{n_B^\beta}{n_A^\beta + n_B^\beta} \tag{3.18}$$

gewinnt man:

$$n_B^\alpha = x_B^\alpha(n_A^\alpha + n_B^\alpha) \qquad \text{und} \qquad n_B^\beta = x_B^\beta(n_A^\beta + n_B^\beta) \tag{3.19}$$

Nach dem Einsetzen der Ausdrücke (3.19) in die Gleichung (3.16) erhält man:

$$\frac{(n_A^\beta + n_B^\beta)}{(n_A^\alpha + n_B^\alpha)} = \frac{(x_B^p - x_B^\alpha)}{(x_B^\beta - x_B^p)} \qquad (3.20)$$

Die Summen $n_A^\alpha + n_B^\alpha$ und $n_A^\beta + n_B^\beta$ geben die Gesamtmengen der Komponenten in den jeweiligen Phasen wieder. Die Differenz der Molenbrüche im Zähler auf der rechten Seite der Gleichung (3.20) entspricht der Strecke a in der Abb. 3 und die im Nenner der Strecke b in der gleichen Abbildung, womit die Gültigkeit des Hebelgesetzes bewiesen ist.

**Beispiel**: Nehmen wir an, die chemische Analyse eines Materials ergab 61.64 Gew% $SiO_2$ und 38.36 Gew% CaO. Um die Frage beantworten zu können, welche Phasen in welchem Molenverhältnis aus dieser Pauschalzusammensetzung gebildet werden können, müssen zunächst die Gewichtsprozente in Molenbrüche umgerechnet werden.

Die Gewichtsprozente der Komponenten können direkt als Massenangaben aufgefaßt werden, wodurch sich folgende Rechnungen ergeben:

$$x_{SiO_2} = \frac{\frac{\text{Gew\% } SiO_2}{M_{SiO_2}}}{\frac{\text{Gew\% } SiO_2}{M_{SiO_2}} + \frac{\text{Gew\% CaO}}{M_{CaO}}} = \frac{\frac{61.640}{60.084}}{\frac{61.640}{60.084} + \frac{38.360}{56.079}} = 0.60$$

und

$$x_{CaO} = \frac{\frac{\text{Gew\% CaO}}{M_{CaO}}}{\frac{\text{Gew\% } SiO_2}{M_{SiO_2}} + \frac{\text{Gew\% CaO}}{M_{CaO}}} = \frac{\frac{38.360}{56.079}}{\frac{61.640}{60.084} + \frac{38.360}{56.079}} = 0.40$$

Trägt man die Molenbrüche für $SiO_2$ bzw. CaO auf einer Konzentrationsgeraden auf, stellt man fest, daß die vorgegebene Zusammensetzung zwischen die Verbindungen $CaSiO_3$ und $SiO_2$ (vgl. Abbildungen 2 und 4) fällt.

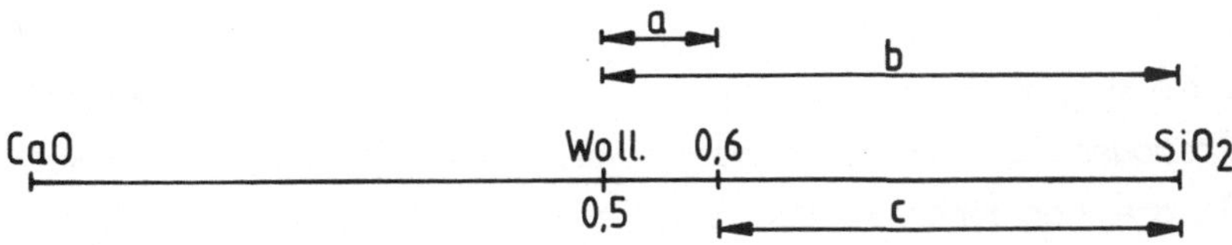


Abb. 4: Zusammensetzungsgerade im System CaO-$SiO_2$. Eingetragen sind die Pauschalzusammensetzung sowie die Strecken, die nach dem Hebelgesetz zu den Mengen von $SiO_2$ (Strecke a) und $CaSiO_3$ (Strecke b) proportional sind.

Bei der Annahme, daß unter fraglichen Druck- und Temperaturbedingungen Tiefquarz und α-Wollastonit stabil sind, können wir das Mengenverhältnis beider Phasen ausrechnen, das durch die vorgegebene Pauschalzusammensetzung des Materials festgelegt ist. Aus diesem Verhältnis lassen sich anschließend die Molenbrüche für Tiefquarz und α-Wollastonit bestimmen.

Bei der Bestimmung der Mengenproportionen von Quarz und Wollastonit wenden wir das oben vorgestellte Hebelgesetz an. Es ist

$$\frac{n^{Q}}{n^{Woll}} = \frac{a}{b} = \frac{0.6 - 0.5}{1.0 - 0.6} = \frac{0.1}{0.4} \qquad \text{(vgl. Abb. 4)}$$

Da die Gesamtstrecke zwischen CaO und $SiO_2$ auf der Konzentrationsgeraden 1 entspricht, bezieht sich die Mengenangabe für Wollastonit in der obigen Gleichung, $n^{Woll}$, auf die halben Formeleinheiten, nämlich $Ca_{0.5}Si_{0.5}O_{1.5}$. Um die Mengenangabe für ganze Formeleinheiten zu bekommen, muß der Quotient mit 2 multipliziert werden, nämlich

$$\frac{n^{Q}_{SiO_2}}{n^{Woll}_{CaSiO_3}} = \frac{0.1}{0.4} \cdot 2 = \frac{0.1}{0.2}$$

oder

$$n^{Q}_{SiO_2} = \frac{1}{2}\, n^{Woll}_{CaSiO_3}$$

Damit läßt sich für jedes beliebige $n^{Woll}_{CaSiO_3}$ das dazugehörige $n^{Q}_{SiO_2}$ (und umgekehrt) ausrechnen. Wird z.B. $n^{Woll}_{CaSiO_3} = 2$ gesetzt, erhält man für $n^{Q}_{SiO_2} = 1$. Für die Molenbrüche $x^{Q}_{SiO_2}$ und $x^{Woll}_{CaSiO_3}$ gilt dann:

$$x^{Q}_{SiO_2} = \frac{1}{1+2} = \frac{1}{3} = 0.3333$$

$$x^{Woll}_{CaSiO_3} = \frac{2}{1+2} = \frac{2}{3} = 0.6667$$

Für die graphische Darstellung ternärer Systeme benutzt man das *Gibbs'sche Konzentrationsdreieck*. Hierbei handelt es sich um ein gleichseitiges Dreieck, an dessen Ecken die drei Komponenten des Systems eingetragen sind. Die Seiten des Dreiecks geben die binären Untersysteme wieder. Verbindungen, die alle drei Komponenten enthalten, liegen im Inneren des Dreiecks.

Die Eintragung der Lage einer ternären Zusammensetzung innerhalb des Dreiecks kann auf verschiedene Arten vorgenommen werden.

a) Man kann z.B. zwei binäre Untersysteme auswählen, die Molenbrüche ausrechnen und sie nach der oben beschriebenen Art auf den entsprechenden Seiten des Dreiecks einzeichnen. Werden von den eingezeichneten Punkten aus Verbindungslinien zu den gegenüberliegenden Ecken des Dreiecks (zu der Komponente, die bei der Berechnung der Molenbrüche ausgelassen wurde) gezogen, ergibt der Schnittpunkt dieser Linien die Lage der betreffenden Zusammensetzung im Dreieck.

Jede dieser Linien teilt, wie aus der Abb. 5 hervorgeht, in ihrer gesamten Länge das Dreieck im gleichbleibenden Verhältnis. Die Linien sind somit geometrische Orte der in binären Untersystemen augesuchten Komponentenverhältnisse.

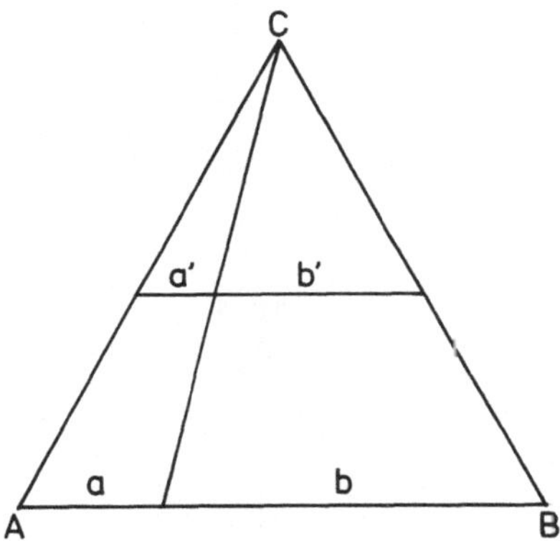


Abb. 5: Gibbs'sches Konzentrationsdreieck mit den Komponenten A, B und C. Die eingezeichnete Linie gibt die geometrischen Orte an, an dem die Komponenten A und B im Verhältnis a : b vorliegen, denn nach dem Strahlensatz gilt: a/b = a'/b'.

b) Eine ternäre Zusammensetzung kann auch auf folgende Weise eingezeichnet werden: Die im Gesamtsystem gerechneten Molenbrüche der Komponenten werden auf den entsprechenden Seiten des Dreiecks eingetragen. Da jede Komponente zu zwei anderen in Beziehung steht, erscheint jeder Molenbruch auf zwei Seiten des Gibbs'schen Konzentrationsdreiecks. Verbindet man die Lagen des betreffenden Molenbruchs auf beiden Seiten miteinander, ergibt sich eine Parallele zu der der Komponente gegenüberliegenden Dreieckseite. Der Schnittpunkt der Parallelen definiert den geometrischen Ort der ternären Zusammensetzung im Konzentrationsdreieck. Sowohl hier als auch in der zuerst beschriebenen Konstruktionsart genügen bereits zwei Linien, um die Lage der Zusammensetzung eindeutig zu definieren. Die Einzeichung der dritten Linie ist daher nicht notwendig und kann bestenfalls der Kontrolle dienen. Die Konstruktion wird wesentlich erleichtert, wenn man ein für diese Zwecke speziell hergestelltes Papier mit entsprechender Millimetereinteilung benutzt. Die Normierung der Seiten auf 100 ermöglicht zudem eine direkte Ablesung in Mol%.

**Beispiel:** Anorthit, $CaAl_2Si_2O_8$, ist eine Verbindung des ternären Systems CaO - $Al_2O_3$ - $SiO_2$. Für die Einzeichnung in das Gibbs'sche Konzentrationsdreieck werden die zwei binären Untersysteme CaO - $Al_2O_3$ und CaO - $SiO_2$ ausgesucht und die benötigten Molenbrüche ausgerechnet. Die Berechnung der Molenbrüche wird erleichtert, wenn Anorthit mit der keramischen Formel (Oxidformel) geschrieben wird. Sie lautet: $CaO \cdot Al_2O_3 \cdot 2SiO_2$. Die Molenbrüche des CaO und $Al_2O_3$ im binären Untersystem CaO - $Al_2O_3$ sind:

$$x_{CaO}^{An} = \frac{1}{2} = 0.5 \qquad x_{Al_2O_3}^{An} = 1 - x_{CaO}^{An} = 0.5$$

und im Untersystem CaO - $SiO_2$:

$$x_{CaO}^{An*} = \frac{1}{3} = 0.333 \qquad x_{SiO_2}^{An} = 1 - x_{CaO}^{An*} = 0.667$$

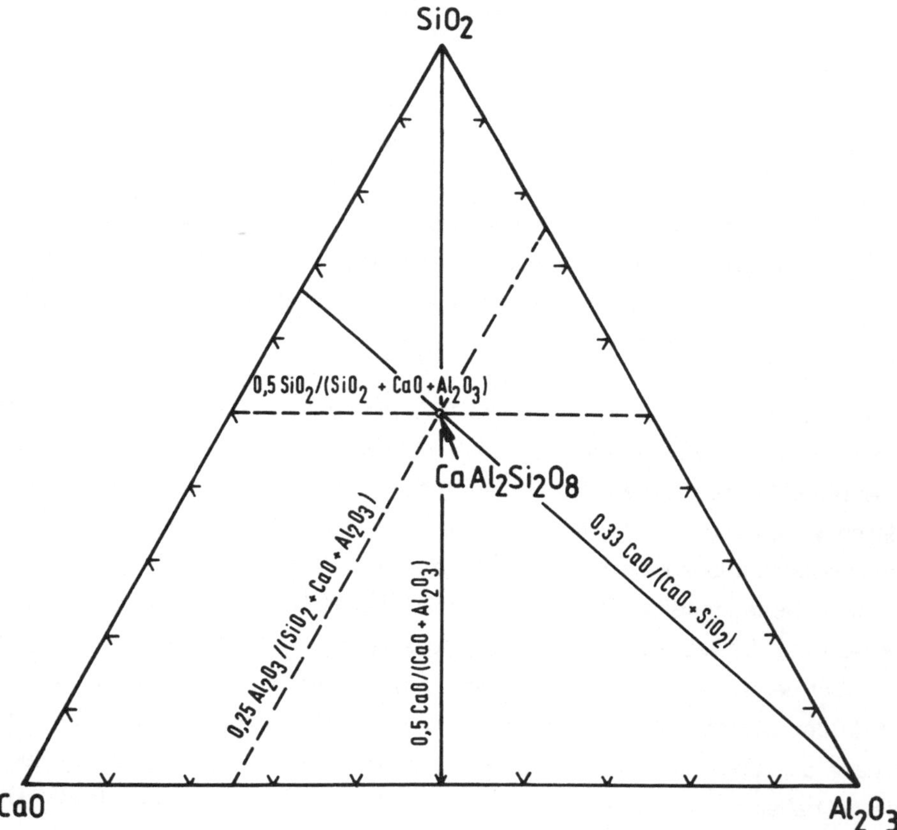


Abb. 6: Die Lage des Anorthits im Konzentrationsdreieck. Ausgezogene Linien: Konstruktion mit Hilfe binärer Untersysteme; gestrichelt: Konstruktion im ternären System CaO - $Al_2O_3$ - $SiO_2$.

Die Molenbrüche $x_{CaO}^{An}$ und $x_{Al_2O_3}^{An}$ werden auf der Dreiecksseite CaO – $Al_2O_3$ und die Molenbrüche $x_{SiO_2}^{An}$ und $x_{CaO}^{An*}$ auf der Dreiecksseite CaO – $SiO_2$ eingetragen. Zieht man nun von den eingezeichneten Konzentrationen Verbindungslinien zu den gegenüberliegenden Ecken, d.h. zu $SiO_2$ bzw. $Al_2O_3$, ergibt der Schnittpunkt dieser Linien die Lage des Anorthits. Dies ist leicht einsehbar, denn jede Linie für sich stellt in ihrer gesamten Länge geometrische Orte eines konstanten Molverhältnisses dar. Der Schnittpunkt der Linien gibt dann beide Molverhältnisse gleichzeitig an. Die Konstruktion des Anorthits im Konzentrationsdreieck nach der vorgestellten Methode zeigt die Abb. 6 (ausgezogene Linien).

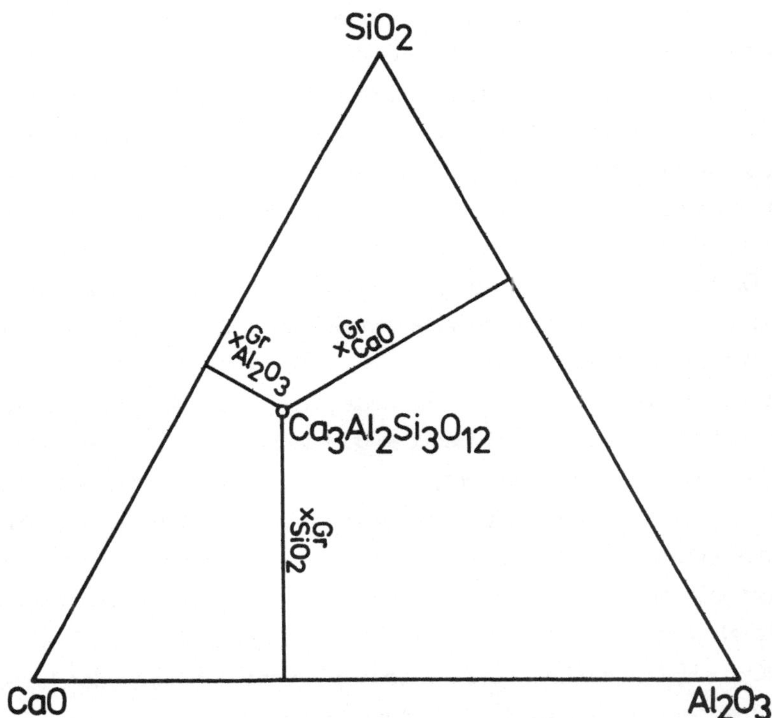


Abb. 7: Zusammensetzung des Grossulars im Konzentrationsdreieck. Demonstration der Ablesemöglickeit der Komponentenanteile; $x_{Al_2O_3}^{Gr}$, $x_{SiO_2}^{Gr}$ und $x_{CaO}^{Gr}$ sind Molenbrüche der Komponenten $Al_2O_3$, $SiO_2$ und CaO.

Um Anorthit nach der zweiten Methode einzeichnen zu können, müssen zwei Molenbrüche der Komponenten im ternären System ausgerechnet werden,z.B.

$$x_{Al_2O_3}^{An} = \frac{1}{1 + 1 + 2} = \frac{1}{4} = 0.25$$

$$x^{An}_{SiO_2} = \frac{2}{1 + 1 + 2} = \frac{2}{4} = 0.5$$

Der Molenbruch $x^{An}_{Al_2O_3} = 0.25$ wird entweder auf der $Al_2O_3$ - $SiO_2$ - oder auf der CaO - $Al_2O_3$ - Seite eingetragen. Anschließend wird durch diesen Punkt eine Parallele zur CaO - $SiO_2$ - Seite gezogen (in der Abb. 6 gestrichelt eingezeichnet). Entsprechend trägt man $x^{An}_{SiO_2} = 0.5$ wahlweise entweder auf der $SiO_2$ - $Al_2O_3$ - oder auf der $SiO_2$ - CaO- Seite des Konzentrationsdreiecks ein und zieht von da aus eine Parallele zur CaO - $Al_2O_3$- Seite. Der Schnittpunkt beider Linien liefert die Lage des Anorthits im Konzentrationsdreieck (Abb. 6).

Zum Ablesen der Komponentenanteile einer im Konzentrationsdreieck eingezeichneten Zusammensetzung kann man die bei der Konstruktion beschriebenen Wege in umgekehrter Richtung beschreiten. Eine weitere Ablesemöglichkeit der Zusammensetzung ist in der Abb. 7 am Beispiel des Grossulars demonstriert. Die Konzentrationen der Komponenten gewinnt man, indem man vom Punkt der Zusammensetzung im Dreieck Lote auf die drei Seiten fällt. Die Längen der Lote sind den Molenbrüchen der Komponenten direkt proportional, die an den entgegengesetzten Ecken des Dreiecks liegen. Diese Ablesemöglicheit beruht auf der Tatsache, daß die Summe der Teilhöhen in einem Dreieck gleich seiner Gesamthöhe ist. Als Konzentrationseinheit wird hier also nicht, wie in den beiden vorangehenden Beipielen, die Länge einer Seite, sondern die Höhe des Dreiecks benutzt.

Bei Darstellung der Zusammensetzungen, die aus mehr als drei Komponenten bestehen, muß man zu räumlichen Gebilden übergehen. Dies verringert stark die Übersichtlichkeit. Man ist daher bestrebt, auch Systeme, deren Komponentenzahl größer als drei ist, in einem Konzentrationsdreieck darzustellen. Dazu bedient man sich eines Darstellungsverfahrens, das *Projektion* genannt wird. Die Funktionsweise dieser Darstellungsart läßt sich am besten an einem Dreistoffsystem demonstrieren.

**Beispiel**: Abb. 8 zeigt Anthophyllit, $Mg_7Si_8O_{22}(OH)_2$, als Phase im System MgO - $SiO_2$ - $H_2O$. Eine Linie, die von der $H_2O$-Ecke aus durch den Punkt geht, der die Zusammensetzung des Amphibols wiedergibt, schneidet die MgO - $SiO_2$-Basis des Dreiecks im Verhältnis 7 : 8. Das ist das Verhälntis der Molenbrüche $x^{Anth}_{MgO} : x^{Anth}_{SiO_2}$ im binären Untersystem MgO - $SiO_2$. Der Schnittpunkt dieser Linie mit der Grundlinie des Dreiecks entspricht der Projektion des Anthophyllits auf die wasserfreie Basis des Konzentrationsdreiecks (in Abb. 8 mit Anth' gekennzeichnet). In Projektionen fallen alle kolinearen Verbindungen, d.h. Verbindungen, die auf der Projektionsgeraden liegen, auf einen Punkt. Sie können dann nicht voneinander unterschieden werden. Die Komponente, von der aus projiziert wurde, steht gewöhnlich in Klammern neben dem Projektionsdiagramm.

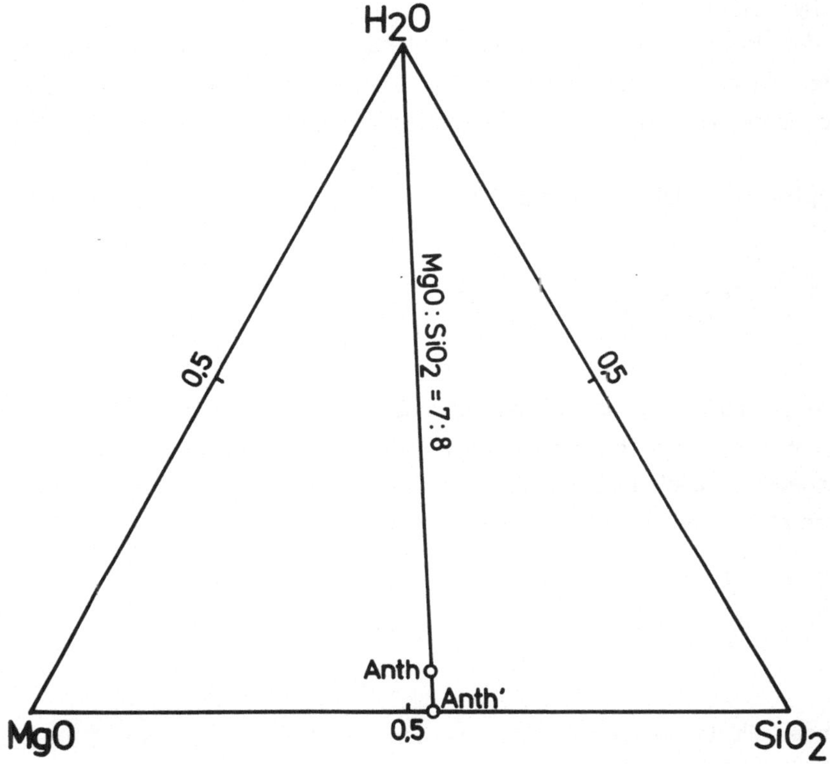


Abb. 8: Projektion des Anthophyllits auf die wasserfreie Basis des Konzentrationsdreiecks. Anth' = Projektionspunkt.

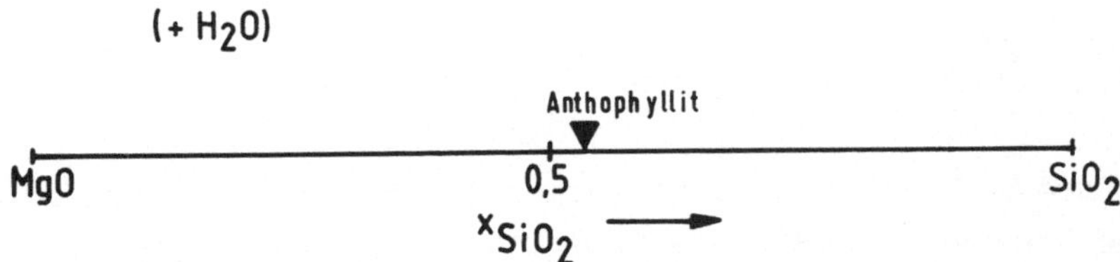


Abb. 9: Anthophyllit in Projektion auf die wasserfreie Basis des Konzentrationsdreiecks $MgO - SiO_2 - H_2O$.

Ähnlich wie hier werden Projektionen in höheren Systemen durchgeführt. Auf eine graphische Darstellung des Projektionsverfahrens selbst soll wegen der Unübersichtlichkeit verzichtet werden. Die rechnerischen Konsequenzen und das graphische Ergebnis der Projektion werden jedoch im folgenden am Beispiel des Muskovits,

$KAl_2[AlSi_3O_{10}](OH)_2$, vorgestellt.

Aus dem Beispiel des Anthophyllits geht hervor, daß die für das Einzeichnen der projizierten Zusammensetzung benötigten Molenbrüche so gerechnet werden, als ob die Komponente, von der aus die Projektion erfolgt, dem System nicht angehören würde.

**Beispiel**: Der Molenbruch des $SiO_2$ in Muskovit, $x^{Mu}_{SiO_2}$, lautet wie folgt:

$$x^{Mu}_{SiO_2} = \frac{n^{Mu}_{SiO_2}}{n^{Mu}_{SiO_2} + n^{Mu}_{K_2O} + n^{Mu}_{Al_2O_3} + n^{Mu}_{H_2O}}$$

Für die projizierte Zusammensetzung muß der Molenbruch des $SiO_2$ ohne Wasser gerechnet werden, wenn die Projektion von der Spitze des $K_2O - Al_2O_3 - SiO_2 - H_2O$-Tetraeders auf die $K_2O - Al_2O_3 - SiO_2$-Dreiecksfläche erfolgen soll. Die allgemeine Formel für den Molenbruch des $SiO_2$ ist dann:

$$x^{Mu'}_{SiO_2} = \frac{n^{Mu}_{SiO_2}}{n^{Mu}_{K_2O} + n^{Mu}_{SiO_2} + n^{Mu}_{Al_2O_3}}$$

Analoges gilt für die anderen Komponenten. Mit Hilfe der Oxidformel für Muskovit, $K_2O \cdot 3Al_2O_3 \cdot 6SiO_2 \cdot 2H_2O$, werden folgende Molenbrüche berechnet:

$$x^{Mu'}_{K_2O} = \frac{1}{1 + 3 + 6} = \frac{1}{10}$$

$$x^{Mu'}_{Al_2O_3} = \frac{3}{1 + 3 + 6} = \frac{3}{10}$$

$$x^{Mu'}_{SiO_2} = \frac{6}{1 + 3 + 6} = \frac{3}{5}$$

An dieser Stelle soll noch einmal ausdrücklich darauf hingewiesen werden, daß die hier gerechneten Molenbrüche nur für die Konstruktion der projizierten Zusammensetzung geeignet sind. Sie geben nicht die wahren Mengenverhältnisse der Komponenten im Muskovit wieder, da das Wasser außer acht gelassen wurde.

Die Projektion der Zusammensetzung ist in der Abb. 10 dargestellt. Die in Klammern gesetzte chemische Formel für das Wasser deutet darauf hin, daß von der Wasserspitze des Tetraeders aus projiziert wurde.

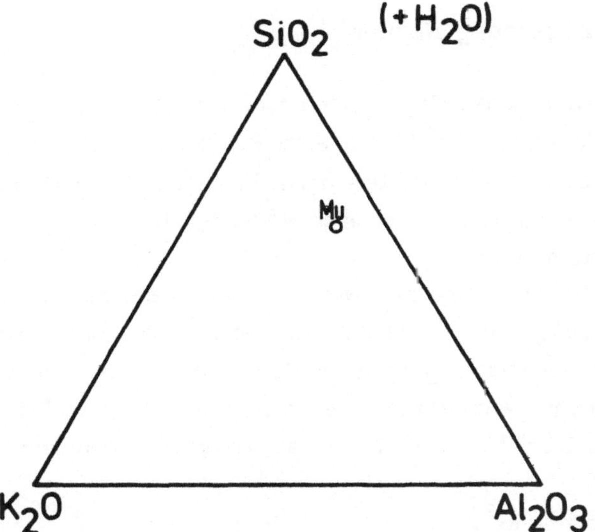


Abb. 10: Die Zusammensetzung des Muskovits in der Projektion von der $H_2O$-Ecke auf die Dreiecksfläche $K_2O$ - $SiO_2$ - $Al_2O_3$.

# 4. Thermische Zustandsgleichung

Eine relativ gut anschauliche Zustandsfunktion ist das bereits im vorangehenden Kapitel erwähnte Volumen einer Phase, einer Komponente oder eines Systems. In der Thermodynamik spielt es eine wichtige Rolle. Vor allem Druckabhängigkeiten thermodynamischer Prozesse hängen entscheidend von den bestehenden Volumenverhältnissen in einem System ab.

Aus rein praktischen Gründen werden Volumenangaben außer in der üblichen Dimension $cm^3$ häufig auch in cal/bar (Kalorie pro bar) und J/bar (Joule pro bar) angegeben. Der Zusammenhang zwischen der Angabe in $cm^3$ und der in cal/bar oder J/bar wird erkennbar, wenn anstelle der zusammengesetzten Dimension für Energie (Joule) und Druck (bar) N·m bzw. $N/m^2$ als Dimensionseinheiten eingeführt werden. Wegen

$$1 \text{ bar} = 10^5 N/m^2 = 10^5 \text{ Pa (Pascal) ist}$$

$$1 \text{ J/bar} = \frac{N \cdot m}{\left(\frac{N}{m^2}\right) \times 10^5} = 10^{-5} m^3 = \underline{10^1 \text{ cm}^3}$$

und da

$$1 \text{ cal} \equiv 4.184 \text{ J}$$

entspricht, folgt:

$$V[\text{cal/bar}] = 10 \times 4.184 \text{ cm}^3 = \underline{41.84 \text{ cm}^3}$$

Wird das Volumen in cal/bar oder J/bar angegeben, spricht man vom *Volumenkoeffizienten.*

## 4.1. Volumen reiner Phasen

Das Volumen einer reinen Phase ist dann, wenn ihre Masse vorgegeben ist und konstant bleibt, im Gleichgewicht durch Druck und Temperatur eindeutig bestimmt. Wird eine Variable geändert, so ändert sich die zweite auf ganz bestimmte Weise mit. Die Beziehung zwischen den Variablen wird durch die *thermische Zustandsgleichung* wiedergegeben:

$$V = f(P,T) \tag{4.1}$$

In einem rechtwinkligen Koordinatensystem mit den Koordinaten P, T und V stellt die Zustandsfunktion Volumen eine gekrümmte Fläche dar (siehe Abb. 11). Soll die

Abhängigkeit des Volumens von den Variablen Druck und Temperatur experimentell ermittelt werden, muß das Experiment so beschaffen sein, daß von den beiden unabhängigen Variablen jeweils nur eine geändert wird. Je nachdem welche der Variablen im Experiment konstant gehalten und welche variiert wird, erhält man das Volumen entweder als partielle Funktion der Temperatur bei konstantem Druck, V = f(T), oder als partielle Funktion des Drucks bei konstanter Temperatur, V = f(P). Im ersten Fall spricht man von einer *Isobaren*, im zweiten von einer *Isothermen*. Hält man das Volumen konstant und erhöht die Temperatur, steigt der Druck an. Die partielle Funktion P = f(T) heißt *Isochore*. Die geschilderten Beziehungen zwischen dem Volumen und den Zustandsvariablen sind in der Abb. 11 dargestellt.

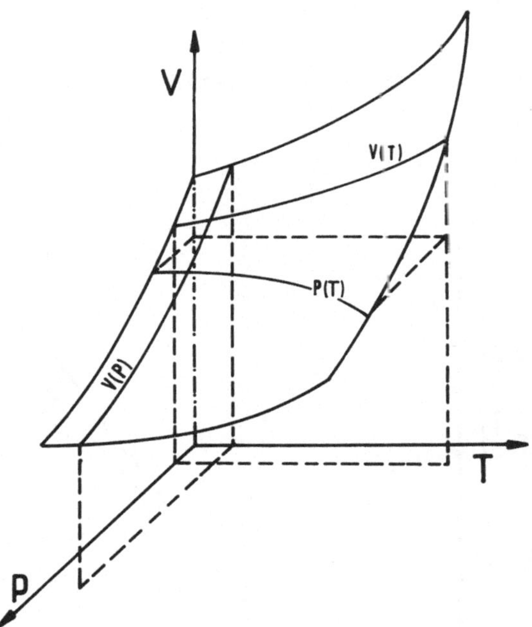


Abb. 11: Schematische Darstellung des Volumens einer reinen Phase als Zustandsfunktion V = f(P,T) in einem rechtwinkligen Koordinatensystem. V(T), V(P) und P(T) stellen Isobare, Isotherme und Isochore dar.

### 4.1.1. Ausdehnungs-, Kompressibilitäts- und Spannungskoeffizient

In den Abbildungen 12 und 13 ist das Molvolumen, **V**, des Pyrops, $Mg_3Al_2Si_3O_{12}$, einmal bei konstantem Druck (1 bar) als partielle Funktion der Temperatur (Isobare) und einmal bei konstanter Temperatur (298K) als partielle Funktion des Drucks (Isotherme) dargestellt. Steigender Druck bzw. fallende Temperatur bewirken jeweils eine Verkleinerung des Volumens. Die Steigungen der Kurven sind durch die partiellen Differentialkoeffizienten $\left(\frac{\partial V}{\partial T}\right)_P$ und $\left(\frac{\partial V}{\partial P}\right)_T$ gegeben. Graphisch sind dies Tangenten an die entsprechenden Kurven. Für differentielle Gesamtänderungen des Volumens dV einer reiner Phase gilt ganz allgemein:

$$dV = \left(\frac{\partial V}{\partial T}\right)_P dT + \left(\frac{\partial V}{\partial P}\right)_T dP \qquad (4.2)$$

wenn Druck und Temperatur infinitesimal geändert werden.

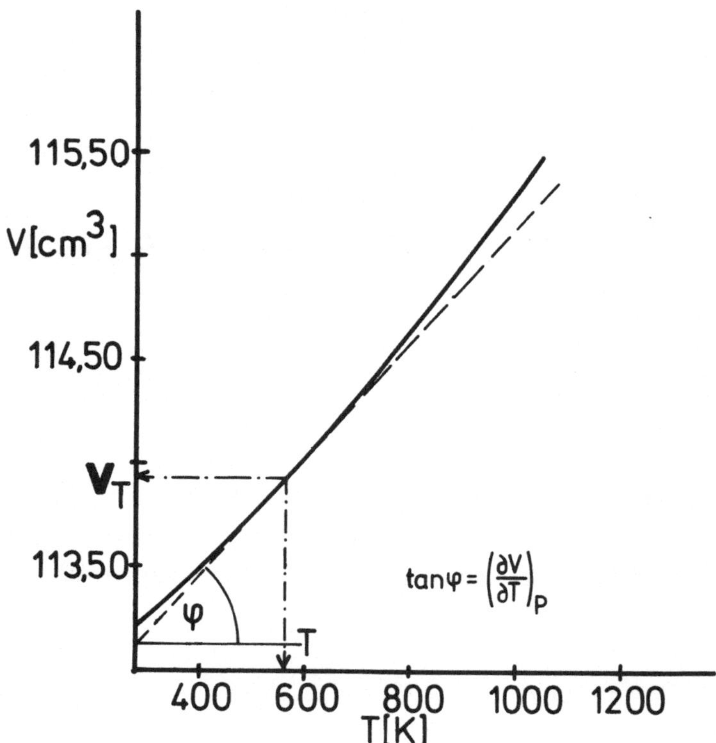


Abb. 12: Molvolumen des Pyrops, $Mg_3Al_2Si_3O_{12}$, als partielle Funktion der Temperatur (nach den Daten von Skinner (1956).

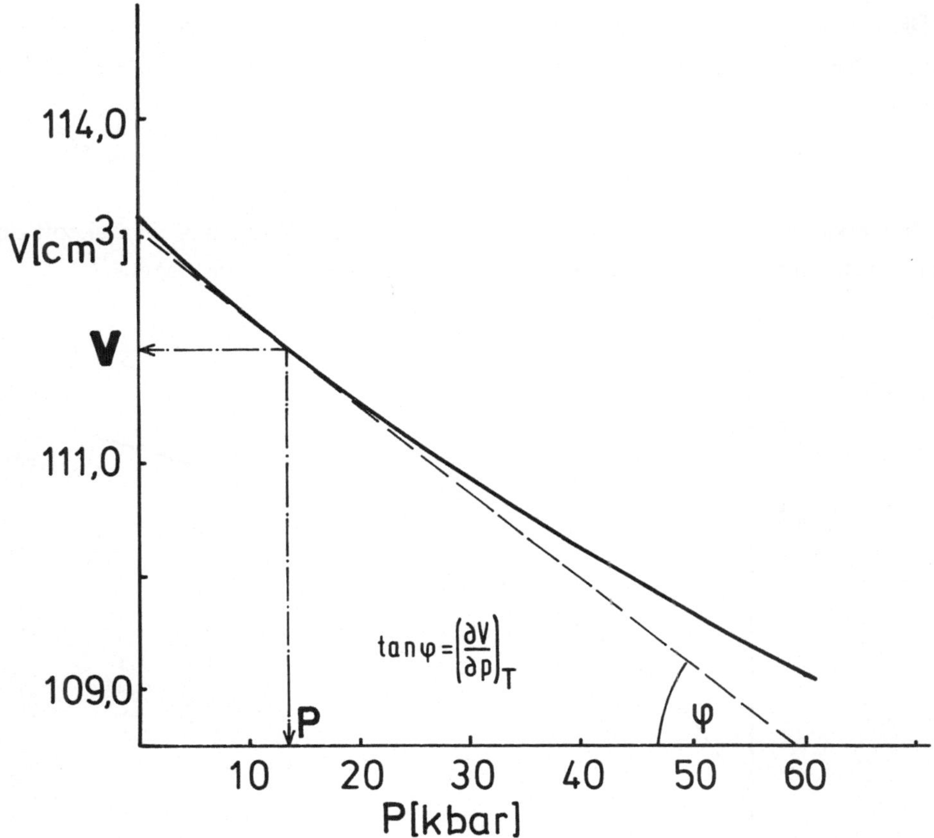


Abb. 13: Molvolumen des Pyrops, $Mg_3Al_2Si_3O_{12}$, als partielle Funktion des Drucks, **V**(P) (nach den Daten von Hazen und Finger (1978).

Dabei wird stillschweigend unterstellt, daß während der Druck- und Temperaturänderung keine Massenänderung stattfindet. Da die Steigungen der Kurven nicht konstant sind, sind die Differentialkoeffizienten Funktionen des Drucks und der Temperatur.

Die differentielle Änderung des Volumens bei konstantem Druck P, bezogen auf das Volumen der betreffenden Phase an der Stelle T, wird *isobarer thermischer Ausdehnungskoeffizient* genannt. Als Symbol benutzt man dafür in der Regel den griechischen Buchstaben α.

$$\alpha = \frac{1}{V}\left(\frac{\partial V}{\partial T}\right)_P \tag{4.3}$$

Die druckbedingte, negative, auf das Volumen an der Stelle P bezogene differentielle Volumenänderung einer Phase wird als *isothermer Kompressibilitätskoeffizient* $\chi$ definiert.

$$\chi = -\frac{1}{V}\left(\frac{\partial V}{\partial P}\right)_T \tag{4.4}$$

Das negative Vorzeichen wird gewählt, damit der Kompressibilitätskoeffizient positiv wird, denn die Volumendifferenz ist bei steigendem Druck negativ.

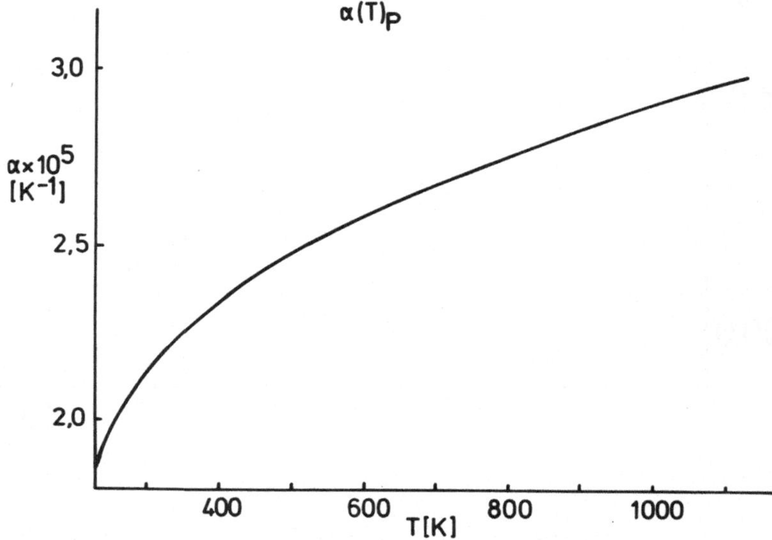


Abb. 14: Temperaturabhängigkeit des isobaren Ausdehnungskoeffizienten von Pyrop (nach Skinner, 1956).

Die Temperaturabhängigkeit des thermischen Ausdehnungskoeffizienten von Pyrop zeigt die Abb. 14. Am Verlauf der $\alpha$-T-Kurve ist zu sehen, daß die thermische Ausdehnung dieses Minerals bei niedrigeren Temperaturen stärker temperaturabhängig ist als bei höheren. Dieses Verhalten wird bei den meisten Mineralen beobachtet. Es gibt jedoch Ausnahmen, wie z.B. Cordierit, der sich thermisch anders verhält.

Der Kompressibilitätskoeffizient ist druckabhängig. Diese Abhängigkeit nimmt mit steigendem Druck ab (siehe Abb. 15).

Sowohl der Ausdehnungs- als auch der Kompressibilitätskoeffizient sind von der Menge des Minerals unabhängig und somit intensive Zustandsfunktionen.

Da das Volumen eine Zustandsfunktion ist, ist dV ein totales Differential, für welches die Schwarzsche Regel von der Vertauschbarkeit der Differentiationsfolge gelten muß. Es ist also

$$\frac{\partial^2 V}{\partial T \partial P} = \frac{\partial^2 V}{\partial P \partial T} \tag{4.5}$$

Hieraus folgt:

$$\left(\frac{\partial \alpha}{\partial P}\right)_T = -\left(\frac{\partial \chi}{\partial T}\right)_P \tag{4.6}$$

Die Gleichung (4.6) sagt, daß die Druckabhängigkeit des thermischen Ausdehnungskoeffizienten $\alpha$ und die Temperaturabhängigkeit des Kompressibilitätskoeffizienten $\chi$ entgegengesetzt gleich sind.

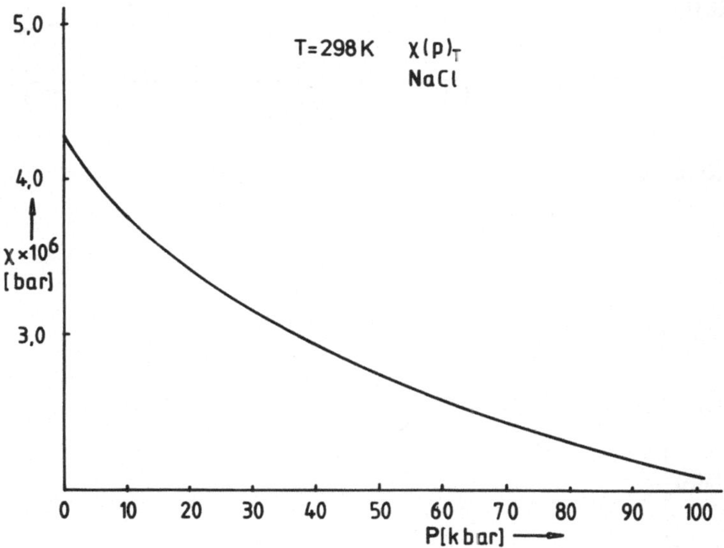


Abb. 15: Druckabhängigkeit des Kompressibilitätskoeffizienten $\chi$ von Steinsalz, NaCl, bei 298 K (Decker, 1966 und 1971).

Die thermische Ausdehnung bzw. der thermische Ausdehnungkoeffizient nehmen mit steigendem Druck zunächst wenig, bei hohem Druck aber merklich ab. Gemäß Gl. (4.6) muß demnach die Kompressibilität mit steigender Temperatur zunehmen, und zwar bei höheren Temperaturen stärker als bei niedrigen. Das Druckverhalten der thermischen Ausdehnung ist aus der relativen Lage der beiden Isothermen in der Abb. 16 gut zu erkennen. Der Unterschied zwischen der 25 und 800°C-Isotherme ist zunächst groß und nimmt mit steigendem Druck deutlich ab.

Abb. 17 zeigt die Temperaturabhängigkeit des Kompressibilitätskoeffizienten von Periklas. Der flache Anstieg des Koeffizienten bei niedrigen Temperaturen ist deutlich zu sehen.

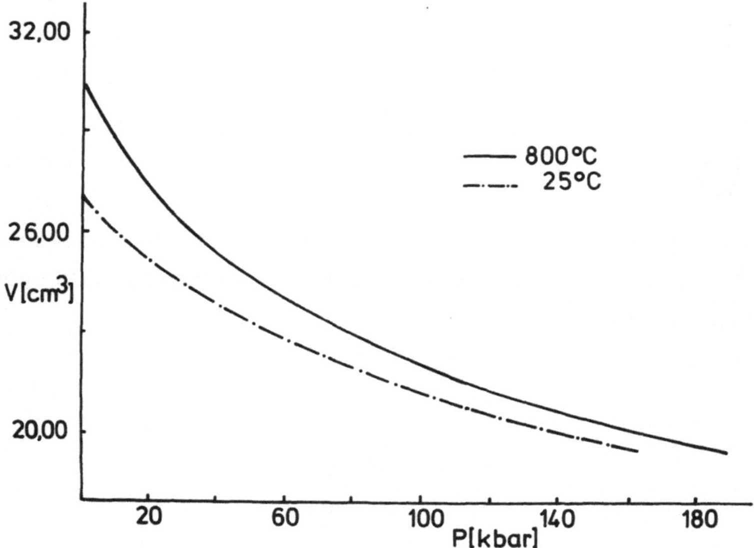


Abb. 16 : Druckabhängigkeit des Molvolumens vom Steinsalz, NaCl, bei 25 und 800°C (nach Decker, 1966 und 1971).

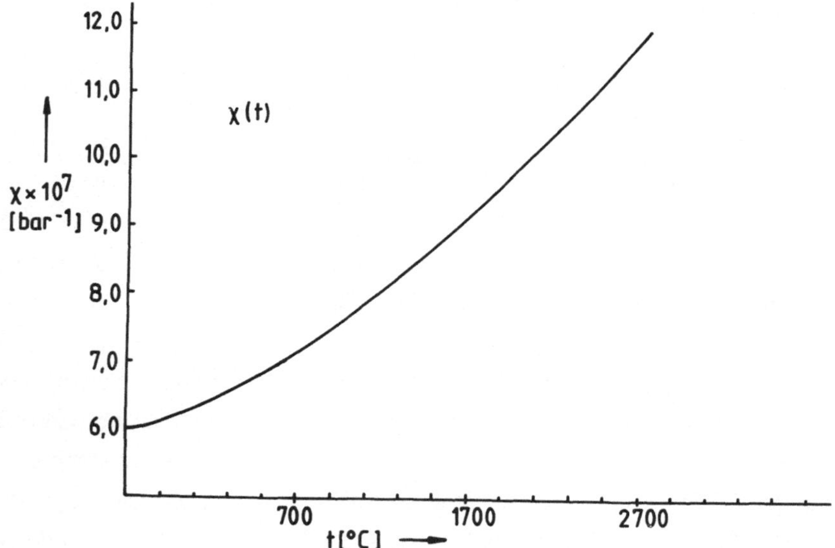


Abb. 17: Temperaturabhängigkeit des Kompressibilitätskoeffizienten von Periklas, MgO (nach Sumino et al. 1983).

Leider kennt man für die meisten Minerale weder die Druckabhängigkeit der Ausdehnung noch die Temperaturabhängigkeit der Kompressibilität. In den allermeisten Fällen werden sowohl $\alpha$ als auch $\chi$ als Konstanten behandelt. Der Fehler, der dadurch in thermodynamische Rechnungen eingebracht wird, fällt wegen der kleinen Absolutwerte dieser Größen für feste Stoffe kaum ins Gewicht, denn die Größenordnung der Ausdehnungskoeffizienten liegt bei Silikaten um $10^{-5}$ $T^{-1}$, die der Kompressibilitätskoeffizienten um $10^{-6}$ $bar^{-1}$.

Die thermische Ausdehnung und die druckbedingte Volumenverminderung heben sich teilweise auf, denn in den geowissenschaftlichen Problemstellungen sind steigende Drücke in der Regel an steigende Temperaturen gebunden. Wenn man sich die Größenordnungen beider Volumeneffekte ansieht und bedenkt, daß geowissenschaftlich relevante Temperaturen im Bereich einiger hundert Grad und geowissenschaftlich relevante Drücke im Kilobarbereich ($10^3$ bar) angesiedelt sind, kann man das Maß der Kompensation abschätzen.

Die in den Gln. (4.3) und (4.4) definierten Größen werden als die *wahren* oder *momentanen* Koeffizienten bezeichnet, da die temperatur- bzw. druckbedingten Volumenänderungen auf das momentane, d.h. bei betreffender Temperatur bzw. bei betreffendem Druck vorliegende Volumen bezogen sind. In der Praxis wird jedoch sehr häufig das Volumen bei 25°C und 1 bar als Bezug genommen. Dies ist für feste Stoffe, zu denen die Minerale zählen, zulässig, da sich die Absolutwerte des augenblicklichen Volumens bei P und T, wegen sehr geringer Volumenänderungen innerhalb großer Druck- und Temperaturbereiche, kaum von denen bei Raumbedingungen unterscheiden. Wird das Volumen bei 1 bar und 25°C als Bezug gewählt, nehmen $\alpha$ und $\chi$ folgende Formen an:

$$\alpha = \frac{1}{V_o}\left(\frac{\partial V}{\partial T}\right)_P \tag{4.7}$$

und

$$\chi = -\frac{1}{V_o}\left(\frac{\partial V}{\partial P}\right)_T \tag{4.8}$$

wenn mit $V_o$ das Molvolumen bei Raumbedingungen bezeichnet wird.

Für eine rechnerische Ermittlung der Koeffizienten im Sinne der Definitionen (4.3), (4.4), (4.7) und (4.8) muß die Abhängigkeit des Volumens von der Temperatur bei konstantem Druck, bzw. vom Druck bei konstanter Temperatur analytisch, d.h. in Form eines mathematischen Ausdrucks angegeben sein. Leider existieren nur für sehr wenige Minerale derartige Angaben. Die meisten Koeffizienten, die man in der Literatur findet, sind sogenannte *mittlere* Koeffizienten. Sie werden im einzelnen wie folgt definiert:

Mittlerer Ausdehnungskoeffizient:

$$\bar{\alpha} = \frac{1}{V_o} \cdot \frac{V_T - V_o}{T - T_o} \qquad (4.9)$$

mit $V_T$, dem Volumen bei der Temperatur T und $V_o$, dem Volumen bei der Bezugstemperatur $T_o$ (meist 25°C = 298 K).

Mittlerer Kompressibilitätskoeffizient:

$$\bar{\chi} = -\frac{1}{V_o} \cdot \frac{V_P - V_o}{P - P_o} \qquad (4.10)$$

mit $V_P$, dem Volumen beim Druck P und $V_o$, dem Volumen beim Bezugsdruck $P_o$ = 1 bar.

Der Fehler, der dadurch in eine thermodynamische Rechnung eingeht, daß anstelle der momentanen, die mittleren Koeffizienten benutzt werden, hängt von der Größe des Temperatur- bzw. Druckbereichs ab, aus dem der betreffende mittlere Koeffizient ermittelt wurde. Da die sogenannten Anfangskompressibilitätskoeffizienten der Minerale bei niedrigen Drücken groß sind und mit steigenden Drücken abnehmen, ist der mittlere Koeffizient, der aus großen Druckbereichen ermittelt wurde, für die Anwendung bei niedrigen Drücken zu klein. Wegen der Zunahme der Ausdehnung mit steigenden Temperaturen ist ein mittlerer Ausdehnungskoeffizient, der aus einem großen Temperaturbereich bestimmt wurde, für eine Anwendung bei niedrigen Temperaturen zu groß. Allgemein kann festgestellt werden, daß die Anwendung von mittleren Koeffizienten außerhalb der Druck- bzw. Temperaturbereiche, in denen sie bestimmt worden sind, um so problematischer wird, je weiter der interessierende Druck bzw. die interessierende Temperatur von den Bestimmungsbereichen entfernt sind. Diese Schwierigkeiten werden teilweise umgangen, indem man die mittleren Koeffizienten für bestimmte Druck- bzw. Temperaturbereiche definiert. Es ist

$$\bar{\alpha}' = \frac{1}{V_o} \cdot \frac{V_2 - V_1}{T_2 - T_1} \qquad (4.11)$$

und

$$\bar{\chi}' = -\frac{1}{V_o} \cdot \frac{V_2 - V_1}{P_2 - P_1} \qquad (4.12)$$

Diese Koeffizienten gelten dann für $T = (T_2 - T_1)/2$ bzw. für $P = (P_2 - P_1)/2$. Je näher $T_2$ und $T_1$ bzw. $P_2$ und $P_1$ zusammenrücken, desto besser stimmen die berechneten Werte mit den wahren Koeffizienten überein.

Manche Tabellen, die Daten zur thermischen Ausdehnung von Mineralen enthalten (z. B. Skinner, 1966), geben prozentuale Änderungen des Volumens bis zur angegebenen Temperatur an. Als Bezug dient dabei das Molvolumen des betreffenden Minerals bei Raumtemperatur.

$$\frac{\Delta V}{V_o} \times 100 = \frac{V_T - V_o}{V_o} \times 100 \qquad (4.13)$$

$V_T$ ist das Molvolumen bei der Temperatur T und $V_o$ das bei 298 K.

Analog werden Kompressibilitäten häufig als relative Volumenänderungen angegeben (z.B. Birch, 1966). Damit die Änderungen positive Werte annehmen, wird das Volumen beim Druck P von dem bei $P_o$ (1 bar) abgezogen. Dadurch wird

$$\frac{V_o - V_P}{V_o} = \frac{\Delta V}{V_o} \qquad (4.14)$$

$V_o$ ist das Anfangs- und Bezugsvolumen und $V_P$ das Volumen beim Druck P.

Die relativen Volumenänderungen gibt man gelegentlich auch in Form eines Polynoms an, z.B.:

$$\frac{\Delta V}{V_o} = aP - bP^2 \qquad (4.15)$$

In diesem Fall sind die Koeffizienten a und b tabelliert.

Eine Umordnung der Gl. (4.15) liefert den Ausdruck für das Volumen als Funktion des Drucks:

$$V(P) = V_o(1 - aP + bP^2) \qquad (4.16)$$

Teilt man die Gl. (4.16) durch $V_o$ und differenziert sie anschließend nach P, erhält man den Kompressibilitätskoeffizienten $\chi$ als Funktion des Drucks.

$$\chi(P) = -\frac{1}{V_o}\left(\frac{\partial V}{\partial P}\right)_T = a - 2bP \qquad (4.17)$$

Die Konstante a gibt die Anfangskompressibilität an. Dies wird erkennbar, wenn P in der Gl. (4.17) gleich Null gesetzt wird.

Gelegentlich benutzt man anstelle des Kompressibilitätskoeffizienten $\chi$ den Kompressionsmodul $\varkappa$. Der Kompressionsmodul stellt die Reziproke des Kompressibilitätskoeffizienten dar.

$$\varkappa = \frac{1}{\chi} = - V_o \left( \frac{\partial P}{\partial V} \right)_T \tag{4.18}$$

Da die Kompressibilitätskoeffizienten der hier interessierenden Stoffe, wie bereits mehrfach erwähnt, in der Größenordnung von $10^{-6}$ $bar^{-1}$ liegen, wird der Kompressionsmodul häufig in Mbar ($10^6$ bar) angegeben.

### 4.1.1.1. Rechenbeispiele zur thermischen Ausdehnung und Kompressibilität

**Beispiel 1**: Aus den röntgenographischen Messungen am Periklas, MgO, die von Hazen (1976a) durchgeführt wurden, ergeben sich für Temperaturen zwischen 23 und 1042°C die in der Tabelle 1 zusammengestellten Molvolumina.

Tabelle 1: Molvolumina von Periklas, MgO, in Abhängigkeit von der Temperatur bei konstantem Druck P = 1 bar

| T[K] | V[$cm^3$/Mol] |
|---|---|
| 296 | 11.244 |
| 296 | 11.244 |
| 423 | 11.292 |
| 573 | 11.356 |
| 723 | 11.421 |
| 878 | 11.486 |
| 1026 | 11.551 |
| 1188 | 11.616 |
| 1315 | 11.674 |

Trägt man die Daten aus der Tabelle 1 in ein V(T)-Diagramm ein (siehe Abb. 18), stellt man fest, daß zwischen dem Molvolumen und der Temperatur im gesamten Meßbereich ein linearer Zusammenhang besteht. Nach dem vorher Gesagten dürfte das nicht sein. Offensichtlich ist hier die Nichtlinearität kleiner als die Meßgenauigkeit. Man muß bedenken, daß Periklas ein feuerfestes Material ist und erst bei 2852°C schmilzt.

Wird eine Gerade mittels linearer Regression an die Meßwerte angepaßt, bekommt man für das Molvolumen des Periklas in Abhängigkeit von der Temperatur folgende Gleichung:

$$V[cm^3/Mol] = 11.1171 + 4.2 \times 10^{-4} T$$

Wegen der Linearität der V(T)-Funktion ist die Bestimmung des Ausdehnungskoeffizienten besonders einfach. Im Prinzip wäre eine analytische Anpassung hier nicht notwendig. Sie erleichtert allerdings die Bestimmung des Molvolumens für Temperaturen, die zwischen den in der Tabelle 1 aufgeführten Meßwerten liegen. Da die Regression die Bestgerade liefert, vermindert man damit den Einfluß der Fehler der Einzelmessungen auf die Bestimmung des Ausdehnungskoeffizienten.

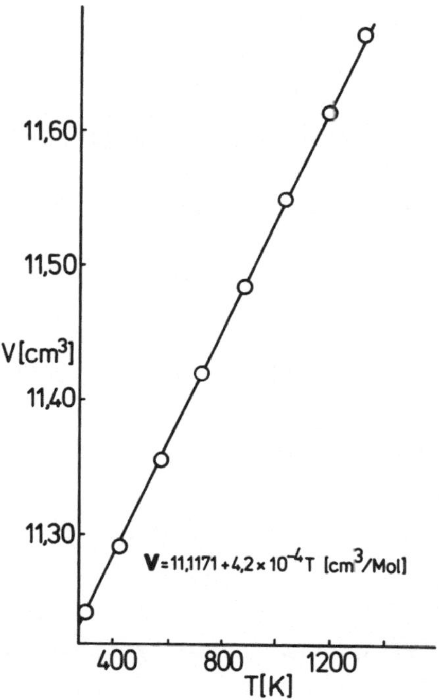


Abb. 18: Molvolumen des Periklas in Abhängigkeit von der Temperatur (nach Hazen, 1976a)

Wählen wir nun zwei Temperaturen, z.B. 500 und 1000 K, und rechnen dafür alle bisher definierten Ausdehnungskoeffizienten aus.

a) Ausgehend von der Definition des wahren Ausdehnungskoeffizienten in Gl. (4.3) wird zunächst der Differentialkoeffizient durch die Ableitung der Volumengleichung nach T ermittelt. Man erhält:

$$\left(\frac{\partial V}{\partial T}\right)_P = \underline{4.2 \times 10^{-4}\ \text{cm}^3/\text{K}\cdot\text{Mol}}$$

Setzt man das Volumenpolynom und seine Ableitung nach T in die Gleichung (4.3) ein, wird

$$\alpha(T) = \frac{4.2 \times 10^{-4}}{11.1171 + 4.2 \times 10^{-4}\, T} \; [K^{-1}]$$

Für 500 K ist dann

$$\alpha(500) = \frac{4.2 \times 10^{-4}}{11.1171 + 4.2 \times 10^{-4} \times 500} = \underline{3.71 \times 10^{-5} K^{-1}}$$

und für 1000 K

$$\alpha(1000) = \frac{4.2 \times 10^{-4}}{11.1171 + 4.2 \times 10^{-4} \times 1000} = \underline{3.64 \times 10^{-5} K^{-1}}$$

b) Wird das Volumen des Periklas bei 298 K als Bezug gewählt, gilt Gl. (4.7). Mit Hilfe der Volumengleichung wird zunächst das Bezugsvolumen ausgerechnet. Hierzu wird für T 298 eingesetzt.

$$V_o = V(298) = 11.1171 + 4.2 \times 10^{-4} \times 298 = \underline{11.242\ cm^3/Mol}$$

Damit ist der Ausdehnungskoeffizient

$$\alpha = \frac{1}{11.242} \times 4.2 \times 10^{-4} = \underline{3.74 \times 10^{-5} K^{-1}}$$

Bei einem festen Bezugsvolumen ist der Ausdehnungskoeffizient temperaturunabhängig, wenn zwischen dem Volumen und der Temperatur ein linearer Zusammenhang besteht.

$$\alpha(500) = \alpha(1000) = \underline{3.74 \times 10^{-5}\ K^{-1}}$$

c) Der mittlere Ausdehnungskoeffizient $\bar{\alpha}$ ist definiert worden als

$$\bar{\alpha} = \frac{1}{V_o} \cdot \frac{V_T - V_o}{T - T_o}$$

Das Verhältnis der Differenzen zwischen den Volumina und den Temperaturen entspricht der Steigung der Regressionsgeraden, so daß das Rechenergebnis nach der obigen Gleichung mit dem Beispiel 1b identisch sein muß, vorausgesetzt für $V_o$ wird das Volumen bei 298 K eingesetzt.

Entsprechendes gilt auch für die Bestimmung des Ausdehnungskoeffizienten nach (4.11). Eine geringe Abweichung ergäbe sich nur, wenn als Bezug die mittleren Volumina aus den Temperaturintervallen 298 - 500 K bzw. 298 - 1000 K und nicht das feste Volumen bei 298 K gewählt worden wären.

**Beispiel 2**: Tabelle 2 enthält Volumendaten für Forsterit, $Mg_2SiO_4$, in Abhängigkeit von der Temperatur im Bereich zwischen 296 und 1293 K und konstantem Druck P = 1 bar.

Tabelle 2: Molvolumen des Forsterits, $Mg_2SiO_4$, in Abhängigkeit von der Temperatur (nach den Daten von Hazen, 1976b).

| T[K] | V[cm$^3$/Mol] |
|---|---|
| 296 | 43.585 |
| 453 | 43.824 |
| 578 | 44.021 |
| 723 | 44.194 |
| 883 | 44.479 |
| 1023 | 44.675 |
| 1173 | 45.003 |
| 1293 | 45.290 |

Wie in der Abb. 19 zu sehen ist, läßt sich hier eine Gerade nicht mehr gut an die Meßpunkte anpassen. Will man nicht ein Polynom 2. oder höheren Grades suchen, kann man einen mittleren Ausdehnungskoeffizienten für den gesamten Meßbereich ausrechnen. Dazu werden die entsprechenden Zahlenwerte aus der ersten und der letzten Zeile in der Tabelle 2 benutzt. Nach Gl. (4.9) ist

$$\bar{\alpha} = \frac{1}{43.585} \times \frac{45.290 - 43.585}{1293 - 296} = \underline{3.924 \times 10^{-5}\ K^{-1}}$$

Will man den wahren Ausdehnungskoeffizienten ausrechnen, kommt man um eine Anpassung eines Polynoms nicht herum. Für die Entscheidung über den Grad des Polynoms werden verschiedene statistische Methoden (z.B. die Varianzanalyse) verwendet. Im vorliegenden Beispiel genügt ein Polynom 2. Grades. Die Anpassung selbst, auf die hier nicht näher eingegangen werden kann, erfolgt nach der Methode der kleinsten Quadrate und liefert folgendes Ergebnis:

$$V[cm^3/Mol] = 43.304 + 8.983 \times 10^{-4}T + 4.769 \times 10^{-7}T^2$$

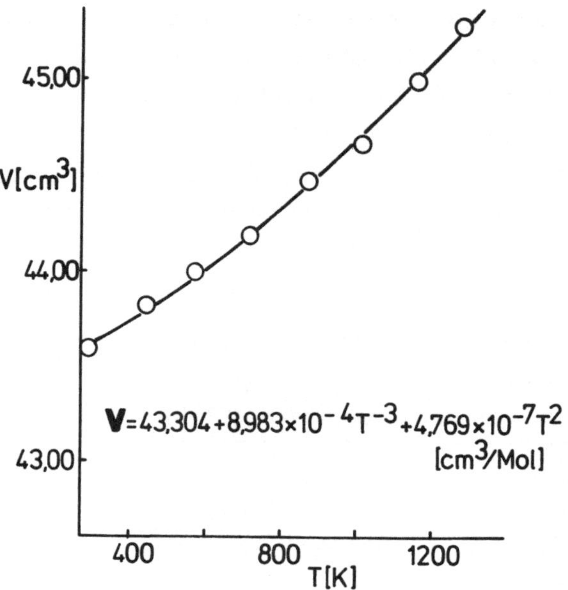


Abb. 19: Das Molvolumen des Forsterits, $Mg_2SiO_4$, in Abhängigkeit von der Temperatur bei 1 bar (nach Hazen, 1976b).

Die Ableitung des Polynoms nach der Temperatur T ergibt:

$$\left(\frac{\partial V}{\partial T}\right)_P = 8.983 \times 10^{-4} + 9.538 \times 10^{-7} T$$

Die Gleichung für die Berechnung des Ausdehnungskoeffizienten lautet dann:

$$\alpha(T) = \frac{8.983 \times 10^{-4} + 9.538 \times 10^{-7} T}{43.304 + 8.983 \times 10^{-4} T + 4.769 \times 10^{-7} T^2} \qquad \text{(I)}$$

oder mit festem Bezugsvolumen $V_o = V(298)$

$$\alpha(T) = \frac{1}{43.614} \times (8.983 \times 10^{-4} + 9.538 \times 10^{-7} T) \qquad \text{(II)}$$

Tabelle 3 enthält die thermischen Ausdehnungskoeffizienten des Forsterits, die nach den Gl. (I) und (II) für den Temperaturbereich 300 bis 1200 K gerechnet wurden. Die Rechenergebnisse aus der Tabelle 3 sind in der Abb. 20 als Funktion der Temperatur dargestellt. Die Abbildung zeigt, daß die nach Gl. (II) gerechneten Werte geringfügig größer sind als jene, die nach Gl. (I) bestimmt wurden. Aus dem Vergleich der Differenzen untereinander geht hervor, daß die Unterschiede zwischen den Koeffizienten aus beiden Bestimmungsarten mit steigender Temperatur steigen.

Tabelle 3: Temperaturabhängigkeit des wahren thermischen Ausdehnungskoeffizienten von Forsterit, $Mg_2SiO_4$, (gerechnet nach den Röntgendaten von Hazen, 1976b).

| T[K] | $\alpha_{(I)} \times 10^5$ [$K^{-1}$] | $\alpha_{(II)} \times 10^5$ [$K^{-1}$] | $\Delta\alpha \times 10^5$[$K^{-1}$] |
|---|---|---|---|
| 300 | 2.716 | 2.716 | 0.000 |
| 400 | 2.926 | 2.934 | 0.008 |
| 500 | 3.135 | 3.153 | 0.018 |
| 600 | 3.341 | 3.372 | 0.031 |
| 700 | 3.546 | 3.591 | 0.045 |
| 800 | 3.748 | 3.809 | 0.061 |
| 900 | 3.948 | 4.028 | 0.080 |
| 1000 | 4.145 | 4.247 | 0.102 |
| 1100 | 4.340 | 4.465 | 0.125 |
| 1200 | 4.533 | 4.684 | 0.151 |

$\alpha_{(I)}$ = thermischer Ausdehnungskoeffizient mit dem Bezugsvolumen an der Stelle T, $\alpha_{(II)}$ = thermischer Ausdehnungskoeffizient mit festem Bezugsvolumen [$V_o = V(298)$].

Durch die Benutzung der analytischen, nach der Methode der kleinsten Quadrate angepaßten V(T)-Kurve, wird vermieden, daß Fehler in die Rechnung eingebracht werden, die jedem individuellen Meßwert anhaften. Würde man z.B. den Meßpunkt bei 1023 K als den oberen und den bei 296 K als den unteren Wert wählen, ergäbe sich folgender mittlerer Ausdehnungskoeffizient:

$$\bar{\alpha} = \frac{1}{43.585} \times \frac{44.675 - 43.585}{1023 - 296} = \underline{3.44 \times 10^{-5}\,K^{-1}}$$

Für die vorn genannten Temperaturen berechnet man mit Hilfe des angepaßten Polynoms folgende Molvolumina:

$$V(296) = 43.612\ cm^3/Mol$$
$$V(1023) = 44.722\ cm^3/Mol$$

Damit wird

$$\bar{\alpha} = \frac{1}{43.612}\ \frac{44.722 - 43.612}{1023 - 296} = \underline{3.50 \times 10^{-5} K^{-1}}$$

Im Vergleich dazu beträgt der wahre Ausdehnungskoeffizient mit festem Bezugsvolumen bei 1023 K 4.297 x $10^{-5}$ $K^{-1}$. Ob sich der Aufwand einer Polynomanpassung lohnt oder nicht, hängt von den Anforderungen ab, die an die Genauigkeit der Daten gestellt werden. Prinzipiell läßt sich feststellen, daß für thermodynamische Rechnungen Daten mit sehr hoher Genauigkeit erwünscht wären, da viele thermodynamische Größen in exponentieller Weise voneinander abhängen, wodurch sich bereits kleine Fehler der Einzelmessungen stark auf das Gesamtergebnis auswirken können.

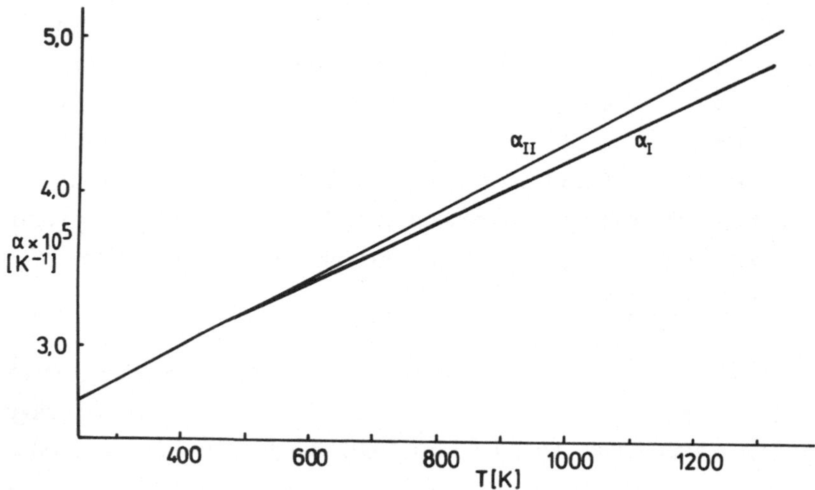


Abb. 20: Temperaturabhängigkeit des thermischen Ausdehnungskoeffizienten. $\alpha_{(I)}$- gerechnet mit dem momentanen, an der Stelle T vorliegenden Bezugsvolumen; $\alpha_{(II)}$ - gerechnet mit dem festen Bezugsvolumen bei 298 K (vgl. Tabelle 3).

**Beispiel 3**: Nach Hazen und Finger (1978) läßt sich die Druckabhängigkeit des Molvolumens von Pyrop, $Mg_3Al_2Si_3O_{12}$, bei konstanter Temperatur T = 298 K durch folgende Gleichung angeben:

$$V[cm^3/Mol] = 113.176 - 0.085P + 0.0003P^2 \qquad P[kbar]$$

Mit obiger Gleichung können wir nun die Kompressibilitätskoeffizienten für Pyrop ausrechnen. Dabei wird entweder Gl. (4.4) oder (4.8) benutzt.

Die Ableitung des V(P)-Polynoms nach dem Druck ergibt:

$$\left(\frac{\partial V}{\partial P}\right)_T = -\ 0.085 + 0.006P$$

Setzt man diese Ableitung zusammen mit dem Volumenpolynom in die Gl. (4.4) ein, erhält man:

$$\chi_1(P) = -\frac{(-0.085 + 0.0006P)}{(113.176 - 0.085P + 0.0003\,P^2)}\,[\mathrm{kbar}^{-1}]$$

Für P = 50 kbar ist dann

$$\chi_1 = \underline{5.015 \times 10^{-4}\ \mathrm{kbar}^{-1}}$$

Für die Bestimmung des Kompressibilitätskoeffizienten nach Gl. (4.8) wird das Volumen des Pyrops bei P = 1 bar benötigt. Man erhält es, indem man für P = 0.001 kbar in das Volumenpolynom einsetzt. Da der Beitrag der beiden letzten Glieder zum Zahlenwert des Molvolumens sehr klein ist, können sie vernachlässigt werden. Das Bezugsvolumen wird somit mit dem ersten Glied der Volumengleichung identisch. Es ist

$$\chi_2(P) = -\frac{1}{113.176}\,(-0.085 + 0.0006P)\quad[\mathrm{kbar}^{-1}]$$

Bei P = 50 kbar ist

$$\chi_2 = \underline{4.86 \times 10^{-4}\ \mathrm{kbar}^{-1}}$$

Der mittlere Kompressibilitätskoeffizient für den Druckbereich von 1 bar bis 50 kbar wird nach Gl. (4.10) ausgerechnet. Das Molvolumen bei 50 kbar, das für die Rechnung benötigt wird, gewinnt man wieder aus dem Volumenpolynom. Es beträgt 109.676 $cm^3$/Mol. Das Molvolumen bei 1 bar, das bereits in der vorangegangenen Rechnung benutzt wurde, beträgt 113.176 $cm^3$/Mol. Der mittlere Kompressibilitätskoeffizient des Pyrops ist wegen 1 bar << 50 kbar:

$$\bar{\chi} = -\frac{1}{113.176} \times \frac{109.676 - 113.176}{50} = \underline{6.19 \times 10^{-4}\ \mathrm{kbar}^{-1}}$$

**Beispiel** 4: Aus dem Kompressibilitätskoeffizienten des Almandins, $Fe_3Al_2Si_3O_{12}$, der bei 298 K 5.62 x $10^{-7}$ $bar^{-1}$ beträgt (Babushka et al., 1978), soll der Kompressionsmodul $\varkappa$ bestimmt werden.

Nach Gl. (4.18) ist

$$\varkappa = \frac{1}{\chi}$$

und

$$\varkappa = \frac{1}{5.62 \times 10^{-7}} \text{ [bar]} = \underline{1.779 \text{ Mbar}}$$

### 4.1.2. **Volumen idealer und realer Gase als Zustandsfunktion**

Für thermodynamische Berechnungen wäre es wünschenswert, wenn die Volumina aller Stoffe für beliebige Drücke und Temperaturen mit einer allgemein gültigen thermischen Zustandsgleichung angegeben werden könnten. Wegen individuell sehr verschiedener Abhängigkeiten der Ausdehnungs- und Kompressibilitätskoeffizienten von den Parametern Druck und Temperatur, läßt sich aber für Minerale sowie für alle übrigen festen und flüssigen Stoffe keine solche Gleichung aufstellen.

Anders verhält es sich bei *idealen Gasen*. Hier haben die Koeffizienten einfache Formen, so daß eine allgemeingültige Gleichung für das Volumen als Funktion der Temperatur und des Drucks angegeben werden kann. Es ist:

$$V(P,T) = \frac{RT}{P} \tag{4.19}$$

Nach Gl. (4.19) ist das Volumen eines idealen Gases zur Temperatur direkt und zum Druck umgekehrt proportional. Die Proportionalitätskonstante R wird *universelle Gaskonstante* genannt und hat die Dimension einer Energie pro Grad und Mol. Sie wird in J/Mol·K bzw cal/Mol·K angegeben und beträgt 8.3144 J/Mol·K bzw. 1.9872 cal/Mol·K.

Die Gleichung (4.19) gilt für ein Mol eines idealen Gases. Für n Mole lautet sie:

$$V(p,T) = \frac{nRT}{P} \tag{4.20}$$

Das Volumen *realer Gase* läßt sich mit der Gleichung (4.20) nicht mehr befriedigend wiedergeben. Für seine Darstellung müssen weitere Glieder angefügt werden, und zwar in Form einer Reihe mit steigenden Potenzen von P. Die Zustandsgleichung lautet dann:

$$V = \frac{RT}{P} + B + CP + DP^2 \cdots\cdot \tag{4.21}$$

Die empirischen Größen B, C und D nennt man *Virialkoeffizienten*. Sie sind unabhängig vom Druck, zeigen aber in der Regel eine Temperaturabhängigkeit.

Wird die Reihe in der Gl. (4.21) bereits nach dem zweiten Glied abgebrochen und

$$B = b - \frac{RT}{P} \tag{4.22}$$

gesetzt, erhält man die Zustandsgleichung für reale Gase, die unter dem Namen *Van der Waals* Gleichung bekannt ist, nämlich

$$\left(P + \frac{a}{V^2}\right)(V - b) = RT \tag{4.23}$$

Die Größen a und b in den Gleichungen (4.22) und (4.23) sind ein Maß für die Anziehung der Moleküle untereinander bzw. für ihr Eigenvolumen. Beide sollten Konstanten sein und aus den sogenannten kritischen Daten des betreffenden Gases gewonnen werden können. Die kritischen Daten eines Gases sind die PVT-Werte, die die Grenze angeben, oberhalb welcher nicht zwischen dem flüssigen und dem gasförmigen Aggregatzustand unterschieden werden kann. Es sind gasspezifische Größen. Die kritische Temperatur des Wassers beträgt z.B. 647 K (347°C), der kritische Druck 221,4 bar und das kritische Volumen 91.2 $cm^3$/Mol.

Neben der Van der Waals'schen Gleichung, die für niedrige Drücke im überkritischen Bereich annähernd richtige PVT-Daten liefert, gibt es eine Reihe anderer Gleichungen, die ebenfalls zwei Parameter enthalten. Die bisher mit größtem Erfolg verwendete Gleichung stammt von Redlich und Kwong (1949). Sie lautet:

$$PV = RT\left[\frac{1}{1 - b/V} - \frac{a}{RT^{2/3}(V + b)}\right] \tag{4.24}$$

Um die Anwendbarkeit der Gleichung (4.24) auf große P-T-Bereiche auszudehnen, hat man sie öfters modifiziert. Die Modifizierungen bestehen im wesentlichen darin, daß die Koeffizienten a und b nicht aus den kritischen Daten gerechnet, sondern aus den vorhandenen experimentellen P-V-T-Daten empirisch ermittelt werden. (Näheres hierzu siehe z.B. Holloway, 1977; Halbach und Chatterjee, 1982a).

### 4.1.3. **Volumen kondensierter Stoffe**

Das Volumen kondensierter Stoffe ist ähnlich wie das Volumen realer Gase als Zustandsfunktion nicht einfach zu ermitteln. Die Ausdehnungs- und die Kompressibilitätskoeffizienten sind temperatur- und druckabhängig. Dadurch ist die Aufstellung einer *allgemeingültigen* Zustandsgleichung für diese Stoffgruppe ebenfalls nicht möglich.

Die Kompressibilität der Silikate liegt, wie bereits erwähnt wurde, zwischen $10^{-3}$ und $10^{-4}$ $kbar^{-1}$. Ihre thermische Ausdehnung bewegt sich in der Größenordnung zwischen $10^{-4}$ und $10^{-5}$ $K^{-1}$. Somit sind sowohl die Kompressibilitäten als auch die thermische Ausdehnung klein gegenüber den Molvolumina der Silikate, die $10^1$ bis $10^2$ $cm^3$/Mol betragen. Eine Vernachlässigung der Temperatur- und Druckabhängigkeiten von Ausdehnungs- und Kompressibilitätskoeffizienten fällt darum für recht große Druck- und Temperaturbereiche kaum ins Gewicht. Unter diesen Voraussetzungen läßt sich für feste Stoffe eine *vereinfachte* thermische Zustandsgleichung aufstellen. Dabei wird folgender Weg beschritten: Das Volumen einer definierten Menge eines Minerals wird zunächst bei 1 bar von V(1,298) auf V(1,T) gebracht. Für die Ermittlung des V(1,T) wird die Definition des wahren Ausdehnungskoeffizienten (Gl. 4.3) herangezogen, nämlich

$$\alpha = \frac{1}{V}\left(\frac{\partial V}{\partial T}\right)_P \qquad P = 1 \text{ bar}$$

Nach der Trennung der beiden Differentiale dT und dV, erhält man

$$\alpha\, dT = \frac{dV}{V} = d\ln V \qquad (4.25)$$

Die Gleichung (4.25) wird unter Annahme, daß $\alpha$ temperaturunabhängig ist, in den Grenzen von 298 K bis T sowie V(1,298) bis V(1,T) integriert.

$$\alpha \int_{298}^{T} dT = \int_{V(1,298)}^{V(1,T)} d \ln V \qquad (4.26)$$

oder

$$\alpha(T - 298) = \ln V(1,T) - \ln V(1,298) \qquad (4.27)$$

Nach dem Entlogarithmieren und Umordnen der Gl. (4.27) gewinnt man schließlich den Ausdruck für das gesuchte Volumen bei 1 bar und T.

$$V(1,T) = V(1,298)\exp\{\alpha(T - 298)\} \qquad (4.28)$$

Im zweiten Schritt führt man bei der Temperatur T eine isotherme Kompression von 1 bar bis P durch. Ausgehend von der Definition des wahren Kompressibilitätskoeffizienten (Gl. 4.4)

$$\chi = -\frac{1}{V}\left(\frac{\partial V}{\partial P}\right)_T$$

gewinnt man nach der Trennung der Differentiale dV und dP

$$-\chi dP = \frac{dV}{V} = d\ln V \qquad (4.29)$$

Die Integration in den Grenzen 1 bar und P sowie V(1,T) und V(P,T) unter Annahme, daß der Kompressibilitätskoeffizient druckunabhängig ist, liefert:

$$\ln V(P,T) - \ln V(1,T) = -\chi(P-1) \qquad (4.30)$$

oder

$$V(P,T) = V(1,T)\exp\{-\chi P\} \qquad (4.31)$$

wenn die Gl. (4.30) entlogarithmiert und 1 bar gegen P vernachlässigt wird. Setzt man für V(1,T) in die Gl. (4.31) den Ausdruck aus (4.28) ein, erhält man die Gleichung für das Volumen eines festen Körpers bei P und T:

$$V(P,T) = V(1,298)\exp\{\alpha(T-298) - \chi P\} \qquad (4.32)$$

Bekanntlich läßt sich $e^x$ in Form einer Mac Laurinschen Reihe darstellen. Es ist

$$e^x = 1 + \frac{x}{1!} + \frac{x^2}{2!} + \frac{x^3}{3!} + \cdots\cdots \qquad (4.33)$$

Ist x klein, tragen die höheren Glieder der Reihe sehr bald kaum noch etwas zu der Gesamtsumme bei, so daß die Reihe an der entsprechenden Stelle abgebrochen werden kann. In unserem Fall ist der Exponent $\{\alpha(T - 298) - \chi P\}$ für den interessierenden Druck- und Temperaturbereich viel kleiner als 1. Aus diesem Grunde kann die Reihenentwicklung bereits nach dem zweiten Glied abgebrochen werden und die Gleichung (4.32) vereinfacht sich zu

$$V(P,T) = V(1,298)[1 + \alpha(T-298) - \chi P] \qquad (4.34)$$

**Beispiel:** Nach den experimentellen Daten von Skinner (1956) wird im Temperaturbereich zwischen 23 und 800°C für Pyrop ein mittlerer Ausdehnungskoeffizient $\bar{\alpha} = 2.41 \times 10^{-5}\ K^{-1}$ ermittelt. Der mittlere Kompressibilitätskoeffizient $\bar{\chi}$ beträgt für den Druckbereich von 1 bar bis 50 kbar nach den Berechnungen im Kapitel 4.1.1.1. (Beispiel 3) $6.19 \times 10^{-4}\ kbar^{-1}$. Das Molvolumen des Pyrops bei 800°C (1073 K) und 50 kbar kann mit Hilfe der Gl. (4.34) ausgerechnet werden.

$$V(50,1073) = V(1,298)[1 + 2.41\times10^{-5}(1073 - 298) - 6.19\times10^{-4} \times 50]$$

wird für $V(1,298) = 113.176\ cm^3/Mol$ eingesetzt, resultiert

$$V(50.1073) = 113.176[1 + 2.41\times10^{-5}(1073 - 298) - 6.19\times10^{-4} \times 50]$$
$$= \underline{111.787\ cm^3/Mol}$$

### 4.1.4. Bestimmungen der Molvolumina von Mineralen aus röntgenographischen Daten bzw. Dichteangaben

Molvolumina der Minerale bzw. der festen kristallinen Stoffe lassen sich aus ihren röntgenographischen Daten ausrechnen. Es gilt allgemein:

$$V = \frac{N_L}{z}[\vec{a}\ \vec{b}\ \vec{c}] \tag{4.35}$$

In der Gleichung (4.35) kennzeichnen $N_L$ die Loschmidtsche Zahl, z die Zahl der Formeleinheiten pro Elementarzelle und $\vec{a}$, $\vec{b}$ und $\vec{c}$ die Gittervektoren. Im allgemeinsten Fall eines triklinen Minerals ist

$$V = \frac{N_L}{z}[abc(1 - \cos^2\alpha - \cos^2\beta - \cos^2\gamma + 2\cos\alpha\cdot\cos\beta\cdot\cos\gamma)^{1/2}] \tag{4.36}$$

$\alpha$, $\beta$, und $\gamma$ sind die Winkel zwischen $\vec{b}$ und $\vec{c}$, $\vec{a}$ und $\vec{c}$ sowie $\vec{a}$ und $\vec{b}$.

Sind Dichte und chemische Zusammensetzung eines Minerals bekannt, läßt sich das Molvolumen auch ohne Kenntnis der übrigen kristallographischen Daten bestimmen. Es ist

$$V = \frac{M}{\rho} \tag{4.37}$$

M und $\rho$ kennzeichnen die Molmasse und die Dichte des Minerals. Molvolumenbestimmungen nach Gl. (4.37) führen in der Regel zu etwas zu großen Molvolumina, da die zugrunde liegenden experimentell bestimmten Dichten um 1 bis 2% unter denen liegen, die aus den röntgenographischen Daten gewonnen werden. Trotz geringer Genauigkeit sind derartige Angaben bei der Abschätzung des thermodynamischen Verhaltens einzelner Minerale oft sehr nützlich.

**Beispiel 1:** Aus den kristallographischen Daten soll das Molvolumen des Anorthits ausgerechnet werden. Anorthit ist triklin und kristallisiert in der Raumgruppe $C\,\overline{1}$.

Daten:

$a_o = 8.177$ Å

$b_o = 12.877$ Å

$c_o = 7.085$ Å

$\alpha = 93^o\ 10.0'$

$\beta = 115^o\ 50.8'$

$\gamma = 91^o\ 13.3'$

$z = 4;\ N_L = 6.022 \times 10^{23}$

Für die Bestimmung des Molvolumens wird die Gleichung (4.36) benutzt.

$$V = \frac{N_L}{z}[abc(1 - \cos^2\alpha - \cos^2\beta - \cos^2\gamma + 2\cos\alpha\cdot\cos\beta\cdot\cos\gamma)^{1/2}]$$

Bevor die Zahlen in die obige Gleichung eingesetzt werden können, müssen die Winkelangaben in das Dezimalsystem umgerechnet werden.

$$\alpha = 93 + \frac{10.0}{60} = 93.167^o$$

$$\beta = 115 + \frac{50.8}{60} = 115.847^o$$

$$\gamma = 91 + \frac{13.3}{60} = 91.222^o$$

$$V = \frac{6.022\text{x}10^{23}}{4} \times 8.177 \times 12.877 \times 7.085 \times 10^{-24}[1 - \cos^2(93.167) - \cos^2(115.847) - \cos^2(91.222) + 2\cos(93.167)\cdot\cos(115.847)\cdot\cos(91.222)]^{1/2}$$

$$= \underline{100.794\ \text{cm}^3/\text{Mol}}$$

**Beipiel 2:** In Klockmanns Lehrbuch der Mineralogie (Ramdohr und Strunz, 1978) findet man für Perowskit, $CaTiO_3$, die Dichte $\rho = 4.0$ g/cm$^3$ angegeben. Die Molmasse M des Perowskits beträgt 135.978 g. Das Molvolumen ist damit

$$V = \frac{M}{\rho} \mp \frac{135.978}{4.0} = \underline{33.995\ \text{cm}^3/\text{Mol}}$$

Im Vergleich dazu errechnet sich aus den Gitterkonstanten des Perowskits ein Molvolumen **V** von 33.626 cm$^3$/Mol (Robie et al., 1979). Das letztere ist um 1.1% kleiner als das Molvolumen, das aus der Dichte des Minerals abgeschätzt wurde.

## 4.2. Volumina der Mischphasen

Das Volumen einer reinen Phase wird durch die Angabe der Zustandsvariablen Druck und Temperatur vollständig definiert. Zur Festlegung des Volumens einer Mischphase werden als weitere Variablen noch die Molzahlen der Komponenten benötigt, die am Aufbau der Mischphase beteiligt sind. Die thermische Zustandsgleichung lautet dann:

$$V = f(P,T,n_1,n_2,\cdots\cdots) \tag{4.38}$$

$n_i$ = Molzahl der Komponente i

Im einfachsten Fall stellt das Gesamtvolumen einer Mischphase die Summe der Volumina reiner Komponenten dar, und zwar:

$$V = \sum_1^C n_i \cdot V_i \tag{4.39}$$

In Gl. (4.39) gibt C die Zahl der Komponenten, $n_i$ die Molzahl der Komponente i und $V_i$ das Molvolumen der Komponente i an.

Die oben beschriebene Abhängigkeit des Gesamtvolumens von der Zusammensetzung der Mischphase bei konstantem Druck und konstanter Temperatur wird in rein mechanischen Mischungen und in Mischungen, die als *ideal* bezeichnet werden, beobachtet. Ideales Mischungsverhalten findet man außer bei Gasen auch in einer Reihe von flüssigen und festen Mischphasen, zumindest in bestimmten Druck-, Temperatur- und Konzentrationsbereichen. Es kann als Anzeichen sehr geringer Wechselwirkungen der Komponenten in der Mischphase gedeutet werden.

Auf das ideale Verhalten der Komponenten einer zusammengesetzten Phase bezüglich des Volumens geht die *Vegardsche Regel* zurück. Nach ihr sind die Gitterkonstanten binärer Mischkristalle lineare Funktionen der Zusammensetzung. Multipliziert man die Gitterkonstanten der Endglieder mit ihren Molenbrüchen in der Mischphase, ergibt die Summe der Produkte die Gitterkonstante des Mischkristalls. Für einen kubischen, aus den Komponenten A und B zusammengesetzten Mischkristall (A,B), ist nach der Vegardschen Regel die Gitterkonstante $a_o^M$ gleich

$$a_o^M = x_A a_{o,A} + x_B a_{o,B} \tag{4.40}$$

wenn mit $x_A$ und $x_B$ die Molenbrüche und mit $a_{o,A}$ und $a_{o,B}$ die Gitterkonstanten der Komponenten bezeichnet werden. Genaugenommen dürfte die Vegardsche Regel auch in idealen Mischungen nicht erfüllt sein, denn die Gitterkonstante ist proportional zu der dritten Wurzel des Molvolumens und nicht zum Molvolumen selbst. Daß diese Regel dennoch erfüllt zu sein scheint, liegt daran, daß die Differenzen zwischen den Gitterkonstanten der Komponenten klein sind. Man findet sie meist erst hinter dem Komma, wenn, wie üblich, die Gitterkonstanten in Ångström angegeben werden. Eine Abweichung der Konzentrationsabhängigkeit von der Linearität ist deshalb nicht zu sehen.

### 4.2.1. Partielles Molvolumen

Üben die Komponenten in einer Mischphase einen merklichen Einfluß aufeinander aus, läßt sich das Gesamtvolumen der Mischphase in der Regel nicht als eine einfache Summe der Volumina reiner Komponenten darstellen. An die Stelle der Molvolumina reiner Komponenten treten sogenannte *partielle Molvolumina* $V_i$. Man versteht darunter die pro Mol der betreffenden Komponente bezogene Änderung des Gesamtvolumens, die auftritt, wenn bei konstantem Druck und konstanter Temperatur die Molzahl der Komponente i geändert wird. Die Molzahlen aller anderen in der Mischung befindlichen Komponenten bleiben dabei unverändert. Das partielle Molvolumen ist also dasjenige Volumen, das eine Komponente hätte, wenn sie rein so vorkäme, wie sie bei der vorgegebenen Konzentration in der Mischung vorliegt. Mathematisch läßt sich das partielle Molvolumen wie folgt ausdrücken:

$$V_i = \left(\frac{\partial V}{\partial n_i}\right)_{P,T,n_{j\neq i}} \qquad (4.41)$$

Aus der Definition des partiellen Molvolumens einer Komponente geht hervor, daß es von der Art und Konzentration aller Mischpartner abhängig ist.

Die Gleichung für das Gesamtvolumen einer realen Mischphase lautet somit:

$$V = \sum_{1}^{C} n_i V_i \qquad (4.42)$$

**Beispiel:** Eine Mischung, die aus 0.2 Molen Zinkblende, ZnS, und 0.1 Molen stöchiometrisch zusammengesetzten Pyrrhotins, FeS, besteht, besitzt folgendes Gesamtvolumen:

$$V = 0.2\ V_{ZnS}^{Bl} + 0.1\ V_{FeS}^{Po}$$

$V_{ZnS}^{Bl}$ und $V_{FeS}^{Po}$ sind die Molvolumina des reinen ZnS mit Zinkblendestruktur und des reinen stöchiometrischen FeS mit NiAs-Struktur. Da es sich um eine mechanische

Mischung handelt, werden die Molvolumina der Komponenten anteilmäßig zum Gesamtvolumen addiert.

Aus den röntgenographischen Daten der beiden Verbindungen gewinnt man folgende Molvolumina:

$$V_{ZnS}^{Bl} = 23.830 \text{ cm}^3/\text{Mol}$$
$$V_{FeS}^{Po} = 18.187 \text{ cm}^3/\text{Mol}$$

Das Gesamtvolumen der Mischung ist damit

$$V = 0.2 \times 23.830 + 0.1 \times 18.187 = \underline{6.585 \text{ cm}^3}$$

Wird diese mechanische Mischung in einer evakuierten Quarzampulle bei 700°C einige Tage lang getempert, bilden sich daraus homogene (Zn,Fe)S-Mischkristalle mit Blendestruktur. Das Gesamtvolumen der homogenen Mischphase ist von dem der Ausgangsmischung verschieden, nämlich

$$V = 0.2 \; V_{ZnS}^{Bl} + 0.1 \; V_{FeS}^{Po}$$

wobei $V_{ZnS}^{Bl}$ und $V_{FeS}^{Bl}$ die partiellen Molvolumina des ZnS und FeS in Zinkblende-Mischkristallen repräsentieren. Ihre Zahlenwerte hängen definitionsgemäß von der Zusammensetzung der Mischkristalle ab. Im konkreten Beispiel mit 0.2 Molen ZnS und 0.1 Molen FeS betragen sie nach Cemic (1983)

$$V_{ZnS}^{Bl} = 24.094 \text{ cm}^3/\text{Mol}$$
$$V_{FeS}^{Bl} = 24.305 \text{ cm}^3/\text{Mol}$$

Damit wird das Gesamtvolumen

$$V = 0.2 \times 24.094 + 0.1 \times 24.305 = \underline{7.249 \text{ cm}^3}$$

Bei gleichbleibender Masse ist das Gesamtvolumen der homogenen Mischphase somit größer als das der mechanischen Mischung.

Der Unterschied zwischen dem Molvolumen einer Komponente und ihrem partiellen Molvolumen in einer Mischphase ist in dem oben vorgeführten Beispiel sehr deutlich zu sehen. Während reines FeS in der NiAs-Struktur kristallisiert und diese Struktur auch bei der Berechnung des Molvolumens zugrunde gelegt wird, entspricht sein partielles Molvolumen in Zinkblende-Mischkristallen dem Volumen eines Mols FeS in einer hypothetischen Zinkblendestruktur.

### 4.2.2. Mittleres Molvolumen

Das mittlere Molvolumen einer Mischphase ist das auf ein Mol bezogene Gesamtvolumen. Rechnerisch erhält man es, indem man das Gesamtvolumen durch die Summe der Mole aller an der Mischphase beteiligten Komponenten teilt.

Nach obiger Definition ist das mittlere Molvolumen einer *idealen* Mischphase gegeben durch folgenden Ausdruck:

$$\bar{V} = \frac{V}{\sum_1^C n_i} = \sum_1^C \frac{n_i}{\sum_1^C n_i} \cdot \mathbf{V}_i \qquad (4.43)$$

beziehungsweise unter Berücksichtigung, daß $n_i/\sum_1^C n_i$ dem Molenbruch der Komponente i in der Mischung entspricht:

$$\bar{V} = \sum_1^C x_i \mathbf{V}_i \qquad (4.44)$$

$\mathbf{V}_i$ ist das Molvolumen der reinen Komponente i.

Analog setzt sich das mittlere Molvolumen realer Mischungen wie folgt zusammen:

$$\bar{V} = \sum_1^C x_i V_i \qquad (4.45)$$

wobei $V_i$ das partielle Molvolumen der Komponente i wiedergibt.

**Beispiel:** Unter Verwendung der Daten aus dem vorangehenden Beispiel wird das mittlere Molvolumen der (Zn,Fe)S-Mischkristalle, die 0.2 Mole ZnS und 0.1 Mole FeS enthalten, wie folgt ausgerechnet:

$$\bar{V} = x^{Bl}_{ZnS} V^{Bl}_{ZnS} + x^{Bl}_{FeS} V^{Bl}_{FeS}$$

$$x^{Bl}_{ZnS} = \frac{n^{Bl}_{ZnS}}{n^{Bl}_{ZnS} + n^{Bl}_{FeS}} = \frac{0.2}{0.2 + 0.1} = 0.667$$

$$x^{Bl}_{FeS} = \frac{n^{Bl}_{FeS}}{n^{Bl}_{ZnS} + n^{Bl}_{FeS}} = \frac{0.2}{0.2 + 0.1} = 0.333$$

$$\bar{V} = \frac{V}{0.3} = 0.667 \times 24.094 + 0.333 \times 24.305 = \underline{24.164 \text{ cm}^3/\text{Mol}}$$

### 4.2.3. **Volumina binärer Mischungen**

Berücksichtigt man, daß die Summe der Molenbrüche der an einer Mischphase beteiligten Komponenten stets 1 ist, kann das mittlere Molvolumen einer binären, z.B. aus Komponenten A und B bestehenden Mischphase, mit folgender Gleichung wiedergegeben werden:

$$\bar{V}^{id} = (1 - x_B)\mathbf{V}_A + x_B\mathbf{V}_B \quad \text{im Falle einer idealen Mischbarkeit} \tag{4.46}$$

$$\bar{V} = (1 - x_B)V_A + x_B V_B \quad \text{im Falle einer realen Mischbarkeit} \tag{4.47}$$

$x_B$ ist der Molenbruch der Komponente B in der Mischphase (A,B), $\mathbf{V}_A$ und $\mathbf{V}_B$ sowie $V_A$ und $V_B$ sind die Molvolumina der reinen Komponenten beziehungsweise ihre partiellen Molvolumina in der Mischung (A,B).

Bei der Herleitung mathematischer Ausdrücke für die partiellen Molvolumina $V_A$ und $V_B$ als Funktionen der Molenbrüche $x_A$ und $x_B$ kann von der Definition des partiellen Molvolumens (Gl. 4.41) ausgegangen werden. Danach sind

$$V_A = \left(\frac{\partial V}{\partial n_A}\right)_{P,T,n_B} \quad \text{und} \quad V_B = \left(\frac{\partial V}{\partial n_B}\right)_{P,T,n_A} \tag{4.48}$$

Wird in Gl. (4.48) das Gesamtvolumen durch das mittlere Molvolumen der Mischphase ersetzt, erhält man:

$$V_A = \left\{\frac{\partial[\bar{V}(n_A + n_B)]}{\partial n_A}\right\}_{n_B} = \bar{V} + n_A\left(\frac{\partial \bar{V}}{\partial n_A}\right)_{n_B} + n_B\left(\frac{\partial \bar{V}}{\partial n_A}\right)_{n_B} \tag{4.49}$$

Führt man anschließend $x_B$ als Variable ein, so gilt nach der Kettenregel der Differentiation:

$$\left(\frac{\partial \bar{V}}{\partial n_A}\right)_{n_B} = \left(\frac{\partial \bar{V}}{\partial x_B}\right)\left(\frac{\partial x_B}{\partial n_A}\right)_{n_B} \tag{4.50}$$

Wegen

$$x_B = \frac{n_B}{n_A + n_B} \tag{4.51}$$

ist dann:

$$\left(\frac{\partial x_B}{\partial n_A}\right)_{n_B} = -\frac{n_B}{(n_A + n_B)^2} \tag{4.52}$$

und

$$\left(\frac{\partial \bar{V}}{\partial n_A}\right)_{n_B} = -\frac{n_B}{(n_A + n_B)^2} \cdot \frac{\partial \bar{V}}{\partial x_B} \qquad (4.53)$$

Setzt man den Ausdruck (4.53) in die Gleichung (4.49) ein und berücksichtigt die Definition des Molenbruchs, erhält man für das partielle Molvolumen der Komponente A:

$$V_A = \bar{V} - x_B\left(\frac{\partial \bar{V}}{\partial x_B}\right)_{P,T} \qquad (4.54)$$

Wird von der Definition des partiellen Molvolumens der Komponente B

$$V_B = \left(\frac{\partial V}{\partial n_B}\right)_{n_A} \qquad (4.55)$$

ausgegangen, gewinnt man als Ergebnis einen zu (4.54) analogen Ausdruck für die Komponente B, nämlich

$$V_B = \bar{V} + (1 - x_B)\left(\frac{\partial \bar{V}}{\partial x_B}\right)_{P,T} \qquad (4.56)$$

Das mittlere Molvolumen kristalliner Mischphasen läßt sich relativ einfach ermitteln. Man mißt hierzu mit Hilfe röntgenographischer Verfahren die Gitterparameter der Mischkristalle in Abhängigkeit von der Zusammensetzung und rechnet dann nach Gl.(4.35) die Volumina aus. Unter der Voraussetzung, daß das Volumen einer Mischphase als Funktion der Zusammensetzung bekannt ist, lassen sich die partiellen Molvolumina nach den Gleichungen (4.54) und (4.56) ausrechnen.

Der geometrische Inhalt der Gln. (4.54) und (4.56) ist in der Abb. 21 dargestellt. Die durchgezogene Kurve stellt das mittlere Molvolumen $\bar{V}$ in Abhängigkeit von der Zusammensetzung der Mischphase dar. Der Anfang und das Ende der $\bar{V}(x_B)$-Kurve geben die Molvolumina der Komponenten A und B wieder. Die Steigung der Kurve in P kann auf zweierlei Arten ausgedrückt werden:

$$\text{a)} \left(\frac{\partial \bar{V}}{\partial x_B}\right)_{P,T} = \frac{V_B(x'_B) - \bar{V}}{(1 - x_B)} \qquad (4.57)$$

oder

$$\text{b)} \left(\frac{\partial \bar{V}}{\partial x_B}\right)_{P,T} = \frac{\bar{V} - V_A(x'_B)}{x_B} \qquad (4.58)$$

Aus Gl. (4.57) folgt nach der Umstellung

$$V_B = \bar{V} + (1 - x_B)\left(\frac{\partial \bar{V}}{\partial x_B}\right)_{P,T} \tag{4.59}$$

und aus Gl. (4.58)

$$V_A = \bar{V} - x_B\left(\frac{\partial \bar{V}}{\partial x_B}\right)_{P,T} \tag{4.60}$$

Gleichungen (4.59) und (4.60) sind mit (4.54) und (4.56) identisch.

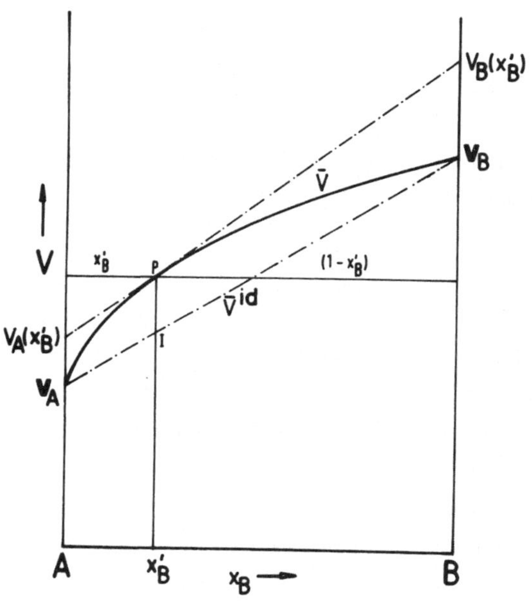


Abb. 21: Volumina einer binären Mischphase (A,B) (schematisch) $x'_B$= Molenbruch der Komponente B; $\mathbf{V}_A$ und $\mathbf{V}_B$ = Molvolumina der Komponenten A und B; $V_A(x'_B)$ und $V_B(x'_B)$ = partielle Molvolumina der Komponenten A und B bei der Zusammensetzung $x'_B$. $\bar{V}$ und $\bar{V}^{id}$ = mittlere Molvolumina (reale und ideale Mischbarkeit).

Die Differenz zwischen dem Molvolumen der Komponente i und ihrem partiellen Molvolumen wird *molares Zusatzvolumen* oder *molares Exzeßvolumen* genannt.

$$V_A^e(x'_B) = V_A(x'_B) - \mathbf{V}_A \tag{4.61}$$

$$V_B^e(x'_B) = V_B(x'_B) - \mathbf{V}_B \tag{4.62}$$

Das Exzeßvolumen kann sowohl negativ als auch positiv sein, je nachdem ob das partielle Molvolumen der Komponente kleiner oder größer ist als das Molvolumen der reinen Komponente.

Die Differenz zwischen dem tatsächlichen Molvolumen der Mischphase bei einer bestimmten Zusammensetzung $x'_B$ und ihrem mittleren Molvolumen bei dieser Zusammensetzung im Falle einer idealen Mischbarkeit bezeichnet man als *mittleres Zusatzvolumen* oder *mittleres Exzeßvolumen*.

$$\Delta\bar{V}^e(x'_B) = \bar{V}(x'_B) - \bar{V}^{id}(x'_B) \tag{4.63}$$

In der Abb. 21 entspricht das mittlere Exzeßvolumen für eine angegebene Zusammensetzung $x'_B$ der Strecke $\overline{IP}$.

Setzt man für das mittlere Molvolumen (real und ideal) in der Gl. (4.63) die Ausdrücke aus (4.46) und (4.47) ein, erhält man

$$\begin{aligned}\Delta\bar{V}^e(x'_B) &= (1 - x_B)V_A(x'_B) + x_B V_B(x'_B) - (1 - x_B)\mathbf{V}_A - x_B\mathbf{V}_B \\ &= (1 - x_B)[V_A(x'_B) - \mathbf{V}_A] + x_B[V_B(x'_B) - \mathbf{V}_B]\end{aligned} \tag{4.64}$$

Wegen (4.61) und (4.62) ist schließlich

$$\Delta\bar{V}^e(x'_B) = (1 - x_B)V_A^e(x'_B) + x_B V_B^e(x'_B) \tag{4.65}$$

Multipliziert man die Exzeßvolumina der Komponenten mit den dazugehörigen Molenbrüchen, ergibt die Summe der Produkte das mittlere Exzeßvolumen der Mischphase.

Für thermodynamische Berechnungen stellt man das mittlere Molvolumen binärer Mischphasen häufig als Funktion der Zusammensetzung in Form eines Polynoms mit steigenden Potenzen von x dar. Besteht z.B. die betreffende Mischphase aus den Komponenten A und B, lautet das Volumenpolynom:

$$\bar{V} = a + bx_B + cx_B^2 + dx_B^3 + \cdots \tag{4.66}$$

Die Koeffizienten des Polynoms werden durch die Anpassung einer $\bar{V}(x_B)$-Kurve an die röntgenographisch ermittelten Molvolumina der Mischkristalle bestimmt. Dabei wird sehr häufig die Methode der kleinsten Quadrate angewandt.

Bei Durchsicht von Literaturdaten über Volumen-Zusammensetzungsbeziehungen in binären silikatischen und nichtsilikatischen Systemen stellten Newton und Wood (1980) fest, daß die mittleren Molvolumina der Mischkristalle in vielen Fällen ein anomales Verhalten aufweisen. Die Autoren beobachteten, daß in manchen Mischungen das mittlere Molvolumen bei Konzentrationserhöhungen der Komponente mit dem größeren Molvolumen anfänglich wesentlich schwächer zunimmt als in dem darauffolgenden Mischungsbereich. Siehe hierzu Abb. 22. Das Konzentrationsgebiet, in dem sich eine Mischphase anomal verhält, erstreckt sich von 0 bis ca 10 Mol%. Diese Abweichung, die bei der Aufstellung von Volumenpolynomen bisher nicht berücksichtigt wurde, weil man sie offensichtlich nicht für signifikant hielt, hätte natürlich Konsequenzen hinsichtlich der Druckabhängigkeiten von thermodynamischen Funktionen.

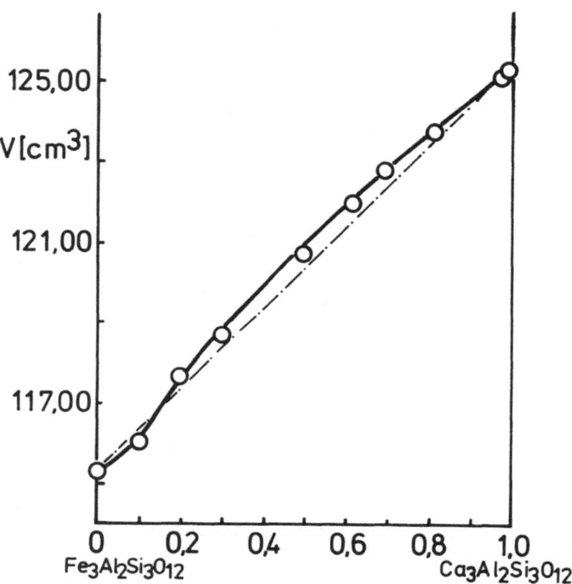


Abb, 22: Molvolumen im System Almandin - Pyrop (nach Cressey et al., 1978).

### 4.2.4. Reaktionsvolumen

In einer Mischung kann zwischen den Komponenten eine chemische Reaktion ablaufen. Dabei werden die Reaktionsteilnehmer in einem definierten Molenverhältnis, nämlich dem, das die Reaktionsgleichung angibt, umgesetzt. Dies läßt sich mit einem einfachen Reaktionsschema veranschaulichen. Reagieren A und B zu C und D, lautet die Reaktionsgleichung wie folgt:

$$\nu_A A + \nu_B B \rightarrow \nu_C C + \nu_D D \tag{4.67}$$

A, B, C und D sind die Reaktionsteilnehmer, $\nu_A$, $\nu_B$, $\nu_C$ und $\nu_D$ die stöchiometrischen

Koeffizienten. Die letzteren definieren das Molenverhältnis, in dem die Reaktionsteilnehmer an der betreffenden chemischen Reaktion beteiligt sind.

Liegen sowohl Produkte als auch Edukte in mechanischen oder idealen Mischungen vor, so ist die bei einem chemischen Umsatz stattfindende Änderung des Gesamtvolumens gleich der stöchiometrischen Summe der Molvolumina der Reaktionsteilnehmer. Dabei werden die stöchiometrischen Koeffizienten der Edukte negativ und die der Produkte positiv gerechnet. Die durch die Reaktion (4.67) bedingte Volumenänderung des Gesamtsystems ist dann

$$\Delta V_r = -\nu_A V_A - \nu_B V_B + \nu_C V_C + \nu_D V_D = \sum_A^D \nu_i V_i \qquad (4.68)$$

$\Delta V_r$ wird als *Reaktionsvolumen* bezeichnet.

**Beispiel:** Die chemische Reaktionsgleichung für den Umsatz des Grossulars mit Quarz zu Anorthit und Wollastonit lautet:

$$\underset{\text{(Grossular)}}{Ca_3Al_2Si_3O_{12}} + \underset{\text{(Quarz)}}{SiO_2} \rightarrow \underset{\text{(Anorthit)}}{CaAl_2Si_2O_8} + 2\ \underset{\text{(Wollastonit)}}{CaSiO_3}$$

Die stöchiometrischen Koeffizienten in dieser Reaktion sind in der Reihenfolge der vorkommenden Reaktanten: 1, 1, 1 und 2.

Das Reaktionsvolumen ist nach Gl.(4.68)

$$\begin{aligned}\Delta V_r &= -V^{Gt}_{Ca_3Al_2Si_3O_{12}} - V^{Q}_{SiO_2} + V^{Fp}_{CaAl_2Si_2O_8} + 2V^{Woll}_{CaSiO_3}\\ &= -125.30 - 22.688 + 100.79 + 2 \times 39.93\\ &= \underline{32.662\ cm^3 = 3.2662\ J/bar}\end{aligned}$$

## 4.2.5. Mineralogische Beispiele für Volumina in Mischphasen

**Beispiel 1**: Tabelle 4 enthält die mittleren Molvolumina der $Ca_3(Al,Cr)_2Si_3O_{12}$-Granatmischkristalle für die Zusammensetzungen von reinem Uwarowit, $Ca_3Cr_2Si_3O_{12}$, bis zum reinen Grossular, $Ca_3Al_2Si_3O_{12}$.

Trägt man die Molvolumina der Tabelle 4 gegen den Molenbruch $x^{Gt}_{Ca_3Al_2Si_3O_{12}}$ auf, stellt man einen linearen Zusammenhang zwischen beiden Größen fest (vgl. Abb. 23). Vom Standpunkt des Volumens verhält sich diese Mischphase ideal. Für das mittlere Molvolumen gilt dann die Gl. (4.46), und zwar:

$$\bar{V}^{Gt} = x^{Gt}_{Ca_3Al_2Si_3O_{12}} \cdot V^{Gt}_{Ca_3Al_2Si_3O_{12}} + x^{Gt}_{Ca_3Cr_2Si_3O_{12}} \cdot V^{Gt}_{Ca_3Cr_2Si_3O_{12}}$$

und wegen $x^{Gt}_{Ca_3Al_2Si_3O_{12}} + x^{Gt}_{Ca_3Cr_2Si_3O_{12}} = 1$

$$\bar{V}^{Gt} = (1 - x^{Gt}_{Ca_3Cr_2Si_3O_{12}}) \cdot V^{Gt}_{Ca_3Al_2Si_3O_{12}} + x^{Gt}_{Ca_3Cr_2Si_3O_{12}} \cdot V^{Gt}_{Ca_3Cr_2Si_3O_{12}}$$

$V^{Gt}_{Ca_3Al_2Si_3O_{12}}$ und $V^{Gt}_{Ca_3Cr_2Si_3O_{12}}$ sind die Molvolumina des reinen Grossulars und des reinen Uwarowits. Die Zahlenwerte für diese Größen kann man der Tabelle 4 entnehmen.

Tabelle 4: Das mittlere Molvolumen der $Ca_3(Al,Cr)_2Si_3O_{12}$-Granat-Mischkristalle in Abhängigkeit von der Zusammensetzung (Huckenholz und Knittel, 1975).

| $x^{Gt}_{Ca_3Cr_2Si_3O_{12}}$ | $\bar{V}^{Gt}$ [ $cm^3$/Mol ] |
|---|---|
| 1.00 | 129.9667 |
| 0.95 | 129.8043 |
| 0.89 | 129.5122 |
| 0.78 | 129.2206 |
| 0.68 | 128.5741 |
| 0.57 | 128.0263 |
| 0.47 | 127.5122 |
| 0.38 | 127.0634 |
| 0.28 | 126.6476 |
| 0.18 | 126.2966 |
| 0.09 | 125.6599 |
| 0.05 | 125.5328 |
| 0.00 | 125.2789 |

Für einen Granatmischkristall mit $x^{Gt}_{Ca_3Cr_2Si_3O_{12}} = 0.28$ erhält man folgendes mittleres Molvolumen:

$$\bar{V}^{Gt} = 0.72 \times 125.2789 + 129.9667 \times 0.28 = \underline{126.5915\ cm^3/Mol}$$

Ein Vergleich des Rechenergebnisses mit dem entsprechenden Meßwert in der Tabelle 4 zeigt eine Differenz von - 0.0561 $cm^3$/Mol.

Mit Hilfe der linearen Regression kann man an die Meßwerte eine Gerade der Form $\bar{V} = a + bx$ anpassen. Hierbei ergeben sich folgende Zahlenwerte für die Koeffizienten:

a = 125.3152
b = 4.7336

Die Gleichung für die $\bar{V}(x)$-Gerade lautet dann:

$$\bar{V}^{Gt}[cm^3/Mol] = 125.3152 + 4.7336(x^{Gt}_{Ca_3Al_2Si_3O_{12}})$$

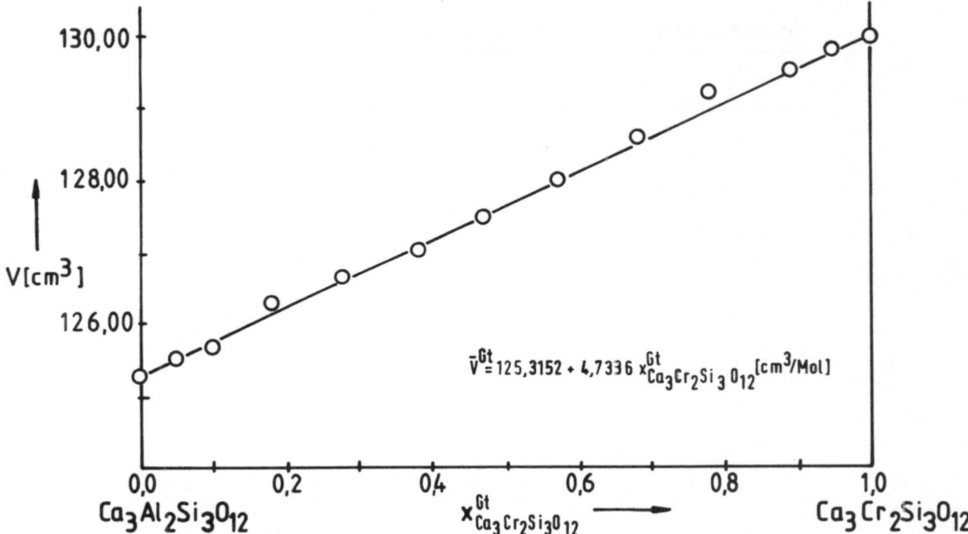


Abb. 23: Mittleres Molvolumen der $Ca_3(Al,Cr)_2Si_3O_{12}$-Granat-Mischkristalle im System $Ca_3Al_2Si_3O_{12}$ - $Ca_3Cr_2Si_3O_{12}$ (nach Huckenholz und Knittel, 1975).

**Beispiel 2:** Präzisionsmessungen der Gitterkonstanten an monoklinen Feldspat-Mischkristallen, $(K,Na)AlSi_3O_8$, (Orville, 1967) ergaben die in der Tabelle 5 zusammengestellten mittleren Molvolumina. Wie aus der Abb. 24 zu ersehen ist, hängen die mittleren Molvolumina hier in einer nichtlinearen Weise vom $KAlSi_3O_8$-Gehalt ab. Nach Waldbaum und Thompson (1968) läßt sich ein Polynom 2. Grades an die Daten anpassen. Das nach der Methode der kleinsten Quadrate von den Autoren ermittelte Polynom lautet umgerechnet auf J/Mol•bar:

$$\bar{V}^{Fp} = 10.0152 + 1.2459(x^{Fp}_{KAlSi_3O_8}) - 0.374(x^{Fp}_{KAlSi_3O_8})^2$$

Mit Hilfe des Volumenpolynoms lassen sich nun für beliebige Zusammensetzungen alle Volumenarten ausrechnen. Nehmen wir an, daß der Molenbruch der Komponente

$KAlSi_3O_8$ 0.4 beträgt. Ausgerechnet werden sollen z.B. mittleres Molvolumen und mittleres Exzeßvolumen.

Das mittlere Molvolumen ergibt sich unmittelbar durch das Einsetzen des oben angegebenen Molenbruchs in das Volumenpolynom. Es ist:

$$\bar{V}^{Fp} = 10.0152 + 1.2459 \times 0.4 - 0.374 \times (0.4)^2 = \underline{10.4537\ \text{J/bar}\cdot\text{Mol}}$$

Tabelle 5: Mittlere Molvolumina der $(K,Na)AlSi_3O_8$-Mischkristalle in Abhängigkeit von der Zusammensetzung.

| $x^{Fp}_{KAlSi_3O_8}$ | $\bar{V}^{Fp}$ [J/bar•Mol] |
|---|---|
| 0.0000 | 10.029 |
| 0.0472 | 10.064 |
| 0.0947 | 10.129 |
| 0.1426 | 10.182 |
| 0.1906 | 10.233 |
| 0.2390 | 10.281 |
| 0.2876 | 10.346 |
| 0.3366 | 10.373 |
| 0.3858 | 10.442 |
| 0.4353 | 10.494 |
| 0.4851 | 10.535 |
| 0.5352 | 10.573 |
| 0.5856 | 10.613 |
| 0.6363 | 10.664 |
| 0.6873 | 10.692 |
| 0.7387 | 10.731 |
| 0.8422 | 10.802 |
| 0.8945 | 10.822 |
| 0.9471 | 10.864 |
| 1.0000 | 10.879 |

Das mittlere Exzeßvolumen kann entweder nach der Gl. (4.63) oder nach (4.65) gerechnet werden.

Nach (4.63) ist

$$\Delta\bar{V}^{e}(0.4) = \bar{V}^{Fp}(0.4) - \bar{V}^{Fp,id}(0.4)$$

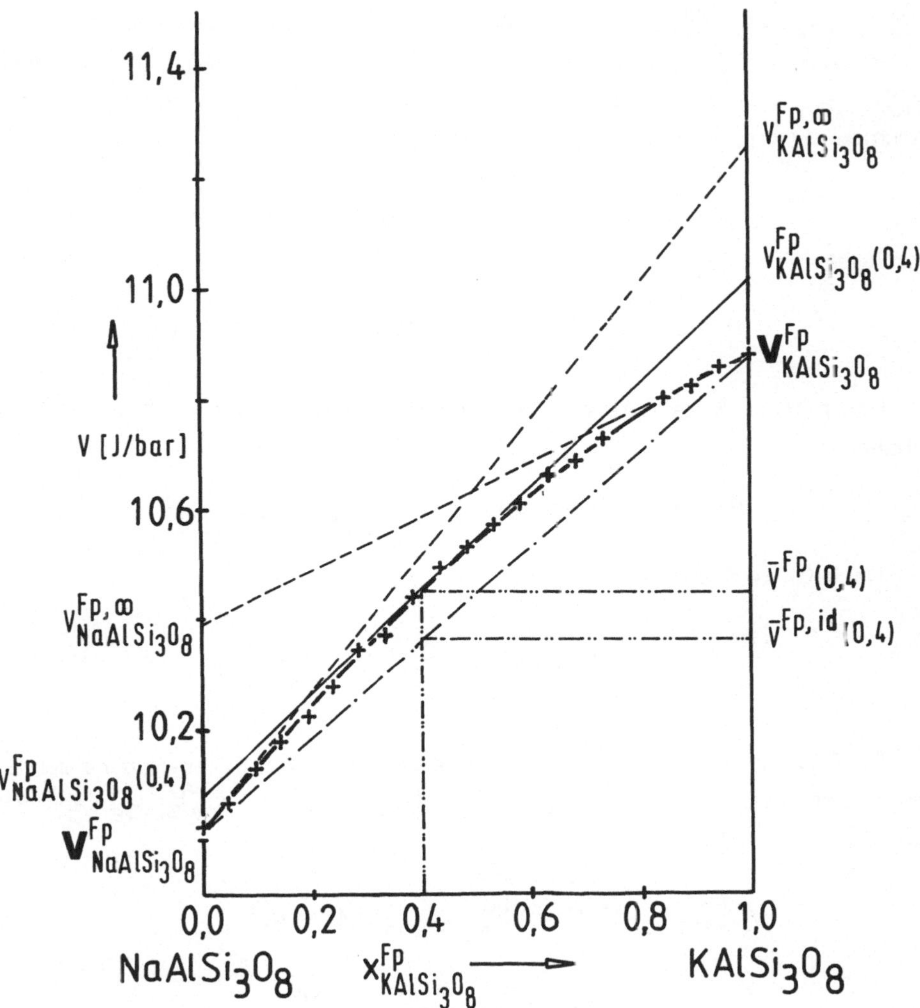


Abb. 24: Volumenverhältnisse in monoklinen $(K,Na)AlSi_3O_8$-Mischkristallen (nach den Daten von Orville, 1967 sowie Waldbaum und Thompson, 1968).

Das $\bar{V}^{Fp}(0.4)$ wurde bereits oben ausgerechnet und beträgt 10.4537 J/bar·Mol. $\bar{V}^{Fp,id}(0.4)$ ist nach Gl. (4.46)

$$\bar{V}^{Fp}(0.4) = 0.6V^{Fp}_{NaAlSi_3O_8} + 0.4V^{Fp}_{KAlSi_3O_8}$$

$V^{Fp}_{NaAlSi_3O_8}$ und $V^{Fp}_{KAlSi_3O_8}$ sind die Molvolumina des reinen Hochalbits und des reinen Sanidins. $V^{Fp}_{NaAlSi_3O_8}$ ist identisch mit dem Koeffizienten a im Volumenpolynom ($x^{Fp}_{KAlSi_3O_8} = 0$) und beträgt 10.0152 J/Mol•bar. $V^{Fp}_{KAlSi_3O_8}$ gewinnt man aus dem Volumenpolynom, wenn $x^{Fp}_{KAlSi_3O_8} = 1$ gesetzt wird:

$$V^{Fp}_{KAlSi_3O_8} = 10.0152 + 1.2459 - 0.374 = \underline{10.8871\ \text{J/bar}\cdot\text{Mol}}$$

Damit ist

$$\bar{V}^{Fp,id}(0.4) = 0.6 \times 10.0152 + 0.4 \times 10.8871 = \underline{10.3640\ \text{J/bar}\cdot\text{Mol}}$$

Das mittlere Exzeßvolumen stellt die Differenz zwischen $\bar{V}^{real}$ und $\bar{V}^{id}$ dar. Wir erhalten:

$$\Delta\bar{V}^{e}(0.4) = 10.4537 - 10.3640 = \underline{0.0897\ \text{J/bar}\cdot\text{Mol}}$$

Nach Gl. (4.65) ist

$$\Delta\bar{V}^{e}(0.4) = 0.6V^{e,Fp}_{NaAlSi_3O_8}(0.4) + 0.4V^{e,Fp}_{KAlSi_3O_8}(0.4\quad)$$

Die Gleichungen (4.61) und (4.62) geben die partiellen Exzeßvolumina der Komponenten eines binären Systems wieder. Für $V^{e,Fp}_{NaAlSi_3O_8}$ und $V^{e,Fp}_{KAlSi_3O_8}$ kann demnach geschrieben werden:

$$V^{e,Fp}_{NaAlSi_3O_8}(0.4) = V^{Fp}_{NaAlSi_3O_8}(0.4) - V^{Fp}_{NaAlSi_3O_8}$$

$$V^{e,Fp}_{KAlSi_3O_8}(0.4) = V^{Fp}_{KAlSi_3O_8}(0.4) - V^{Fp}_{KAlSi_3O_8}$$

Die Molvolumina der beiden Komponenten sind bereits bekannt. Ihre partiellen Molvolumina bei der gegebenen Zusammensetzung der Mischphase können nach den Gln. (4.54) und (4.56) bestimmt werden.

$$\begin{aligned} V^{Fp}_{NaAlSi_3O_8} &= \bar{V}^{Fp} - x^{Fp}_{KAlSi_3O_8}\left[\frac{\partial \bar{V}^{Fp}}{\partial x^{Fp}_{KAlSi_3O_8}}\right]_{P,T} \\ &= 10.0152 + 1.2459x^{Fp}_{KAlSi_3O_8} - 0.374(x^{Fp}_{KAlSi_3O_8})^2 \\ &\quad - x^{Fp}_{KAlSi_3O_8}(1.2459 - 0.748x^{Fp}_{KAlSi_3O_8}) \\ &= 10.0152 + 0.374(x^{Fp}_{KAlSi_3O_8})^2 \\ &= 10.0152 + 0.374(0.4)^2 = \underline{10.0750\ \text{J/bar}\cdot\text{Mol}} \end{aligned}$$

$$V^{e,Fp}_{NaAlSi_3O_8}(0.4) = 10.0750 - 10.0152 = \underline{0.0598\ J/bar{\cdot}Mol}$$

$$\begin{aligned} V^{Fp}_{KAlSi_3O_8} &= \bar{V}^{Fp} + (1 - x^{Fp}_{KAlSi_3O_8})\left[\frac{\partial \bar{V}^{Fp}}{\partial x^{Fp}_{KAlSi_3O_8}}\right]_{P,T} \\ &= 10.0152 + 1.2459x^{Fp}_{KAlSi_3O_8} - 0.374(x^{Fp}_{KAlSi_3O_8})^2 \\ &+ (1 - x^{Fp}_{KAlSi_3O_8})(1.2459 - 0.748x^{Fp}_{KAlSi_3O_8}) \\ &= 10.0152 + 1.2459 - 0.748x^{Fp}_{KAlSi_3O_8} \\ &+ 0.374(x^{Fp}_{KAlSi_3O_8})^2 \\ &= 11.2611 - 0.748 \times 0.4 + 0.374 \times (0.4)^2 \\ &= \underline{11.0217\ J/bar{\cdot}Mol} \end{aligned}$$

$$V^{e,Fp}_{KAlSi_3O_8}(0.4) = 11.0217 - 10.8871 = \underline{0.1346\ J/bar{\cdot}Mol}$$

Das mittlere Exzeßvolumen ist dann

$$\Delta\bar{V}^{e}(0.4) = 0.6 \times 0.0598 + 0.4 \times 0.1346 = \underline{0.0897\ J/bar{\cdot}Mol}$$

Das Ergebnis ist mit dem, das nach Gl. (4.63) berechnet wurde, identisch.

Werden Grenzkonzentrationen $x^{Fp}_{KAlSi_3O_8} = 0$ und $x^{Fp}_{KAlSi_3O_8} = 1$ in die Gleichungen für die partiellen Molvolumina eingesetzt, erhält man sogenannte *partielle Molvolumina bei unendlichen Verdünnungen der Komponenten.* Es ist

$$V^{Fp,\infty}_{KAlSi_3O_8} = 10.0152 + 1.2459 = \underline{11.2611\ J/bar{\cdot}Mol}$$

$$V^{Fp\infty}_{NaAlSi_3O_8} = 10.0152 + 0.374 = \underline{10.3892\ J/bar{\cdot}Mol}$$

Die dazugehörigen Exzeßvolumina sind

$$V^{e,\infty}_{KAlSi_3O_8} = 11.2611 - 10.8871 = \underline{0.3740\ J/bar{\cdot}Mol}$$

$$V^{e,\infty}_{NaAlSi_3O_8} = 10.3892 - 10.0152 = \underline{0.3740\ J/bar{\cdot}Mol}$$

Wie man sieht, sind die beiden Exzeßvolumina zahlenmäßig gleich. Dies ist kein Zufall, sondern gilt für alle Fälle, in denen das mittlere Molvolumen mit einem Polynom 2. Grades angegeben werden kann.

**Beispiel 3**: Die Abhängigkeit des mittleren Molvolumens der dioktaedrischen Glimmerkristalle, $(K,Na)Al_2[AlSi_3O_{10}](OH)_2$, vom $KAl_2[AlSi_3O_{10}](OH)_2$-Gehalt läßt sich nach Chatterjee und Froese (1975) durch ein Polynom 3. Grades wiedergeben. Die Gleichung lautet umgerechnet auf J/bar•Mol:

$$\bar{V}^{Gl} = 13.1952 + 0.42407x + 1.5777x^2 - 1.12148x^3$$

$$x = x^{Gl}_{KAl_2[AlSi_3O_{10}](OH)_2}$$

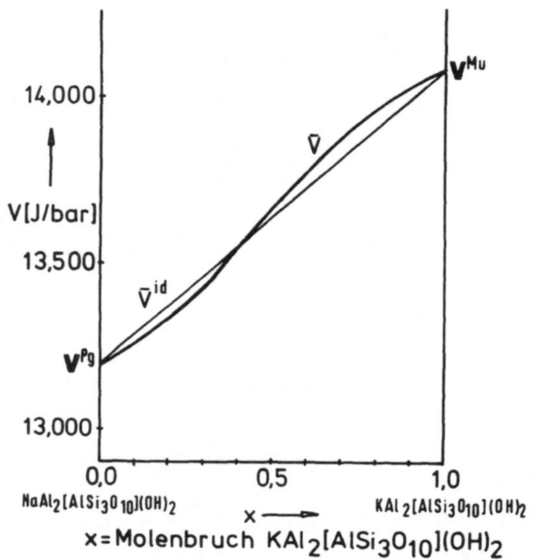


Abb. 25: Volumina im System $NaAl_2[AlSi_3O_{10}](OH)_2$ - $KAl_2[AlSi_3O_{10}](OH)_2$ (nach den Daten von Chatterjee und Froese, 1975).

Trägt man das mittlere Molvolumen der Glimmer-Mischkristalle gegen die Zusammensetzung auf (Abb. 25), stellt man für kleine x eine negative und für große x eine positive Abweichung von der Idealität fest. Die $\bar{V}(x)$-Kurve schneidet die Verbindungslinie zwischen den Molvolumina der reinen Komponenten bei $x \approx 0.4$. (Wegen der begrenzten Mischbarkeit zwischen $KAl_2[AlSi_3O_{10}](OH)_2$ und $NaAl_2[AlSi_3O_{10}](OH)_2$ standen den oben genannten Autoren für die Ermittlung des Volumenpolynoms für x zwischen 0.150 und 0.650 keine Daten zur Verfügung. Der mittlere Teil der Kurve ist daher nicht realisiert).

Aus dem Volumenpolynom ergibt sich folgende Gleichung für das mittlere Exzeßvolumen:

$$\Delta \bar{V}^{e,Gl} = \bar{V}^{Gl} - \bar{V}^{Gl,id}$$

wobei

$$\bar{V}^{Gl,id} = (1 - x)V^{Pg} + xV^{Ms}$$

ist und $V^{Pg}$ und $V^{Ms}$ die Molvolumina der Komponenten $NaAl_2[AlSi_3O_{10}](OH)_2$ und $KAl_2[AlSi_3O_{10}](OH)_2$ sind.

Wie bereits früher festgestellt wurde, ist $V^{Pg}$ identisch mit dem Koeffizienten a in der Volumengleichung (x = 0). Es beträgt 13.1952 J/bar•Mol. $V^{Ms}$ gewinnt man, indem x = 1 gesetzt wird. Es ist

$$\begin{aligned} V^{Ms} &= 13.1952 + 0.42407 + 1.5777 - 1.12148 \\ &= \underline{14.0755 \text{ J/bar} \cdot \text{Mol}} \end{aligned}$$

Damit wird

$$\begin{aligned} \bar{V}^{Gl,id} &= (1 - x)13.1952 + 14.0755x \\ &= 13.1952 + 0.8803x \end{aligned}$$

und

$$\begin{aligned} \Delta \bar{V}^{e,Gl} &= 13.1952 + 0.42707x + 1.5777x^2 - 1.12148x^3 - 13.1952 - 0.8803x \\ &= -0.45323x + 1.5777x^2 - 1.12148x^3 \end{aligned}$$

## 5. Kalorische Zustandsgleichungen

Kalorische Zustandsgleichungen geben den Energieinhalt von Stoffen und Systemen wieder, die sich in verschiedenen, durch die Variablen Druck, Temperatur und Zusammensetzung definierten Zuständen befinden. Unterhalb 844 K und 1 bar liegt beispielsweise $SiO_2$ als Tiefquarz vor und besitzt ganz offensichtlich einen anderen Energieinhalt als Hochquarz, denn während des Umwandlungsvorgangs bei 1 bar und 844 K nimmt es Wärme auf, ohne daß dadurch eine Temperaturänderung stattfindet.

Im Laufe thermodynamischer Prozesse kann zwischen dem System und seiner Umgebung ein Energieaustausch stattfinden. Die Vorzeichengebung für die Austauschenergie erfolgt nach dem sogenannten *egoistischen* Prinzip. Danach werden die vom System aus der Umgebung *aufgenommenen* Energiebeträge mit einem *positiven* und die von ihm an die Umgebung *abgegebenen* mit einem *negativen* Vorzeichen versehen.

Im Hinblick auf die Möglichkeit eines Temperaturausgleichs zwischen einem System und seiner Umgebung unterscheidet man

a) wärmedurchlässige oder *diathermische* und

b) wärmeundurchlässige oder *adiabatische* Wände

Dadurch, daß die diathermischen Wände den Temperaturausgleich zulassen, ist eine thermische Gleichgewichtseinstellung zwischen dem System und seiner Umgebung möglich.

Absolut adiabatische Wände, die den Temperaturausgleich verhindern, gibt es in der Praxis nicht. Über längere Zeit sind alle Wände diathermisch. Es kommt auf die Prozeßdauer an. Kurzzeitig können viele Wände als adiabatisch betrachtet werden.

Die "Wände" mineralogischer Systeme sind durchweg als diathermisch aufzufassen, da die geologischen Zeiträume sehr groß sind. In der Regel werden die thermodynamischen Prozesse erst durch den Temperaturaustausch zwischen dem System und seiner Umgebung in Gang gesetzt. So ist z.B. eine Umbildung von Tief- zu Hochtemperaturmineralen während einer Kontaktmetamorphose erst durch den Wärmefluß vom Magmatit zum Nebengestein möglich.

Steht ein System mit diathermischen Wänden in Kontakt mit einem großen Wärmereservoir so, daß sich die Temperatur des letzteren trotz Wärmeentnahme oder -zufuhr praktisch nicht ändert, bleibt die Temperatur des Systems konstant. Die Prozesse, die unter solchen Bedingungen ablaufen, werden *isotherm* genannt. In Systemen mit adiabatischen Wänden finden *adiabatische* Prozesse statt. Hierbei ändert sich die Temperatur des Systems.

### 5.1. Erster Hauptsatz der Thermodynamik

Basierend auf der Erkenntnis, daß Wärme und Arbeit zwei äquivalente Formen der Energie sind, wird der Erste Hauptsatz der Thermodynamik wie folgt definiert:

*Geht ein geschlossenes System infolge eines thermodynamischen Prozesses von einem Ausgangszustand in einen Endzustand über, so ist die Summe der zwischen dem System und seiner Umgebung ausgetauschten Wärme und der vom System oder am System verrichteten Arbeit gleich der Änderung einer Zustandsfunktion U, die innere Energie genannt wird.* Es ist:

$$U_E - U_A = \Delta U = Q + A \qquad (5.1)$$

oder differentiell

$$dU = \delta Q + \delta A \qquad (5.2)$$

Die Dimension der inneren Energie ist Joule [J] oder Kalorie [cal].

Da die innere Energie eine Zustandsfunktion ist, ist ihr Zahlenwert wegunabhängig. Für einen Kreisprozeß gilt:

$$\oint dU = 0 \qquad (5.3)$$

$\delta Q$ und $\delta A$ sind keine vollständigen Differentiale. Um sie von diesen zu unterscheiden, werden sie mit dem Zeichen "$\delta$" geschrieben. In der angelsächsischen Literatur wird dafür auch großes D benutzt.

### 5.1.1. **Volumenarbeit**

Der Term $\delta A$ in der Gl. (5.2) kennzeichnet ganz allgemein einen differentiellen Arbeitsbeitrag. Er sagt über die Art der Arbeit nichts aus. Es kann z.B. mechanische Arbeit, elektrische Arbeit, Arbeit gegen die Schwerkraft usw sein. Bei chemischen Prozessen ist neben der elektrischen die Arbeit, die mit Volumenänderungen verbunden ist, die wichtigste.

Ein mathematischer Ausdruck für die Volumenarbeit läßt sich auf folgende Weise ableiten:

In einem Behälter, der mit einem beweglichen Stempel verschlossen sei, befinde sich ein Gas (Abb. 26). Der Stempel soll in Richtung x um dx unendlich langsam, isotherm und reibungsfrei so verschoben werden, daß sich die vom Gas ausgehende Kraft und die Gegenkraft stets nur um einen infinitesimal kleinen Betrag unterscheiden. Die Kraft, die vom Gas senkrecht auf den Stempel wirkt und gegen die der Stempel verschoben werden muß, ergibt sich aus dem Gasdruck P und der Stempelfläche O:

$$F = - PO \qquad (5.4)$$

Die verschiebende Kraft F ist gegen die vom Gasdruck ausgehende Kraft PO gerichtet. Daher muß PO mit einem negativen Vorzeichen versehen werden. Die am Gas verrichtete infinitesimale Arbeit ist

$$dA = Fdx \tag{5.5}$$

bzw.

$$dA = -\,PO dx \tag{5.6}$$

Das Produkt Odx entspricht der Volumenänderung dV, so daß anstelle von (5.6)

$$dA = -\,PdV \tag{5.7}$$

geschrieben werden kann. Die geleistete Arbeit ist dann

$$A = -\int_{V_a}^{V_e} PdV \tag{5.8}$$

$V_a$ ist das Anfangsvolumen und $V_e$ das Endvolumen.

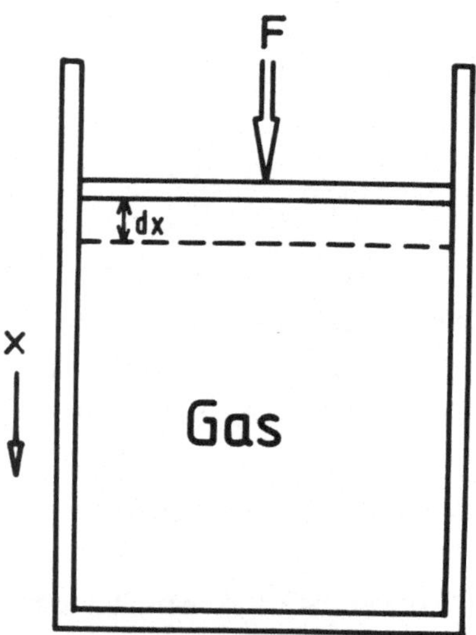


Abb. 26: Skizze zur Veranschaulichung der Volumenarbeit. F = Kraft.

Wird die Kompression isotherm durchgeführt, kann P in der Gl. (5.8) nach dem idealen Gasgesetz durch RT/V ersetzt werden, und wir erhalten:

$$A = -\,RT\int_{V_a}^{V_e} \frac{dV}{V} = -\,RT\int_{V_a}^{V_e} d\ln V = -\,RT\ln\frac{V_e}{V_a} \tag{5.9}$$

Bei einer Kompression ist $V_e$ kleiner als $V_a$, so daß die Arbeit positiv wird. Das ist im Einklang mit dem egoistischen Prinzip der Vorzeichengebung, denn eine Kompression bedeutet Arbeit am System.

Um die Volumenarbeit, die mit einer isothermen Kompression eines Festkörpers verbunden ist, ausrechnen zu können, muß P in der Gl. (5.8) durch einen Ausdruck ersetzt werden, in dem das Volumen als die einzige Variable vorkommt. Bei der Ableitung eines solchen Ausdrucks geht man sinnvollerweise von der Definition des Kompressibilitätskoeffizienten mit festem Bezugsvolumen Gl.(4.8) aus. Durch eine einfache Umstellung der Gleichung (4.8) gewinnt man

$$dP = -\frac{dV}{\chi V_o} \tag{5.10}$$

In der Gl. (5.10) steht nicht das Molvolumen, sondern das Volumen einer beliebigen Menge eines Minerals. Die Menge muß während des Prozesses allerdings unverändert bleiben.

Unter der Annahme, daß die Kompressibilität druckunabhängig ist, liefert die Integration der Gl. (5.10) in den Grenzen zwischen P und $P_o$ = 1 bar sowie $V_P$ und $V_o$:

$$P - 1 = -\frac{V_P - V_o}{\chi V_o} \tag{5.11}$$

Die Kompressibilität eines Festkörpers ist sehr gering, so daß hoher Druck aufgewendet werden muß, um deutliche Volumenabnahmen registrieren zu können. Der Anfangsdruck ($P_o$ = 1 bar) kann daher gegenüber P vernachlässigt werden. So erhält man für P einen Ausdruck, in dem, wie gefordert, nur noch V als Variable vorkommt. Setzt man ihn in die Gleichung (5.8) ein, läßt sie sich in den Grenzen von $V_o$ und $V_P$ integrieren. Das Ergebnis ist die gesuchte Volumenarbeit.

$$A = \int_{V_o}^{V_P} \left( \frac{V_P - V_o}{\chi V_o} \right) dV \tag{5.12}$$

oder

$$A = \frac{(V_P - V_o)^2}{2\chi V_o} \tag{5.13}$$

Bei Bestimmung der Volumenarbeit, die mit einer isothermen Kompression eines Festkörpers verbunden ist, kann anstatt von einer vorgegebenen Volumenabnahme auch von einer vorgegebenen Druckänderung ausgegangen werden. In diesem Fall muß dV in der Gl. (5.8) durch einen Ausdruck ersetzt werden, in dem nur Druck als Variable vorkommt. Bei der Ableitung des Ausdrucks geht man wieder von der Definition des Kompressibilitätskoeffizienten mit festem Bezugsvolumen (Gl. 4.8) aus. Nach der Umstellung ist

$$dV = -\chi V_o dP \tag{5.14}$$

Ersetzt man dV in (5.8) durch (5.14), erhält man

$$A = \int_1^P \chi V_o P dP \tag{5.15}$$

Die Integration wird wieder unter der Annahme durchgeführt, daß der Kompressibilitätskoeffizient druckunabhängig ist. Darüber hinaus wird, wie bereits oben, $P_o$ = 1 bar gegen P vernachlässigt. Die bei einer Kompression des Festkörpers geleistete Arbeit ist dann:

$$A = \frac{V_o P^2 \chi}{2} \tag{5.16}$$

**Beispiel**: Für den Druckbereich von 1 bar bis 50 kbar beträgt der mittlere Kompressibilitätskoeffizient $\bar{\chi}$ des Pyrops, $Mg_3Al_2Si_3O_{12}$, $6.19 \times 10^{-4}$ $kbar^{-1}$ (siehe Seite 47). Die Arbeit, die an einem Pyropkristall, dessen Masse 40.32 g beträgt, geleistet wird, wenn der hydrostatische Druck bei 25°C von 1 bar auf 50 kbar ansteigt, ist nach Gl. (5.13)

$$A = \frac{(V_P - V_o)^2}{2\bar{\chi} V_o}$$

Nach (4.31) ist

$$V_P = V(50,298) = V(0.001,298)\exp\{-50\bar{\chi}\}$$

wenn P in kbar und $\bar{\chi}$ in $kbar^{-1}$ gemessen werden.

$$V(0.001,298) = 113.176 \text{ cm}^3/\text{Mol (Hazen und Finger, 1978)}$$

und damit

$$V(50.298) = 113.176 \exp\{-6.19 \times 10^{-4} \times 50\} = \underline{109.727 \text{ cm}^3/\text{Mol}}$$

Die Molmasse des Pyrops beträgt 403.1508 g. Die im Beispiel angegebene Menge von 40.32 g entspricht somit

$$n = \frac{m}{M} = \frac{40.32}{403.1508} = \underline{0.1 \text{ Mol}}$$

Die für die Rechnung benötigten Volumina bekommt man durch die Multiplikation der Molvolumina mit n = 0.1.

$$V(1,298) = 11.3176 \text{ cm}^3 \text{ und}$$
$$V(50,298) = 10.9727 \text{ cm}^3$$

oder in J/bar:

$$V(1,298) = 1.13176 \text{ J/bar}$$
$$V(50,298) = 1.09727 \text{ J/bar}$$

Damit wird

$$A = \frac{(1.09727 - 1.13176)^2}{2x6.19x10^{-7}x\ 1.13176} = \underline{849 \text{ J}}$$

Setzt man die hier bestimmten Daten in die Gl. (5.16) ein, erhält man

$$A = \frac{1.13176 \times 50^2 \times 6.19 \times 10^{-4}}{2} = \underline{876 \text{ J}}$$

Die Differenz von 27 J ist die Folge der vereinfachenden Annahme, daß der Kompressibilitätskoeffizient druckunabhängig ist, die bei der Herleitung der Formeln für die Volumenarbeit aus der Definition der Kompressibilität gemacht wurde.

## 5.1.2. **Enthalpie**

Setzt man für die Volumenarbeit in (5.2) den Ausdruck (5.7) ein, erhält man

$$dU = \delta Q - PdV \qquad (5.17)$$

als die differentielle Änderung der inneren Energie eines Systems.

Aus der Gleichung (5.17) ergeben sich folgende Konsequenzen:

a) In adiabatisch geführten Prozessen, in denen kein Wärmeaustausch zwischen dem System und seiner Umgebung stattfindet ($\delta Q = 0$), ist die Änderung der inneren Energie gleich der ausgetauschten differentiellen Volumenarbeit:

$$(dU)_Q = dA = - PdV \tag{5.18}$$

b) In isochor geführten Prozessen bleibt das Volumen konstant, d.h. $dV = 0$. Die Änderung der inneren Energie ist dann gleich der zwischen dem System und seiner Umgebung ausgetauschten Wärmemenge:

$$(dU)_V = \delta Q \tag{5.19}$$

Die Gleichungen (5.18) und (5.19) haben insbesondere bei Gasen eine praktische Bedeutung, da sowohl adiabatische Volumenänderungen des Systems als auch ein Wärmeaustausch zwischen dem System und seiner Umgebung unter Konstanthaltung des Volumens meßtechnisch leicht zu verwirklichen sind.

c) Für feste Stoffe ist die innere Energie jedoch eine weniger praktische Zustandsfunktion, denn für die Verwirklichung der Volumenkonstanz wären große apparative Aufwendungen nötig. Man hat daher auf der Grundlage des ersten Hauptsatzes eine weitere Zustandsfunktion definiert, die *Enthalpie* genannt wird. Es ist:

$$H = U + PV \tag{5.20}$$

oder in differentieller Form:

$$dH = d(U + PV) = dU + PdV + VdP \tag{5.21}$$

Setzt man für dU den Ausdruck aus (5.17) ein, erhält man:

$$dH = \delta Q + VdP \tag{5.22}$$

Für isobare Prozesse gilt $dP = 0$ und somit

$$(dH)_P = \delta Q \tag{5.23}$$

Die Gleichung (5.23) ist mit (5.19) vergleichbar. Sie zeigt an, daß in isobar geführten Prozessen die Wärmemenge, die zwischen dem System und seiner Umgebung ausgetauscht wird, mit der Änderung der Zustandsfunktion H identisch ist. Die Dimension der Enthalpie ist mit der der inneren Energie identisch und wird ebenfalls in Joule oder Kalorien angegeben.

### 5.1.3. **Innere Energie und Enthalpie reiner Phasen**

Ähnlich wie das Volumen sind auch die innere Energie, U, und die Enthalpie, H, Funktionen der Zustandsvariablen Druck, Temperatur und Zusammensetzung. Bei reinen Phasen entfällt die Zusammensetzung als die dritte Zustandsvariable, so daß die Zustandsfunktionen dann bereits durch zwei Variablen eindeutig definiert sind. Die Zustandsgleichung für die innere Energie lautet in diesem Fall:

$$U = f(T,V) \tag{5.24}$$

V steht anstelle des Drucks, mit dem es über die thermische Zustandsgleichung verbunden ist.

Analog kann man für die Enthalpie einer reinen Phase schreiben:

$$H = f(T,P) \tag{5.25}$$

Differenziert man diese Funktionen nach den Variablen T und V bzw. T und P, erhält man:

$$dU = \left(\frac{\partial U}{\partial T}\right)_V dT + \left(\frac{\partial U}{\partial V}\right)_T dV \tag{5.26}$$

bzw.

$$dH = \left(\frac{\partial H}{\partial T}\right)_P dT + \left(\frac{\partial H}{\partial P}\right)_T dP \tag{5.27}$$

Für isochore bzw. isobare Prozesse gilt:

$$dU = \left(\frac{\partial U}{\partial T}\right)_V dT \quad \text{bzw.} \quad dH = \left(\frac{\partial H}{\partial T}\right)_P dT \tag{5.28}$$

Eine Kombination der Gleichungen (5.28) mit (5.19) und (5.23) liefert unmittelbar:

$$(\delta Q)_V = \left(\frac{\partial U}{\partial T}\right)_V dT \quad \text{oder} \quad \left(\frac{dQ}{dT}\right)_V = \left(\frac{\partial U}{\partial T}\right)_V \equiv C_V \tag{5.29}$$

$$(\delta Q)_P = \left(\frac{\partial H}{\partial T}\right)_P dT \quad \text{oder} \quad \left(\frac{\partial Q}{\partial T}\right)_P = \left(\frac{\partial H}{\partial T}\right)_P \equiv C_P \tag{5.30}$$

$C_V$ und $C_p$ sind *Wärmekapazitäten* eines Stoffes oder eines Systems bei konstantem Volumen bzw. bei konstantem Druck. Sie entsprechen den Änderungen der inneren Energie bzw. Enthalpie bei Temperaturerhöhungen um 1 Grad, während das Volumen bzw. der Druck konstant gehalten werden. Nach Teilung der Wärmekapazitäten $C_V$ bzw. $C_p$ durch die Mole des im System enthaltenen Stoffes, erhält man die *Molwärmen* $\mathbf{C_V}$ und $\mathbf{C_p}$ . Es ist:

$$\frac{C_V}{n} = \mathbf{C_V} \text{ bzw. } \frac{C_P}{n} = \mathbf{C_P} \qquad (5.31)$$

### 5.1.3.1. Molwärmen $\mathbf{C_V}$ und $\mathbf{C_p}$

Aus meßtechnischen Gründen werden Molwärmen fester Stoffe fast ausschließlich bei konstantem Druck gemessen. Für viele gittertheoretischen Betrachtungen ist jedoch die Kenntnis der Molwärme bei konstantem Volumen notwendig. Die letzteren lassen sich aus den ersteren abschätzen, da zwischen $\mathbf{C_V}$ und $\mathbf{C_p}$ folgende Beziehung existiert:

$$\mathbf{C_p} - \mathbf{C_V} = \frac{T\mathbf{V}\alpha^2}{\chi} \qquad (5.32)$$

$\alpha$ = isobarer thermischer Ausdehnungskoeffizient, $\mathbf{V}$ = Molvolumen, $\chi$ = isothermer Kompressibilitätskoeffizient, T= absolute Temperatur.

**Beispiel 1**: Soll $\mathbf{C_V}$ von Periklas, MgO, nach Gl. (5.32) gerechnet werden, braucht man folgende Daten:

$\mathbf{V}$ = 11.248 $cm^3$/Mol
$\alpha$ = 37.4 x $10^{-6}$ $K^{-1}$
$\chi$ = 0.62 x $10^{-6}$ $bar^{-1}$
$\mathbf{C_p}$= 37.78 J/Mol•K

Vor der Abschätzung des $\mathbf{C_V}$-Wertes muß das Molvolumen des Periklas von $cm^3$/Mol in J/bar•Mol umgerechnet werden. Zu diesem Zwecke multipliziert man es mit dem Faktor $10^{-1}$ (siehe Seite 30) und erhält:

$$\mathbf{V}^{Pkl}_{MgO} = 1.1248 \text{ J/bar•Mol}$$

Setzt man dieses Volumen mit den übrigen Daten in die Gl. (5.32) ein, erhält man für T = 298 K:

$$C_p - C_v = \frac{298 \times 1.1248 \times (37.4 \times 10^{-6})^2}{0.62 \times 10^{-6}} = \underline{0.756 \text{ J/Mol}\cdot\text{K}}$$

$C_v$ von Periklas ist bei Zimmertemperatur also um 2.0% kleiner als $C_p$.

**Beispiel 2**: Die für die Abschätzung des $C_v$-Wertes bei 298 K benötigten Daten für Tiefquarz lauten:

$$V = 22.688 \text{ cm}^3\text{/Mol}$$
$$C_p = 44.59 \text{ J/Mol}\cdot\text{K}$$
$$\alpha = 34.0 \times 10^{-6} \text{ K}^{-1}$$
$$\chi = 2.697 \times 10^{-5} \text{ bar}^{-1}$$

Rechnung:

$$C_p - C_v = \frac{298 \times 2.2866 \times (34.0 \times 10^{-6})^2}{2.697 \times 10^{-6}} = \underline{0.29 \text{ J/Mol}\cdot\text{K}}$$

Der kleine Unterschied zwischen $C_p$ und $C_v$ bei Zimmertemperatur kann in den üblichen thermodynamischen Rechnungen vernachlässigt werden. Bei höheren Temperaturen wird er dann größer, doch läßt er sich mit der Gl. (5.32) kaum bestimmen, da zuverlässige Kompressibilitätsdaten für höhere Temperaturen in der Regel fehlen. Eine Möglichkeit für die Abschätzung des $C_v$ auf der Basis von $C_p$ bietet die sogenannte *Nernst-Lindemannsche* Gleichung,

$$C_p - C_v = AC_p^2T \tag{5.33}$$

mit $A = \alpha^2V/\chi C_p^2$. Dieser Term ist nur wenig temperaturabhängig, so daß er für 298 K ausgerechnet als Konstante behandelt werden kann, ohne daß dabei signifikante Fehler enstehen. Die Nernst-Lindemannsche Gleichung leitet sich von (5.32) ab, indem die rechte Seite mit $C_p^2/C_p^2$ multipliziert wird.

Die Abschätzung des $C_p/C_v$-Verhältnisses für höhere Temperaturen ist durch den Einsatz der Grüneisenkonstante $\gamma$ möglich, die die Beziehung zwischen dem thermischen Ausdehnungskoeffizienten, der Kompressibilität und dem Molvolumen sowie der Molwärme bei konstantem Volumen herstellt.

$$\gamma = \frac{V\cdot\alpha}{\chi\cdot C_v} \tag{5.34}$$

Durch die Kombination der Gleichungen (5.32) und (5.34) erhält man:

$$C_V = \frac{C_p}{(1 + \alpha\gamma T)} \quad (5.35)$$

**Beispiel 1**: Mit Hilfe der auf Seite 80 angegebenen Daten für Periklas soll unter Benutzung der Nernst-Lindemannschen Gleichung die Molwärme bei konstantem Volumen für 1000 K ausgerechnet werden. Dazu wird zunächst die Konstante A bestimmt.

$$A = \frac{(37.4 \times 10^{-6})^2 \times 1.1248}{0.62 \times 10^{-6} \times 37.78^2} = \underline{1.778 \times 10^{-6} \text{ Mol/J}}$$

Das Einsetzen des Rechenergebnisses zusammen mit $C_p(1000)$ = 51.23 J/Mol•K (Robie et al., 1979) in Gl. (5.33) liefert

$$C_V(1000) = C_p(1000) - AC_p^2(1000)T$$
$$C_V(1000) = 51.23 - 1.778 \times 10^{-6} \times 51.23^2 \times 1000$$
$$= \underline{46.56 \text{ J/Mol•K}}$$

**Beispiel 2**: Für dieselbe Temperatur soll nun $C_V$ des Periklas mit Hilfe der Grüneisenkonstante gerechnet werden. Mit

$$\gamma = 1.523$$

von Sumino et al., 1983 und den Daten für Periklas von der Seite 80 wird

$$C_V(1000) = \frac{C_p}{(1 + \alpha\gamma T)}$$
$$= \frac{51.23}{(1 + 37.4 \times 10^{-6} \times 1.523 \times 1000)}$$
$$= \underline{48.47 \text{ J/Mol•K}}$$

Die Rechenergebnisse aus den Beispielen 1 und 2 unterscheiden sich um gut 2% voneinander.

Nach der statistisch-thermodynamischen Theorie strebt die Atomwärme $c_V^o$ (Wärmekapazität eines Elements bezogen auf ein Gramm) bei höheren Temperaturen dem Grenzwert 3R zu. Da $C_p$ fester Stoffe bei Zimmertemperatur ca 1 - 3% größer ist als $C_V$, stimmt das auch mit der *Dulong-Petitschen* Regel überein. Danach erreicht die Atomwärme bei konstantem Druck vieler Elemente bereits bei Zimmertemperatur einen Wert von 26.78 J/g-Atom•K (= 6.4 cal/g-Atom•K).

Als Erweiterung der Dulong-Petitschen Regel kann man die *Neumann-Koppsche* Regel ansehen. Sie besagt, daß die Molwärme einer Verbindung als Summe der Atomwärmen ihrer Elemente dargestellt werden kann. Obwohl die Regel einen beschränkten Gültigkeitsbereich hat, ist sie für die Abschätzung von Molwärmen komplizierter Silikate geeignet. Man darf im Falle der Silikate allerdings nicht die Atomwärmen der Elemente, sondern die Molwärmen der in Frage kommenden Oxide entsprechend den stöchiometrischen Verhältnissen summieren. Als Beispiel enthält die Tabelle 6 einige Molwärmen, die nach diesem Prinzip aus den gemessenen Molwärmen der Oxide für 298 K ausgerechnet wurden. Die Übereinstimmung mit den experimentellen Daten ist, wie eine Gegenüberstellung zeigt, sehr gut. Die größte Abweichung findet man beim Grossular. Sie beträgt hier 2.74%. Summiert man jedoch anstelle der Molwärmen der Oxide, CaO, $Al_2O_3$ und $SiO_2$, die entsprechenden experimentellen Werte des Wollastonits, $CaSiO_3$, und Korunds, $Al_2O_3$, verkleinert sich die Differenz zwischen dem gerechneten und dem gemessenen Wert auf 1.42% (Holland, 1981). Die Neumann-Koppsche Regel ist offenbar innerhalb einer Stoffgruppe mit verwandten chemischen Eigenschaften besonders gut erfüllt.

Tabelle 6: Molwärmen bei konstantem Druck, $C_p$, gerechnet nach der Neumann-Koppschen Regel aus den Molwärmen der Oxide. Dazu als Vergleich gemessene Molwärmen aus Robie et al., 1979.

| Mineral | $C_p^{gem}$ [J/Mol•K] | $C_p^{calc}$ [J/Mol•K] | Δ% |
|---|---|---|---|
| Grossular | 330.10 | 339.14 | 2.74 |
| Forsterit | 117.90 | 120.15 | 1.91 |
| Pyrop | 325.50 | 326.12 | 0.19 |
| Cordierit | 452.30 | 456.53 | 0.94 |
| Anorthit | 211.40 | 210.31 | -0.52 |
| Diopsid | 166.52 | 169.08 | 1.54 |
| Spinell | 115.94 | 116.79 | 0.73 |

Wie die Molwärme höherer Verbindungen aus denen der einfacheren ausgerechnet wird, soll am Beispiel des Grossulars vorgeführt werden.

Die Oxidformel des Grossulars lautet:

$$3CaO \cdot Al_2O_3 \cdot 3SiO_2$$

Nach der Neumann-Koppschen Regel setzt sich die Molwärme des Grossulars wie folgt zusammen:

$$C_p^{Sum} = 3C_{p,CaO} + C_{p,Al_2O_3}^{Kor} + 3C_{p,SiO_2}^{Q}$$

Benötigt werden also die Molwärmen von CaO, Korund und Quarz.

$$C_{p,CaO} = 42.12 \text{ J/Mol·K}$$
$$C_{p,Al_2O_3}^{Kor} = 79.01 \text{ J/Mol·K}$$
$$C_{p,SiO_2}^{Q} = 44.59 \text{ J/Mol·K}$$

Ergebnis:

$$C_{p,Ca_3Al_2Si_3O_{12}}^{Sum} = 3 \times 42.12 + 79.01 + 3 \times 44.59 = \underline{339.14 \text{ J/Mol·K}}$$

5.1.3.1.1. **Temperaturabhängigkeit der Molwärmen**

Bei Annäherung an den absoluten Nullpunkt werden sowohl die innere Energie als auch die Enthalpie temperaturunabhängig, d.h., daß am absoluten Nullpunkt die Molwärmen verschwinden

$$\lim_{T \to 0} \left(\frac{\partial U}{\partial T}\right)_V = \lim_{T \to 0} C_V = 0 \tag{5.36}$$

und

$$\lim_{T \to 0} \left(\frac{\partial H}{\partial T}\right)_P = \lim_{T \to 0} C_P = 0 \tag{5.37}$$

**U** und **H** sind die molare innere Energie und die molare Enthalpie einer reinen Phase.

Für Temperaturen knapp oberhalb des absoluten Nullpunkts (10 - 25 K) gilt nach der Theorie von Debye das sogenannte $T^3$-Gesetz. Danach ist die Molwärme bei konstantem Volumen proportional zur dritten Potenz der absoluten Temperatur

$$C_V = aT^3 \tag{5.38}$$

Der Proportionalitätsfaktor a in der Gl. (5.38) enthält die universelle Gaskonstante R, die Debye-Temperatur $\Theta$ und die Zahl der Atome pro Molekül q. Die Verknüpfung dieser Größen gibt die Gleichung (5.39)

$$a = \frac{12R\pi^4 q}{5\Theta^3} \tag{5.39}$$

Die Debye-Temperatur ist eine materialspezifische Konstante, auf die hier nicht näher eingegangen werden kann.

Für die uns interessierenden Temperaturen weit oberhalb der Gültigkeit des $T^3$ - ;esetzes müssen Molwärmen experimentell ermittelt werden. Man mißt sie fast usschließlich bei konstantem Druck. Für den praktischen Gebrauch stellt man sie ann in Form von Polynomen mit der Temperatur als Variable dar. Die einfachste olynomform, die in vielen Tabellenwerken zu finden ist, lautet:

$$C_p = a + bT + cT^{-2} \qquad (5.40)$$

Die Koeffizienten a, b und c stehen in Beziehung zu der Dulong-Petitschen Regel, er Grüneisenkonstante, dem thermischen Ausdehnungskoeffizienten und der Debye- emperatur.

In den neueren Datensammlungen findet man inzwischen auch andere Polynomfor- ıen, mit denen die Temperaturabhängigkeit der Molwärmen angegeben wird, so z.B.

$$C_p = a + bT + cT^{-2} + dT^{-1/2} + eT^2 \qquad (5.41)$$

Dieses Polynom darf nur innerhalb des angegebenen Temperaturbereiches ver- ıendet werden. Eine Extrapolation zu höheren Temperaturen kann wegen des $T^2$ - iliedes in der Gleichung zu falschen Ergebnissen führen. Bei folgendem Polynom

$$C_p = a + bT + cT^{-2} + dT^{-1/2} \qquad (5.42)$$

ritt nach Holland, 1981, dieses Problem nicht auf, vielmehr sollen damit Extrapolati- nen weit über den gemessenen Temperaturbereich hinaus möglich sein.

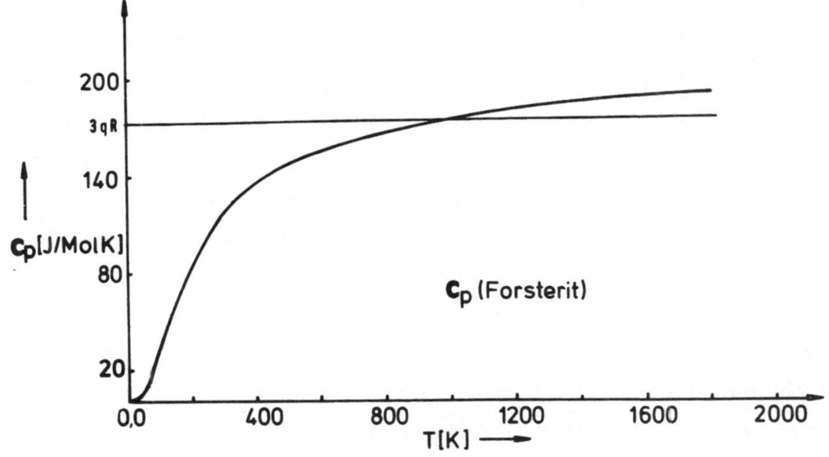


Abb. 27: Molwärme bei konstantem Druck, $C_p$, von Forsterit, $Mg_2SiO_4$, nach Robie et al., (1982).

In der Nähe der Schmelztemperatur steigt die Molwärme in der Regel wieder stärker an. Der Grund hierfür ist der starke Anstieg der Punktfehlstellen im Gitter. Neben der Wärme, die für die Anregung der Schwingungen von Gitterbausteinen benötigt wird, werden zusätzliche Wärmeanteile für die Bildung von Fehlstellen gebraucht. Der zusätzliche Energieverbrauch macht sich in einem überlinearen Anstieg der Molwärme bemerkbar.

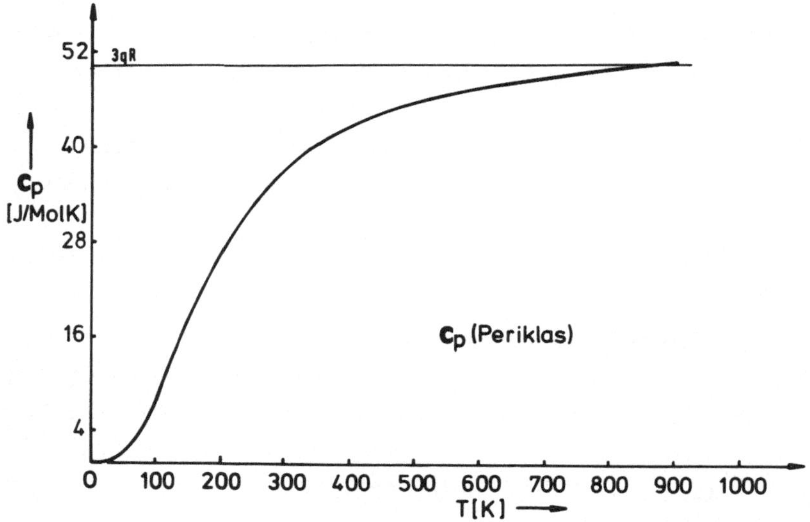


Abb. 28: Molwärme bei konstantem Druck, $C_p$, von Periklas, MgO (nach Sumino et al., 1983).

In der Tabelle 7 sind die Koeffizienten des Polynoms (5.40) für eine Reihe wichtiger Minerale zusammengestellt. Die Abbildungen 27 und 28 zeigen Molwärmen bei konstantem Druck, $C_p$, von Forsterit bzw. Periklas in ihrem charakteristischen Temperaturverlauf. Die allgemeine Form der Kurven ist immer gleich, obwohl insbesondere im mittleren Teil hinsichtlich der Steigung beachtliche Unterschiede zu beobachten sind. Verbindungen mit schweren Atomen und schwachen Bindungen haben einen steileren Anstieg und erreichen bereits bei niedrigen Temperaturen (um 300 K) den Dulong-Petitschen Grenzwert 3R. (Da sich der Dulong-Petitsche Wert auf Gramm-Atom bezieht, müssen Molwärmen von Verbindungen durch die Zahl der Atome q pro Formeleinheit geteilt werden, um miteinander verglichen werden zu können). Verbindungen mit leichten Atomen und starken Bindungen (viele Silikate gehören dazu) zeigen dagegen einen wesentlich flacheren Anstieg der $C_p$-Kurve. Der Dulong-Petitsche Grenzwert wird erst bei viel höheren Temperaturen erreicht. Periklas und Forsterit erreichen ihn bei knapp 970 K (Sumino et al., 1983; Robie et al., 1982).

Tabelle 7: Die Koeffizienten des Polynoms $C_p = a + bT + cT^{-2}$ nach Kubaschewski et al. (1967) (umgerechnet in J/Mol·K)

| Mineralname | Chem. Formel | a | b x $10^3$ | c x $10^{-5}$ |
|---|---|---|---|---|
| Sillimanit | $Al_2SiO_5$ | 167.73 | 24.52 | -42.38 |
| Andalusit | $Al_2SiO_5$ | 193.47 | - | -52.43 |
| Kyanit | $Al_2SiO_5$ | 189.62 | 9.79 | -66.94 |
| Calcit | $CaCO_3$ | 104.52 | 21.92 | -25.94 |
| Diopsid | $CaMgSi_2O_6$ | 221.21 | 32.80 | -65.86 |
| Wollastonit | $CaSiO_3$ | 111.46 | 15.06 | -27.28 |
| Forsterit | $Mg_2SiO_4$ | 149.83 | 27.36 | -35.65 |
| Periklas | MgO | 42.59 | 7.28 | -6.19 |
| Klinoenstatit | $MgSiO_3$ | 102.72 | 19.83 | -26.28 |
| Tiefquarz | $SiO_2$ | 46.94 | 34.31 | -11.30 |

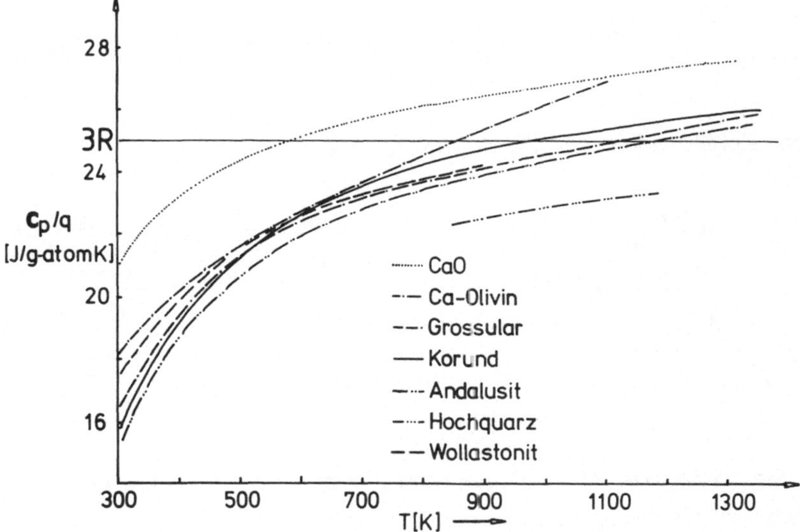


Abb. 29: Auf Grammatom (q = 1) normierte Molwärmen, $C_p$, von einigen Oxiden und Silikaten (Holland, 1981).

In der Abb. 29 sind die Molwärmen bei konstantem Druck von Grossular, seinen Oxidkomponenten sowie Wollastonit, Ca-Olivin und Andalusit in Abhängigkeit von der Temperatur oberhalb 300 K dargestellt. In der Darstellung sind die Molwärmen durch die Zahl der Atome pro Formeleinheit geteilt und damit gewissermaßen auf ein mittleres Gramm-Atom normiert worden. Es ist deutlich zu sehen, daß die $C_p$-Kurven von Korund, Andalusit und Wollastonit sowie die von Grossular fast zusammenfallen, während die übrigen etwas weiter entfernt liegen. Am weitesten entfernt davon ist die Kurve für Kalziumoxid. Diese relativ große Abweichung ist unter anderem schuld an der verhältnismäßig schlechten Übereinstimmung zwischen der gemessenen Molwärme des Grossulars und der, die nach der Neumann-Koppschen Regel aus den Molwärmen der Oxide berechnet wurde.

Die Schnittpunkte der $C_p$-Kurven mit der bei 3R eingezeichneten Geraden in der Abb. 29 geben die Temperaturen an, bei denen die Molwärmen der einzelnen Minerale den Dulong-Petitschen Grenzwert erreichen.

Soll für praktische Anwendungszwecke der Verlauf der Molwärme eines Silikatminerals mit der Temperatur nach der Neumann-Koppschen Regel aus den Polynomen für Molwärmen der Komponenten ermittelt werden, müssen $C_p$-Polynome mit den stöchiometrischen Koeffizienten multipliziert werden.

**Beispiel:** Die chemische Formel des Pyrops ist $Mg_3Al_2Si_3O_2$ oder in Oxidform: $3MgO \cdot Al_2O_3 \cdot 3SiO_2$. Nach der Neumann-Koppschen Regel setzt sich seine Molwärme dadurch wie folgt zusammen:

$$C^{Pyr}_{p;Mg_3Al_2Si_3O_{12}} = 3C^{Pkls}_{p,MgO} + C^{Kor}_{p,Al_2O_3} + 3C^{Q}_{p,SiO_2}$$

Unter Zuhilfenahme der $C_p$-Polynome wird

$$\begin{aligned}
3C^{Pkl}_{p,MgO} &= 3(42.59 + 7.28 \times 10^{-3}T - 6.19 \times 10^{5}T^{-2}) \\
C^{Kor}_{p,Al_2O_3} &= 114.77 + 1.28 \times 10^{-2}T - 3.544 \times 10^{6}T^{-2} \\
3C^{Q}_{p,SiO_2} &= 3(46.94 + 3.431 \times 10^{-2}T - 1.130 \times 10^{6}T^{-2}) \\
\hline
C^{Pyr}_{p,Mg_3Al_2Si_3O_{12}} &= 383.36 + 1.376 \times 10^{-1}T - 8.791 \times 10^{6}T^{-2}
\end{aligned}$$

Mit Hilfe der hier abgeleiteten Formel für die Temperaturabhängigkeit der Molwärme des Pyrops erhält man für 500 K:

$$\begin{aligned}
C^{Pyr}_{p,Mg_3Al_2Si_3O_{12}} &= 383.36 + 1.376 \times 10^{-1} \times 500 - 8.791 \times 10^{6} \times (500)^{-2} \\
&= \underline{416.95\ J/Mol \cdot K}
\end{aligned}$$

Bei der Anwendung des Originalpolynoms für die Molwärme des Pyrops, das einen Term $(T^{-0.5})$ mehr enthält, bekommt man für diesselbe Temperatur:

$$\begin{aligned}
C^{Pyr}_{p,Mg_3Al_2Si_3O_{12}} &= 802.58 - 9.5795 \times 10^{-2} \times 500 - 7.2873 \times 10^{3} \times (500)^{-0.5} \\
&\quad - 2.3522 \times 10^{6} \times (500)^{-2} \\
&= \underline{419.38\ J/Mol \cdot K}
\end{aligned}$$

Die Differenz zwischen den beiden Werten beträgt 2.43 J/Mol•K. Das sind knapp 0.6%, wenn der gemessene Wert als Basis genommen wird. Die gute Übereinstimmung zeigt noch einmal deutlich, daß die Neumann-Koppsche Regel tatsächlich ein brauchbares Mittel für die Abschätzung der Molwärmen von Silikaten ist.

#### 5.1.3.1.2. **Temperaturabhängigkeit der Enthalpie reiner Phasen**

Unter Berücksichtigung der Definition der Wärmekapazität eines Systems bei konstantem Druck (Gl. 5.30) läßt sich die Gleichung (5.28) umschreiben und zwar:

$$dH = C_p dT \tag{5.43}$$

Bezieht man die Enthalpie einer reinen Phase zudem auf 1 Mol, erhält man nach der Integration

$$\mathbf{H}(T) = \mathbf{H}(T{=}0) + \int_0^T \mathbf{C}_p dT \tag{5.44}$$

Die Integrationskonstante $\mathbf{H}(T{=}0)$ entspricht der molaren Enthalpie der Phase bei T = 0 K. Über den Zahlenwert dieser Größe läßt sich vom Standpunkt der klassischen Thermodynamik nichts aussagen (es können nur Enthalpieänderungen gemessen werden). Da die Absolutwerte im allgemeinen jedoch nicht interessieren, wird $\mathbf{H}(T{=}0)$ für Elemente, von Ausnahmen abgesehen, willkürlich Null gesetzt. Für Verbindungen ergibt sich $\mathbf{H}(T{=}0)$ aus der Extrapolation der später zu behandelnden Bildungswärme auf T = 0 K.

In den Tabellenwerken findet man sogenannte molare Enthalpien oder Enthalpieinhalte von Elementen und Verbindungen (engl. heat content) in Abhängigkeit von der Temperatur tabelliert. Es sind Enthalpieänderungen eines Stoffes bezogen auf den Enthalpieinhalt bei T = 0 K, was nach Gleichung (5.44) dem Integral über $\mathbf{C}_p$ von 0 bis T entspricht:

$$\mathbf{H}(T) - \mathbf{H}(T{=}0) = \int_0^T \mathbf{C}_p dT \tag{5.45}$$

In den Tabellen, die hauptsächlich für den Gebrauch im geowissenschaftlichen Bereich konzipiert sind (z.B. Robie et al., 1979), sind die molaren Enthalpien auf Zimmertemperatur (T = 298 K) normiert. Anstelle von (5.45) haben wir dann:

$$\mathbf{H}(T) - \mathbf{H}(298) = \int_{298}^T \mathbf{C}_p dT \tag{5.46}$$

Der Enthalpiebeitrag bis T = 298 K (genau 298.15 K), **H**(298) - **H**(T=0), ist in diesem Fall gesondert aufgeführt.

Die durch die absolute Temperatur geteilten Enthalpieinkremente

$$[\mathbf{H}(T) - \mathbf{H}(298)]/T \qquad (5.47)$$

die ebenfalls in modernen Tabellenwerken zu finden sind, werden *Enthalpiefunktionen* genannt.

Für die Ergebnisse thermodynamischer Berechnungen ist es in der Regel unerheblich, von welchem Niveau aus die Änderungen kalorischer Größen gemessen werden. Wichtig ist nur, daß man den einmal gewählten Bezug im Laufe der angestellten Betrachtungen beibehält. Falls man ihn aus irgendwelchen Gründen doch einmal verlassen muß, darf der Energiebetrag, der zwischen dem alten und dem neu gewählten Bezugsniveau liegt, nicht vergessen werden.

**Beispiel:** Der rechnerische Umgang mit der Temperaturabhängigkeit der molaren Enthalpie reiner Stoffe soll am Beispiel des Diopsids demonstriert werden. Gerechnet werden soll die Änderung seiner molaren Enthalpie beim Aufheizen des Minerals von 25°C auf 800°C.

Nach der Gleichung (5.46) ist die Temperaturabhängigkeit der molaren Enthalpie einer reinen Phase gegeben durch das Integral über die Molwärme im entsprechenden Temperaturintervall. Im Falle des Diopsids ist somit

$$[\mathbf{H}(1073) - \mathbf{H}(298)]^{Di}_{CaMgSi_2O_6} = \int_{298}^{1073} C^{Di}_{p,CaMgSi_2O_6}\, dT$$

Mit den Koeffizienten für das Polynom der Molwärme aus der Tabelle 7 wird die obige Gleichung zu

$$[\mathbf{H}(1073) - \mathbf{H}(298)]^{Di}_{CaMgSi_2O_6} = \int_{298}^{1073} (221.21 + 3.28 \times 10^{-2} T - 6.586 \times 10^{6} T^{-2}) dT$$

$$= 221.21(1073 - 298) + \frac{3.28 \times 10^{-2}}{2} (1073^2 - 298^2)$$

$$+ 6.586 \times 10^{6}\,(1/1073 - 1/298) = \underline{172.900 \text{ kJ/Mol}}$$

Aus dem Ergebnis der Rechnung geht hervor, daß die molare Enthalpie des Diopsids um 172.900 kJ/Mol anwächst, wenn die Temperatur von 298 auf 1073 K ansteigt.

5.1.3.2. **Umwandlungsenthalpie reiner Stoffe**

Die Gleichung (5.44) gibt die molare Enthalpie eines reinen Stoffes nur dann wirklich wieder, wenn im betrachteten Temperaturbereich keine Phasentransformation stattfindet.

Unter einer *Phasentransformation* versteht man den Übergang eines Stoffes bei bestimmten, dem Stoff eigenen Druck- und Temperaturbedingungen aus einer Phase in die andere. Diese Vorgänge kennt man unter dem Namen: *Schmelzen, Verdampfen, Sublimieren* oder in umgekehrter Richtung: *Erstarren, Kondensieren* usw. Außer diesen Vorgängen, die Übergänge von einem Aggregatzustand in einen anderen beinhalten, gibt es Umwandlungen innerhalb des gleichen Aggregatzustandes. Dabei wechseln Elemente oder Verbindungen bei definierten Druck- und Temperaturbedingungen ihre *Kristallstruktur*. Man sagt, daß die Substanzen *polymorph* sind – sie kommen in verschiedenen Modifikationen vor. Alle diese Umwandlungen sind mit einem Energieumsatz verbunden und wirken sich somit auf den Enthalpieinhalt des betreffenden Stoffes aus. Findet im betrachteten Temperaturintervall eine Phasentransformation statt, muß die bei der Umwandlungstemperatur, $T_u$, zwischen dem System und seiner Umgebung ausgetauschte Wärmemenge Q in der Gesamtbilanz berücksichtigt werden.

Der Wärmeumsatz beim Übergang eines Stoffes von $\alpha$ nach $\beta$ bei konstantem Druck und konstanter Temperatur läßt sich unter Berücksichtigung von (5.23) formal wie folgt angeben:

$$dH = \delta Q = \left(\frac{\partial H}{\partial n_\alpha}\right)_{P,T,n_\beta} dn_\alpha + \left(\frac{\partial H}{\partial n_\beta}\right)_{P,T,n_\alpha} dn_\beta \qquad (5.48)$$

$n_i$ = Molzahl der Phase i

Da zu einem bestimmten Zeitpunkt mengenmäßig nur gerade so viel von der Phase $\beta$ gebildet werden kann, wie umgekehrt von der Phase $\alpha$ verschwindet, gilt:

$$dn_\beta = - dn_\alpha = dn \qquad (5.49)$$

Setzt man (5.49) in die Gl. (5.48) ein, erhält man:

$$dQ = \left[\left(\frac{\partial H}{\partial n_\beta}\right)_{P,T} - \left(\frac{\partial H}{\partial n_\alpha}\right)_{P,T}\right] dn \qquad (5.50)$$

Die Differentiale $\left(\frac{\partial H}{\partial n_\alpha}\right)_{P,T}$ und $\left(\frac{\partial H}{\partial n_\beta}\right)_{P,T}$ entsprechen den molaren Enthalpien der Phasen $\alpha$ und $\beta$ bei gegebener Temperatur und gegebenem Druck. Bezeichnet man sie mit $\mathbf{H}^\alpha$ und $\mathbf{H}^\beta$ wird aus (5.50)

$$dQ = (H^{\beta} - H^{\alpha})dn \tag{5.51}$$

Teilt man die Gleichung (5.51) durch dn und berücksichtigt, daß die Umwandlung isobar und isotherm abläuft, erhält man:

$$\left(\frac{dQ}{dn}\right)_{P,T} = H^{\beta} - H^{\alpha} = \Delta H_u^{(\alpha/\beta)} \tag{5.52}$$

$\Delta H_u^{(\alpha/\beta)}$ wird *molare Umwandlungswärme* genannt. Sie entspricht der Wärmemenge, die bei einer *isothermen* und *isobaren* Phasentransformation pro Mol des sich umwandelnden Stoffes mit der Umgebung ausgetauscht wird. Die Umwandlungswärme selbst ist eine Funktion des Drucks und der Temperatur.

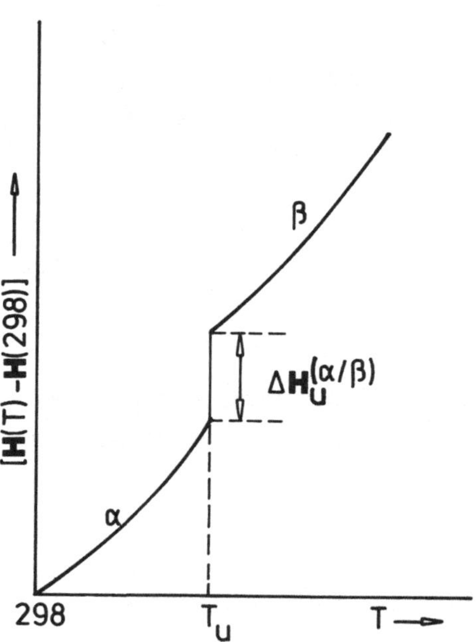


Abb. 30: Enthalpie eines Stoffes, der bei $T_u$ von $\alpha$ nach $\beta$ transformiert (schematisch).

Die molare Enthalpie eines reinen Stoffes bei einer beliebigen Temperatur T und konstantem Druck P ist dann, wenn im Temperaturintervall zwischen 0 K und T eine Phasentransformation bei $T = T_u$ von $\alpha$ nach $\beta$ stattgefunden hat:

$$H(T) = H(T{=}0) + \int_{0}^{T_u} C_p^{\alpha} dT + \Delta H_u^{(\alpha/\beta)} + \int_{T_u}^{T} C_p^{\beta} dT \qquad (5.53)$$

Beim Übergang von der bei *tieferer* in die bei *höherer* Temperatur stabile Phase ist die Umwandlungswärme im allgemeinen *positiv*.

Wie bereits erwähnt, interessieren praktisch nur Enthalpieänderungen bezogen auf ein festgelegtes Niveau. Geht man von T = 298 K aus, ist die Enthalpieänderung eines reinen Stoffes, der bei $T_u$ eine Phasentransformation erleidet, durch den folgenden Ausdruck repräsentiert:

$$H(T) - H(298) = \int_{298}^{T_u} C_p^{\alpha} dT + \Delta H_u^{(\alpha/\beta)} + \int_{T_u}^{T} C_p^{\beta} dT \qquad (5.54)$$

Der Inhalt der Gl. (5.54)) ist in Abb. 30 schematisch dargestellt.

**Beispiel 1:** Leucit besitzt unterhalb 682°C eine tetragonale und oberhalb davon eine kubische Kristallstruktur. Soll die Enthalpieabnahme des Leucits errechnet werden, wenn er bei 1 bar von 1000°C auf 25°C abgekühlt wird, muß zu der temperaturbedingten Enthalpieänderung noch die Umwandlungswärme für den Übergang kubisch → tetragonal hinzuaddiert werden.

Für die Lösung der gestellten Aufgabe stehen folgende Daten zur Verfügung:

$$C_{p,KAlSi_2O_6}^{tetr} = 1.4842 \times 10^2 + 0.13425T - 2.1645 \times 10^6 T^{-2} \ [J/Mol{\cdot}K]$$

$$C_{p,KAlSi_2O_6}^{kub} = 1.9647 \times 10^2 + 2.7666 \times 10^{-2} T + 1.2261 \times 10^7 T^{-2} \ [J/Mol{\cdot}K]$$

$$\Delta H_u^{(tetr/kub)} = 1845.06 \ J/Mol$$

Da es sich um einen Abkühlungsprozeß handelt, müßte als obere Integrationsgrenze die niedrige Temperatur eingesetzt werden. Will man jedoch, wie allgemein üblich, von der niedrigen zur höheren Temperatur integrieren, muß vor das Integral das negative Vorzeichen gesetzt werden. Es ist dann

$$- [H(1273) - H(298)]_{KAlSi_2O_6}^{Leu} = - \int_{298}^{955} C_{p,KAlSi_2O_6}^{tetr} dT - \Delta H_u^{(tetr/kub)} - \int_{955}^{1273} C_{p,KAlSi_2O_6}^{kub} dT$$

Die oben angegebene Umwandlungswärme gilt für den Übergang des Leucits aus der tetragonalen in die kubische Kristallstruktur. Bei der Abkühlung läuft die Transformation in die umgekehrte Richtung, weshalb die Transformationswärme mit einem negativen Vorzeichen in die Rechnung eingehen muß.

$$- [H(1273) - H(298)]^{Leu}_{KAlSi_2O_6} = - \int_{298}^{955} (1.4842 \times 10^2 + 0.13425\,T - 2.1645$$

$$\times 10^6 T^{-2})dT - 1845.06 - \int_{955}^{1273} (1.9647 \times 10^2 + 2.7666 \times 10^{-2} T$$

$$+ 1.2261 \times 10^7 T^{-2})dT$$

$$= -[1.4842 \times 10^2(955 - 298) + \frac{0.13425}{2} \times (955^2 - 298^2)$$

$$+ 2.1645 \times 10^6 (1/955 - 1/298)] - 1845.06 - [1.9647 \times 10^2$$

$$\times (1273 - 955) + \frac{2.7666 \times 10^{-2}}{2}(1273^2 - 955^2) - 1.2261 \times 10^7$$

$$\times (1/1273 - 1/955)] = -147.774 - 1.845 -75.485$$

$$= \underline{- 225.104 \text{ kJ/Mol}}$$

Das Ergebnis der Rechnung sagt aus, daß bei Abkühlung von 1 Mol Leucit von 1273 K auf 298 K vom System 225.104 kJ an die Umgebung abgegeben werden.

**Beispiel 2:** Als ein weiteres Beispiel für den rechnerischen Umgang mit molaren Enthalpien bzw. den daraus abgeleiteten Funktionen soll die Ermittlung der Schmelzenthalpie aus einer tabellierten Enthalpiefunktion vorgeführt werden.

Nach Robie et al. (1979) beträgt bei 1 bar und 1000 K die Enthalpiefunktion des Wismuts 30.931 J/Mol•K. Seine Schmelztemperatur liegt bei 544.52 K.

Um aus der Enthalpiefunktion

$$[H(T) - H(298)]/T$$

die Enthalpieänderung im Bereich von 298 K bis T zu gewinnen, wird die Enthalpiefunktion mit der Temperatur T multipliziert. Im konkreten Fall des Wismuts ist

$$[H(1000) - H(298)]_{Bi} = 1000 \times 30.931 = 30931 \text{ J/Mol}$$

Die Schmelzenthalpie ist dann:

$$\Delta H_{s,Bi} = [H(1000) - H(298)]_{Bi} - \int_{298}^{544.24} C_{p,Bi}^{kr} dT - \int_{544.24}^{1000} C_{p,Bi}^{fl} dT$$

wenn mit "kr" die feste und mit "fl" die flüssige Phase bezeichnet werden.

Im Tabellenwerk von Robie et al. (1979) findet man für Wismut folgende Molwärmen:

$$C_{p,Bi}^{kr} = 26.852 - 1.7289 \times 10^{-2} T + 4.1802 \times 10^{-5} T^2$$

$$C_{p,Bi}^{fl} = 29.827 - 1.3600 \times 10^{2} T^{-1/2} + 1.9213 \times 10^{6} T^{-2}$$

Setzt man die beiden Polynome für die Molwärmen des Wismuts zusammen mit dem Enthalpieinkrement in die Gleichung ein, mit der die Schmelzenthalpie berechnet werden soll, erhält man:

$$\Delta H_{s,Bi} = 30931 - \int_{298}^{544.52} (26.852 - 1.7289 \times 10^{-2} T + 4.1802 \times 10^{-5} T^2) dT - \int_{544.52}^{1000} (29.827 - 1.3600 \times 10^{2} T^{-1/2} + 1.9213 \times 10^{6} T^{-2}) dT$$

$$= 30931 - [26.852(544.52 - 298) - \frac{1.7289 \times 10^{-2}}{2}(544.52^2 - 298^2) + \frac{4.1802 \times 10^{-5}}{3}(544.52^3 - 298^3)] - [29.827(1000 - 544.52) - 2 \times 1.36 \times 10^2(\sqrt{1000} - \sqrt{544.52}) - 1.9213 \times 10^6 \times (1/1000 - 1/544.52)]$$

$$= 30931 - 6705 - 12938 = \underline{11288 \text{ J/Mol}}$$

### 5.1.4. **Enthalpie zusammengesetzter Systeme und Phasen (Mischphasen)**

Die Enthalpie einer zusammengesetzten Phase oder eines zusammengesetzten Systems kann sich auf zweierlei Arten aus den Enthalpien der Komponenten zusammensetzen.

a) Die Gesamtenthalpie einer Mischphase oder eines zusammengesetzten Systems stellt bei konstantem Druck und konstanter Temperatur die Summe der molaren Enthalpien der Komponenten dar

$$H = \sum_{1}^{C} n_i \mathbf{H}_i \qquad (5.55)$$

mit $\mathbf{H}_1$ = molare Enthalpie der Komponente i oder

b) beim Mischen der Komponenten bei konstantem Druck und konstanter Temperatur treten Änderungen der molaren Enthalpien auf. Die Gesamtenthalpie des Systems bzw. der zusammengesetzten Phase entspricht nicht mehr der einfachen Summe der molaren Enthalpien der Komponenten, sondern

$$H = \sum_{1}^{C} n_i H_i \qquad (5.56)$$

wobei $H_i$ ähnlich wie das partielle Molvolumen die partielle molare Enthalpie der Komponente i darstellt. Sie entspricht der Änderung der Gesamtenthalpie des Systems, wenn ihm ein Mol der Komponente i unter Konstanthaltung aller anderen Zustandsvariablen hinzugefügt wird:

$$H_i = \left(\frac{\partial H}{\partial n_i}\right)_{P,T,n_{j \neq i}} \qquad (5.57)$$

Der Fall a) ist verwirklicht in idealen Mischungen und in Systemen, in denen die Komponenten nur mechanisch miteinander gemischt sind.

Der Fall b) trifft für reale Mischphasen zu.

Die Gesamtenthalpie einer binären Mischphase, die aus den Komponenten A und B besteht, ist gemäß (5.56)

$$H = n_A H_A + n_B H_B \qquad (5.58)$$

$n_A$ und $n_B$ geben die Molzahlen der Komponenten A und B an. $H_A$ und $H_B$ sind die jeweiligen partiellen molaren Enthalpien.

Teilt man die Gl. (5.58) durch die Summe der Mole $n_A + n_B$, d.h. bezieht man die Gesamtenthalpie auf ein Mol der Mischung, erhält man die *mittlere molare Enthalpie*, $\bar{H}$. Es gilt:

$$\frac{H}{n_A + n_B} = \bar{H} = x_A H_A + x_B H_B \qquad (5.59)$$

wenn die Definition des Molenbruchs berücksichtigt wird.

Wie bereits früher festgestellt wurde, sind die Enthalpien selbst keine meßbaren Größen. Gemessen werden können nur die mit den Zustandsänderungen des Systems verbundenen Enthalpieänderungen. Damit solche Messungen miteinander vergleichbar werden, muß ein *Standardzustand* festgelegt werden, von dem aus die Zustandsänderungen erfolgen. Es gibt keine allgemeingültige Festlegung des Standardzustandes. Häufig werden dafür reine Stoffe im gleichen Aggregat- und Strukturzustand wie die Mischphase selbst gewählt. Manchmal dient der Zustand der unendlichen Verdünnung der Komponenten ($x_B$ = 1 bzw. $x_B$ = 0) als Bezug. Hierbei handelt es sich um einen rechnerischen, aber physikalisch nicht realisierbaren Zustand, der mittels Extrapolation gewonnen wird.

Wenn reine Stoffe als Standardzustände gewählt werden, ergibt sich bei konstanter Temperatur und konstantem Druck die meßbare Enthalpieänderung einer homogenen, aus A und B bestehenden Mischphase als Differenz zwischen der Gesamtenthalpie des Systems vor und nach dem Mischungsvorgang. Es ist:

$$H^{vor} = n_A\mathbf{H}_A + n_B\mathbf{H}_B$$

$\mathbf{H}_A$ und $\mathbf{H}_B$ sind die molaren Enthalpien der Komponenten bei den Bedingungen der Mischphase.

Nach dem Vermischen wird

$$H^{nach} = n_AH_A + n_BH_B$$

wenn mit $H_A$ und $H_B$ die partiellen molaren Enthalpien der Komponenten A und B in der Mischphase bezeichnet werden. Die Zahlenwerte der partiellen molaren Enthalpien hängen von der Art der Mischpartner und der Zusammensetzung der Mischphase ab.

Zur Bildung der Differenz wird der Anfangszustand von dem Endzustand abgezogen. Dadurch erhält man:

$$H^{nach} - H^{vor} = \Delta H_m = n_A(H_A - \mathbf{H}_A) + n_B(H_B - \mathbf{H}_B) \qquad (5.60)$$

$\Delta H_m$ ist die Wärmemenge, die beim Mischen der Komponenten A und B unter konstanter Temperatur und konstantem Druck zwischen dem System und seiner Umgebung ausgetauscht wird. In idealen Mischungen sind die partiellen molaren Enthalpien der Komponenten gleich deren molaren Enthalpien. In diesem Fall sind die Ausdrücke in den Klammern der Gleichung (5.60) Null. Damit ist auch $\Delta H_m$ = 0, d.h. daß in idealen Mischungen keine Mischungswärme auftritt. $\Delta H_m \neq 0$ gilt nur in realen Mischungen. Die Mischungsenthalpie ist somit mit der *Exzeßenthalpie* identisch und sollte korrekterweise mit $\Delta H^e$ gekennzeichnet werden. Teilt man die Exzeßenthalpie durch die Summe der Mole, erhält man die *mittlere molare Exzeßenthalpie*, $\Delta\bar{H}^e$. Diese Größe wird einfachheitshalber auch als *Mischungswärme* bezeichnet.

$$\frac{\Delta H^e}{n_A + n_B} = x_A(H_A - \mathbf{H}_A) + x_B(H_B - \mathbf{H}_B) \equiv \Delta\bar{H}^e \qquad (5.61)$$

Die Differenzen in den Klammern der Gl. (5.61) stellen die Überschüsse der Enthalpien dar. Sie sind eine Folge der Tatsache, daß die Komponenten durch den Mischungsvorgang ihre Enthalpien ändern. Man nennt die Differenzen daher *partielle molare Exzeßenthalpien*. Es ist also:

$$H_A - \mathbf{H}_A = H_A^e \qquad (5.62)$$

und

$$H_B - \mathbf{H}_B = H_B^e \qquad (5.63)$$

Berücksichtigt man, daß die Summe der Molenbrüche in einer Mischung 1 ergeben muß, läßt sich Gl. (5.61) unter Berücksichtigung von (5.62) und (5.63) auch in folgender Form schreiben:

$$\Delta\bar{H}^e = (1 - x_B) \cdot H_A^e + x_B \cdot H_B^e \qquad (5.64)$$

Analog zu den Gleichungen für die partiellen Molvolumina einer binären Mischphase, gewinnt man die partiellen molaren Exzeßenthalpien $H_A^e$ und $H_B^e$ durch die Differentiation der mittleren molaren Mischungswärme bzw. der mittleren molaren Exzeßenthalpie nach dem Molenbruch der einen Komponente bei konstantem Druck und konstanter Temperatur.

$$H_A^e = \Delta\bar{H}^e - x_B\left(\frac{\partial \Delta H^e}{\partial x_B}\right)_{P,T} \qquad (5.65)$$

$$H_B^e = \Delta\bar{H}^e + (1 - x_B)\left(\frac{\partial \Delta\bar{H}^e}{\partial x_B}\right)_{P,T} \qquad (5.66)$$

Die Beziehungen zwischen den verschiedenen hier diskutierten Enthalpie-Größen und der Zusammensetzung einer binären Mischphase sind in Abb. 31 dargestellt.

Im Gegensatz zu der Kurve für das mittlere Molvolumen (Abb. 21) beginnt und endet die Kurve der mittleren molaren Mischungsenthalpie bei Null. Nach den vorangegangenen Ausführungen ist die mittlere molare Exzeßenthalpie der Mischung somit vergleichbar mit dem Exzeßvolumen.

Wechselt eine der Komponenten beim Mischungsvorgang den Aggregatzustand oder die Struktur, muß bei der Bestimmung der Mischungswärme auch die Umwandlungswärme dieser Komponente mitberücksichtigt werden. Wenn z.B. die Komponente

B, die rein als Phase α vorliegt, beim Mischen mit der Komponente A in die β-Form transformieren muß, weil β die Form der Mischphase (A,B) ist, gilt:

$$\Delta H^{int} = x_A \cdot H_A^e + x_B \cdot H_B^e + x_B(H_B^{\beta} - H_B^{\alpha})$$

$$= \Delta \bar{H}^e + x_B \cdot \Delta H_u^{(\alpha/\beta)} \qquad (5.67)$$

$\Delta H_u^{(\alpha/\beta)}$ ist die Umwandlungswärme für die Komponente B. $\Delta H^{int}$ wird *integrale Mischungswärme* genannt.

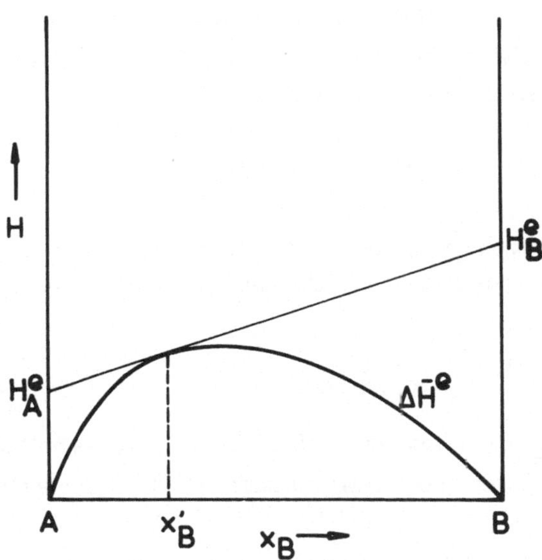


Abb. 31: Mittlere molare Exzeßenthalpie und die partiellen molaren Exzeßenthalpien der Komponenten A und B in einer binären Mischung (A,B) bei $x_B'$.

Tabelle 8: Thermische und kalorische Zustandsgrößen im Vergleich

| Volumen | | Enthalpie | |
|---|---|---|---|
| Molvolumen reiner Phasen | $\mathbf{V}_i$ | molare Enthalpie reiner Phasen | $\mathbf{H}_i$ |
| partielles Molvolumen | $V_i$ | partielle molare Enthalpie | $H_i$ |
| partielles Exzeßvolumen | $V_i^e$ | partielle molare Exzeßenthalpie | $H_i^e$ |
| mittleres Molvolumen | $\bar{V}$ | mittlere molare Enthalpie | $\bar{H}$ |
| mittleres Exzeßvolumen | $\Delta\bar{V}^e$ | mittlere molare Exzeßenthalpie | $\Delta\bar{H}^e$ |

**Beispiel**: Pyrrhotin, FeS und Zinkblende, ZnS bilden Mischkristalle, die Zinkblendestruktur besitzen. Pyrrhotin liegt rein in der NiAs-Struktur vor. Während des Mischungsvorgangs erleidet er vom thermodynamischen Standpunkt aus gesehen eine Phasentransformation NiAs-Struktur → Zinkblendestruktur.

In der Tabelle 8 sind die zueinander äquivalenten molaren Größen des Volumens und der Enthalpie gegenübergestellt.

### 5.1.4.1. Beispiel für Mischungswärmen bzw. mittlere molare sowie partielle molare Enthalpien in einem binären System

Nach Newton et al. (1981) läßt sich die Mischungswärme (mittlere molare Exzeßenthalpie) im System $NaAlSi_3O_8$ (Tiefalbit) - $KAlSi_3O_8$ (Mikroklin) für 1 bar und 323 K mit folgender Gleichung wiedergeben:

$$\Delta \bar{H}^e = x_1 x_2^2 W_{H,1} + x_2 x_1^2 W_{H,2}$$

$x_1 = x^{Fp}_{NaAlSi_3O_8}$ = Molenbruch des Tiefalbits im Feldspat-Mischkristall
$x_2 = x^{Fp}_{KAlSi_3O_8}$ = Molenbruch des Mikroklins im Feldspat-Mischkristall
$W_{H,1}$ = 35.384 kJ/Mol
$W_{H,2}$ = 24.802 kJ/Mol

$W_{H,1}$ und $W_{H,2}$ sollen zunächst einfach als empirisch ermittelte Konstanten angesehen werden. Auf ihren thermodynamischen Inhalt wird weiter unten eingegangen werden.

Unter Berücksichtigung der Definition des Molenbruchs läßt sich die mittlere molare Exzeßenthalpie als Funktion der Mikroklin-Konzentration im Feldspat umschreiben. Es ist:

$$\Delta \bar{H}^e = (1 - x_2) x_2^2 W_{H,1} + x_2 (1 - x_2)^2 W_{H,2}$$

Tabelle 9 enthält Mischungswärmen, die mit Hilfe der obigen Gleichung für verschiedene Mikroklinkonzentrationen ausgerechnet wurden. Der konzentrationsabhängige Verlauf der Mischungswärme in Feldspäten für 1 bar und 323 K (Inhalt der Tabelle 9) ist in Abb. 32 dargestellt.

Um die Schreibweise abzukürzen, soll bei Berechnung der partiellen molaren Enthalpien von $NaAlSi_3O_8$ und $KAlSi_3O_8$ in Feldspatmischkristallen bei $x^{Fp}_{KAlSi_3O_8}$ = 0.4 folgende Symbolik verwendet werden:

$x_2$ = wie bisher, Molenbruch des Mikroklins
$H_1^e$ = partielle molare Exzeßenthalpie von $NaAlSi_3O_8$
$H_2^e$ = partielle molare Exzeßenthalpie von $KAlSi_3O_8$

$$H_1^e = \Delta\bar{H}^e - x_2\left(\frac{\partial\Delta\bar{H}^e}{\partial x_2}\right)_{P,T}$$

$$= (1 - x_2)x_2^2W_{H,1} + x_2(1 - x_2)^2W_{H,2}$$

$$- x_2\left\{\frac{\partial[(1 - x_2)x_2^2W_{H,1} + x_2(1 - x_2)^2W_{H,2}]}{\partial x_2}\right\}_{P,T}$$

$$H_1^e = - x_2^2W_{H,1} + 2x_2^3W_{H,1} + 2x_2^2W_{H,2} - 2x_2^3W_{H,2}$$

$$= x_2^2(2x_2 - 1)W_{H,1} - 2x_2^2(x_2 - 1)W_{H,2}$$

$$= (0.4)^2(0.8 - 1) \times 35.384 - 2(0.4)^2(0.4 - 1) \times 24.802$$

$$= \underline{3.630 \text{ kJ/Mol}}$$

$$H_2^e = \Delta\bar{H}^e + (1 - x_2)\left(\frac{\partial\Delta\bar{H}^e}{\partial x_2}\right)_{P,T}$$

$$= (1 - x_2)x_2^2W_{H,1} + x_2(1 - x_2)^2W_{H,2}$$

$$+ (1 - x_2)\left\{\frac{\partial[(1 - x_2)x_2^2W_{H,1} + x_2(1 - x_2)^2W_{H,2}]}{\partial x_2}\right\}_{P,T}$$

$$= 2x_2(1 - x_2)^2W_{H,1} + (1 - x_2)^2(1 - 2x_2)W_{H,2}$$

$$= (0.8)(1 - 0.4)^2 \times 35.384 + (1 - 0.4)^2(1 - 0.8) \times 24.802$$

$$= \underline{11.976 \text{ kJ/Mol}}$$

Die ausgerechneten partiellen molaren Enthalpien entsprechen den Schnittpunkten der bei $x_{KAlSi_3O_8}^{Fp} = 0.4$ an der $\Delta\bar{H}^e$-Kurve liegenden Tangente mit der Ordinate bei $x_{KAlSi_3O_8}^{Fp} = 0$ und 1 (siehe Abb. 32). Multipliziert man die partiellen molaren Exzeßenthalpien der Komponenten mit den dazugehörigen Molenbrüchen, erhält man nach Gl. (5.64) die mittlere molare Exzeßenthalpie. Es ist also:

$$\Delta\bar{H}^e = (1 - x_2)\cdot H_1^e + x_2\cdot H_2^e$$
$$= (1 - 0.4) \times 3.630 + 0.4 \times 11.976 = \underline{6.968 \text{ kJ/Mol}}$$

Das Ergebnis der Rechnung ist mit dem Tabellenwert für diese Zusammensetzung identisch (vgl. Tabelle 9).

Tabelle 9: Mittlere molare Mischungswärme (Exzeßenthalpie) im System $NaAlSi_3O_8$ - $KAlSi_3O_8$ bei 1 bar und 323 K (nach den Daten von Newton et al., 1981).

| $x^{Fp}_{KAlSi_3O_8}$ | $\Delta\bar{H}^e$ [kJ/Mol] |
|---|---|
| 0.000 | 0.000 |
| 0.100 | 2.327 |
| 0.200 | 4.307 |
| 0.300 | 5.875 |
| 0.400 | 6.968 |
| 0.500 | 7.523 |
| 0.600 | 7.476 |
| 0.700 | 6.764 |
| 0.800 | 5.323 |
| 0.900 | 3.089 |
| 1.000 | 0.000 |

Um den thermodynamischen Inhalt der als Konstanten am Anfang dieses Beispiels eingeführten Größen $W_{H,1}$ und $W_{H,2}$ zu ermitteln, werden die Molenbrüche in den Gln. (5.65) und (5.66) 1 bzw. 0 gesetzt. Es werden also die partiellen molaren Exzeßenthalpien der Komponenten für unendliche Verdünnungen ausgerechnet. In der vorangegangenen Rechnung wurde bereits gefunden, daß

$$H_1^e = x_2^2(2x_2 - 1)W_{H,1} - 2x_2^2(x_2 - 1)W_{H,2}$$

und

$$H_2^e = 2x_2(1 - x_2)^2W_{H,1} + (1 - x_2)^2(1 - 2x_2)W_{H,2}$$

entsprechen. Setzt man die oben erwähnten Randbedingungen, $x_2 = 1$ und $x_2 = 0$, in die letzten Gleichungen ein, erhält man:

$$H_1^e = H_1^{e,\infty} = 1^2(2 - 1)W_{H,1} - 2(1 - 1)W_{H,2} = \underline{W_{H,1}}$$

und

$$H_2^e = H_2^{e,\infty} = 2 \cdot x\ 0(1 - 0)W_{H,1} + (1 - 0)^2(1 - 2 \times 0)W_{H,2}$$
$$= \underline{W_{H,2}}$$

Die Größen $W_{H,1}$ und $W_{H,2}$ entprechen somit den partiellen molaren Enthalpien der Komponenten in unendlichen Verdünnungen.

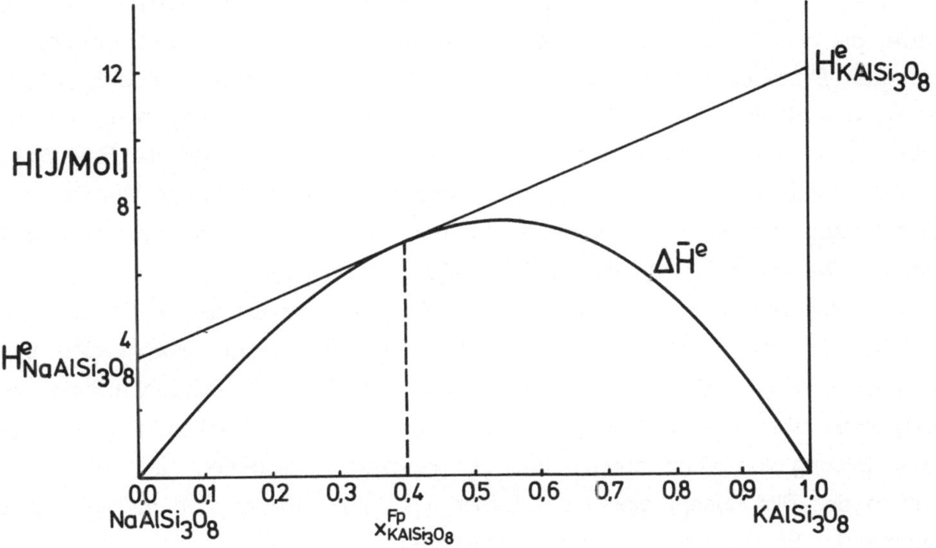


Abb. 32: Mittlere molare Exzeßenthalpie (Mischungswärme) der $(K,Na)AlSi_3O_8$-Mischkristalle und die partiellen molaren Exzeßenthalpien der Komponenten $NaAlSi_3O_8$ und $KAlSi_3O_8$ bei der Zusammensetzung $x^{Fp}_{KAlSi_3O_8}$ = 0.4.

### 5.1.4.2. **Reaktionsenthalpie**

Läuft in einer Mischung zwischen den Komponenten des Systems bei konstantem Druck und konstanter Temperatur eine chemische Reaktion nach dem Schema

$$\nu_A A + \nu_B B \rightarrow \nu_C C + \nu_D D$$

ab und liegen sowohl die Edukte als auch die Produkte als mechanische oder ideale Mischungen vor, läßt sich die infolge der Reaktion stattfindende Enthalpieänderung des Systems wie folgt angeben:

$$\Delta H_r = -\nu_A H_A - \nu_B H_B + \nu_C H_C + \nu_D H_D = \sum_A^D \nu_i H_i \qquad (5.68)$$

In der Gl. (5.68) bekommen die stöchiometrischen Koeffizienten der Produkte positive, die der Edukte negative Vorzeichen. $\Delta H_r$ nennt man *Reaktionswärme bei konstantem Druck* oder *Reaktionsenthalpie*. Ist die Reaktionsenthalpie positiv, d.h. muß während des Reaktionsablaufs dem System Wärme aus der Umgebung zugeführt werden, damit seine Temperatur konstant bleibt, bezeichnet man die Reaktion als *endotherm*. Muß dagegen das System während des Reaktionsablaufs Wärme an die Umgebung abgeben, damit sich seine Temperatur nicht ändert, nennt man die Reaktion *exotherm*. Die Reaktionsenthalpie ist im letzten Fall negativ.

Vom Standpunkt der praktischen Anwendung her besitzt die Gl. (5.68) keinen Wert, da die molaren Enthalpien der Reaktionsteilnehmer nicht bekannt sind. Damit Reaktionswärmen bestimmbar werden, muß der Begriff der *Bildungswärmen* oder *Bildungsenthalpien* eingeführt werden. Man versteht darunter Reaktionsenthalpien, die bei der Bildung von Verbindungen aus den Elementen auftreten. Zur einheitlichen Definition der Bildungsenthalpien setzt man fest, daß alle an der Bildungsreaktion teilnehmenden Stoffe in bestimmten Standardzuständen vorliegen sollen. Die Standardzustände sind: für Gase der ideale Gaszustand bei 1 bar und für kondensierte Phasen der Zustand der reinen Phasen in ihrer bei 1 bar stabilen Modifikation. Als Standardtemperatur sind 25°C bzw. 298 K festgelegt worden. Die Bildungsenthalpien bei den Standardbedingungen werden *Standardbildungswärmen* oder *Standardbildungsenthalpien* genannt und mit $\Delta H_B$ bezeichnet. Neben dieser gibt es in der Literatur auch viele andere Bezeichnungen, z.B. $\Delta H^o_{298}$, $\Delta H^f$ oder $H_f$ (f = formation) usw. Die Standardbildungsenthalpien sind in den üblichen thermodynamischen Tabellenwerken gesammelt. Mit ihrer Hilfe lassen sich sogenannte *Standard-Reaktionsenthalpien*, $\Delta H^o_r$ jeder beliebigen Reaktion ausrechnen. Als Basis dafür dient der später noch zu behandelnde Heßsche Satz. Danach läßt sich die Standardreaktionsenthalpie einer chemischen Reaktion durch stöchiometrische Addition der Standardbildungswärmen der Reaktionsteilnehmer bestimmen. Die Bildungswärmen der Elemente in ihren bei Standardbedingungen stabilen Formen werden definitionsgemäß Null gesetzt.

**Beispiel**: Forsterit reagiert mit Talk zu Anthophyllit und Wasser, gemäß der Reaktionsgleichung:

$$\underset{\text{(Forsterit)}}{4\ Mg_2SiO_4} + \underset{\text{(Talk)}}{9\ Mg_3Si_4O_{10}(OH)_2} \rightarrow \underset{\text{(Anthophyllit)}}{5\ Mg_7Si_8O_{22}(OH)_2} + \underset{\text{(Dampf)}}{4\ H_2O}$$

Will man die Standard-Reaktionsenthalpie dieser Reaktion ausrechnen, braucht man die Standard-Bildungsenthalpien der Reaktionsteilnehmer. In den Tabellen von Robie et al. (1979) findet man dafür folgende Daten:

$$\Delta H^{Fo}_{B,Mg_2SiO_4} = -2170.370 \text{ kJ/Mol}$$

$$\Delta H^{Tlk}_{B,Mg_3Si_4O_{10}(OH)_2} = -5915.900 \text{ kJ/Mol}$$
$$\Delta H^{Anth}_{B,Mg_7Si_8O_{22}(OH)_2} = -12079.800 \text{ kJ/Mol}$$
$$\Delta H^{Dampf}_{B,H_2O} = -241.814 \text{ kJ/Mol}$$

Setzt man die Standard-Bildungswärmen anstelle der molaren Enthalpien in Gl. (5.68) ein, erhält man:

$$\Delta H^o_r = -4\Delta H^{Fo}_{B,Mg_2SiO_4} - 9\Delta H^{Tlk}_{B,Mg_3Si_4O_{10}(OH)_2} + 5\Delta H^{Anth}_{B,Mg_7Si_8O_{22}(OH)_2} + 4\Delta H^{Dampf}_{B,H_2O}$$
$$= -4 \times (-2170.370) - 9 \times (-5915.900) + 5 \times (-12079.800) + 4 \times (-241.814)$$
$$= \underline{558.324 \text{ kJ/Mol}}$$

### 5.1.4.2.1. **Temperaturabhängigkeit der Reaktionsenthalpie**

In Analogie zu (5.30) entspricht die Temperaturabhängigkeit der Reaktionsenthalpie der Änderung der Wärmekapazität eines Systems pro Formelumsatz bei konstantem Druck:

$$\left(\frac{\partial \Delta H_r}{\partial T}\right)_{P,T} = \Delta C_p \tag{5.69}$$

Mit Hilfe dieses nach *Kirchhoff* benannten Gesetzes lassen sich die Reaktionswärmen auf jede beliebige Temperatur umrechnen. Es gilt:

$$\Delta H_r(T_2) = \Delta H_r(T_1) + \int_{T_1}^{T_2} \Delta C_p \, dT \tag{5.70}$$

Die Änderung der Wärmekapazität eines Systems, die für die Umrechnung der Reaktionsenthalpie auf gewünschte Temperaturen benötigt wird, setzt sich additiv aus den Molwärmen der Reaktionsteilnehmer zusammen. Für das bereits mehrmals benutzte Reaktionsschema gilt:

$$\Delta C_p = -\nu_A C_{p,A} - \nu_B C_{p,B} + \nu_C C_{p,C} + \nu_D C_{p,D} = \sum_A^D \nu_i C_{p,i} \tag{5.71}$$

Da die Molwärmen selbst Funktionen der Temperatur sind (vgl. Kap. 5.1.3.1.1.), muß ihre Temperaturabhängigkeit im betreffenden Temperaturintervall bekannt sein. Leider fehlen jedoch oft zuverlässige Daten darüber.

Nehmen nur feste Stoffe an einer Reaktion teil, dann ist infolge ähnlicher Temperaturabhängigkeiten der Molwärmen in geowissenschaftlich relevanten Temperaturbereichen der temperaturabhängige Beitrag zur Reaktionswärme in der Größenordnung einiger Hundert J. Da die Reaktionsenthalpien im Vergleich dazu groß sind (einige kJ), kann $\Delta C_p = 0$ gesetzt werden, ohne daß die dadurch entstehenden Fehler stark ins Gewicht fallen würden (vgl. hierzu Carmichael, 1977).

**Beispiel**: Mit Hilfe der Standardbildungsenthalpien von Anorthit, Grossular, Tiefquarz und Kyanit sowie deren Molwärmen und ihrer Temperaturabhängigkeiten soll die Reaktionsenthalpie der auf der Seite 202 aufgeführten Zerfallsreaktion einmal für Standardbedingungen und einmal für 500 K ausgerechnet werden.

$$\left.\begin{aligned}
\Delta H^{An}_{B,CaAl_2Si_2O_8} &= -\ 4230.0\ \text{kJ/Mol}\\
\Delta H^{Ky}_{B,Al_2SiO_5} &= -\ 2592.0\ \text{kJ/Mol}\\
\Delta H^{Gross}_{B,Ca_3Al_2Si_3O_{12}} &= -\ 6646.0\ \text{kJ/Mol}\\
\Delta H^{Tq}_{B,SiO_2} &= -\ 910.6\ \text{kJ/Mol}
\end{aligned}\right\}\ \text{(Powell, 1978)}$$

$$\begin{aligned}
C^{An}_{p,CaAl_2Si_2O_8} &= 5.1683\times10^{2} - 9.2492\times10^{-2}T + 4.1883\times10^{-5}T^{2} - 4.588\times10^{3}T^{-0.5}\\
&\quad - 1.4085\times10^{6}T^{-2}\\
C^{Ky}_{p,Al_2SiO_5} &= 4.3612\times10^{2} - 0.13576T + 4.7236\times10^{-5}T^{2} - 4.8027\times10^{3}T^{-0.5}\\
C^{Gross}_{p,Ca_3Al_2Si_3O_{12}} &= 1.5293\times10^{3} - 0.699T + 2.35\times10^{-4}T^{2} - 1.8943\times10^{4}T^{-0.5}\\
&\quad + 7.4426\times10^{6}T^{-2}\\
C^{Tq}_{p,SiO_2} &= 44.603 + 3.7754\times10^{-2}T - 1.0018\times10^{6}T^{-2}
\end{aligned}$$

Dimension: [J/Mol•K]

Die Standardreaktionsenthalpie ist dann

$$\begin{aligned}
\Delta H^{o}_{r} &= -\ 3\Delta H^{An}_{B,CaAl_2Si_2O_8} + 2\Delta H^{Ky}_{B,Al_2SiO_5} + \Delta H^{Gross}_{B,Ca_3Al_2Si_3O_{12}} + \Delta H^{Tq}_{B,SiO_2}\\
&= 3\times4230.0 - 2\times2592.0 - 6646.0 - 910.6 = \underline{-\ 50.60\ \text{kJ}}
\end{aligned}$$

Die Umrechnung der Reaktionsenthalpie auf 500 K erfolgt mit Hilfe des Kirchhoffschen Gesetzes (5.69):

$$\Delta H_r(500) = \Delta H^{o}_{r} + \int_{298}^{500} \Delta C_p dT$$

Bevor man zu rechnen anfängt, müssen die Polynome, die die Molwärmen der Reaktionsteilnehmer angeben, stöchiometrisch addiert werden. Dadurch erhält man eine analytische Form für die Temperaturabhängigkeit der Wärmekapazitätsänderung, nämlich:

$$\Delta C_p = 895.653 - 0.65529T + 2.03823x10^{-4}T^2 - 1.47844x10^4T^{-0.5} + 1.06663x10^7T^{-2}$$

$$\int_{298}^{500} \Delta C_p dT = 895.653(500 - 298) - \frac{0.65529}{2}(500^2 - 298^2) + \frac{2.03823x10^{-4}}{3} x$$

$$(500^3 - 298^3) - 2.95688x10^4(\sqrt{500} - \sqrt{298}) - 1.06663x10^7(1/500 - 1/298)$$

$$\Delta H_r(500) = - 50.60 - 1.48 = \underline{- 52.08 \text{ kJ}}$$

Der Beitrag zur Reaktionsenthalpie, der aus den Differenzen der Enthalpieinhalte der Reaktionsteilnehmer (Integrale über Molwärmen) bei 500 K herrührt, beträgt also nur 1.48 kJ pro Formelumsatz. Dies macht kaum 3% des gesamten Wärmeumsatzes aus.

### 5.1.4.3. Heßscher Satz

Unabhängig davon, ob eine chemische Reaktion direkt oder über verschiedene Zwischenstufen abläuft, sind die Reaktionsenthalpien immer gleich. Die Gültigkeit dieser Aussage, die als *Heßscher Satz* bekannt ist, beruht auf der Tatsache, daß die Enthalpie eine Zustandsfunktion ist und somit nicht vom Reaktionswege abhängt.

Der Heßsche Satz wird benutzt, um Reaktionswärmen von solchen Reaktionen zu bestimmen, die langsam oder unter sehr schwer zu verwirklichenden Druck- und Temperaturbedingungen ablaufen, so daß eine direkte Messung der Reaktionsenthalpie umständlich oder überhaupt nicht möglich ist.

**Beispiel 1**: Durch die Anwendung des Heßschen Satzes soll die Reaktionsenthalpie folgender Reaktion ermittelt werden:

$$\underset{\text{(Albit)}}{NaAlSi_3O_8} \rightarrow \underset{\text{(Jadeit)}}{NaAlSi_2O_6} + \underset{\text{(Quarz)}}{SiO_2} \qquad \Delta H^o_{r,1}$$

Bekannt seien die Standardreaktionsenthalpien von

$$\text{a)}\ \underset{\text{(Nephelin)}}{NaAlSiO_4} + \underset{\text{(Albit)}}{NaAlSi_3O_8} \rightarrow 2\ \underset{\text{(Jadeit)}}{NaAlSi_2O_6} \qquad \Delta H^o_{r,a}$$

und

$$\text{b)}\ \underset{\text{(Nephelin)}}{NaAlSiO_4} + \underset{\text{(Quarz)}}{SiO_2} \rightarrow \underset{\text{(Jadeit)}}{NaAlSi_2O_6} \qquad \Delta H^o_{r,b}$$

Subtrahiert man die Reaktion b) von a), erhält man unmittelbar die Zerfallsreaktion, für die die Reaktionsenthalpie gesucht wird. Es ist daher

$$\Delta H^{o}_{r,1} = \Delta H^{o}_{r,a} - \Delta H^{o}_{r,b}$$

Mit $\Delta H^{o}_{r,a}$ = - 42.450 kJ und $\Delta H^{o}_{r,b}$ = - 26.590 kJ (Robie et al., 1979) erhalten wir:

$$\Delta H^{o}_{r,1} = -42.450 + 26.590 = \underline{-15.860 \text{ kJ}}$$

**Beispiel 2**: Der Heßsche Satz kann auch für die Bestimmung von Umwandlungsenthalpien benutzt werden. So läßt sich aus den Umwandlungswärmen der Übergänge Andalusit → Kyanit und Kyanit → Sillimanit der Wärmeumsatz ermitteln, der mit dem Übergang Andalusit → Sillimanit verbunden ist. Werden die zuletzt genannten Phasentransformationen als Reaktionen (unter Beteiligung nur einer Komponente) aufgefaßt und untereinander geschrieben, erkennt man, daß die gefragte Reaktion (Umwandlung) als die Summe der beiden anderen aufgefaßt werden kann. Es ist:

$$\begin{array}{ll} Al_2SiO_5^{And} \rightarrow Al_2SiO_5^{Ky} & \Delta H_u^{(And/Ky)} \\ Al_2SiO_5^{Ky} \rightarrow Al_2SiO_5^{Sill} & \Delta H_u^{(Ky/Sill)} \\ \hline Al_2SiO_5^{And} \rightarrow Al_2SiO_5^{Sill} & \Delta H_u^{(And/Sill)} \end{array}$$

Somit ist:

$$\Delta H_u^{(And/Sill)} = \Delta H_u^{(And/Ky)} + \Delta H_u^{(Ky/Sill)}$$

mit $\Delta H_u^{(And/Ky)}$ = - 2.479 kJ/Mol und $\Delta H_u^{(Ky/Sill)}$ = 5.675 kJ/Mol erhält man:

$$\Delta H_u^{(And/Sill)} = -2.479 + 5.675 = \underline{3.196 \text{ kJ/Mol}}$$

# 6. Zweiter Hauptsatz der Thermodynamik (Entropiesatz)

Aus Erfahrung weiß man, daß alle spontanen Prozesse, die deshalb auch als natürlich bezeichnet werden, immer nur in eine Richtung ablaufen. Während eines natürlichen Prozesses geht ein System von einem Anfangszustand in einen Endzustand über. Beide Zustände sind durch die Zustandsvariablen festgelegt, so daß die vom ersten Hauptsatz der Thermodynamik definierten Zustandsfunktionen, die innere Energie und die Enthalpie, vor und nach dem Prozeß ganz bestimmte Zahlenwerte besitzen. Diese Zustandsfunktionen geben dennoch keine Auskunft über die Richtung eines natürlichen Prozesses. Ihre Zahlenwerte können dabei sowohl zu- als auch abnehmen. Hierzu zwei Beispiele:

**Beispiel 1**: Bei 1 bar und 900 K betragen die Bildungsenthalpien von Hochalbit, Jadeit und Hochquarz nach Robie et al. (1979):

$$\Delta H^{H-Ab}_{B,NaAlSi_3O_8} = -\ 3918.198\ \text{kJ/Mol}$$
$$\Delta H^{Jd}_{B,NaAlSi_2O_6} = -\ 3025.928\ \text{kJ/Mol}$$
$$\Delta H^{Hq}_{B,SiO_2} = -\ 906.260\ \text{kJ/Mol}$$

Aus diesen Daten ergibt sich für die Reaktion

$$\underset{\text{(Albit)}}{NaAlSi_3O_8} \rightarrow \underset{\text{(Jadeit)}}{NaAlSi_2O_6} + \underset{\text{(Quarz)}}{SiO_2} \qquad \Delta H_r(900)$$

eine negative Reaktionsenthalpie, nämlich:

$$\Delta H_r(900) = 3918.198 - 3025.925 - 906.260 = -\ \underline{13.99\ \text{kJ}}$$

Das negative Vorzeichen im Ergebnis der Rechnung besagt, daß während des Prozesses Wärme vom System an die Umgebung abgegeben wird, d.h. daß eine Enthalpieerniedrigung im System stattfindet. Man könnte annehmen, daß die Reaktion von links nach rechts freiwillig ablaufen würde. In Wirklichkeit ist aber, wie wir später sehen werden, bei den genannten Bedingungen Albit die stabile Phase.

**Beispiel 2**: Bei 1 bar und 1450 K geht Wollastonit spontan in Pseudowollastonit über, obwohl die Umwandlungswärme für diesen Übergang positiv ist.

Beide Beispiele zeigen, daß die Zustandsfunktion H über die Prozeßrichtung nichts aussagt. Der zweite Hauptsatz der Thermodynamik führt deshalb eine neue Zustandsfunktion ein, die *Entropie, S,* genannt wird.

## 6.1. Definition der Entropie

Je nachdem wie ein Prozeß geführt wird, unterscheidet man zwei Arten von Zustandsänderungen:

a) Bei *reversiblen* Zustandsänderungen befindet sich das betreffende System ständig im Gleichgewichtszustand. Infinitesimale Änderungen der Zustandsvariablen kehren den Prozeß sofort um, ohne daß irgendwelche Veränderungen in der Umgebung des Systems zurückbleiben.

b) Bei *irreversiblen* Zustandsänderungen durchläuft das System Ungleichgewichte, in denen zeit- und ortsabhängige Temperatur- und Druckgradienten existieren. Wenn ein derartiger Prozeß rückgängig gemacht wird, bleiben in der Umgebung des Systems Veränderungen zurück.

Die Erfahrung zeigt, daß alle spontan, d.h. freiwillig ablaufenden natürlichen Prozesse irreversibel sind.

Teilt man die zwischen dem System und seiner Umgebung ausgetauschte Wärme durch die Temperatur, bei der der Austausch stattfindet, erhält man einen Term, den man *reduzierte Wärme* nennt, nämlich

$$\frac{Q}{T} = \text{reduzierte Wärme} \tag{6.1}$$

In einem reversibel ablaufenden Prozeß, in dem ein System vom Zustand A in den Zustand B übergeht, entspricht die Summe der zwischen dem System und seiner Umgebung ausgetauschten reduzierten Wärmen der Änderung der Zustandsfunktion S, die *Entropie* des Systems genannt wird. Es ist

$$\sum_A^B \frac{Q_{rev}}{T} = \Delta S \tag{6.2}$$

Für infinitesimale Zustandsänderungen geht die Summation in die Integration über und aus (6.2) wird

$$\int_A^B \frac{\delta Q_{rev}}{T} = \Delta S \tag{6.3}$$

oder

$$\frac{\delta Q_{rev}}{T} = dS \tag{6.4}$$

Die Entropie eines *abgeschlossenen* Systems bleibt konstant, wenn in ihm nur *reversible Zustandsänderungen* stattfinden, d.h.

$$dS_{rev} = 0 \qquad (6.5)$$

Laufen in einem *abgeschlossenen* System *irreversible* Prozesse ab, ist die Entropieänderung stets *positiv*, d.h.

$$dS_{irrev} > 0 \qquad (6.6)$$

Die Gln. (6.5) und (6.6) enthalten die Aussage des zweiten Hauptsatzes der Thermodynamik. *Danach kann die Entropie eines abgeschlossenen Systems nur gleichbleiben oder zunehmen, niemals aber abnehmen.*

Anschaulich ist die Entropie ein Maß für die Ordnung in einem System. Je kleiner die Ordnung, desto größer ist die Entropie. Für Stoffe in verschiedenen Aggregatzuständen nimmt sie von fest nach gasförmig zu. Es ist:

$$S_{krist} < S_{flüssig} < S_{gasförmig} \qquad (6.7)$$

## 6.2. **Entropie reiner Phasen**

Da die Entropie eine Zustandsfunktion ist, läßt sie sich in ähnlicher Weise wie die innere Energie und die Enthalpie mit Hilfe der Zustandsvariablen darstellen.

a) Werden Temperatur und Volumen als die unabhängigen Zustandsvariablen gewählt, hat die Zustandsfunktion S folgende Form:

$$S = f(T,V) \qquad (6.8)$$

b) Nimmt man dagegen Temperatur und Druck als die unabhängigen Variablen, lautet die Gleichung für die Entropie

$$S = f(P,T) \qquad (6.9)$$

Unter Berücksichtigung der Gl. (6.4) erhält man nach der Differentiation von (6.8) und (6.9) die Beziehungen zwischen dem vollständigen Differential der Entropie und der reduzierten Wärme. Für S = f(T,V) ist

$$dS = \frac{\delta Q_{rev}}{T} = \left(\frac{\partial S}{\partial T}\right)_V dT + \left(\frac{\partial S}{\partial V}\right)_T dV \qquad (6.10)$$

und für S = f(T,P)

$$dS = \frac{\delta Q_{rev}}{T} = \left(\frac{\partial S}{\partial T}\right)_P dT + \left(\frac{\partial S}{\partial P}\right)_T dP \qquad (6.11)$$

Der Zusammenhang zwischen den kalorischen Zustandsfunktionen U und H sowie der Entropie kann durch die Kombination der Entropiedefinition mit dem ersten Hauptsatz der Thermodynamik hergestellt werden, nämlich

$$dS = \frac{\delta Q_{rev}}{T} = \frac{dU + pdV}{T} = \frac{1}{T}\left\{\left(\frac{\partial U}{\partial T}\right)_V dT + \left[\left(\frac{\partial U}{\partial P}\right)_T + P\right]\right\} dV \qquad (6.12)$$

$$dS = \frac{\delta Q_{rev}}{T} = \frac{dH - VdP}{T} = \frac{1}{T}\left\{\left(\frac{\partial H}{\partial T}\right)_P dT + \left[\left(\frac{\partial H}{\partial P}\right)_T - V\right]\right\} dP \qquad (6.13)$$

Nach den Gl. (5.29) und (5.30) entsprechen die Differentiale $\left(\frac{\partial U}{\partial T}\right)_V$ und $\left(\frac{\partial H}{\partial T}\right)_P$ den Wärmekapazitäten $C_V$ bzw. $C_P$ . Setzt man sie in Gleichung (6.12) und (6.13) ein, erhält man:

$$dS = \frac{C_V dT}{T} + \frac{1}{T}\left[\left(\frac{\partial U}{\partial V}\right)_T + P\right] dV \qquad (6.14)$$

und

$$dS = \frac{C_P dT}{T} + \frac{1}{T}\left[\left(\frac{\partial H}{\partial P}\right)_T - V\right] dP \qquad (6.15)$$

In *isochoren* Prozessen (dV = 0) ist also die temperaturbedingte Änderung der Entropie gleich der Wärmekapazität des Systems bei konstantem Volumen, geteilt durch die Temperatur.

$$dS = \frac{C_V dT}{T} \qquad (6.16)$$

In *isobar* geführten Prozessen (dP =0) ist sie gleich der Wärmekapazität des Systems bei konstantem Druck, geteilt durch die Temperatur.

$$dS = \frac{C_P dT}{T} \qquad (6.17)$$

Die Gleichungen (6.12) und (6.13) geben die Beziehungen zwischen der Entropie, der inneren Energie und dem Volumen, sowie der Entropie, der Enthalpie und dem Druck an. Stellt man die Gleichungen etwas um, erhält man zwei wichtige Beziehungen, und zwar:

$$dU = TdS - PdV \tag{6.18}$$

$$dH = TdS + VdP \tag{6.19}$$

### 6.2.1. **Temperaturabhängigkeit der Entropie**

Die Temperaturabhängigkeit der Entropie ergibt sich unmittelbar aus den Gleichungen (6.16) und (6.17). Wie die innere Energie und Enthalpie bezieht man auch die Entropie einer reinen Phase auf 1 Mol, indem man die Gesamtentropie durch die Molzahl der Phase teilt. Auf diese Weise erhält man die *molare Entropie*. Die Temperaturabhängigkeit der letzteren ergibt sich aus (6.16) und (6.17), wenn dort die Wärmekapazitäten durch die Molwärmen ersetzt werden. Dann ist

$$dS = \int_0^T \frac{C_V}{T} dT \quad \text{bzw.} \quad dS = \int_0^T \frac{C_P}{T} dT \tag{6.20}$$

oder

$$\mathbf{S}(T) = \mathbf{S}(T{=}0) + \int_0^T \frac{C_V}{T} dT \tag{6.21}$$

bzw.

$$\mathbf{S}(T) = \mathbf{S}(T{=}0) + \int_0^T \frac{C_P}{T} dT \tag{6.22}$$

Die Entropie hat dieselbe Dimension wie die Molwärme, nämlich J/Mol•K oder cal/Mol•K. Anstelle von cal/Mol•K schreibt man gelegentlich auch e.u. (entropy units) oder Clausius. Da man die Integrationskonstanten in den Gleichungen (6.21) und (6.22) nicht kennt, ist die Entropie ebenso wie die innere Energie und Enthalpie nicht absolut bestimmbar. Nach dem Nernstschen Wärmetheorem, das auch als dritter Hauptsatz der Thermodynamik bekannt ist, ist für reine Phasen, die sich im *inneren Gleichgewicht* befinden, sinnvoll die Nullpunktsentropie **S**(T=0) Null zu setzen. Was mit dem Begriff inneres Gleichgewicht gemeint ist, soll an einem Beispiel erläutert werden.

**Beispiel**: Ein Hochalbit-Kristall, der in die Nähe des absoluten Nullpunkts abgekühlt wird, kann aus kinetischen Gründen seine Si/Al-Unordnung eingefroren behalten. Das Mineral befindet sich dann nicht im inneren Gleichgewicht. Seine Nullpunktsentropie ist daher nicht Null, sondern beträgt nach den Rechnungen von Openshaw et al. (1976) 18.7 J/Mol•K.

Indem für reine Phasen im inneren Gleichgewicht die Nullpunktsentropie Null gesetzt wird, vereinfacht sich der Ausdruck für die Temperaturabhängigkeit der Entropie zu

$$\mathbf{S}(T) = \int_0^T \frac{C_v}{T}\, dT \tag{6.23}$$

bzw.

$$\mathbf{S}(T) = \int_0^T \frac{C_p}{T}\, dT \tag{6.24}$$

**S**(T) in den Gleichungen (6.23) und (6.24) nennt man *konventionelle* Entropie.

In den thermodynamischen Tabellen findet man Entropien als sogenannte *konventionelle Standardentropien*, $\mathbf{S}^\circ$, tabelliert. In der angelsächsischen Literatur werden sie auch *third law entropies* genannt. Sie geben den Wert des Integrals in der Gl. (6.24) in den Grenzen von 0 bis 298 K an.

$$\mathbf{S}^\circ = \int_0^{298} \frac{C_p}{T}\, dT \tag{6.25}$$

Im Unterschied zur inneren Energie und Enthalpie, die in thermodynamischen Rechnungen in der Regel als Differenzen zwischen einem definierten Norm- und dem betrachteten Zustand angegeben werden (z.B. Bildungsenthalpien), verwendet man die konventionelle Entropie in ihren "absoluten" Beträgen.

Die in den Gln. (5.40), (5.41) und (5.42) angegebenen Polynome für die Temperaturabhängigkeit der Molwärmen bei konstantem Druck werden auch für die Umrechnung der Entropien auf verschiedene Temperaturen oberhalb 298 K benutzt.

mit $C_p = a + bT + cT^{-2}$

ist wegen (6.25)

$$\mathbf{S}(T) = \mathbf{S}^\circ + \int_{298}^T \frac{(a + bT + cT^{-2})}{T} dT$$

$$\mathbf{S}(T) = \mathbf{S}^\circ + \left| a \ln T + bT - \frac{c}{2} T^{-2} \right|_{298}^T$$

$$= \mathbf{S}^\circ + a \ln \frac{T}{298} + b(T - 298) - \frac{c}{2}(T^{-2} - 298^{-2}) \tag{6.26}$$

und mit $C_p = a + bT + cT^{-2} + dT^{-1/2} + eT^2$

$$\mathbf{S}(T) = \mathbf{S}^\circ + \int_{298}^T \frac{(a + bT + cT^{-2} + dT^{-1/2} + eT^2)}{T} dT$$

$$= \mathbf{S}^\circ + a \ln \frac{T}{298} + b(T - 298) - \frac{c}{2}(T^{-2} - 298^{-2}) -$$

$$2d(T^{-1/2} - 298^{-1/2}) + \frac{e}{2}(T^2 - 298^2) \tag{6.27}$$

Wie bereits mehrmals erwähnt wurde, gibt es inzwischen thermodynamische Grunddaten von vielen Mineralen und geowissenschaftlich relevanten Stoffen. Zudem werden in den mineralogischen Fachzeitschriften ständig neue Daten publiziert. Trotzdem ist der Datensatz noch bei weitem nicht vollständig. Es gibt noch immer Minerale, von denen die konventionelle Standardentropie nicht bekannt ist. Für silikatische Verbindungen kann man sie aus den konventionellen Standardentropien der Oxide, die die betreffende Verbindung aufbauen, abschätzen. Dazu gibt es verschiedene Näherungsformeln. Hier sollen zwei davon vorgestellt werden.

I. $$S^{o,calc} = \sum \nu_i S_i^{o,Ox} + 0.5(V - \sum \nu_i V_i^{o,Ox}) \qquad (6.28)$$

$S_i^{o,Ox}$ = konventionelle Standardentropie des Oxids i

$V_i^{Ox}$ = Molvolumen des Oxids i

$V$ = Molvolumen des Silikats

Für Schätzungen mit der Gl. (6.28) müssen die Volumina in $cm^3$/Mol und die Entropien in cal/Mol•K angegeben sein. Wenn die Entropie in J/Mol•K und das Volumen in J/bar•Mol eingesetzt werden sollen, muß die Gl. (6.28) entsprechend modifiziert werden. Es ist dann

$$S^{o,calc} = \sum \nu_i S_i^{o,Ox} + 20.9(V - \sum \nu_i V_i^{Ox}) \qquad (6.29)$$

II. $$S^{o,calc} = \sum \nu_i S_i^{o,Ox} \left[ \frac{(1 + V/\sum \nu_i V_i^{Ox})}{2} \right] \qquad (6.30)$$

Die Gl. (6.30) ist für alle Maßsysteme gültig.

**Beispiel**: Es soll die konventionelle Standardentropie von Jadeit, $NaAlSi_2O_6$, mit Hilfe der Näherungsformeln abgeschätzt werden. Dazu werden folgende Daten gebraucht:

$S^o_{Na_2O}$ = 75.27 J/Mol•K

$S^{o,Kor}_{Al_2O_3}$ = 50.92 J/Mol•K

$S^{o,Tq}_{SiO_2}$ = 41.46 J/Mol•K

$V_{Na_2O}$ = 25.88 $cm^3$/Mol

$V^{Kor}_{Al_2O_3}$ = 25.575 $cm^3$/Mol

$V^{Tq}_{SiO_2}$ = 22.688 $cm^3$/Mol

$V^{Jd}_{NaAlSi_2O_6}$ = 60.40 $cm^3$/Mol

Die Oxidformel von Jadeit lautet: $Na_2O{\cdot}Al_2O_3{\cdot}4SiO_2$. Seine Entropie, abgeschätzt nach Gl. (6.29), ist:

$$\begin{aligned} S^{o,Jd}_{NaAlSi_2O_6} &= \sum\nu_i S_i^{o,Ox} + 20.9(V^{Jd}_{NaAlSi_2O_6} - \sum\nu_i V_i^{Ox}) \\ &= (1/2 \times 75.27 + 1/2 \times 50.92 + 2 \times 41.46) + \\ &\quad 20.9[6.040 - (1/2 \times 2.588 + 1/2 \times 2.5575 + \\ &\quad 2 \times 2.2688) \\ &= 146.015 + 20.9(6.040 - 7.110) \\ &= \underline{123.65 \text{ J/Mol}{\cdot}\text{K}} \end{aligned}$$

Die Abschätzung der Entropie nach Gl. (6.30) liefert:

$$\begin{aligned} S^{o,Jd}_{NaAlSi_2O_6} &= \sum\nu_i S_i^{o,Ox} [1 + V^{Jd}_{NaAlSi_2O_6}/\sum\nu_i V_i^{Ox}]/2 \\ &= 146.015(1 + 60.40/71.10)/2 \\ &= \underline{135.03 \text{ J/Mol}{\cdot}\text{K}} \end{aligned}$$

Zum Vergleich: Die gemessene Entropie des Jadeits beträgt 133.47 J/Mol•K (Robie et al., 1979).

Tabelle 10 enthält einige Beispiele für konventionelle Standardentropien, die mit Hilfe der oben angegebenen Gleichungen aus den konventionellen Standardentropien der Oxide ausgerechnet wurden. Zum Vergleich sind diesen Werten die gemessenen konventionellen Standardentropien der betreffenden Minerale gegenübergestellt. Man sieht, daß die Übereinstimmung zwischen den gemessenen und geschätzten Werten mäßig bis gut ist, wobei man nicht sagen kann, mit welcher der beiden angegebenen Gleichungen bessere Ergebnisse zu erzielen sind.

Tabelle 10: Gemessene und nach den Gleichungen (6.29) und (6.30) abgeschätzte konventionelle Entropien einiger Minerale

| Mineral | $S^{o,gem}$ | $S_I^{o,calc}$ | $S_{II}^{o,calc}$ |
|---|---|---|---|
| Kyanit | 83.76 | 83.65 | 88.39 |
| Anorthit | 199.30 | 199.42 | 184.87 |
| Diopsid | 143.09 | 132.80 | 129.82 |
| O-Enstatit | 67.90 | 63.18 | 65.88 |
| Pyrop | 260.76 | 226.58 | 241.93 |
| Grossular | 255.50 | 250.94 | 271.17 |
| Forsterit | 95.19 | 92.42 | 93.87 |
| Fayalit | 148.32 | 154.99 | 160.55 |

$S^o$ [J/Mol•K]; $S^{o,gem}$ = gemessene konventionelle Standardentropien; $S_I^{o,calc}$ = abgeschätzt nach Gl. (6.29); $S_{II}^{o,calc}$ = abgeschätzt nach Gl. (6.30).

### 6.2.2. Entropieänderungen bei Phasenumwandlungen

Beim Übergang eines reinen Stoffes aus einer Phase in eine andere ändert sich seine Entropie wie folgt:

$$dS = \frac{dH - VdP}{T} = \left(\frac{\partial S}{\partial T}\right)_{P,n_\alpha,n_\beta} dT + \left(\frac{\partial S}{\partial P}\right)_{T,n_\alpha,n_\beta} dP + \left(\frac{\partial S}{\partial n_\alpha}\right)_{P,T,n_\beta} dn_\alpha + \left(\frac{\partial S}{\partial n_\beta}\right)_{P,T,n_\alpha} dn_\beta \tag{6.31}$$

wenn die Ausgangsphase α und die Endphase β heißt und wenn zwischen dem System und seiner Umgebung nur Volumenarbeit ausgetauscht wird.

Mit $\left(\frac{\partial S}{\partial n_\alpha}\right)_{P,T,n_\beta} = \mathbf{S}^\alpha$ = molare Entropie der reinen Phase α

und $\left(\frac{\partial S}{\partial n_\beta}\right)_{P,T,n_\alpha} = \mathbf{S}^\beta$ = molare Entropie der reinen Phase β

vereinfacht sich für *isotherme* und *isobare* Phasenumwandlungen der Ausdruck in Gl. (6.31) zu:

$$dS = \frac{dH}{T} = \mathbf{S}^\alpha dn_\alpha + \mathbf{S}^\beta dn_\beta \tag{6.32}$$

Berücksichtigt man ferner, daß jederzeit $dn_\beta = - dn_\alpha = dn$ sein muß, denn es kann sich nur soviel β-Phase bilden wie α verschwindet, kann man die Gl. (6.32) auch schreiben:

$$\frac{dH}{T} = (\mathbf{S}^\beta - \mathbf{S}^\alpha)dn \tag{6.33}$$

Für isotherme und isobare Phasentransformationen ist aber gemäß Gln. (5.48) und (5.51) dH gleich $(\mathbf{H}^\beta - \mathbf{H}^\alpha)dn$. Setzt man dies in die Gl. (6.33) ein, erhält man

$$\frac{1}{T}(\mathbf{H}^\beta - \mathbf{H}^\alpha)dn = (\mathbf{S}^\beta - \mathbf{S}^\alpha)dn \tag{6.34}$$

oder

$$\frac{\Delta \mathbf{H}_u^{(\alpha/\beta)}}{T} = \Delta \mathbf{S}_u^{(\alpha/\beta)} \tag{6.35}$$

$\Delta \mathbf{S}_u^{(\alpha/\beta)}$ wird *molare Umwandlungsentropie* genannt.

**Beispiel**: Die Schmelztemperatur des Rutil, $TiO_2$, beträgt bei 1 bar 2113 K (Kubaschewski et al., 1967). Bei 1 bar kann die genannte Phasentransformation nur bei der obigen Temperatur reversibel ablaufen, denn nur bei der Schmelztemperatur kann die Umwandlungsrichtung fest → flüssig oder flüssig → fest durch infinitesimale Änderungen der Temperatur bestimmt werden.

Nach Kubaschewski et al. (1967) beträgt die Schmelzenthalpie $\Delta H_{s,TiO_2}$ = 64.852 kJ/Mol. Die Schmelzentropie ist dann

$$\Delta S_{Syst} = \frac{\Delta H_{s,TiO_2}}{T_s} = \frac{64852}{2113} = \underline{30.7 \text{ J/Mol·K}}$$

Beim Schmelzen von Rutil nimmt die Entropie des Systems also um 30.7 J/Mol•K zu. Die Entropieänderung ist positiv, denn in der Schmelze ist die Teilchenordnung kleiner als im festen Zustand. Damit der Vorgang isotherm abläuft, muß Wärme aus der Umgebung dem System zufließen. Ist das Wärmereservoir der Umgebung so groß, daß sich seine Temperatur trotz des Wärmeverlustes an das System nicht ändert, kann unter der Voraussetzung, daß der Wärmeaustausch reversibel abläuft, die Entropieänderung der Umgebung wie folgt angegeben werden:

$$\Delta S_{Umgeb} = -\frac{\Delta H_{s,TiO_2}}{T_s}$$

$\Delta H_{s,TiO_2}$ ist die für das isotherme Schmelzen von Rutil benötigte Wärmemenge, die vom Standpunkt der Umgebung einen Verlust bedeutet und somit mit einem negativen Vorzeichen versehen werden muß.

Die Entropieänderung des Gesamtsystems (Rutil + Umgebung) ist dann

$$\begin{aligned} \Delta S_{ges} &= \Delta S_{Syst} + \Delta S_{Umgeb} \\ &= 30.7 - 30.7 = 0 \end{aligned}$$

Während es sich beim Rutil um ein geschlossenes System handelt, stellt er zusammen mit seiner Umgebung ein abgeschlossenes dar. In abgeschlossenen Systemen ist aber im Falle einer reversiblen Prozeßführung nach Gl. (6.5) die Entropie konstant. Im allgemeinen gilt:

$$dS_{Syst} + dS_{Umgeb} = 0 \qquad (6.36)$$

Die Summe der Entropieänderungen im System und seiner Umgebung ist bei reversibler Prozeßführung 0.

## 6.2.3. Entropieänderungen bei irreversiblen Phasentransformationen

Nach Gl. (6.6) ist die Entropieänderung eines abgeschlossenen Systems bei irreversibler Prozeßführung stets positiv, d.h.

$$dS > 0$$

Betrachten wir als Beispiel die Kristallisation von β-Cristobalit aus einer unterkühlten $SiO_2$-Schmelze bei der Temperatur T, die unterhalb der Schmelz-, aber oberhalb der sogenannten Glasbildungstemperatur liegen soll. Unter Glasbildungstemperatur versteht man die Temperatur, unterhalb von der Glas und oberhalb von der eine unterkühlte Schmelze vorliegt. Die Glasbildungstemperatur hängt zwar prinzipiell von der Abkühlungsgeschwindigkeit ab, ist aber bei normalen Abkühlungsraten (Minuten bis Tage) quasi festgelegt. Experimentell zeichnet sich die Glasbildungstemperatur durch ein Maximum von $C_p$ aus. Der Temperaturverlauf des Enthalpieinkrements, [H(T) - H(298)], setzt sich in der unterkühlten Schmelze fort. Bei der Glasbildungstemperatur hört diese Kontinuität, wie die Abb. 33 zeigt, auf, d.h. während in der unterkühlten Schmelze das thermodynamische Gleichgewicht noch (metastabil) erhalten ist, ist das im Glas nicht mehr der Fall.

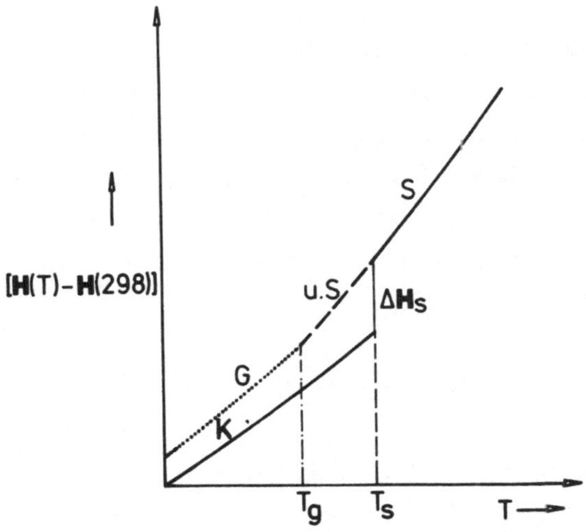


Abb. 33: Schematische Darstellung des Entropieverlaufs einer glasbildenden Verbindung; S = Schmelze, K = kristallin, G = Glas, u.S. = unterkühlte Schmelze, $T_g$ = Glasbildungstemperatur, $T_s$ = Schmelztemperatur, $\Delta H_s$ = Schmelzenthalpie.

Der Kristallisationsprozeß kann unterhalb der Schmelztemperatur nicht reversibel geführt werden, denn differentielle Temperaturänderungen kehren den Prozeß (auch wenn alle kinetischen Hemmungen aufgehoben wären) keineswegs um. Will man die mit der Kristallisation aus einer unterkühlten Schmelze verbundene Entropieänderung bestimmen, muß der gesamte Prozeß in einzelne Schritte zerlegt werden, von dem jeder für sich reversibel abläuft. Das kann man tun, da die Entropie als Zustandsfunktion nicht vom Wege abhängt, auf dem ein Zustand schließlich erreicht wird. Entscheidend sind nur der Anfangs- und Endzustand. Im konkreten Fall können folgende reversible Schritte angenommen werden:

1. Die unterkühlte $SiO_2$-Schmelze wird reversibel von der Temperatur T auf die Schmelztemperatur $T_s$ gebracht.
2. Bei der Schmelztemperatur $T_s$ kristallisiert die Schmelze zu β-Cristobalit aus.
3. Die β-Cristobalitkristalle werden von der Schmelztemperatur $T_s$ auf die Temperatur T abgekühlt.

Die reversiblen Einzelschritte und die dazugehörigen Entropieänderungen sind in den Gleichungen 1 bis 4 zusammengestellt.

| | | |
|---|---|---|
| 1. | $SiO_2^{fl}(T) \rightarrow SiO_2^{fl}(T_s)$ | $\Delta S_1$ |
| 2. | $SiO_2^{fl}(T_s) \rightarrow SiO_2^{kr}(T_s)$ | $\Delta S_2$ |
| 3. | $SiO_2^{kr}(T_s) \rightarrow SiO_2^{kr}(T)$ | $\Delta S_3$ |
| 4. | $SiO_2^{fl}(T) \rightarrow SiO_2^{kr}(T)$ | $\Delta S_4$ |

$\Delta S_1$ ist die Entropieänderung der unterkühlten Schmelze, bedingt durch die Temperaturerhöhung von T auf $T_s$. $\Delta S_2$ ist die negative Schmelzentropie des Cristobalits bei der Schmelztemperatur $T_s$. $\Delta S_3$ entspricht der Entropieänderung des Cristobalits, wenn die Temperatur von $T_s$ auf T erniedrigt wird. Die Addition der Gleichungen 1) bis 3) ergibt Gleichung 4). Diese entspricht der Reaktionsgleichung für die Kristallisation des β-Cristobalits aus einer unterkühlten Schmelze bei der Temperatur T. Die Entropieänderung des Systems ist somit:

$$\Delta S_{Syst} = \Delta S_4 = \Delta S_1 + \Delta S_2 + \Delta S_3$$

Damit der Kristallisationsprozeß bei konstanter Temperatur T ablaufen kann, muß zwischen dem System und seiner Umgebung ein Wärmeaustausch stattfinden. Besteht die Umgebung aus einem großen Wärmereservoir, so daß der Wärmetransport zu oder von dem System reversibel geführt werden kann, ist ihre Entropieänderung

$$\Delta S_{Umgeb} = \frac{\Delta H_{\sigma,SiO_2}}{T}$$

T ist die Temperatur, bei der die Kristallisation stattfinden soll. $\Delta H_{\sigma,SiO_2}$ ist die bei der Kristallisation freiwerdende Kristallisationswärme. Sie besitzt vom Standpunkt des Systems her ein zur Schmelzwärme reziprokes Vorzeichen. Vom Standpunkt der Umgebung aber dreht sich das Vorzeichen nochmals um, so daß die normalerweise tabellierte Schmelzenthalpie $\Delta H_s$ unverändert in die Rechnung eingesetzt werden kann.

$$\Delta S_{Umgeb} = \frac{\Delta H_{s,SiO_2}(T)}{T}$$

Die Entropieänderung des Gesamtsystems (System + Umgebung) ist gleich der Summe der Änderungen in beiden Teilsystemen:

$$\Delta S_{ges} = \Delta S_{Syst} + \Delta S_{Umgeb}$$

Im folgenden soll das Beispiel des β-Cristobalits mit Zahlen durchgerechnet werden. Die Kristallisation soll bei 1850 K stattfinden. Die Schmelztemperatur liegt bei 1996 K (Robie et al., 1979), die Schmelzenthalpie $\Delta H_{s,SiO_2}$ beträgt 8.159 kJ/Mol

$$\Delta S_1 = \int_{1850}^{1996} \frac{C_{p,SiO_2}^{fl}}{T} dT$$

$$\Delta S_2 = -\frac{\Delta H_{s,SiO_2}}{1996}$$

$$\Delta S_3 = -\int_{1850}^{1996} \frac{C_{p,SiO_2}^{kr}}{T} dT$$

$$\Delta S_4 = \Delta S_{Syst} = \int_{1850}^{1996} \frac{[C_p^{fl} - C_p^{kr}]_{SiO_2}}{T} dT - \frac{\Delta H_{s,SiO_2}}{T}$$

$[C_p^{fl} - C_p^{kr}]_{SiO_2} = \Delta C_{p,SiO_2}^{(kr/fl)}$ ist die Änderung der Wärmekapazität des Systems beim Schmelzvorgang. Um sie berechnen zu können, benötigt man Molwärmen und deren Temperaturabhängigkeiten für β–Cristobalit und Schmelze.

Für β-Cristobalit findet man bei Robie et al. (1979):

$$C_{p,SiO_2}^{Cr} = C_{p,SiO_2}^{kr} = 72.753 + 1.3004 \times 10^{-3}T - 413.20 \times 10^{4}T^{-2} \text{ [J/Mol·K]}$$

Für $SiO_2$-Schmelze geben Berman und Brown (1984) folgendes Polynom an:

$$C^{fl}_{p,SiO_2} = 117.0 - 176.9104 \times 10^4 T^{-2} - 1200.86 T^{-1/2} \text{ [J/Mol·K]}$$

Nach der Subtraktion des ersten Polynoms von dem zweiten erhält man:

$$\Delta C^{(kr/fl)}_{p,SiO_2} = 44.247 - 1.3004 \times 10^{-3} T + 236.2896 \times 10^4 T^{-2} - 1200.86\, T^{-1/2}$$

Die vollständige Gleichung für die Entropieänderung des Systems lautet dann

$$\Delta S_{Syst} = \int_{1850}^{1996} \left[ \frac{44.247 - 1.3004 \times 10^{-3} T + 236.2896 \times 10^4 T^{-2} - 1200.86 T^{-1/2}}{T} dT \right]$$
$$- \frac{8159}{1996} = 1.139 - 4.088 = \underline{-2.949 \text{ J/Mol·K}}$$

Die Wärmemenge, die vom System an seine Umgebung abgegeben wird, damit die Kristallisation bei konstanter Temperatur von 1850K ablaufen kann, entspricht der Kristallisationswärme des β-Cristobalits bei 1850 K. Nimmt man die Schmelzenthalpie des β-Cristobalits, muß darauf geachtet werden, daß sie das Vorzeichen beibehält. Die Umrechnung der Enthalpie auf 1850 K geschieht mit Hilfe des Kirchhoffschen Gesetzes:

$$\Delta H_{s,SiO_2}(1850) = \Delta H_{s,SiO_2}(1996) + \int_{1996}^{1850} \Delta C^{(kr/fl)}_{p,SiO_2}\, dT$$

Setzt man für die Molwärmendifferenz das oben ermittelte Polynom ein, erhält man für die Schmelzenthalpie bei 1850 K:

$$\Delta H_{s,SiO_2}(1850) = 8519 - 2190 = \underline{6329 \text{ J/Mol}}$$

Geschieht der Wärmeaustausch zwischen dem System und seiner Umgebung reversibel, dann ist die Entropieänderung der letzteren gleich:

$$\Delta S_{Umgeb} = \frac{6329}{1850} = \underline{3.421 \text{ J/Mol·K}}$$

Die gesamte Entropieänderung (System + Umgebung) ist dann:

$$\Delta S_{ges} = \Delta S_{Syst} - \Delta S_{Umgeb}$$
$$= -2.949 + 3.421 = \underline{0.472 \text{ J/Mol·K}}$$

Wie im vorangegangenen Beispiel, in dem eine reversible Phasentransformation stattgefunden hat, stellen auch hier β-Cristobalit und seine Umgebung ein *abgeschlossenes* System dar. Für abgeschlossene Systeme aber gilt die vom zweiten Hauptsatz der Thermodynamik gemachte Aussage, daß die Entropie bei irreversibler Prozeßführung nur zunehmen kann. Das Ergebnis der vorgeführten Rechnung steht also im Einklang mit dieser Aussage. Wir fanden:

$$\Delta S_{ges} = \Delta S_{Syst} + \Delta S_{Umgeb} > 0$$

Für irreversible Prozeßführung gilt allgemein

$$dS_{ges} = dS_{Syst} + dS_{Umgeb} > 0 \tag{6.37}$$

Aus der Gl. (6.37) folgt unmittelbar, daß Prozesse, für die gilt

$$dS < 0 \tag{6.38}$$

nicht ablaufen. Diese Eigenschaft der Entropie macht diese Zustandsfunktion zu einem Maß dafür, ob ein Prozeß in eine gegebene Richtung abläuft oder nicht. Könnte man den oben dargestellten Kristallisationsprozeß von β-Cristobalit aus einer unterkühlten Schmelze bei 1850 K in umgekehrter Richtung ablaufen lassen, würden alle Entropieänderungen mit einem umgekehrten Vorzeichen in die Bilanz eingehen, so daß die Summe negativ werden würde. Praktisch würde eine derartige Prozeßumkehrung bedeuten, daß β-Cristobalit isotherm und isobar bei 1850 K schmelzen müßte, wobei eine unterkühlte Schmelze entstehen würde. Die Erfahrung zeigt, daß das nicht möglich ist.

In unserem letzten Rechenbeispiel lief zwar die Kristallisation von β-Cristobalit irreversibel ab, die vom System an die Umgebung abgegebene Wärme aber wurde dem Wärmereservoir auf reversiblem Wege zugeführt. Die Gleichung (6.37) kann deshalb auch umgeschrieben werden und zwar:

$$dS_{Syst} - \frac{\delta Q_{rev}}{T} > 0 \tag{6.39}$$

oder

$$dS_{Syst} > \frac{\delta Q_{rev}}{T} \tag{6.40}$$

Aus der Gl. (6.40) geht hervor, daß bei einer irreversiblen Prozeßführung die Entropieänderung eines Systems stets größer ist als die reduzierte Wärme, die reversibel mit der Umgebung des Systems ausgetauscht wird. In reversiblen Prozessen sind die beiden Größen gleich, so daß gilt:

$$dS_{Syst} = \frac{\delta Q_{rev}}{T} \tag{6.41}$$

## 6.3. **Entropie zusammengesetzter Systeme**

In idealen Mischungen setzen sich sowohl die Gesamtvolumina als auch die Gesamtenthalpien aus den entsprechenden Größen der Komponenten additiv zusammen. Für die Entropie gilt das nicht. Die Entropiezunahme einer Mischung ist stets (auch in idealen Mischungen) größer als die Summe der Entropien ihrer Komponenten. Nur für rein mechanische Mischungen gilt noch

$$S = \sum_{1}^{C} n_i \mathbf{S}_i \qquad (6.42)$$

wenn mit $n_i$ die Molzahl der Komponente i und mit $\mathbf{S}_i$ die molare Entropie der Komponente i bezeichnet werden. Mischungsprozesse verlaufen spontan, d.h. freiwillig und somit irreversibel. Daraus folgt nach Gl. (6.6), daß beim Mischen der Komponenten die Entropie eines abgeschlossenen Systems stets zunehmen muß. Sie muß also größer sein als die stöchiometrische Summe der Entropien der Komponenten. Anstelle von (6.42) gilt auch für ideale Mischungen

$$S = \sum_{1}^{C} n_i S_i \qquad (6.43)$$

$S_i$ ist die *partielle molare Entropie* der Komponente i in der Mischung. Wie alle bisher definierten partiellen Größen gibt die partielle molare Entropie einer Komponente die Änderung der Gesamtentropie pro Mol dieser Komponente bei konstantem Druck und konstanter Temperatur an. Es ist

$$S_i = \left(\frac{\partial S}{\partial n_i}\right)_{P,T,n_{j\neq i}} \qquad (6.44)$$

### 6.3.1 **Mischungsentropie idealer Gasmischungen**

Nach Gl. (6.14) ist bei konstanter Temperatur die Änderung der Entropie eines idealen Gases

$$dS = \frac{1}{T}\left[\left(\frac{\partial U}{\partial V}\right)_T + P\right]dV \qquad (6.45)$$

Der temperaturabhängige Term entfällt wegen der angenommenen Temperaturkonstanz. Nach dem Guy-Lussacschen Gesetz ist die innere Energie eines idealen Gases volumenunabhängig, so daß auch der verbliebene Differentialkoeffizient in Gl. (6.45) verschwindet. Damit ist

$$dS = \frac{PdV}{T} \qquad (6.46)$$

Nach dem idealen Gasgesetz kann P/T durch nR/V ersetzt werden. Für n Mole Gas ist dann

$$dS = nR\,\frac{dV}{V} \qquad (6.47)$$

und für ein Mol

$$dS = R\frac{dV}{V} \qquad (6.48)$$

Wegen $\frac{dx}{x} = d\ln x$, kann man anstelle von (6.47) auch schreiben

$$dS = nR\,d\ln V \qquad (6.49)$$

Werden also n Mole eines idealen Gases bei konstanter Temperatur von $V_a$ auf $V_e$ expandiert, ändert sich seine Entropie wie folgt:

$$\int_{V_a}^{V_e} dS = \Delta S = nR\ln\frac{V_e}{V_a} \qquad (6.50)$$

Die Gleichung (6.50) kann nun zur Herleitung der Mischungsentropie idealer Gase benutzt werden. Vermischt man $n_A$ Mole des Gases A mit $n_B$ Molen des Gases B, so daß sie am Schluß bei gleichem Druck und gleicher Temperatur wie vor dem Mischungsvorgang das gemeinsame Volumen $V = V_A + V_B$ besitzen, wobei $V_A$ und $V_B$ die Ausgangsvolumina sein sollen, finden nach Gl. (6.50) in den Gasen A und B folgende Entropieänderungen statt:

Im Gas A: $\Delta S_A = n_A R\ln\frac{V_A + V_B}{V_A}$ (6.51)

Im Gas B: $\Delta S_B = n_B R\ln\frac{V_A + V_B}{V_B}$ (6.52)

Die Entropieänderung des Gesamtsystems ist dann die Summe der Entropieänderungen, also

$$\Delta S_{ges} = \Delta S_A + \Delta S_B = n_A R\ln\frac{V_A + V_B}{V_A} + n_B R\ln\frac{V_A + V_B}{V_B} \qquad (6.53)$$

Teilt man die Gl. (6.53) durch die Summe der Mole in der Mischung, $n_A + n_B$, und berücksichtigt dabei die Definition des Molenbruchs, erhält man die *mittlere molare Mischungsentropie* einer idealen Gasmischung:

$$\frac{\Delta S}{n_A + n_B} = \Delta \bar{S}_m^{id} = R\left[x_A \ln\frac{V_A + V_B}{V_A} + x_B \ln\frac{V_A + V_B}{V_B}\right] \qquad (6.54)$$

Aus dem Daltonschen Gesetz, nach dem die Summe der Partialdrücke idealer Gase in einer idealen Gasmischung den Gesamtdruck der Gasmischung ergibt, folgt für das partielle Volumen einer Komponente i:

$$V_i = n_i \frac{RT}{P} \qquad (6.55)$$

$n_i$ ist die Molzahl der Komponente i und P der Gesamtdruck der Gasmischung. Im Falle der Gase A und B gilt dann:

$$V_A = n_A \frac{RT}{P} \quad \text{und } V_B = n_B \frac{RT}{P} \qquad (6.56)$$

Setzt man die Ausdrücke für die partiellen Volumina in die Gl. (6.54) ein, erhält man unter Berücksichtigung der Definition des Molenbruchs.

$$\Delta \bar{S}_m^{id} = R\left[x_A \ln\frac{1}{x_A} + x_B \ln\frac{1}{x_B}\right] \qquad (6.57)$$

oder

$$\Delta \bar{S}_m^{id} = - R\left[x_A \ln x_A + x_B \ln x_B\right] \qquad (6.58)$$

Die Änderung der mittleren molaren Entropie beim Vermischen zweier idealer Gase erhalten wir aber auch unabhängig von den zuletzt angestellten Überlegungen, indem wir die Gesamtentropie des Systems vor dem Vermischen der Gase von der Gesamtentropie der Gasmischung abziehen und anschließend durch die Gesamtmolzahl teilen.

Die Gesamtentropie des Systems vor dem Vermischen der Gase ist nach der Gl. (6.42):

$$S^{vor} = n_A \mathbf{S}_A + n_B \mathbf{S}_B \qquad (6.59)$$

$\mathbf{S}_A$ und $\mathbf{S}_B$ sind die molaren Entropien der Gase A und B. Nach dem Vermischen ist die Gesamtentropie nach (6.43)

$$S^{nach} = n_A S_A + n_B S_B \qquad (6.60)$$

$S_A$ und $S_B$ sind die in der Gl. (6.44) definierten partiellen molaren Entropien der beiden Gase.

Die Mischungsentropie ist schließlich

$$\Delta S_m = (S^{nach} - S^{vor}) = n_A(S_A - \mathbf{S}_A) + n_B(S_B - \mathbf{S}_B) \qquad (6.61)$$

Nach der Teilung der Gl. (6.61) durch die Summe der Mole, $n_A + n_B$, erhält man dann schließlich die *mittlere molare Mischungsentropie*:

$$\Delta \bar{S}_m^{id} = x_A(S_A - \mathbf{S}_A) + x_B(S_B - \mathbf{S}_B) \qquad (6.62)$$

Die Ausdrücke in den Klammern der Gl. (6.62) geben die *partiellen molaren Mischungsentropien* der Komponenten A und B wieder.

Ein Vergleich der Gln. (6.58) und (6.62) zeigt, daß

$$(S_i - \mathbf{S}_i) = -R \ln x_i \qquad (6.63)$$

entspricht.

Die partielle molare Entropie einer Komponente unterscheidet sich auch in idealen Mischungen von ihrer molaren Entropie und zwar um $-R \ln x_i$.

### 6.3.2. **Mischungsentropie bei idealer Mischkristallbildung**

Um zeigen zu können, daß für ideale Gase die gefundene Mischungsentropie auch für den Fall der idealen Mischkristallbildung gilt, muß man auf die Definition der Entropie zurückgreifen, wie sie die statistische Thermodynamik liefert. Nach ihr ist der *Makrozustand* eines Systems, der durch die innere Energie, das Volumen und die Zahl der Teilchen charakterisiert ist, um so wahrscheinlicher, je größer die Zahl W der *Mikrozustände* ist. W stellt gleichzeitig die Zahl der Realisierungsmöglichkeiten, d.h. die voneinander unterscheidbaren Arten der Verteilung von Teilchen im Raum und auf verschiedene Energiezustände dar. Zwischen der Zahl der Mikrozustände und der Entropie S besteht folgender Zusammenhang:

$$S = k \ln W \qquad (6.64)$$

k ist die Boltzmannkonstante (universelle Gaskonstante R geteilt durch die Loschmidtsche Zahl), W wird auch *thermodynamische Wahrscheinlichkeit* genannt.

Mischen zwei kristalline Komponenten, z.B. A und B, miteinander, so besteht dann, wenn die Kristallstrukturen und die Molvolumina der Komponenten nur wenig verschieden sind, der Hauptbeitrag zur Entropiezunahme des Systems in der sogenannten *Mischungsentropie*:

$$\Delta S_m = k(\ln W_{AB} - \ln W_A - \ln W_B) \tag{6.65}$$

$W_A$, $W_B$ und $W_{AB}$ geben die Zahlen der möglichen Atomkonfigurationen in den reinen Phasen A und B sowie im Mischkristall an. N soll die Zahl der Positionen, die im Mischkristall (A,B) zur Verfügung stehen, angeben. Beim Mischen werden sie von $N_A$ Atomen der Atomsorte A und $N_B$ Atomen der Sorte B eingenommen, so daß $N_A + N_B = N$ ist. Für eine statistische, d.h. eine ungeordnete Verteilung beider Atomsorten auf die im Mischkristall zur Verfügung stehenden N Gitterplätze, ergibt sich die Zahl der Realisierungsmöglichkeiten zu

$$W_{AB} = \frac{N!}{N_A!\,N_B!} \tag{6.66}$$

Die Zahl der Mikrozustände in der reinen Phase A vor dem Mischungsprozeß ist

$$W_A = \frac{N_A!}{N_A!} \tag{6.67}$$

denn es befinden sich $N_A$ voneinander nicht unterscheidbare Atome auf $N_A$ zur Verfügung stehenden Plätzen. Analog ist

$$W_B = \frac{N_B!}{N_B!} \tag{6.68}$$

Die Mischungsentropie ist dann nach (6.65)

$$\Delta S_m = k\left[\ln\frac{N!}{N_A!\,N_B!} - \ln 1 - \ln 1\right] \tag{6.69}$$

Wenn man von diesen allgemeinen Betrachtungen zu einem wirklichen Kristall übergeht, ergibt sich, daß N ein Vielfaches der Loschmidtschen Zahl ($6.022 \times 10^{23}$) ist. Die Realisierungsmöglichkeiten sind dann gegeben durch:

$$W_{AB} = \frac{zN_L!}{(x_A z N_L)!\,(x_B z N_L)!} \tag{6.70}$$

z gibt die Zahl der äquivalenten Plätze pro Formeleinheit im Mischkristall (A,B) an.

Mit $x_A$ und $x_B$ werden die Verhältnisse der Atomsorten A und B zu der Gesamtzahl der Atome in einem Mol Mischkristall bezeichnet. Die Mischungsentropie der kristallinen Phase ist dann nach (6.69):

$$\Delta S_m = k[\ln(zN_L)! - \ln(x_A zN_L)! - \ln(x_B zN_L)!] \qquad (6.71)$$

Wendet man für den Logarithmus der Faktoriellen die Stirlingsche Näherungsformel an, nach der für große N gilt

$$\ln N! \approx N \ln N - N \qquad (6.72)$$

wird aus (6.71)

$$\begin{aligned} \Delta S_m &= k[zN_L \ln(zN_L) - zN_L - x_A zN_L \ln(x_A zN_L) + x_A zN_L - x_B zN_L \ln(x_B zN_L) + x_B zN_L] \\ &= zkN_L[\ln(zN_L) - 1 - x_A \ln(x_A zN_L) + x_A - x_B \ln(x_B zN_L) + x_B] \\ &= zkN_L[\ln(zN_L) - 1 - x_A \ln x_A - x_A \ln(zN_L) + x_A - x_B \ln x_B - x_B \ln(zN_L) + x_B] \end{aligned}$$

wegen $x_A + x_B = 1$ ist

$$\ln(zN_L) - x_A \ln(zN_L) - x_B \ln(zN_L) = 0$$

$$x_A + x_B - 1 = 0$$

Für die Mischungsentropie erhält man schließlich:

$$\Delta S_m = - zkN_L(x_A \ln x_A + x_B \ln x_B) \qquad (6.73)$$

und nach dem Einsetzen der universellen Gaskonstante R für $kN_L$

$$\Delta \bar{S}_m = - zR(x_A \ln x_A + x_B \ln x_B) \qquad (6.74)$$

Mit z = 1, was für Gase zutrifft, wird die Gleichung (6.74) mit (6.58), die mit den Mitteln der klassischen Thermodynamik hergeleitet wurde, identisch.

Mischen mehr als zwei Komponenten miteinander, wird die Zahl der Glieder in der Klammer der Gl. (6.74) entsprechend höher, so daß man für den allgemeinen Fall mit C Komponenten schreiben kann:

$$\Delta \bar{S}_m = \Delta \bar{S}_m^{id} = - zR \sum_1^C x_i \ln x_i \qquad (6.75)$$

**Beispiel**: Mit Hilfe der oben angegebenen Gleichung soll nun die mittlere molare Mischungsentropie im System $Mg_2SiO_4$ – $Fe_2SiO_4$ berechnet werden. In diesem System werden die Mischkristalle, die mit dem Namen Olivin belegt werden, dadurch gebildet, daß sich Mg und Fe auf den Oktaederplätzen gegenseitig vertreten. Bei der Berechnung der Mischungsentropie sollen die besetzbaren Oktaederplätze als gleichwertig angesehen werden, d.h. zwischen den etwas verschiedenen Plätzen M1 und M2 soll nicht unterschieden werden.

Die allgemeine chemische Formel der Olivine lautet: $M_2SiO_4$. In unserem Fall stehen für M Fe und Mg. Es sind also 2 äquivalente Plätze pro Formeleinheit vorhanden. Unter der Voraussetzung, daß die Komponenten ideal mischen, wird die Mischungsentropie:

$$\Delta\bar{S}^{id,Ol}_{m,(Mg,Fe)_2SiO_4} = -2R(x^{Ol}_{Mg}\ln x^{Ol}_{Mg} + x^{Ol}_{Fe}\ln x^{Ol}_{Fe})$$

$x^{Ol}_{Mg}$ und $x^{Ol}_{Fe}$ stellen die Atombrüche

$$x^{Ol}_{Mg} = \frac{n_{Mg}}{n_{Mg} + n_{Fe}} \quad \text{und} \quad x^{Ol}_{Fe} = \frac{n_{Fe}}{n_{Mg} + n_{Fe}}$$

dar. $n_{Mg}$ und $n_{Fe}$ stehen für die Grammatomzahlen der jeweiligen Atomsorte.

Die mittlere molare Mischungsentropie eines Olivin-Mischkristalls mit $x^{Ol}_{Fe_2SiO_4}$ = 0.1 ($x^{Ol}_{Fe}$ = 0.1), ist dann, wenn für R = 8.3144 J/Mol•K eingesetzt wird

$$\Delta\bar{S}^{id,Ol}_{m,(Mg,Fe)_2SiO_4} = -\ 2 \times 8.3144[0.9\times\ln(09) + 0.1\times\ln(0.1)] = \underline{5.406\ \text{J/Mol•K}}$$

Wie mit dem Index "id" angedeutet, gilt diese Rechnung nur, wenn angenommen werden kann, daß die Mischbarkeit der beiden Komponenten ideal ist und beide Plätze wirklich äquivalent sind.

### 6.3.3. **Reaktionsentropie und ihre Abhängigkeit von der Temperatur**

Bei einer Reaktion, die bei konstanter Temperatur und konstantem Druck nach dem Schema:

$$\nu_A A + \nu_B B \rightarrow \nu_C C + \nu_D D$$

abläuft, ist die Entropieänderung des Systems gleich der stöchiometrischen Summe der Entropien der Reaktionsteilnehmer, wenn sowohl Edukte als auch Produkte als mechanische Mischungen vorliegen.

$$\Delta S_r = -\nu_A S_A - \nu_B S_B + \nu_C S_C + \nu_D S_D = \sum_A^D \nu_i S_i \qquad (6.76)$$

$\Delta S_r$ wird *Reaktionsentropie* genannt.

Die Umrechnung der Reaktionsentropie bei konstantem Druck von der Temperatur $T_1$ auf $T_2$ geschieht mit Hilfe der Molwärmen der Reaktionsteilnehmer. Die Summation wird entsprechend den stöchiometrischen Koeffizienten vorgenommen und gibt die Änderung der Wärmekapazität des reaktionsfähigen Systems wieder. Es ist

$$\Delta S_r(T_2) = \Delta S_r(T_1) + \int_{T_1}^{T_2} \frac{\Delta C_p}{T}\, dT \qquad (6.77)$$

**Beispiel**: Mit Hilfe der konventionellen Standardentropien und der Molwärmen der Reaktionsteilnehmer soll die Reaktionsentropie für die Reaktion der Oxide MgO, $Al_2O_3$ und $SiO_2$ zu Pyrop bei 800 K (1 bar) ausgerechnet werden (Daten von Robie et al., 1979).

Die chemische Reaktionsgleichung lautet:

$$\underset{\text{(Periklas)}}{3\,MgO} + \underset{\text{(Korund)}}{Al_2O_3} + \underset{\text{(Quarz)}}{3\,SiO_2} \rightarrow \underset{\text{(Pyrop)}}{Mg_3Al_2Si_3O_{12}}$$

Bei der angegebenen Temperatur von 800 K sind Periklas, Korund und Tiefquarz die stabilen Modifikationen der Oxid-Komponenten.

Nach Gl. (6.76) ist

$$\Delta S_r(800) = -3S_{MgO}^{Pkls}(800) - S_{Al_2O_3}^{Kor}(800) - 3S_{SiO_2}^{Tq}(800) + S_{Mg_3Al_2Si_3O_{12}}^{Pyr}(800)$$

$$= -3\left[S_{MgO}^{o,Pkls} + \int_{298}^{800} \frac{C_{p,MgO}^{Pkls}}{T}\, dT\right] - \left[S_{Al_2O_3}^{o,Kor} + \int_{298}^{800} \frac{C_{p,Al_2O_3}^{Kor}}{T}\, dT\right]$$

$$-3\left[S_{SiO_2}^{o,Tq} + \int_{298}^{800} \frac{C_{p,SiO_2}^{Tq}}{T}\, dT\right] + \left[S_{Mg_3Al_2Si_3O_{12}}^{o,Pyr} + \int_{298}^{800} \frac{C_{p,Mg_3Al_2Si_3O_{12}}^{Pyr}}{T}\, dT\right]$$

$$= (-3S_{MgO}^{o,Pkls} - S_{Al_2O_3}^{o,Kor} - 3S_{SiO_2}^{o,Tq} + S_{Mg_3Al_2Si_3O_{12}}^{o,Pyr}) + \int_{298}^{800} \frac{\Delta C_p}{T}\, dT$$

$$= (-3 \times 26.94 - 50.92 - 3 \times 41.46 + 260.76) +$$

$$\int_{298}^{800} \frac{(3.1578\times10^2 - 0.20597\,T - 5.1375\times10^3\,T^{-0.5} + 3.9357\times10^6\,T^{-2})}{T}\, dT$$

$$= 4.64 - 4.41 = \underline{0.23\ \text{J/Mol}\cdot\text{K}}$$

Das Ergebnis der Rechnung zeigt, daß die Reaktionsentropie von Reaktionen, an denen nur feste Stoffe beteiligt sind, klein ist.

Im Gegensatz dazu weisen Reaktionen, an denen Gase teilnehmen, große Reaktionsentropien auf. Dies ist aus der Definition der Entropie, die als ein Maß für Ordnung gilt, verständlich. Neben der Tatsache, daß Gase eine maximal mögliche Unordnung aufweisen, finden bei Reaktionen mit Gasbeteiligungen große Volumenänderungen statt.

**Beispiel**: Mit Hilfe der unten aufgeführten konventionellen Standardentropien und Molwärmen soll die Reaktionsentropie folgender Reaktion für 400 K ausgerechnet werden:

$$CaCO_3 + SiO_2 \rightarrow CaSiO_3 + CO_2$$

(Calcit) (T-Quarz) (Wollastonit) (Gas)

Daten:

$$S^{o,Calc}_{CaCO_3} = 91.71 \text{ J/Mol·K}$$
$$S^{o,Tq}_{SiO_2} = 41.46 \text{ J/Mol·K}$$
$$S^{o,Woll}_{CaSiO_3} = 82.01 \text{ J/Mol·K}$$
$$S^{o,Gas}_{CO_2} = 213.79 \text{ J/Mol·K}$$

$$C^{Calc}_{p,CaCO_3} = 99.715 + 2.6920\text{x}10^{-2}T - 2.1576\text{x}10^{6}T^{-2} \quad \text{[J/Mol·K]}$$
$$C^{Tq}_{p,SiO_2} = 44.603 + 3.7754\text{x}10^{-2}T + 1.0018\text{x}10^{6}T^{-2}$$
$$C^{Woll}_{p,CaSiO_3} = 1.1125\text{x}10^{2} + 1.4373\text{x}10^{-2}T + 16.936\,T^{-05} - 2.7779\text{x}10^{6}T^{-2}$$
$$C^{Gas}_{p,CO_2} = 87.820 - 2.6442\text{x}10^{-3}T - 9.9886\text{x}10^{2}T^{-0.5} + 7.0641\text{x}10^{5}T^{-2}$$

$$\Delta C_p = 54.752 - 5.2945\text{x}10^{-2}\,T - 9.8192\text{x}10^{2}\,T^{-0.5} - 0.91569\text{x}10^{6}\,T^{-2} \quad \text{[J/Mol·K]}$$

Rechnung:

$$\Delta S^o_r = -91.71 - 41.46 + 82.01 + 213.79 = \underline{162.63 \text{ J/Mol·K}}$$

$$\int_{298}^{400} \frac{\Delta C_p}{T}\,dT = \underline{-7.147 \text{ J/Mol·K}}$$

$$\Delta S_r(400) = 162.63 - 7.15 = \underline{155.48 \text{ J/Mol·K}}$$

## 7. Gibbs'sche Freie Energie und Freie Enthalpie

Die Gleichungen (6.40) und (6.41) geben den Zusammenhang zwischen der Entropieänderung eines Systems und der reversibel zwischen dem System und seiner Umgebung ausgetauschten Wärme wieder. Die letztere ist in irreversibel geführten Prozessen stets kleiner als die Entropieänderung des Systems. In reversiblen Prozessen sind die beiden Größen gleich. Man kann die Ausdrücke (6.40) und (6.41) zusammenfassen zu

$$dS_{Syst} \geq \frac{\delta Q_{rev}}{T} \qquad (7.1)$$

wobei das Zeichen "größer als" für irreversible und das Zeichen "gleich" für reversible Prozesse gilt. Läßt man die Bezeichung "Syst" weg und setzt für $\delta Q_{rev}$ die Änderung der inneren Energie bei konstanter Temperatur und konstantem Volumen in die Gl. (7.1) ein, erhält man eine wichtige Beziehung:

$$dS - \frac{dU}{T} \geq 0 \qquad (7.2)$$

oder

$$dU - TdS \leq 0 \qquad (7.3)$$

Für die in der Mineralogie wichtigeren Prozesse bei konstantem Druck und konstanter Temperatur wird anstelle der inneren Energie die Enthalpie in die Gl. (7.1) eingesetzt, wodurch sich eine zu (7.3) analoge Beziehung zwischen der Enthalpie- und der Entropieänderung in einem System ergibt:

$$dS - \frac{dH}{T} \geq 0 \qquad (7.4)$$

und durch die Umstellung

$$dH - TdS \leq 0 \qquad (7.5)$$

Die Gln. (7.3) und (7.5) geben an, ob ein Prozeß irreversibel, d.h. spontan abläuft oder nicht, ohne daß man die Entropieänderung der Umgebung betrachten müßte. Ist (dU - TdS) bei konstantem Volumen und konstanter Temperatur bzw. (dH - TdS) bei konstantem Druck und konstanter Temperatur kleiner Null, findet ein spontaner Prozeßablauf statt. Sind die Ausdrücke jeweils Null, hat man ein Gleichgewicht vorliegen und bei größer als Null wird der Prozeß unmöglich, bzw. verläuft in umgekehrter Richtung. Die Beziehungen (dU -TdS) und (dH - TdS) kennzeichnet man mit dF und dG, so daß anstelle von (7.3) und (7.5) geschrieben werden kann:

$$dF = dU - TdS \qquad (7.6)$$

$$dG = dH - TdS \qquad (7.7)$$

Die Integration der Gln. (7.6) und (7.7) liefert:

$$F = U - TS \tag{7.8}$$
$$G = H - TS \tag{7.9}$$

F wird *Freie Energie* nach *Helmholtz* (engl. *Helmholtz free energy*) und G *Freie Enthalpie* nach *Gibbs* (engl. *Gibbs free energy* oder *free enthalpy*) genannt. Beide Größen haben die Dimension einer Energie (Joule oder Kalorie). Dies ergibt sich aus der Art der Zustandsvariablen und ihren Verknüpfungen. Die vollständigen Differentiale der Funktionen F und G lauten:

$$dF = dU - TdS - SdT \tag{7.10}$$
$$dG = dH - TdS - SdT \tag{7.11}$$

Setzt man für dU den Ausdruck aus der Gl. (6.18) und für dH den aus der Gl. (6.19) ein, erhält man

$$dF = - SdT - PdV \tag{7.12}$$
$$dG = - SdT + VdP \tag{7.13}$$

Im Gegensatz zu den Gleichungen (6.18) und (6.19), die zwar auch sämtliche Zustandsänderungen einer Phase definieren, die aber eine schwer zu handhabende Größe als Variable, nämlich die Entropie, enthalten, hängen die Größen in den Gln. (7.12) und (7.13) von den leichter beherrschbaren Zustandsvariablen Volumen und Temperatur, bzw. Druck und Temperatur ab.

Aus den Gln. (6.18), (6.19), (7.12) und (7.13) gehen unmittelbar die Beziehungen zwischen den Ableitungen von U, H, F und G nach den Zustandsvariablen V, T und P hervor.

$$\left(\frac{\partial U}{\partial V}\right)_S = \left(\frac{\partial F}{\partial V}\right)_T = - P \tag{7.14}$$

$$\left(\frac{\partial H}{\partial P}\right)_S = \left(\frac{\partial G}{\partial P}\right)_T = V \tag{7.15}$$

$$\left(\frac{\partial F}{\partial T}\right)_V = \left(\frac{\partial G}{\partial T}\right)_P = - S \tag{7.16}$$

Eine weitere wichtige Beziehung, die mit Hilfe obiger Gleichungen hergeleitet werden kann, ist:

$$\left(\frac{\partial (G/T)}{\partial T}\right)_P = - \frac{H}{T^2} \tag{7.17}$$

Bei der Herleitung der Gl. (7.17) wird die Quotientenregel der Differentiation angewendet. Danach leitet man eine Funktion der Form $y = \frac{u}{v}$ wie folgt ab:

$$y' = \frac{u'v - v'u}{v^2} \tag{7.18}$$

Bildet man nun nach dieser Regel den Differentialkoeffizienten, wie in der Gl. (7.17) gefordert wird, erhält man:

$$\left(\frac{\partial(G/T)}{\partial T}\right)_P = \frac{\left(\frac{\partial G}{\partial T}\right)_P \cdot T - G}{T^2} = \frac{-ST - G}{T^2} = -\frac{H}{T^2} \tag{7.19}$$

## 7.1. Chemisches Potential reiner Phasen

Bezieht man die Freie Enthalpie, G, einer reinen Phase auf ein Mol, erhält man aus einer extensiven eine intensive Größe, die *chemisches Potential* genannt wird:

$$\frac{G}{n} = \mu \tag{7.20}$$

Anstelle von $\mu$ wird in der angelsächsischen Literatur für das chemische Potential einer reinen Phase auch die Bezeichnung $G^\circ$ benutzt. Die Dimension des chemischen Potentials ist cal/Mol bzw. J/Mol.

Da das chemische Potential eine Zustandsfunktion ist, besitzt es ein vollständiges Differential. Es lautet:

$$d\mu = \left(\frac{\partial \mu}{\partial T}\right)_P dT + \left(\frac{\partial \mu}{\partial P}\right)_T dP \tag{7.21}$$

Gemäß den Gln. (7.15) und (7.16) und unter Berücksichtigung von (7.20) entsprechen die Differentialkoeffizienten in Gl. (7.21) der molaren Entropie bzw. dem Molvolumen der reinen Phase, nämlich

$$\left(\frac{\partial \mu}{\partial T}\right)_P = -\mathbf{S} \tag{7.22}$$

$$\left(\frac{\partial \mu}{\partial P}\right)_T = \mathbf{V} \tag{7.23}$$

Damit kann man anstelle von (7.21) auch

$$d\mu = -\mathbf{S}dT + \mathbf{V}dP \tag{7.24}$$

schreiben.

### 7.1.1. **Chemisches Potential reiner idealer Gase**

Bei der Herleitung eines mathematischen Ausdrucks für das chemische Potential eines idealen Gases geht man sinnvollerweise von der Gl. (7.23) aus, nach der die druckbedingte Änderung des chemischen Potentials einer reinen Phase bei konstanter Temperatur dem Molvolumen der betreffenden Phase entspricht. Durch die Umstellung der Gl. (7.23) erhält man:

$$d\mu = VdP \tag{7.25}$$

Nach dem idealen Gasgesetz gilt

$$V = \frac{RT}{P} \tag{7.26}$$

Setzt man (7.26) in (7.25) ein und integriert anschließend in den Grenzen von $P_o$ bis P, bekommt man:

$$\int_{\mu(P_o)}^{\mu(P)} d\mu = \int_{P_o}^{P} VdP = RT\int_{P_o}^{P} \frac{dP}{P} = RT\ln\frac{P}{P_o} \tag{7.27}$$

Ist $P_o$ ein *willkürlich* gewählter Standarddruck, auf den alle Zustandsänderungen bezogen werden, lautet die Gleichung für das chemische Potential eines reinen idealen Gases bei Druck P und Temperatur T:

$$\mu^{id}(P,T) = \mu^{id}(P_o,T) + RT\ \ln\frac{P}{P_o} \tag{7.28}$$

$\mu^{id}(P_o,T)$ wird *Standardpotential* genannt und hängt nur noch von der Temperatur ab. Ist der Standarddruck gleich 1 bar, bekommt die Gl. (7.28) folgende Form:

$$\mu^{id}(P,T) = \mu^{id}(1,T) + RT\ \ln P \tag{7.29}$$

### 7.1.2. **Chemisches Potential reiner realer Gase**

Um die Form der Gleichung für das chemische Potential auch bei realen Gasen beibehalten zu können, führt man an Stelle des Drucks die *Fugazität* **f** ein, die als thermodynamisch wirksamer Druck angesehen werden kann. Die Beziehung zwischen dem Druck P und der Fugazität **f** gibt die Gl. (7.30) wieder.

$$f = P\varphi \tag{7.30}$$

$\boldsymbol{\varphi}$ wird *Fugazitätskoeffizient* genannt. Mit dem Fettdruck soll gekennzeichnet werden, daß es sich um den Fugazitätskoeffizienten eines reinen Gases handelt. Aus demselben Grund ist auch das f fett gedruckt. Wie wir später sehen werden, unterscheiden sich diese Größen in reinen Gasen von denen in Gasmischungen.

Für den Fugazitätskoeffizienten gilt folgende Randbedingung:

$$\lim_{P \to 0} \boldsymbol{\varphi} = 1 \tag{7.31}$$

In Analogie zu (7.28) ist bei konstanter Temperatur dann

$$\mu^{real}(P,T) = \boldsymbol{\mu}^* + RT \ln \frac{\mathbf{f}}{\mathbf{f}_o} \tag{7.32}$$

oder wenn die Bezugsfugazität $\mathbf{f}_o = 1$ gesetzt wird:

$$\mu^{real}(P,T) = \boldsymbol{\mu}^* + RT \ln \mathbf{f} \tag{7.33}$$

bzw.

$$\mu^{real}(P,T) = \boldsymbol{\mu}^* + RT \ln P + RT \ln \boldsymbol{\varphi} \tag{7.34}$$

Das Standardpotential in den Gln. (7.32) bis (7.34) ist definitionsgemäß das zur Bezugsfugazität $\mathbf{f}_o$ gehörende chemische Potential des Gases. Durch die Festlegung der Bezugsfugazität auf 1 ist entsprechend der Gl. (7.30)

$$\left.\begin{aligned} &\ln \mathbf{f}_o = \ln P_o + \ln \boldsymbol{\varphi}_o = 0 \\ \text{bzw.}\quad &\ln P_o = -\ln \boldsymbol{\varphi}_o \end{aligned}\right\} \tag{7.35}$$

In Gl. (7.35) ist $P_o$ der zu $\mathbf{f}_o$ gehörende Bezugsdruck und $\boldsymbol{\varphi}_o$ der entsprechende Fugazitätskoeffizient.

Um die Beziehung zwischen $\boldsymbol{\mu}^*$ und $\mu^{id}(1,T)$ herzustellen, formulieren wir unter Einbeziehung von (7.35) die Änderung des chemischen Potentials eines reinen Gases beim Übergang vom Standardzustand idealer Gase (1 bar und T) in den Zustand T und $P_o$, dem Standardzustand in den Gln. (7.32) bis (7.34).

$$\boldsymbol{\mu}^* - \mu^{id}(1,T) = RT \cdot \ln P_o + RT \ln \boldsymbol{\varphi}_o - RT \ln 1$$

Wegen (7.35) kann $\ln \boldsymbol{\varphi}_o$ durch $-\ln P_o$ ersetzt werden, und wir erhalten, wegen $RT \ln 1 = 0$

$$\boldsymbol{\mu}^* - \mu^{id}(1,T) = RT \ln P_o - RT \ln P_o$$

bzw.

$$\boldsymbol{\mu}^* = \mu^{id}(1,T) \tag{7.36}$$

Bezieht man das Standardpotential eines reinen realen Gases auf die Bezugsfugazität $f_o = 1$, dann ist es mit dem Potential des idealen Gases bei 1 bar und T identisch. Anstelle von (7.33) können wir also schreiben:

$$\mu^{real}(P,T) = \mu^{id}(1,T) + RT\,\ln \mathbf{f} \tag{7.37}$$

oder

$$\mu^{real}(P,T) = \mu^{id}(1,T) + RT\,\ln P + RT\,\ln \boldsymbol{\varphi} \tag{7.38}$$

oder

$$\mu^{real}(P,T) = \mu^{id}(P,T) + RT\,\ln \boldsymbol{\varphi} \tag{7.39}$$

Die Beziehung zwischen dem Molvolumen eines realen Gases und seiner Fugazität bzw. dem Fugazitätskoeffizienten läßt sich auf folgende Weise gewinnen:

Die Differentiation der Gl. (7.37) nach dem Druck bei konstanter Temperatur liefert:

$$V^{real}dP = RT\,\ln \mathbf{f} \tag{7.40}$$

Die analoge Beziehung für ideale Gase lautet:

$$V^{id}dP = RT\,\ln P \tag{7.41}$$

Nach der Subtraktion der Gl. (7.41) von (7.40) erhält man

$$(V^{real} - V^{id})dP = RT\,d\ln\frac{\mathbf{f}}{P} \tag{7.42}$$

oder

$$\int_0^P (V^{real} - V^{id})dP = RT\left[\ln\left(\frac{\mathbf{f}}{P}\right)_{P=P} - \ln\left(\frac{\mathbf{f}}{P}\right)_{P=0}\right] \tag{7.43}$$

Wegen (7.31) ist schließlich

$$RT\,\ln\frac{\mathbf{f}}{P} = RT\,\ln \boldsymbol{\varphi} = \int_0^P (V^{real} - V^{id})dP \tag{7.44}$$

oder

$$RT\,\ln \boldsymbol{\varphi} = \int_0^P \left(V^{real} - \frac{RT}{P}\right)dP \tag{7.45}$$

wenn $V^{id}$ mit Hilfe des idealen Gasgesetzes durch $\frac{RT}{P}$ ersetzt wird.

Sowohl $V^{real}$ als auch $V^{id}$ gehen gegen $\infty$, wenn $P \to 0$ geht. Die Differenz zwischen den beiden Volumina konvergiert jedoch gegen einen endlichen Wert, so daß das Integral in Gleichung (7.44) bzw. (7.45) lösbar ist. In der Praxis ermittelt man es meist graphisch, indem man $[V^{real} - \frac{RT}{P}]$ gegen P aufträgt und die Fläche unter der Kurve bestimmt (vgl. Abb. 34).

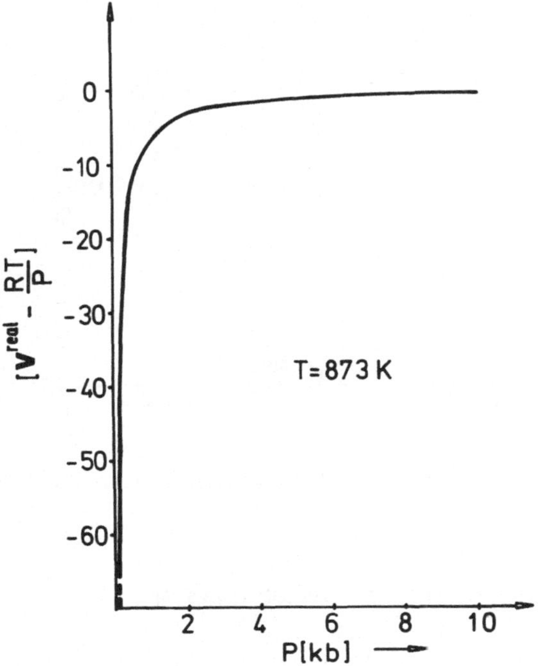


Abb. 34: $V^{real} - \frac{RT}{P}$ als Funktion des Drucks für Wasser bei T = 873 K (nach den Daten von Burnham et al., 1969).

Nach Gl. (4.21) läßt sich das Volumen eines realen Gases als Funktion des Drucks bei konstanter Temperatur in Form einer Reihe mit steigenden Potenzen von P ausdrücken:

$$V^{real} = \frac{RT}{P} + B + CP + \cdots$$

Setzt man den oben angegebenen Ausdruck für das Volumen eines realen Gases in die Gl. (7.45) ein und integriert von 0 bis P, erhält man

$$RT \ln \varphi = BP + \frac{C}{2}P^2 + \cdots \qquad (7.46)$$

Die Zusammenhänge zwischen dem Gasdruck, der Fugazität und dem chemischen Potential eines Gases bei konstanter Temperatur T sind in der Abb. 35 schematisch dargestellt.

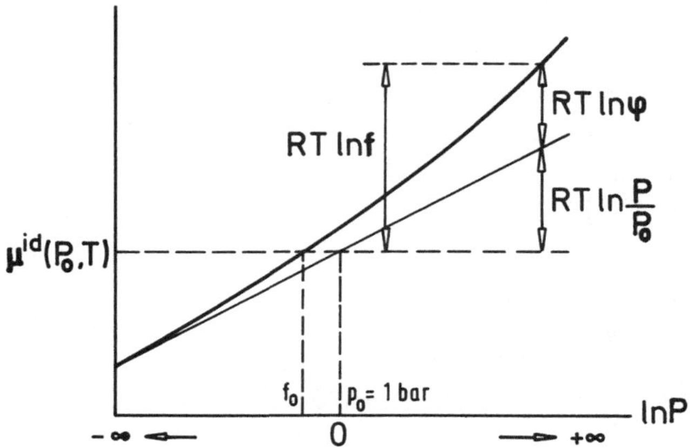


Abb. 35: Chemisches Potential idealer und realer Gase (nach Froese, 1976).

### 7.1.3. Chemisches Potential reiner fester Phasen

Die Änderung des chemischen Potentials einer festen Phase mit dem Druck bei konstanter Temperatur ist wie bei Gasen gegeben durch

$$\mu(P,T) - \mu(1,T) = \int_1^P \left(\frac{\partial\mu}{\partial P}\right)_T dP \tag{7.47}$$

wenn als Bezugsvariablen 1 bar und T gewählt werden. So gesehen ist $\mu(1,T)$ das Standardpotential.

Mit $$\left(\frac{\partial\mu}{\partial P}\right)_T = V$$

erhält man aus (7.47)

$$\mu(P,T) = \mu(1,T) + \int_1^P V dP \tag{7.48}$$

Wird das Volumen als druckunabhängig angesehen, was wegen der geringen Kompressibilität fester Stoffe für recht große Druckbereiche in erster Näherung zutrifft, ergibt die Integration der Gl. (7.48) von 1 bar bis P:

$$\mu(P,T) - \mu(1,T) = (P - 1)V \tag{7.49}$$

V ist das Molvolumen der betreffenden festen Phase bei Normalbedingungen.

Bei Berücksichtigung der Kompressibilität muß der Volumenterm unter das Integral genommen werden. Wenn die Kompressibilität als druckunabhängig betrachtet wird, gilt Gl. (4.31), die in Analogie zu (4.34) in folgender Form geschrieben werden kann:

$$\mathbf{V}(P,T) = \mathbf{V}(1,T)[1 - \chi P] \tag{7.50}$$

Ersetzt man das Volumen in der Gleichung (7.48) durch (7.50), erhält man

$$\boldsymbol{\mu}(P,T) = \boldsymbol{\mu}(1,T) + \mathbf{V}(1,T)\int_1^P (1 - \chi P)dP \tag{7.51}$$

Die Integration der Gl. (7.51) in den Grenzen 1 bar und P liefert unter Vernachlässigung der Druckabhängigkeit des Kompressibilitätskoeffizienten

$$\boldsymbol{\mu}(P,T) = \boldsymbol{\mu}(1,T) + \mathbf{V}(1,T)(P - 1) - \mathbf{V}(1,T)\frac{\chi}{2}(P^2 - 1) \tag{7.52}$$

Da geowissenschaftlich relevante Drücke in der Größenordnung von $10^3$ bar liegen, kann man 1 bar gegen P vernachlässigen, so daß aus (7.52)

$$\boldsymbol{\mu}(P,T) = \boldsymbol{\mu}(1,T) + \mathbf{V}(1,T)P[1 - \frac{\chi}{2}P] \tag{7.53}$$

wird.

Zum Schluß dieser Betrachtung muß noch darauf hingewiesen werden, daß $\mathbf{V}(1,T)$ in den Gleichungen (7.50) bis (7.53) das Molvolumen der betreffenden Phase bei 1 bar und T darstellt. Das in den Tabellenwerken angegebene Molvolumen muß also vor dem Einsetzen in die Rechnung mit Hilfe des Ausdehnungskoeffizienten auf die betrachtete Temperatur umgerechnet werden. Eine einseitige Berücksichtigung der Kompressibilität würde das Rechenergebnis eher verschlechtern als verbessern.

## 7.2. **Chemisches Potential von Komponenten in Mischphasen**

Das vollständige Differential der Freien Enthalpie einer Mischphase, die aus C Komponenten besteht, lautet, wenn Druck und Temperatur konstant gehalten werden:

$$dG = \left(\frac{\partial G}{\partial n_1}\right)_{P,T,n_{j\neq 1}} dn_1 + \left(\frac{\partial G}{\partial n_2}\right)_{P,T,n_{j\neq 2}} dn_2 + \cdots + \left(\frac{\partial G}{\partial n_C}\right)_{P,T,n_{j\neq C}} dn_C \tag{7.54}$$

Die Änderung der Freien Enthalpie einer Mischphase, wenn ihr isotherm und isobar eine differentielle Menge der Komponente i hinzugefügt wird, während alle anderen Komponenten konstant gehalten werden, entspricht dem *chemischen Potential* dieser Komponente in der Mischphase bei der aktuellen Zusammensetzung:

$$\left(\frac{\partial G}{\partial n_i}\right)_{P,T,n_{j\neq i}} = \mu_i \qquad (7.55)$$

In Analogie zu den bisher definierten partiellen Größen entspricht das chemische Potential der *partiellen molaren Freien Enthalpie* der entsprechenden Komponente in der Mischung.

Statt mit (7.54) läßt sich unter Berücksichtigung von (7.55) das vollständige Differential der Freien Enthalpie auch schreiben als

$$dG = \sum_1^C \mu_i dn_i \qquad (7.56)$$

Wird die Mischphase so hergestellt, daß man infinitesimale Mengen der Komponenten in einem konstanten Verhältnis, das dem der fertigen Mischung entspricht, zusammengibt, bleibt während der Herstellung die Zusammensetzung konstant. Das bedeutet, daß auch die chemischen Potentiale konstant bleiben. Unter diesen Umständen kann man die Gl. (7.56) integrieren und erhält:

$$G = \sum_1^C n_i \mu_i \qquad (7.57)$$

**Beispiel**: Die Freie Enthalpie eines Pyroxen-Mischkristalls, der aus $n^{Px}_{MgSiO_3}$ Molen Enstatit und $n^{Px}_{FeSiO_3}$ Molen Ferrosilit besteht, kann wie folgt angegeben werden:

$$G^{Px}_{(Mg,Fe)SiO_3} = n^{Px}_{MgSiO_3}\mu^{Px}_{MgSiO_3} + n^{Px}_{FeSiO_3}\mu^{Px}_{FeSiO_3}$$

Die chemischen Potentiale $\mu^{Px}_{MgSiO_3}$ und $\mu^{Px}_{FeSiO_3}$ hängen bei konstantem Druck und konstanter Temperatur gemäß (7.55) von den Molzahlen $n^{Px}_{MgSiO_3}$ und $n^{Px}_{FeSiO_3}$, d.h. von der Zusammensetzung der Mischkristalle ab.

Teilt man die Freie Enthalpie (Freie Gesamtenthalpie) durch die Summe der Mole aller beteiligten Komponenten, bekommt man die *mittlere molare Freie Enthalpie* der betreffenden Mischphase.

$$\bar{G} = \frac{G}{\sum n_i} = \sum_1^C \frac{n_i \mu_i}{\sum n_i} = \sum_1^C x_i \mu_i \qquad (7.58)$$

Die mittlere molare Freie Enthalpie ist eine intensive Größe mit der Dimension J/Mol bzw. cal/Mol.

Für das oben vorgestellte Beispiel des Orthopyroxen-Mischkristalls ist die mittlere molare Freie Enthalpie

$$\bar{G}^{Px}_{(Mg,Fe)SiO_3} = \frac{G^{Px}_{(Mg,Fe)SiO_3}}{n^{Px}_{MgSiO_3} + n^{Px}_{FeSiO_3}} = (1 - x^{Px}_{FeSiO_3})\mu^{Px}_{MgSiO_3} + x^{Px}_{FeSiO_3}\mu^{Px}_{FeSiO_3}$$

wenn berücksichtigt wird, daß sich die Molenbrüche aller an der Mischung beteiligten Komponenten zu 1 addieren.

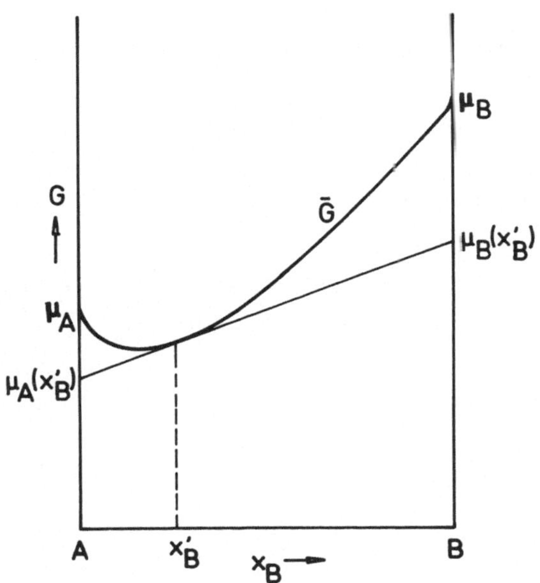


Abb. 36: Schematische Darstellung der mittleren molaren Freien Enthalpie und der chemischen Potentiale der Komponenten in einer Mischphase (A,B).

Wie bereits erwähnt, entspricht das chemische Potential einer Komponente in einer Mischphase ihrer partiellen molaren Freien Enthalpie. Ähnlich wie das partielle Molvolumen und die partielle molare Enthalpie lassen sich auch die chemischen Potentiale der Komponenten A und B in einer binären Mischphase (A,B) aus der Abhängigkeit der mittleren molaren Freien Enthalpie von der Zusammensetzung der Mischphase bei konstantem Druck und konstanter Temperatur gewinnen. Für den Fall, daß die Zusammensetzung der binären Mischphase (A,B) in Molenbrüchen der Komponente B angegeben wird, lauten die Gleichungen für die chemischen Potentiale der Komponenten:

$$\mu_A = \bar{G} - x_B\left(\frac{\partial \bar{G}}{\partial x_B}\right)_{P,T} \tag{7.59}$$

und

$$\mu_B = \bar{G} + (1 - x_B)\left(\frac{\partial \bar{G}}{\partial x_B}\right)_{P,T} \tag{7.60}$$

Die geometrischen Verhältnisse zwischen den in den Gln. (7.59) und (7.60) verknüpften Größen (mittlere molare Freie Enthalpie, Zusammensetzung und chemisches Potential) sind in der Abb. 36 schematisch dargestellt.

### 7.2.1. **Chemisches Potential eines idealen Gases in idealen Gasmischungen**

Wegen (5.57), (6.44) und (7.55) folgt aus (7.9), wonach

$$G = H - TS$$

ist, unmittelbar die Verknüpfung zwischen dem chemischen Potential einer Komponente und ihren übrigen partiellen Zustandsgrößen. Es ist:

$$\mu_i = H_i - TS_i \qquad (7.61)$$

Für reine Phasen gilt dann entsprechend

$$\boldsymbol{\mu}_i = \mathbf{H}_i - T\mathbf{S}_i \qquad (7.62)$$

Die Beziehungen (7.61) und (7.62) können nun zur Wiedergabe des chemischen Potentials einer Komponente in einer Mischphase benutzt werden.

Betrachten wir ein ideales Gas, das vor dem Vermischen mit einem anderen, ebenfalls idealen Gas bei einer Temperatur T und einem Druck P vorliegt. Nach Gl. (7.62) ist sein chemisches Potential

$$\boldsymbol{\mu}_i = \mathbf{H}_i - T\mathbf{S}_i$$

wenn mit $\boldsymbol{\mu}_i$, $\mathbf{H}_i$ und $\mathbf{S}_i$ die molaren Größen des reinen Gases i bei P und T bezeichnet werden.

Nach dem Vermischen des Gases bei konstanter Temperatur und konstantem Druck ist sein chemisches Potential dann entsprechend der Gl. (7.61)

$$\mu_i = H_i - TS_i$$

Die Größen $\mu_i$, $H_i$ und $S_i$ sind die partiellen molaren Zustandsfunktionen des Gases i in der Mischung, die bei dem selben Druck- und der selben Temperatur vorliegt, wie das reine Gas.

Die Differenz der chemischen Potentiale des Gases im Zustand vor und im Zustand nach dem Vermischen ergibt die mit dem Mischungsprozeß verbundene Änderung des chemischen Potentials, nämlich

$$\mu_i - \boldsymbol{\mu}_i = \Delta\mu_i = H_i - \mathbf{H}_i - T(S_i - \mathbf{S}_i) \qquad (7.63)$$

In idealen Mischungen ist die partielle molare Enthalpie $H_i$ gleich der molaren Enthalpie der reinen Komponente, $\mathbf{H}_i$. Damit ist $H_i - \mathbf{H}_i = 0$ (vgl. hierzu Kap. 5.1.4.). Entsprechend ist nach Gl. (6.63) die Differenz $S_i - \mathbf{S}_i = -R \ln x_i$. Anstelle von (7.63) können wir also schreiben:

$$\mu_i - \boldsymbol{\mu}_i = RT \ln x_i \qquad (7.64)$$

oder

$$\mu_i = \boldsymbol{\mu}_i + RT \ln x_i \qquad (7.65)$$

oder, wenn man die im Kapitel 7.1.1. eingeführte Bezeichnung für das chemische Potential bei P und T weiterbenutzt:

$$\mu_i^{id}(P,T) = \boldsymbol{\mu}_i^{id}(P,T) + RT \ln x_i \qquad (7.66)$$

wobei hier zusätzlich noch der Komponentenname (i) geschrieben werden muß.

Durch die Einführung des Ausdrucks für das chemische Potential eines reinen idealen Gases bei einem Druck P und einer Temperatur T (7.28) in die Gleichung (7.66), erhält man:

$$\mu_i^{id}(P,T) = \boldsymbol{\mu}_i^{id}(P_o,T) + RT \ln\frac{P}{P_o} + RT \ln x_i \qquad (7.67)$$

Da $Px_i = p_i$ der Partialdruck des Gases i in der Mischung ist, kann man die Gleichung (7.67) auch auf folgende Weise schreiben:

$$\mu_i^{id}(P,T) = \boldsymbol{\mu}_i^{id}(P_o,T) + RT \ln\frac{p_i}{P_o} \qquad (7.68)$$

Wird außerdem 1 bar als Standarddruck gewählt, vereinfacht sich die Gl. (7.68) weiter zu

$$\mu_i^{id}(P,T) = \boldsymbol{\mu}_i^{id}(1,T) + RT \ln p_i \qquad (7.69)$$

Um Mißverständnisse hinsichtlich der Bezeichnung von Gaskomponenten zu vermeiden, soll an dieser Stelle ausdrücklich darauf hingewiesen werden, daß P in der Gl. (7.67) den Gesamtdruck der Gasmischung angibt. Er darf auf keinen Fall mit dem

Partialdruck $p_i$ in der Gl. (7.69) verwechselt werden. Da Gl. (7.28) für reine ideale Gase gilt ($x_i$ = 1), sind dort zufällig P und $p_i$ identisch. In den Gasmischungen ist dagegen $\sum p_i = P$.

### 7.2.2. Chemisches Potential realer Gase in idealen und realen Gasmischungen

Geht man davon aus, daß reale Gase bei konstantem Druck und konstanter Temperatur ideal miteinander mischen, entsprechen ihre chemischen Potentiale in Analogie zu Gl. (7.66):

$$\mu_i^{real}(P,T) = \boldsymbol{\mu}_i^{real}(P,T) + RT \ln x_i \qquad (7.70)$$

$\boldsymbol{\mu}_i^{real}(P,T)$ ist das chemische Potential des reinen realen Gases bei P und T. Es setzt sich nach Gl. (7.37) wie folgt zusammen:

$$\boldsymbol{\mu}_i^{real}(P,T) = \boldsymbol{\mu}_i^{id}(1,T) + RT \ln \mathbf{f}_i$$

wobei hier wiederum der Komponentenname (i) genannt werden muß.

Wird obiger Ausdruck nun in Gl. (7.70) eingesetzt, erhält man

$$\mu_i^{real}(P,T) = \boldsymbol{\mu}_i^{id}(1,T) + RT \ln \mathbf{f}_i + RT \ln x_i \qquad (7.71)$$

und wegen (7.38) schließlich

$$\mu_i^{real}(P,T) = \boldsymbol{\mu}_i^{id}(1,T) + RT \ln \boldsymbol{\varphi}_i + RT \ln P + RT \ln x_i \qquad (7.72)$$

$\boldsymbol{\varphi}$ ist der Fugazitätskoeffizient des reinen Gases i bei der Temperatur T und dem Gesamtdruck der Mischung P.

Definiert man die Fugazität eines realen Gases in einer idealen Gasmischung als

$$f_i^{id} = x_i \mathbf{f}_i \qquad (7.73)$$

wird aus (7.71):

$$\mu_i^{real}(P,T) = \boldsymbol{\mu}_i^{id}(1,T) + RT \ln f_i^{id} \qquad (7.74)$$

Berücksichtigt man, daß $Px_i = p_i$ ist, ergibt ein Vergleich der Gln. (7.72) und (7.74), daß für die Fugazität eines realen Gases in einer idealen Gasmischung auch

$$f_i^{id} = \boldsymbol{\varphi}_i p_i \qquad (7.75)$$

gelten muß.

Im Falle einer idealen Mischbarkeit ist das partielle Molvolumen $V_i$ des Gases i in der Mischung jederzeit gleich seinem Molvolumen $\dot{V}_i$. In realen Mischungen unterscheiden sich die beiden Volumina in der Regel voneinander (vgl. Kap. 4). Folglich gilt:

$$RT \ln \varphi_i = \int_0^P (V_i^{real} - \frac{RT}{P})dP \neq RT \ln \boldsymbol{\varphi}_i = \int_0^P (V_i^{real} - \frac{RT}{P})dP \qquad (7.76)$$

wobei $\varphi_i$ den "partiellen" Fugazitätskoeffizienten der Komponente i in der Gasmischung bei der aktuellen Zusammensetzung wiedergibt.

Den vollständigen Ausdruck für das chemische Potential eines reinen realen Gases bei P und T gibt Gl. (7.38). Es ist

$$\boldsymbol{\mu}_i^{real}(P,T) = \boldsymbol{\mu}_i^{id}(1,T) + RT \ln P + RT \ln \boldsymbol{\varphi}_i \qquad (7.77)$$

Das chemische Potential für dasselbe Gas in einer realen Gasmischung bei gleichen Druck- und Temperaturbedingungen lautet unter Einbeziehung des partiellen Fugazitätskoeffizienten $\varphi_i$:

$$\mu_i^{real}(P,T) = \boldsymbol{\mu}_i^{id}(1,T) + RT \ln P + RT \ln \varphi_i + RT \ln x_i \qquad (7.78)$$

Die Subtraktion der Gl. (7.77) von (7.78) liefert

$$\mu_i^{real}(P,T) = \boldsymbol{\mu}_i^{real}(P,T) + RT \ln \frac{\varphi_i}{\boldsymbol{\varphi}_i} + RT \ln x_i \qquad (7.79)$$

Das Verhältnis des Fugazitätskoeffizienten eines Gases in einer Mischphase zu dem des reinen Gases wird *Aktivitätskoeffizient* genannt und üblicherweise mit dem Buchstaben $\gamma$ gekennzeichnet. Nach dieser Vereinbarung können wir das chemische Potential der Komponente i in einer realen Mischung bei P und T wie folgt schreiben:

$$\mu_i^{real}(P,T) = \boldsymbol{\mu}_i^{real}(P,T) + RT \ln x_i + RT \ln \gamma_i \qquad (7.80)$$

oder

$$\mu_i^{real}(P,T) = \boldsymbol{\mu}_i^{real}(P,T) + RT \ln(x_i\gamma_i) = \boldsymbol{\mu}_i^{real}(P,T) + RT \ln a_i \qquad (7.81)$$

Das Produkt

$$x_i\gamma_i = a_i \qquad (7.82)$$

nennt man *Aktivität* der Komponente i. Sie entspricht dem Molenbruch, den die Komponente i haben müßte, um bei idealem Verhalten dieselbe thermodynamische Wirkung ausüben zu können. Der Aktivitätskoeffizient $\gamma_i$ ist also ein Faktor, der die Abweichung der Komponente i von der Idealität korrigiert.

Nach dem Ersetzen von $\boldsymbol{\mu}_i^{real}(P,T)$ in Gl. (7.81) durch den Ausdruck (7.38) wird

$$\mu_i^{real}(P,T) = \boldsymbol{\mu}_i^{id}(1,T) + RT \ln P + RT \ln \boldsymbol{\varphi}_i + RT \ln x_i + RT \ln \gamma_i \qquad (7.83)$$

oder

$$\mu_i^{real}(P,T) = \boldsymbol{\mu}_i^{id}(1,T) + RT \ln (P\boldsymbol{\varphi}_i \gamma_i x_i) \qquad (7.84)$$

Wie bereits gesagt wurde, stellt der Aktivitätskoeffizient $\gamma_i$ das Verhältnis zwischen dem Fugazitätskoeffizienten einer gasförmigen Komponente in einer realen Gasmischung und dem Fugazitätskoeffizienten dieser Komponente als reines reales Gas dar (vgl. 7.79). Dadurch kann unter Berücksichtigung der Definition des Partialdrucks anstelle von (7.84) für das chemische Potential eines realen Gases in einer realen Gasmischung geschrieben werden:

$$\mu_i^{real}(P,T) = \boldsymbol{\mu}_i^{id}(1,T) + RT \ln p_i \varphi_i \qquad (7.85)$$

oder

$$\mu_i^{real}(P,T) = \boldsymbol{\mu}_i^{id}(1,T) + RT \ln f_i \qquad (7.86)$$

wenn

$$f_i = p_i \varphi_i \qquad (7.87)$$

die Fugazität des realen Gases i in einer realen Gasmischung bei der aktuellen Zusammensetzung wiedergibt. Zwischen den Fugazitäten $f_i$, $f_i^{id}$ und $\mathbf{f}_i$ besteht folgender Zusammenhang:

$$f_i = a_i \mathbf{f}_i = \gamma_i f_i^{id} \qquad (7.88)$$

Von den geowissenschaftlich interessanten Gasen sind bisher praktisch nur die Aktivitätskoeffizienten von $CO_2$ - $H_2O$ - Mischungen bekannt (Helgeson und Kirkhan, 1975). In thermodynamischen Rechnungen von Gleichgewichten, an denen andere Gasmischungen teilnehmen, werden die Aktivitätskoeffizienten der Komponenten in der Regel 1 gesetzt. Das bedeutet, daß man so tut, als ob das partielle Molvolumen eines Gases in einer realen Gasmischung jederzeit gleich dem Molvolumen des reinen realen Gases wäre. Für die Fugazität heißt das

$$f_i \approx f_i^{id} = x_i \mathbf{f}_i \qquad (7.89)$$

Die Gleichung (7.89) ist als die *Fugazitätsregel von Lewis und Randall* bekannt.

### 7.2.3. Chemisches Potential der Komponenten in idealen kondensierten Mischphasen

In Analogie zur Gleichung (7.65) läßt sich das chemische Potential einer Komponente i in einer idealen fluiden oder festen Mischphase wie folgt angeben:

$$\mu_i = \boldsymbol{\mu}_i + RT \ln x_i \qquad (7.90)$$

$\boldsymbol{\mu}_i$ ist das Standardpotential. Es hängt außer von der Normierung, die später ausführlicher diskutiert werden wird, nur noch vom Druck und von der Temperatur, nicht aber von der Zusammensetzung der Mischphase ab. $\boldsymbol{\mu}$ ist mit $\boldsymbol{\mu}_i^{real}(P,T)$ in Gl. (7.70) oder mit $\boldsymbol{\mu}_i^{id}(P,T)$ in Gl. (7.66) vergleichbar. Es unterscheidet sich von dem Standardpotential der Gase durch die unterschiedliche Wahl der Bezugsvariablen P. Bei Gasen wird auf 1 bar und T normiert, so daß der druckbedingte Anteil des chemischen Potentials schon für reine Komponenten in dem $RT\ln p_i$ Term enthalten ist. Für feste Komponenten werden in der Regel der Druck und die Temperatur der Mischphase als Bezug gewählt. Zur Vereinheitlichung der Standardzustände bezieht man manchmal jedoch auch das chemische Potential kondensierter Stoffe auf einen einheitlichen Druck (meist 1 bar). In diesen Fällen muß dann natürlich die Änderung des chemischen Potentials vom Bezugsdruck bis zum Druck der Mischphase entsprechend der Gl. (7.48) mitberücksichtigt werden.

In der Gl. (7.90) gibt $x_i$ den Molenbruch der Komponente i in der Mischphase an. Trägt man das chemische Potential der Komponente gegen den Logarithmus ihres Molenbruchs in einem Diagramm auf, erhält man eine Gerade, deren Steigung RT beträgt. Der Schnittpunkt der Geraden mit der Ordinate bei $\ln x_i = 0$ liefert das Standardpotential der Komponente (siehe Abb. 37).

Bei Herleitung der Gleichung für das chemische Potential idealer Gase in idealen Gasmischungen wurde festgestellt, daß der konzentrationsabhängige Beitrag zum chemischen Potential eines Gases in der Mischung von der Mischungsentropie herrührt. Andererseits geht aus der Gl. (6.75) hervor, daß die mit der Bildung eines idealen Mischkristalls bei konstanter Temperatur und konstantem Druck verbundene Entropieänderung einer Komponente i

$$(S_i - \mathbf{S}_i) = - zR \ln x_i \qquad (6.75a)$$

beträgt. z gibt die Zahl der äquivalenten Plätze in der Kristallstruktur an, die den Mischpartnern (verschiedene Atomsorten) zur Verfügung stehen, so daß anstelle von (7.90) hier genauer

$$\mu_i = \boldsymbol{\mu}_i + zRT \ln x_i \qquad (7.91)$$

geschrieben werden muß. Soll z dennoch 1 gesetzt werden, muß die Komponente so gewählt werden, daß nur noch ein äquivalenter Platz pro Formeleinheit übrigbleibt. Dazu sind in der Regel jedoch Informationen zum Mischungsverhalten der Komponenten nötig. Die Kenntnis kristallographischer Verhältnisse allein genügt oft nicht.

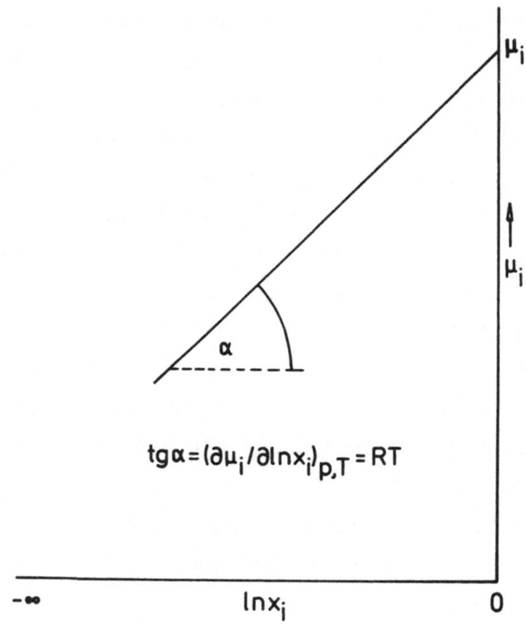


Abb. 37: Das chemische Potential einer Komponente in einer idealen Mischphase als Funktion der Zusammensetzung.

**Beispiel**: Im Olivin, $(Mg,Fe)_2SiO_4$, vertreten sich Magnesium und Eisen gegenseitig auf den Oktaederplätzen. Man unterscheidet zwei Positionen, M1 und M2, die in Bezug auf Größe und Koordination nur wenig verschieden sind. Nimmt man an, daß eine statistische Verteilung von Magnesium und Eisen auf den jeweiligen Positionen stattfindet, wird das chemische Potential des $Mg_2SiO_4$ im Olivinmischkristall wegen der Mischungsentropie gleich:

$$\mu^{Ol}_{Mg_2SiO_4} = \boldsymbol{\mu}^{Ol}_{Mg_2SiO_4} + RT \ln x^{Ol}_{Mg,M1} + RT \ln x^{Ol}_{Mg,M2}$$

wenn mit

$$x^{Ol}_{Mg,M1} = \left(\frac{n_{Mg}}{n_{Mg} + n_{Fe}}\right)_{M1}$$

und

$$x^{Ol}_{Mg,M2} = \left(\frac{n_{Fe}}{n_{Mg} + n_{Fe}}\right)_{M2}$$

die Atombrüche des Magnesiums in M1 und M2 Positionen angegeben werden. Werden beide Plätze als gleichwertig angesehen (bei den Olivinen ist der energetische Unterschied tatsächlich gering), und findet eine statistische Verteilung von Magnesium und Eisen auf alle zur Verfügung stehenden sechsfach koordinierten Kationenplätze statt, ist

$$x^{Ol}_{Mg,M1} = x^{Ol}_{Mg,M2} = x^{Ol}_{Mg_2SiO_4}$$

Daraus folgt

$$\mu^{Ol}_{Mg_2SiO_4} = \mu^{Ol}_{Mg_2SiO_4} + 2RT \ln x^{Ol}_{Mg_2SiO_4}$$

Ein Vergleich der obigen Gleichung mit dem Ausdruck in (7.91) zeigt, daß z = 2 ist. Das ist konform mit der am Anfang des Beispiels getroffenen Annahme, nämlich, daß es in der Olivinstruktur bezüglich der Mischbarkeit zwei gleiche Plätze gibt, auf denen sich Magnesium und Eisen gegenseitig vertreten können. Das Anionengitter wird als "starr" angesehen.

Um z = 1 setzen zu können, muß eine halbe Formeleinheit als Komponente genommen werden. Das chemische Potential des $MgSi_{0.5}O_2$ im Olivin ist dann

$$\mu^{Ol}_{MgSi_{0.5}O_2} = \mu^{Ol}_{MgSi_{0.5}O_2} + RT \ln x^{Ol}_{MgSi_{0.5}O_2}$$

Sowohl das Gesamtpotential als auch das Standardpotential der Komponente unterscheiden sich hier von den entsprechenden Größen in der vorletzten Gleichung. Beide sind nämlich um die Hälfte kleiner. Daran muß insbesondere gedacht werden, wenn tabellierte thermodynamische Daten benutzt werden, da diese in der Regel für eine *ganze* Formeleinheit angegeben sind.

Wenn keine anderen Daten vorhanden sind, muß der Ansatz für ideale Mischbarkeit auch bei realen Mischphasen angewendet werden. Ist der betrachtete Mischungsbereich klein und die Abweichung von der Idealität nicht allzugroß, sind die damit erzielten Rechenergebnisse zur Abschätzung des Druck- und Temperaturverhaltens der Mischphasen häufig durchaus brauchbar. Deshalb, und da der rechnerische Umgang mit den Konzentrationsangaben in idealen Mischphasen auch für die Bestimmungen der später noch zu behandelnden chemischen Potentiale realer fester Mischphasen wichtig ist, werden hier weitere Beispiele mit dem Ansatz für ideale Mischbarkeit vorgestellt, obwohl, zumindest für einige von ihnen, bereits Ansätze für die Behandlung als reale Mischungen ausgearbeitet worden sind. Mit der Vorstellung hier soll nicht ihr *tatsächlicher* Mischbarkeitscharakter demonstriert werden. Sie sollen vielmehr als eine Vorstufe auf dem Wege zur Verbesserung und Anpassung an die tatsächlichen thermodynamischen Verhältnisse betrachtet werden. Auch wenn die Mischbarkeit als ideal angesehen wird, kann man bereits wichtige kristallographische und energetische Gesichtspunkte berücksichtigen.

**Beispiel 1**: In Orthopyroxenen, $(Mg,Fe)_2Si_2O_6$, unterscheiden sich die M1 und M2 Positionen stärker als im Olivin, so daß Magnesium und Eisen nicht mehr rein statistisch auf alle Kationenplätze verteilt sind. Das Eisen bevorzugt die etwas stärker verzerrten und größeren M2 Positionen. Vernachlässigen wir die vorhandene Nichtidealität in diesem System, so ist das chemische Potential gegeben durch die Gleichungen:

$$\mu^{Opx}_{Mg_2Si_2O_6} = \mu^{\circ Opx}_{Mg_2Si_2O_6} + RT \ln x^{Opx}_{Mg,M1} + RT \ln x^{Opx}_{Mg,M2}$$

oder

$$\mu^{Opx}_{Mg_2Si_2O_6} = \mu^{\circ Opx}_{Mg_2Si_2O_6} + RT[\ln x_{Mg,M1} \cdot x_{Mg,M2}]^{Opx}$$

Da M1 und M2 Positionen nicht äquivalent, d.h. nicht zu gleichen Anteilen durch Magnesium besetzt sind $(x^{Opx}_{Mg(M1)} \neq x^{Opx}_{Mg(M2)})$, können die beiden Atombrüche nicht zusammengefaßt werden.

Schreibt man die Pyroxenformel so, daß die beiden Plätze getrennt erscheinen, nämlich $(Mg,Fe)_{M1}(Mg,Fe)_{M2}Si_2O_6$, wird deutlich, daß M1 und M2 eine Art Subsysteme darstellen, von dem jedes für sich einen Beitrag zur Mischungsentropie leistet.

Wird nur eine halbe Formeleinheit, $(Mg,Fe)SiO_3$, als Komponente gewählt, dann lautet bei einer analogen Trennung von M1 und M2 Positionen die chemische Formel $(Mg,Fe)_{0.5(M1)}(Mg,Fe)_{0.5(M2)}SiO_3$. In diesem Fall sind die beiden Untersysteme halbiert. Dementsprechend halbiert sich auch ihr Entropiebeitrag. Unter Annahme einer idealen Mischbarkeit auf beiden Plätzen (jeder Platz für sich betrachtet) lautet die Gleichung für das chemische Potential der Magnesiumkomponente hier:

$$\mu^{Opx}_{MgSiO_3} = \mu^{\circ Opx}_{MgSiO_3} + 1/2\,RT \ln x^{Opx}_{Mg,M1} + 1/2\,RT \ln x^{Opx}_{Mg,M2}$$

oder

$$\mu^{Opx}_{MgSiO_3} = \mu^{\circ Opx}_{MgSiO_3} + 1/2\,RT \ln[x_{Mg,M1} \cdot x_{Mg,M2}]^{Opx}$$

**Beispiel 2**: Eine weitere Variante für die Formulierung des chemischen Potentials der Komponenten in festen Mischphasen mit dem Ansatz für eine ideale Mischbarkeit soll am System $NaAlSi_2O_6 - CaMgSi_2O_6$ demonstriert werden. In den Phasen Jadeit und Diopsid besetzen die kleineren Kationen $Al^{3+}$ und $Mg^{2+}$ die jeweiligen 6 fach koordinierten M1 Positionen und die größeren $Na^+$ und $Ca^{2+}$ die 8 fach koordinierten M2 Positionen.

Mischen beide Pyroxene miteinander, kann man zwei Extremfälle bezüglich der Art, wie die größeren und die kleineren Kationen zueinander angeordnet sind, unterscheiden:

Fall 1: In den sogenannten molekularen Mischungen werden jeweils NaAl- durch CaMg Paare ersetzt. Es entsteht eine Nahordnung, indem jedem Na-Atom ein Al- und jedem Ca- ein Mg-Atom benachbart ist. Das chemische Potential von $NaAlSi_2O_6$ in einer derartigen Mischung ist dann

$$\mu^{Cpx}_{NaAlSi_2O_6} = \mu^{Cpx}_{NaAlSi_2O_6} + RT \ln x^{Cpx}_{NaAlSi_2O_6}$$

Fall 2: Verteilen sich Natrium- und Calciumatome bzw. Aluminium- und Magnesiumatome auf M1 und M2 Positionen in einem Klinopyroxen-Mischkristall so, daß die kleineren Kationen zwar auf die kleineren M1 und die größeren auf die größeren M2 Plätze kommen, auf diesen aber rein statistisch verteilt sind, tritt ein ähnlicher Fall ein, wie er auch bei Orthopyroxenen vorlag. Das chemische Potential von $NaAlSi_2O_6$ in einem Klinopyroxen ist unter diesen Umständen:

$$\mu^{Cpx}_{NaAlSi_2O_6} = \mu^{Cpx}_{NaAlSi_2O_6} + RT \ln x^{Cpx}_{Na,M2} + RT \ln x^{Cpx}_{Al,M1}$$

und weil

$$x^{Cpx}_{Na,M2} = x^{Cpx}_{Al,M1} = x^{Cpx}_{NaAlSi_2O_6}$$

ist, folgt

$$\mu^{Cpx}_{NaAlSi_2O_6} = \mu^{Cpx}_{NaAlSi_2O_6} + 2\,RT \ln x^{Cpx}_{NaAlSi_2O_6}$$

In der oben beschriebenen Art der Mischbarkeit fehlt jede Nahordnung. Die Zwei in der Gleichung ist mit der Zahl z (Zahl der äquivalenten Plätze) nicht identisch. Sie ergibt sich dadurch, daß die Besetzung auf *zwei nichtäquivalenten* Plätzen zufällig gleich ist. Der Term für das chemische Potential des Jadeits in Klinopyroxen ist eher vergleichbar mit dem des $Mg_2Si_2O_6$ in Orthopyroxen-Mischkristallen. Ein Unterschied besteht nur insofern, als dort die Molenbrüche für das Magnesium auf M1 und M2 wegen des bevorzugten Einbaus des Eisens auf M1 verschieden waren und somit nicht zusammengefaßt werden konnten. Das chemische Potential von $NaAlSi_2O_6$ kann auch auf eine halbe Formeleinheit normiert werden, damit die Zwei aus der Gleichung verschwindet. In diesem Fall ist

$$\mu^{Cpx}_{Na_{0.5}Al_{0.5}SiO_3} = \mu^{Cpx}_{Na_{0.5}Al_{0.5}SiO_3} + RT \ln x^{Cpx}_{Na_{0.5}Al_{0.5}SiO_3}$$

Ganguly (1973) hat gezeigt, daß in natürlichen und synthetischen Pyroxenen der molekulare Mischungstyp (Fall 1) weitgehend verwirklicht ist. Offensichtlich sind die lokalen Ladungsungleichgewichte, die bei der Mischbarkeit nach dem Fall 2 auftreten würden, energetisch sehr ungünstig (Wood et al., 1980).

In den bisher behandelten Beispielen sind die Atombrüche für alle Atomsorten auf den verschiedenen voneinander unterscheidbaren Positionen für die reinen Komponenten 1. Im Gegensatz dazu sind die Atombrüche einzelner Kationen auf den verschiedenen kristallographischen Positionen im Annit, der reinen Eisenkomponente der Biotitglimmer, entsprechend seiner chemischen Formel, $K_2Fe_6[Al_2Si_6O_{20}](OH)_4$, wie folgt anzugeben (siehe Froese, 1976):

$$x_{Fe[6]}^{Gl} = \frac{n_{Fe}}{n_{Fe} + n_{Mg} + n_{Al}} = \frac{1}{1 + 0 + 0} = 1$$

$$x_{Si[4]}^{Gl} = \frac{n_{Si}}{n_{Si} + n_{Al}} = \frac{6}{6 + 2} = 3/4$$

$$x_{Al[4]}^{Gl} = \frac{n_{Al}}{n_{Al} + n_{Si}} = \frac{2}{2 + 6} = 1/4$$

Wenn das Standardpotential des Annits im Biotitglimmer dem Potential der reinen Komponente bei gegebenem Druck und gegebener Temperatur entsprechen soll, muß man die Atombrüche so normieren, daß sie für den reinen Annit 1 werden, damit $\ln x = 0$ wird. Das erreicht man, indem man die Atombrüche der einzelnen Positionen (Platzfraktionen), die in einem Mischkristall vorgegeben sind, durch die Atombrüche (Platzfraktionen) der betreffenden Positionen im reinen Annit teilt. Es ist dann

$$x_{Si[4]}^{Gl} = 4/3\left(\frac{n_{Si}}{n_{Si} + n_{Al}}\right)$$

und

$$x_{Al[4]}^{Gl} = 4\left(\frac{n_{Al}}{n_{Al} + n_{Si}}\right)$$

Das chemische Potential des Annits im Biotitglimmer-Mischkristall ist unter Berücksichtigung der Zahl der äquivalenten Plätze, auf denen intern eine ideale Mischbarkeit vorausgesetzt werden soll, gegeben durch den Ausdruck:

$$\mu_{K_2Fe_6[Al_2Si_6O_{20}](OH)_4}^{Gl} = \overset{\circ}{\mu}{}_{K_2Fe_6[Al_2Si_6O_{20}](OH)_4}^{Gl} + 6\,RT\,\ln x_{Fe[6]}^{Gl} + 2RT\,\ln\left(\frac{4n_{Al}}{n_{Al} + n_{Si}}\right) + 6RT\,\ln\left(\frac{4n_{Si}}{3(n_{Si} + n_{Al})}\right)$$

In den beiden Termen der letzten Gleichung ist nur das tetraedrisch koordinierte Aluminium gemeint.

### 7.2.4. Chemisches Potential der Komponenten in realen kondensierten Mischungen

In realen kondensierten Mischphasen muß, ähnlich wie bei realen Mischungen der Gase, eine Korrektur des Molenbruchs vorgenommen werden, damit die Form der Gleichung für das chemische Potential der Komponenten erhalten bleibt. Den korrigierten Molenbruch nennt man dann wiederum *Aktivität*. Das chemische Potential einer Komponente in einer realen Mischphase bei konstantem Druck und konstanter Temperatur ist in Analogie zu (7.81):

$$\mu_i = \boldsymbol{\mu}_i + RT \ln a_i \tag{7.92}$$

$\boldsymbol{\mu}_i$ ist das in Gl. (7.90) definierte Standardpotential der Komponente i. Es hängt vom Druck und von der Temperatur ab.

Die Aktivität ist proportional zu dem Molenbruch und zwar:

$$a_i = \gamma_i x_i \tag{7.93}$$

Der Proportionalitätsfaktor $\gamma_i$ ist der *Aktivitätskoeffizient*. Er ist abhängig vom Druck, von der Temperatur und in der Regel von der Zusammensetzung der Mischung.

#### 7.2.4.1. Die Abhängigkeit des Aktivitätskoeffizienten von der Zusammensetzung der Mischphase

Die Abhängigkeit des Aktivitätskoeffizienten von der Zusammensetzung der Mischphase ist recht kompliziert und muß im Einzelfall experimentell ermittelt werden. In jeder Mischung gibt es jedoch Konzentrationsbereiche, in denen die $\gamma_i(x_i)$-Funktion einfache Formen annimmt.

a) Im *Raoultschen Bereich* ist das chemische Potential einer Komponente i direkt proportional zu dem Logarithmus ihres Molenbruchs. Die Änderung des chemischen Potentials mit der Zusammensetzung der Mischung erhält man durch die Differentiation der Gl. (7.91) nach $\ln x_i$ bei konstantem Druck und konstanter Temperatur.

$$\left(\frac{\partial \mu_i}{\partial \ln x_i}\right)_{P,T} = zRT \qquad \text{(Raoult Gerade)} \tag{7.94}$$

Der Raoultsche Bereich beginnt bei $x_i = 1$ und erstreckt sich je nach Wechselwirkung zwischen den Komponenten in der Mischphase mehr oder weniger weit in Richtung kleinerer $x_i$. Der Aktivitätskoeffizient ist hier 1 und somit $a_i = x_i$. In Abbildung 38 ist der Raoultsche Bereich für die Komponente B, die in einer binären Mischphase (A,B) vorliegt, dargestellt. Er erstreckt sich von $x_B = 1$ bis $x_B = x_B(r)$.

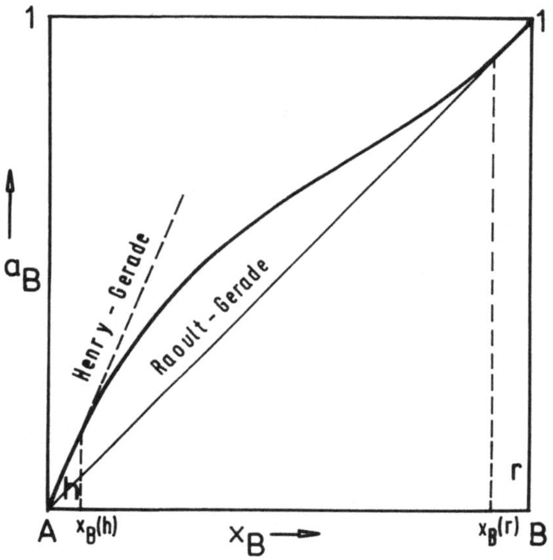


Abb. 38: Verlauf der Aktivität einer Komponente (B) in einer binären Mischphase (A,B) in Abhängigkeit vom Molenbruch bei konstantem Druck und konstanter Temperatur (schematisch) h = Henryscher Bereich; r = Raoultscher Bereich.

b) Der *Henrysche Bereich* beginnt für die Komponente i bei $x_i = 0$, d.h. bei unendlicher Verdünnung der betreffenden Komponente in der Mischphase, und erstreckt sich bis zu einer für jede Mischphase charakteristischen Konzentration. Auch diese Region zeichnet sich durch eine lineare Abhängigkeit des chemischen Potentials vom Logarithmus des Molenbruchs aus. Die Steigung der Geraden ist hier ebenfalls gleich zRT. Der Aktivitätskoeffizient $\gamma_i$ ist eine Konstante, $h_i$, die jedoch von 1 verschieden ist. Die Gleichung für das chemische Potential der oben eingeführten Komponente B in einer binären Mischphase (A,B) lautet im Henryschen Bereich, wenn z = 1:

$$\mu_B = \boldsymbol{\mu}_B + RT \ln x_B + RT \ln h_B \tag{7.95}$$

$h_B$ wird *Henry-Konstante* genannt. Faßt man die beiden letzten Glieder in der Gl. (7.95) zusammen, erhält man:

$$\mu_B = \boldsymbol{\mu}_B + RT \ln(x_B h_B) \qquad (7.96)$$

Das Produkt $x_B h_B$ gibt die nach Gl. (7.93) definierte Aktivität der Komponente B, $a_B$, in der Mischphase wieder, und statt (7.96) kann man auch schreiben

$$\mu_B = \boldsymbol{\mu}_B + RT \ln a_B \qquad (7.97)$$

Der Zahlenwert der Henry-Konstante $h_B$ hängt von der Art des Lösungsmittels, d.h. von der stark überwiegenden Komponente (hier A) ab. In der Abb. 38 erstreckt sich der Henrysche Bereich von $x_B = 0$ bis $x_B = x_B(h)$. Wie bereits gesagt wurde, ist die Konzentrationsabhängigkeit der Aktivität hier entsprechend dem konstanten Faktor $h_B$ linear, doch ist die Steigung der $a_B(x_B)$-Geraden größer oder kleiner als 1 (Henry-Gerade).

c) *Übergangsbereich*: Zwischen dem Raoultschen und Henryschen Bereich liegt die oft komplizierte Übergangsregion, in der der Verlauf des chemischen Potentials der Komponente B mit der allgemeinen Gleichung für das chemische Potential angegeben werden muß, nämlich

$$\mu_B = \boldsymbol{\mu}_B + RT \ln x_B + RT \ln \gamma_B \qquad (7.98)$$

In dieser Gleichung ist $\gamma_B$ bei konstantem Druck und konstanter Temperatur eine Funktion des Molenbruchs $x_B$. Gl. (7.98) stellt den Allgemeinfall dar. Der Raoultsche und Henrysche Bereich sind somit nur Spezialfälle.

In der Literatur gibt es eine Reihe von Ansätzen zur Lösung des $\gamma_i\ (x_i)$-Problems. Die Gleichungen, die man dazu entwickelte, beruhen auf verschiedenen Mischungsmodellen, auf die später eingegangen werden wird.

### 7.2.4.2. **Das Standardpotential (Normierung)**

Da die Absolutwerte der Freien Enthalpie und des chemischen Potentials nicht bekannt sind, müssen die thermodynamischen Zustandsänderungen auf einen willkürlichen, den experimentellen Bedingungen angepaßten Standardzustand bezogen werden. Man spricht dabei von *Normierungen.* Einen Fall der Normierung haben wir bereits bei Gasen kennengelernt. Dort diente der Zustand eines idealen Gases bei 1 bar und T als Bezug. Die Normierung der kondensierten Phasen weicht davon ab. Hier sind es die Zustände der Komponenten bei den Druck- und Temperaturbedingungen der betrachteten Mischphase, dessen chemisches Potential als Bezug dient. Die verschiedenen Normierungen unterscheiden sich dann in der Hauptsache hinsichtlich des Aggregat- und/oder strukturellen Zustandes, in dem die betreffende Komponente als Standard vorliegen soll. Eine Normierung legt nicht nur das Standardpotential fest, sondern bestimmt auch die Zahlenwerte des Aktivitätskoeffizienten.

Von vielen Möglichkeiten der Normierung sollen hier die drei gebräuchlichsten vorgestellt werden.

a) Der häufigste und in den bisherigen Beispielen stillschweigend benutzte Standardzustand für die Komponenten in kondensierten Mischphasen ist der der reinen Komponente im gleichen Aggregat- und Strukturzustand bei gleicher Temperatur und gleichem Druck wie die Mischphase. Das chemische Potential einer Komponente i ist in diesem Fall wegen (7.92) und (7.93) gegeben durch

$$\mu_i = \boldsymbol{\mu}_i + RT\,\ln x_i + RT\,\ln\gamma_i$$

Für $x_i \rightarrow 1$ geht auch $\gamma_i \rightarrow 1$, so daß $\mu_i = \boldsymbol{\mu}_i$ wird, wie aus der Wahl des Normzustandes verlangt wird.

b) Für Komponenten, die nur in sehr geringen Konzentrationen in einer Mischphase vorkommen (z.B. seltene Erden), ist ein Standardzustand, wie er in der Normierung a) vorgeführt wurde, unpraktisch. Ebenso unpraktisch ist er auch für Komponenten, die als gelöste Stoffe in einer wäßrigen Lösung vorliegen. Die Normierung a) würde nämlich verlangen, daß vom gelösten Stoff bei den P- und T-Bedingungen der Mischphase eine flüssige Form existieren müßte, die die Struktur des Wassers besäße. Zur Vermeidung solcher Schwierigkeiten wird der Zustand der *unendlichen Verdünnung* als Bezugszustand gewählt. Bei der Definition dieses Standardzustandes macht man sich die Tatsache zunutze, daß verdünnte Mischungen (Henryscher Bereich) ein ideales Verhalten aufweisen. Nach der Gl. (7.95) ist das chemische Potential der Komponente B im Henryschen Bereich gegeben durch

$$\mu_B = \boldsymbol{\mu}_B + RT\,\ln x_B + RT\,\ln h_B$$

Bei konstantem Druck und konstanter Temperatur sind $\boldsymbol{\mu}_B$ und $h_B$ für eine bestimmte Mischphase konstant. Sie werden daher zum Standardpotential der Komponente B bei unendlicher Verdünnung zusammengefaßt:

$$\boldsymbol{\mu}_B^{\infty} = \boldsymbol{\mu}_B + RT\,\ln h_B \qquad (7.99)$$

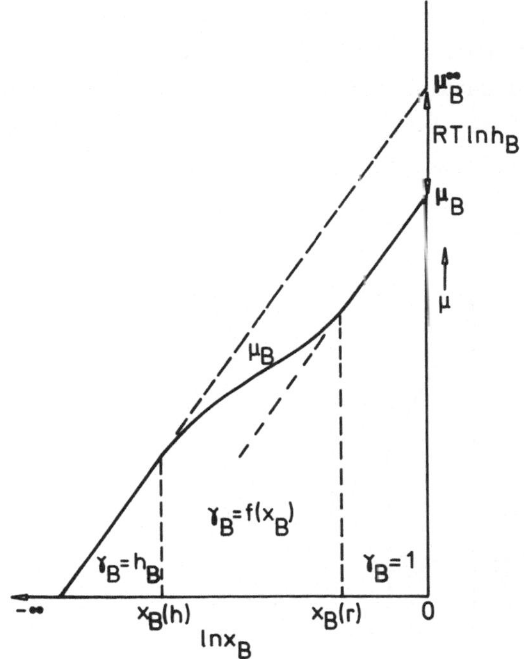


Abb. 39: $\mu_B = f(\ln x_B)$ in schematischer Darstellung. Einzelheiten siehe Text.

In der Abb. 39, in der das chemische Potential der Komponente B, $\mu_B$, gegen den Logarithmus des Molenbruchs, $\ln x_B$, aufgetragen ist, entspricht $\mu_B^\infty$ dem Schnittpunkt der aus dem Henryschen Bereich extrapolierten $\mu_B(\ln x_B)$-Geraden mit der Ordinate bei $x_B = 1$ ($\ln x_B = 0$). Der Doppelpfeil gibt also die Differenz zwischen dem Standardpotential aus der Normierung auf den Zustand der unendlichen Verdünnung und dem der Normierung auf die reine reale Phase an. Die Länge des Pfeils beträgt gemäß (7.99) $RT \ln h_B$.

Im verdünnten Bereich (Henryscher Bereich) ist das chemische Potential der Komponente B mit dem in Gl. (7.99) definierten Standardzustand gegeben durch:

$$\mu_B = \mu_B^\infty + RT \ln x_B \tag{7.100}$$

Die Abweichungen von der Idealität im Übergangsbereich (siehe Abb. 39) werden ebenfalls durch einen Aktivitätskoeffizienten ausgeglichen, der hier mit $\gamma_B^\infty$ (oder allgemein $\gamma_i^\infty$) bezeichnet wird. Das chemische Potential der Komponente B ist dann

$$\mu_B = \mu_B^\infty + RT \ln x_B + RT \ln \gamma_B^\infty \tag{7.101}$$

Bei der Normierung des Aktivitätskoeffizienten auf den Zustand der unendlichen Verdünnung ist entsprechend der Gl. (7.99) $\mu_i = \mu_i^\infty$, wenn $x_i = 1$ ist. Praktisch bedeutet das, daß als Standardzustand der Zustand dient, in dem die Komponente i die thermodynamischen Eigenschaften besitzt, die mit denen in der ideal verdünnten Lösung identisch sind. Anders ausgedrückt: es ist der von $x_i = 0$ auf $x_i = 1$ extrapolierte Zustand der Komponente i.

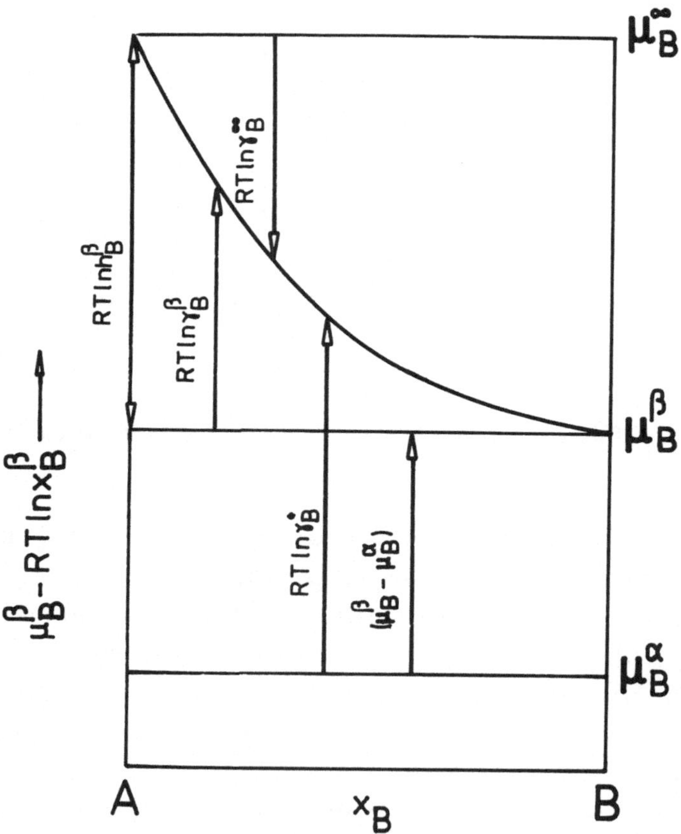


Abb. 40: Normierungsmöglichkeiten für den Aktivitätskoeffizienten der Komponenten in einer binären Mischphase (A,B). $\mu_B^\alpha$, $\mu_B^\beta$ und $\mu_B^\infty$ sind die chemischen Standardpotentiale der Komponente B in folgenden Zuständen: als reine Phase α, reine Phase β und im Zustand der unendlichen Verdünnung.

Um die Beziehung zwischen den verschiedenen Aktivitätskoeffizienten i zu gewinnen, schreiben wir den Ausdruck für das chemische Potential einer Komponente i für den Allgemeinfall so, daß wir den Term $RT\ln h_i$ einmal addieren und anschließend subtrahieren.

$$\mu_i = \boldsymbol{\mu}_i + RT \ln h_i - RT \ln h_i + RT \ln \gamma_i + RT \ln x_i \qquad (7.102)$$

Berücksichtigt man nun, daß die ersten zwei Terme in (7.102) gemäß (7.99) mit dem Standardpotential bei unendlicher Verdünnung identisch sind, erhält man nach der Zusammenfassung des dritten und vierten Gliedes der Gl. (7.102):

$$\mu_i = \boldsymbol{\mu}_i^{\infty} + RT \ln x_i + RT \ln \frac{\gamma_i}{h_i} \qquad (7.103)$$

Ein Vergleich von (7.101) mit (7.103) zeigt, daß

$$\gamma_i^{\infty} = \frac{\gamma_i}{h_i} \qquad (7.104)$$

ist.

Aus der Gl. (7.104) geht hervor, daß der Aktivitätskoeffizient, der auf den Zustand der unendlichen Verdünnung normiert ist, dem $h_i$-ten Teil des auf den realen Zustand normierten entspricht. Ist die Henry-Konstante größer als 1, dann ist auch $\gamma_i$ größer als 1 (positive Abweichung von der Idealität) und $\gamma_i^{\infty}$ kleiner als 1. Für negative Abweichungen von der Idealität findet man umgekehrte Verhältnisse vor.

Da die Henry-Konstante für eine Komponente in verschiedenen Mischphasen unterschiedlich ist, d.h. von dem Lösungsmittel abhängt, ist auch das Standardpotential in der Normierung b) im Gegensatz zur Normierung a) für dieselbe Komponente in verschiedenen Mischungen verschieden.

c) Liegt eine Komponente bei gegebenem Druck und gegebener Temperatur in einer anderen Struktur als die Mischphase vor, kann sie trotzdem als Standard benutzt werden. Bei der Aufstellung der Gleichung für das chemische Potential muß nur die Potentialänderung berücksichtigt werden, die dadurch bedingt wird, daß beim Mischen formal eine Phasentransformation (Struktur der reinen Komponente → Struktur der Komponente in der Mischphase) stattfindet. Bezeichnet man mit $\beta$ die Struktur der Mischphase und mit $\alpha$ die Struktur der reinen Komponente, dann ist nach Gln. (7.92) und (7.93):

$$\mu_i^{\beta} = \boldsymbol{\mu}_i^{\beta} + RT \ln x_i^{\beta} + RT \ln \gamma_i^{\beta} \qquad (7.105)$$

das chemische Potential der Komponente i in der Mischphase $\beta$. Damit der Bezug auf den Zustand $\alpha$ möglich wird, muß die Differenz der Potentiale der Komponente in den Zuständen $\alpha$ und $\beta$ zum Ausdruck für das chemische Potential addiert werden. Dieser Energiebetrag ist nämlich nötig, um die Komponente i in den Zustand $\beta$, den Bezugszustand in der Gl. (7.105), zu befördern. Es ist also:

$$\mu_i^\beta = \mu_i^\alpha + RT \ln x_i^\beta + RT \ln \gamma_i^\beta + (\mu_i^\beta - \mu_i^\alpha) \tag{7.106}$$

Die letzten zwei Glieder der Gl. (7.106) können zu RT $\ln\gamma_i^*$ zusammengefaßt werden. Damit wird

$$\mu_i^\beta = \mu_i^\alpha + RT \ln x_i^\beta + RT \ln \gamma_i^* \tag{7.107}$$

wobei

$$\gamma_i^* = \gamma_i^\beta \exp\{(\mu_i^\beta - \mu_i^\alpha)/RT\} \tag{7.108}$$

entspricht.

Die drei vorgestellten Normierungen sind in der Abb. 40 am Beispiel der Komponente B, die als Bestandteil der binären Mischphase $(A,B)^\beta$ vorkommen soll, demonstriert. Abgetragen ist $(\mu_B^\beta - RT \ln x_B^\beta)$ gegen den Molenbruch $x_B^\beta$.

Die Abstände der Kurve von den Horizontalen, die den Standardpotentialen nach den verschiedenen Normierungen entsprechen, ergeben unmittelbar die dazugehörigen Aktivitätskoeffizienten für beliebige Zusammensetzungen. Die Aktivitätskoeffizienten sind als Pfeile eingezeichnet. Der Doppelpfeil gibt den mit RT multiplizierten Logarithmus der Henry-Konstante wieder. In der Abb. 40 läßt sich auch die Beziehung zwischen dem auf den realen Zustand und dem auf den Zustand der unendlichen Verdünnung normierten Aktivitätskoeffizienten gut erkennen. Die entsprechenden Pfeile sind entgegengesetzt orientiert.

### 7.2.4.3. **Temperatur- und Druckabhängigkeit der Aktivitätskoeffizienten**

Im allgemeinen hängen die Aktivitätskoeffizienten außer von der Zusammensetzung der Mischphase auch noch von der Temperatur und vom Druck ab. Will man diese Abhängigkeiten mathematisch ausdrücken, geht man sinnvollerweise von der Gleichung für das chemische Potential einer Komponente in einer Mischphase aus und differenziert sie nach Temperatur bzw. nach Druck. Die Zusammensetzung wird dabei konstant gehalten.

Die Herleitung der Gleichung für die *Temperaturabhängigkeit* des Aktivitätskoeffizienten erfolgt auf folgende Weise. Zunächst wird Gl. (7.98) (mit geändertem Index) durch Temperatur T geteilt:

$$\frac{\mu_i}{T} = \frac{\mu_i}{T} + R \ln \gamma_i \tag{7.109}$$

Unter Berücksichtigung, daß

$$\left(\frac{\partial(\mu_i/T)}{\partial T}\right)_P = -\frac{H_i}{T^2}$$

ist, erhält man nach der Differentiation der Gl. (7.109)

$$-\frac{H_i}{T^2} = -\frac{\mathbf{H}_i}{T^2} + R\left(\frac{\partial \ln \gamma_i}{\partial T}\right)_{P,x_i} \tag{7.110}$$

bzw.

$$\left(\frac{\partial \ln \gamma_i}{\partial T}\right)_{P,x_i} = -\frac{H_i - \mathbf{H}_i}{RT^2} \tag{7.111}$$

Alle Größen auf der rechten Seite der Gl. (7.111) wurden bereits früher behandelt. Da von der reinen Komponente als Bezugszustand ausgegangen worden ist (vgl. Gl. 7.98), ist $\mathbf{H}_i$ die molare Enthalpie der Komponente i bei P und T der Mischphase. Wäre die unendliche Verdünnung als Standardzustand gewählt worden, entspräche diese Größe, die dann sinnvollerweise mit $\mathbf{H}_i^\infty$ zu bezeichnen wäre, der molaren Enthalpie der Komponente i in unendlicher Verdünnung. $H_i$ ist die partielle molare Enthalpie der Komponente i bei der Zusammensetzung $x_i$ sowie beim Druck und bei der Temperatur der Mischphase. Die Differenz $H_i - \mathbf{H}_i$ entspricht der partiellen molaren Exzeßenthalpie der Komponente i bei gegebenem Druck, gegebener Temperatur und gegebener Zusammensetzung der Mischphase. Die temperaturbedingte Änderung des Aktivitätskoeffizienten hängt demnach von der partiellen molaren Exzeßenthalpie der betreffenden Komponente in der Mischphase ab. Es ist

$$\left(\frac{\partial \ln \gamma_i}{\partial T}\right)_{P,x_i} = -\frac{H_i^e}{RT^2} \tag{7.112}$$

Um die *Druckabhängigkeit* des Aktivitätskoeffizienten $\gamma_i$ zu erhalten, muß die Gleichung für das chemische Potential einer Komponente in einer realen Mischphase bei konstanter Temperatur und konstanter Zusammensetzung nach dem Druck differenziert werden. Wegen (7.23) ist

$$\left(\frac{\partial \mu_i}{\partial P}\right)_{T,x_i} = V_i$$

und somit

$$V_i = \mathbf{V}_i + RT\left(\frac{\partial \ln \gamma_i}{\partial P}\right)_{T,x_i} \tag{7.113}$$

oder

$$\left(\frac{\partial \ln \gamma_i}{\partial P}\right)_{T,x_i} = \frac{V_i - \mathbf{V}_i}{RT} \tag{7.114}$$

$\mathbf{V}_i$ entspricht dem Molvolumen der Komponente i (falls die Normierung a) vorausgesetzt wird), $V_i$ ist das partielle Molvolumen der Komponente in der Mischung bei der Zusammensetzung $x_i$. Die Differenz $V_i$ - $\mathbf{V}_i$ gibt das partielle Exzeßvolumen der Komponente i bei der Zusammensetzung $x_i$ an. Anstelle von (7.114) können wir daher auch schreiben:

$$\left(\frac{\partial \ln \gamma_i}{\partial P}\right)_{T,x_i} = \frac{V_i^e}{RT} \tag{7.115}$$

Die Druckabhängigkeit des Aktivitätskoeffizienten wird also von der Größe des partiellen Exzeßvolumens bestimmt.

### 7.2.5. **Mittlere molare Freie Mischungsenthalpie**

Die mittlere molare Freie Mischungsenthalpie für einen konstanten Druck und eine konstante Temperatur stellt die Differenz zwischen der mittleren molaren Freien Enthalpie eines Systems vor und nach dem Vermischen der Komponenten dar. Es ist also:

$$\Delta\bar{G}_m = \bar{G}^{nach} - \bar{G}^{vor} \tag{7.116}$$

Bleibt die Mischung nach dem Vermischen der Komponenten rein mechanischer Natur, unterscheiden sich $\bar{G}^{nach}$ und $\bar{G}^{vor}$ nicht voneinander und $\Delta\bar{G} = 0$. Führt der Mischungsvorgang jedoch zur Bildung einer homogenen Mischphase ist $\Delta\bar{G} \neq 0$.

Die Tatsache, daß reine mechanische Mischungen keine Freie Mischungsenthalpie aufweisen, können wir bei der Herleitung eines mathematischen Ausdrucks für die Freie Mischungsenthalpie nutzen. Wir nehmen an, daß vor der Bildung einer homogenen Mischphase die Komponenten in einer rein mechanischen Mischung vorliegen. Für die chemischen Potentiale in Gl. (7.58) können dann die Standardpotentiale der Komponenten eingesetzt werden.

$$\bar{G}^{vor} = \sum_i x_i \boldsymbol{\mu}_i \tag{7.117}$$

Nach dem eigentlichen Mischungsprozeß, d.h. nach der Bildung einer homogenen Mischphase, ist die mittlere molare Freie Enthalpie des Systems

$$\bar{G}^{nach} = \sum_i x_i \mu_i \qquad (7.118)$$

Spaltet man nun die chemischen Potentiale in der Gl. (7.118) in Standard- und Restpotentiale auf, erhält man

$$\bar{G}^{nach} = \sum_i x_i \boldsymbol{\mu}_i + RT\sum_i x_i \ln x_i + RT\sum_i x_i \ln \gamma_i \qquad (7.119)$$

Das Einsetzen der Ausdrücke (7.117) und (7.119) in (7.116) liefert:

$$\Delta\bar{G}_m = \bar{G}^{nach} - \bar{G}^{vor} = \sum_i x_i \boldsymbol{\mu}_i + RT\sum_i x_i \ln x_i + RT\sum_i x_i \ln \gamma_i - \sum_i x_i \boldsymbol{\mu}_i$$

$$= RT\sum_i x_i \ln x_i + RT\sum_i x_i \ln \gamma_i$$

$$= RT\sum_i x_i \ln a_i \qquad (7.120)$$

Der Term $RT\sum x_i \ln x_i$ gibt die mittlere molare Freie Mischungsenthalpie einer idealen Mischung wieder. Der Term $RT\sum x_i \ln \gamma_i$ entspricht dem nichtidealen Anteil der Freien Mischungsenthalpie und wird daher auch als *mittlere molare Freie Exzeßenthalpie* bezeichnet. Anstelle von (7.120) können wir auch schreiben:

$$\Delta\bar{G}_m = \Delta\bar{G}^{id} + \Delta\bar{G}^{e} \qquad (7.121)$$

dabei ist

$$\Delta\bar{G}^{e} = \sum x_i \mu_i^{e} \qquad (7.122)$$

wenn mit

$$\mu_i^{e} = RT \ln \gamma_i \qquad (7.123)$$

das *Exzeßpotential* der Komponente i in der Mischphase bezeichnet wird.

Wegen (7.16) ist

$$\left(\frac{\partial \Delta\bar{G}^{e}}{\partial T}\right)_P = - \Delta\bar{S}^{e} \qquad (7.124)$$

wobei $\Delta\bar{S}^{e}$ die *mittlere molare Exzeßentropie* der Mischung wiedergibt. Damit und mit (7.122) und (7.123) wird

$$\Delta\bar{S}^{e} = - \left(\frac{\partial (RT\sum x_i \ln \gamma_i)}{\partial T}\right)_{P,x_i}$$

$$= - R\sum x_i \ln \gamma_i - RT\sum x_i \left(\frac{\partial \ln \gamma_i}{\partial T}\right)_{P,x_i} \qquad (7.125)$$

und unter Berücksichtigung von (7.112)

$$\Delta\bar{S}^e = - R\sum x_i \ln\gamma_i + \frac{1}{T}\sum x_i H_i^e \qquad (7.126)$$

Multipliziert man Gl. (7.126) mit T und berücksichtigt außerdem, daß nach (7.122) und (7.123) $RT\sum x_i \ln\gamma_i = \Delta\bar{G}^e$ sowie nach Gl. (5.64) $\sum x_i H_i^e = \Delta\bar{H}^e$ ist, gewinnt man schließlich die Beziehung zwischen der mittleren molaren Exzeßenthalpie, der mittleren molaren Exzeßentropie und der mittleren molaren Freien Exzeßenthalpie einer Mischphase

$$\Delta\bar{G}^e = \Delta\bar{H}^e - T\Delta\bar{S}^e \qquad (7.127)$$

### 7.2.5.1. **Aktivitätskoeffizienten symmetrischer und asymmetrischer Mischungen**

Die Tatsache, daß die mittlere molare Freie Exzeßenthalpie einer binären Mischung (A,B) bei den reinen Komponenten Null ist, dazwischen aber einen mehr oder weniger symmetrischen Verlauf aufweist, so daß sie als Reihe mit steigenden Potenzen von $(2x_B - 1)$ dargestellt werden kann, wurde zur Aufstellung von empirischen Gleichungen für die Aktivitätskoeffizienten genutzt (Guggenheim, 1937).

$$\Delta\bar{G}^e = x_B(1-x_B)[K_1 + K_2(2x_B - 1) + K_3(2x_B - 1)^2 + \cdots] \qquad (7.128)$$

In Abhängigkeit davon, wieviele Konstanten ($K_1$, $K_2$, . . .) für die Darstellung der mittleren molaren Freien Exzeßenthalpie in realen Mischphasen nötig sind, unterscheidet man zwischen:

a) symmetrischen oder regulären Mischungen (eine Konstante) und

b) asymmetrischen Mischungen (zwei oder mehrere Konstanten)

Die Bezeichnungen der Mischungen spiegeln den Verlauf der $\Delta\bar{G}^e(x)$-Kurve wider. Er ist im Fall a) symmetrisch und im Fall b) asymmetrisch um $x_i = 0.5$.

Für binäre Mischungen, z.B. mit den Komponenten A und B, lassen sich die chemischen Exzeßpotentiale analog zu den Gleichungen (4.59) und (4.60) bzw. (5.65) und (5.66) aus den mittleren molaren Freien Exzeßenthalpien der Mischung und ihrer Ableitung nach dem Molenbruch der Komponente B gewinnen. Unter Berücksichtigung von (7.123) ist

$$\mu_A^e = RT \ln\gamma_A = \Delta\bar{G}^e - x_B\left(\frac{\partial\Delta\bar{G}^e}{\partial x_B}\right)_{P,T} \qquad (7.129)$$

und

$$\mu_B^e = RT \ln\gamma_B = \Delta\bar{G}^e + (1 - x_B)\left(\frac{\partial\Delta\bar{G}^e}{\partial x_B}\right)_{P,T} \tag{7.130}$$

Unter Anwendung der Gl. (7.128) für die mittlere molare Freie Exzeßenthalpie wird dann

$$\mu_A^e = RT \ln\gamma_A = x_B^2[K_1 + K_2(4x_B - 3) + K_3(2x_B - 1)(6x_B - 5) + \cdots] \tag{7.131}$$

und

$$\mu_B^e = RT \ln\gamma_B = (1-x_B)^2[K_1 + K_2(4x_B - 1) + K_3(2x_B - 1)(6x_B - 1) + \cdots] \tag{7.132}$$

In symmetrischen Mischungen, deren mittlere molare Freie Exzeßenthalpie nur mit einer Konstante dargestellt werden kann, sind die Exzeßpotentiale bzw. die Aktivitätskoeffizienten gegeben durch:

$$\mu_A^e = RT \ln\gamma_A = x_B^2 \cdot K_1 \tag{7.133}$$

und

$$\mu_B^e = RT \ln\gamma_B = (1 - x_B)^2 \cdot K_1 \tag{7.134}$$

Der physikalische Inhalt der Konstante $K_1$ wird sichtbar, wenn man $x_B$ in der Gl. (7.134) gegen Null und in Gl. (7.133) gegen 1 gehen läßt. Auf diese Weise erhält man die chemischen Potentiale der Komponenten A und B bei unendlichen Verdünnungen. Es ist

$$\mu_A^{e\infty} = RT \ln\gamma_A^{\infty} = K_1 \tag{7.135}$$

und

$$\mu_B^{e\infty} = RT \ln\gamma_B^{\infty} = K_1 \tag{7.136}$$

oder

$$RT \ln\gamma_A^{\infty} = RT \ln\gamma_B^{\infty} \tag{7.137}$$

sowie

$$\mu_A^{e\infty} = \mu_B^{e\infty} = \mu_{A,B}^{e\infty} = W_G = G^{\infty} \tag{7.138}$$

$W_G$ und $G^{\infty}$ sind die in der Literatur häufig benutzten Bezeichnungen für das chemische Potential von Komponenten in unendlicher Verdünnung (siehe z.B. Froese, 1976; Thompson, 1967).

Das chemische Exzeßpotential setzt sich gemäß Gln. (7.9) und (5.20) wie folgt zusammen:

$$\mu^{e\infty} = U^{e\infty} - TS^{e\infty} + PV^{e\infty} \tag{7.139}$$

In Gl. (7.139) bedeuten: $U^{e\infty}$ = partielle molare innere Exzeßenergie, $S^{e\infty}$ = partielle molare Exzeßentropie und $V^{e\infty}$ = partielles Exzeßvolumen der Komponenten in unendlichen Verdünnungen. Sind diese Größen, die ihrerseits Funktionen des Drucks und der Temperatur sind, bekannt, kann man die Aktivitätskoeffizienten der Komponenten für alle Drücke und Temperaturen ausrechnen.

Ein Spezialfall einer symmetrischen Mischung ist gegeben, wenn

$$S^{e\infty} = 0 \tag{7.140}$$

ist, wodurch

$$\mu^{e\infty} = U^{e\infty} + PV^{e\infty} = H^{e\infty} \tag{7.141}$$

wird. Eine andere Möglichkeit ist, daß

$$V^{e\infty} = 0 \tag{7.142}$$

ist und damit

$$\mu^{e\infty} = U^{e\infty} - TS^{e\infty} \tag{7.143}$$

Mischungen dieser Art werden häufig auch *regulär* genannt.

Setzt man für $K_1$ in Gl. (7.128) $\mu^{e\infty}_{A,B}$ ein, bekommt man

$$\Delta\bar{G}^e = x_B(1 - x_B)\mu^{e\infty}_{A,B} \tag{7.144}$$

entsprechend gilt auch

$$\Delta\bar{V}^e = x_B(1 - x_B)V^{e\infty}_{A,B} \tag{7.145}$$
$$\Delta\bar{S}^e = x_B(1 - x_B)S^{e\infty}_{A,B} \tag{7.146}$$
$$\Delta\bar{H}^e = x_B(1 - x_B)H^{e\infty}_{A,B} \tag{7.147}$$

wenn mit $\Delta\bar{V}^e$ das mittlere Exzeßvolumen, mit $\Delta\bar{S}^e$ die mittlere Exzeßentropie (die Entropie, die von $-R\sum x_i \ln x_i$ differiert; siehe Gl. 7.126) und mit $\Delta\bar{H}^e$ die mittlere Exzeßenthalpie (Mischungswärme) bezeichnet werden.

**Beispiel**: Die Ergebnisse der Aktivitätsbestimmungen von $Ca_3Al_2Si_3O_{12}$ in Pyrop - Grossular-Mischkristallen bei Drücken zwischen 15 und 21 kbar und Temperaturen zwischen 1000 und 1300°C, die von Hensen et al. (1975) durchgeführt wurden, geben Anlaß zur Annahme, daß die Pyrop - Grossular-Mischung symmetrisch ist. Nach dem oben vorgestellten Einteilungsprinzip bedeutet das, daß für die Darstellung der mittleren molaren Freien Exzeßenthalpie nur eine Konstante benötigt wird. Diese ist dann mit dem Exzeßpotential der Komponenten in unendlichen Verdünnungen identisch. Das Exzeßpotential ist seinerseits eine Funktion des Drucks und der Temperatur (siehe Gl. 7.139), weshalb der Begriff "Konstante" nur für feste P-T-Bedingungen zutrifft. In der Arbeit von Hensen et al. (1975) wird diese Größe ohnehin, wie allgemein üblich, als Wechselwirkungsparameter $W_G$ bezeichnet. Nur in einfachen Mischungen nämlich ist der Wechselwirkungsparameter eindeutig als Exzeßpotential identifizierbar. Nach Hensen et al. (1975) beträgt

$$W_G = 7460 - 4.3\ T\,[\mathrm{cal/Mol}]$$

Eine Umrechnung von cal/Mol in J/Mol ergibt

$$W_G = 31212.64 - 17.99\ T\,[\mathrm{J/Mol}]$$

Bei der Aufstellung der Gleichung für die Aktivitätskoeffizienten wurde berücksichtigt, daß die Mischbarkeit auf 3 äquivalenten Plätzen (8er-Positionen) stattfindet. Ihrer Form nach sieht sie aus, als ob der Aktivitätskoeffizient druckunabhängig wäre, da es kein Exzeßvolumen zu geben scheint. Eine neuere Arbeit von Haselton und Newton (1980), in der für die Exzeßenthalpie ein asymmetrischer Verlauf angenommen wird (auf der Basis kalorischer Messungen), zeigt, daß die Annahme der Druckunabhängigkeit (= kein partielles Exzeßvolumen) nicht richtig ist. Da die von Hensen et al. (1975) aufgestellte Gleichung für $W_G$ jedoch auf eine einfache Weise Einsichten in die praktischen Zusammenhänge zwischen verschiedenen Exzeßgrößen vermittelt, wird sie hier zur Berechnung von Aktivitätskoeffizienten und Aktivitäten von Grossular und Pyrop verwendet. Nach Haselton und Newton (1980) stimmen ihre Koeffizienten mit denen von Hensen et al. (1975) überein, wenn die letzteren entsprechend druckkorrigiert werden.

Ein Vergleich der Gleichung für die Temperaturabhängigkeit des vorne angegebenen Wechselwirkungsparameters mit (7.143) zeigt, daß

$$U^{e\infty} = 31212.64\ \mathrm{J/Mol} = H^{e\infty}$$

und

$$S^{e\infty} = 17.99\ \mathrm{J/Mol\cdot K}$$

entsprechen.

In beiden Gleichungen wurde die Komponentenbezeichnung weggelassen, da es ohnehin nicht zu Verwechslungen kommen kann.

Wird 1/3 der Formeleinheit als Komponente genommen, ist nach (7.135)

$$\mu^{e\infty}_{CaAl2/3SiO4} = RT\ \ln \gamma^{Gt\infty}_{CaAl2/3SiO4} = W_G$$

Die Gleichung für den Aktivitätskoeffizienten von Grossular in Granatmischkristallen lautet gemäß Gl. (7.134):

$$\ln\gamma^{Gt}_{CaAl_{2/3}SiO_4} = \frac{W_G}{RT}(1 - x^{Gt}_{CaAl_{2/3}SiO_4})^2$$

$$= \frac{(31212.64 - 17.99\,T)}{8.3144\,T}(1 - x^{Gt}_{CaAl_{2/3}SiO_4})^2$$

In der Tabelle 11 sind die Logarithmen der Aktivitätskoeffizienten und die Aktivitäten von Grossular und Pyrop in Abhängigkeit von der Zusammensetzung der Mischphase für T = 1273 K zusammengestellt.

Der Aktivitätskoeffizient des Pyrops wurde entsprechend der Gl. (7.133) wie folgt berechnet:

$$\ln\gamma^{Gt}_{MgAl_{2/3}SiO_4} = \frac{(31212.64 - 17.99\,T)}{8.3144\,T}(x^{Gt}_{CaAl_{2/3}SiO_4})^2$$

Tabelle 11: Logarithmen der Aktivitätskoeffizienten und die Aktivitäten von Pyrop und Grossular in Granatmischkristallen als Funktion der Zusammensetzung (T = 1273 K).

| $x^{Gt}_{CaAl_{2/3}SiO_4}$ | $\ln\gamma^{Gt}_{MgAl_{2/3}SiO_4}$ | $a^{Gt}_{MgAl_{2/3}SiO_4}$ | $\ln\gamma^{Gt}_{CaAl_{2/3}SiO_4}$ | $a^{Gt}_{CaAl_{2/3}SiO_4}$ |
|---|---|---|---|---|
| 0.000 | 0.000 | 1.000 | 0.785 | 0.000 |
| 0.100 | 0.008 | 0.907 | 0.636 | 0.189 |
| 0.200 | 0.031 | 0.826 | 0.503 | 0.331 |
| 0.300 | 0.071 | 0.751 | 0.385 | 0.441 |
| 0.400 | 0.126 | 0.680 | 0.283 | 0.531 |
| 0.500 | 0.196 | 0.608 | 0.196 | 0.608 |
| 0.600 | 0.283 | 0.531 | 0.126 | 0.680 |
| 0.700 | 0.385 | 0.441 | 0.071 | 0.751 |
| 0.800 | 0.503 | 0.331 | 0.031 | 0.826 |
| 0.900 | 0.636 | 0.189 | 0.008 | 0.907 |
| 1.000 | 0.785 | 0.000 | 0.000 | 1.000 |

Die Gleichungen für die Aktivitäten der Komponenten lauten gemäß (7.93):

$$a^{Gt}_{CaAl_{2/3}SiO_4} = (\gamma\cdot x)^{Gt}_{CaAl_{2/3}SiO_4}$$

und

$$a^{Gt}_{MgAl_{2/3}SiO_4} = (\gamma \cdot x)^{Gt}_{MgAl_{2/3}SiO_4}$$

Der Inhalt der Tabelle 11 ist in den Abb. 41 und 42 graphisch dargestellt. Die Abbildungen zeigen die Logarithmen der Aktivitätskoeffizienten bzw. die Aktivitäten von Pyrop und Grossular als Funktionen des Molenbruchs $x^{Gt}_{CaAl_{2/3}SiO_4}$.

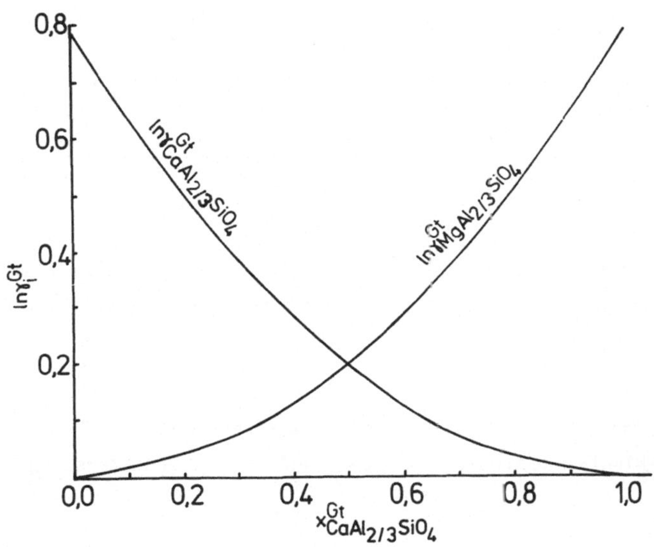


Abb. 41: Logarithmen der Aktivitätskoeffizienten von $CaAl_{2/3}SiO_4$ und $MgAl_{2/3}SiO_4$ in binären Granatmischkristallen bei T = 1273 K nach den Daten von Hensen et al. (1975).

Aus der Tabelle 11 und der Abbildung 41 kann man ersehen, daß die Logarithmen der Aktivitätskoeffizienten bei x = 0.5 für beide Komponenten gleich sind und im übrigen Konzentrationsbereich spiegelsymmetrisch zueinander verlaufen, wobei die Spiegelebene bei x = 0.5 liegt.

Den allgemeinen Zusammenhang zwischen den Aktivitätskoeffizienten in einer binären Mischphase gibt die Gibbs-Duhemsche Gleichung. Sie lautet, wenn die Komponenten, wie bisher üblich, mit A und B gekennzeichnet werden:

$$\ln\gamma_A = -\int_0^{x_B} \frac{x_B}{1 - x_B} \cdot d\ln\gamma_B \qquad (7.148)$$

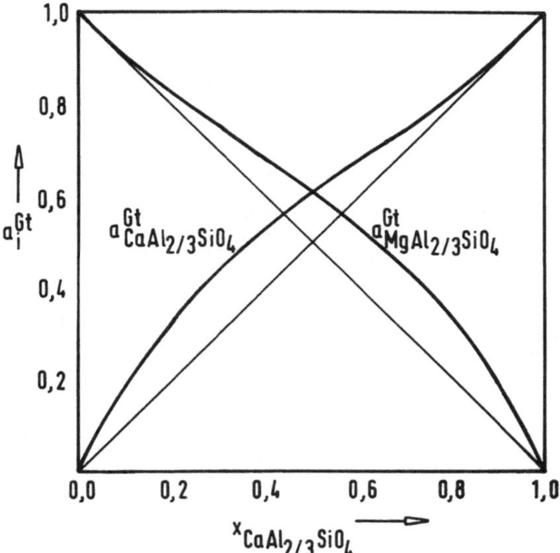


Abb. 42: Die Aktivitäten der Komponenten $CaAl_{2/3}SiO_4$ und $MgAl_{2/3}SiO_4$ in Granatmischkristallen bei T = 1273 K nach den Daten von Hensen et al. (1975).

Mit Hilfe des oben angegebenen Wechselwirkungsparameters $W_G$ bzw. der vorne bestimmten Aktivitätskoeffizienten lassen sich nun alle kalorischen Mischungseffekte ausrechnen.

Die mittlere molare Freie Enthalpie ist gemäß (7.144)

$$\Delta\bar{G}^e = x^{Gt}_{CaAl_{2/3}SiO_4}(1 - x^{Gt}_{CaAl_{2/3}SiO_4})W_G$$

oder gemäß (7.122) und (7.123)

$$\Delta\bar{G}^e = RT[(1 - x^{Gt}_{CaAl_{2/3}SiO_4})\ln\gamma^{Gt}_{MgAl_{2/3}SiO_4} + x^{Gt}_{CaAl_{2/3}SiO_4}\ln\gamma^{Gt}_{CaAl_{2/3}SiO_4}]$$

Die mittlere molare Exzeßentropie ist

$$\Delta\bar{S}^e = x^{Gt}_{CaAl_{2/3}SiO_4}(1 - x^{Gt}_{CaAl_{2/3}SiO_4})S^{e\infty}$$

und die mittlere molare Exzeßenthalpie (Mischungswärme)

$$\Delta\bar{H}^e = x^{Gt}_{CaAl_{2/3}SiO_4}(1 - x^{Gt}_{CaAl_{2/3}SiO_4})H^{e\infty}$$

Tabelle 12: Kalorische Mischungseffekte bei Pyrop-Grossular Mischkristallbildung (T = 1273 K).

| $x^{Gt}_{CaAl_{2/3}SiO_4}$ | $\Delta\bar{G}^e$ [J/mol] | $\Delta\bar{H}^e$[J/Mol] | $\Delta\bar{S}^e$[J/mol·K] | $\Delta\bar{G}^{id}$[J/Mol] | $\Delta\bar{G}^{real}$[J/Mol] |
|---|---|---|---|---|---|
| 0.000 | 0.0 | 0.0 | 0.0 | 0.0 | 0.0 |
| 0.100 | 748.0 | 2809.1 | 1.619 | -3440.8 | -2692.7 |
| 0.200 | 1329.8 | 4994.0 | 2.878 | -5296.4 | -3966.6 |
| 0.300 | 1745.4 | 6554.7 | 3.778 | -6465.5 | -4720.1 |
| 0.400 | 1994.7 | 7491.0 | 4.318 | -7123.3 | -5128.6 |
| 0.500 | 2077.8 | 7803.2 | 4.496 | -7336.4 | -5258.6 |
| 0.600 | 1994.7 | 7491.0 | 4.318 | -7123.3 | -5128.6 |
| 0.700 | 1745.4 | 6554.7 | 3.778 | -6465.5 | -4720.1 |
| 0.800 | 1329.8 | 4994.0 | 2.878 | -5296.4 | -3966.6 |
| 0.900 | 748.0 | 2809.1 | 1.619 | -3440.8 | -2692.7 |
| 1.000 | 0.0 | 0.0 | 0.0 | 0.0 | 0.0 |

(Nach den Daten von Hensen et al., 1975)

Die gerechneten Zustandsfunktionen in der Tabelle 12 sind in der Abb. 43 dargestellt. Der symmetrische Verlauf des $\Delta\bar{G}^e(x)$ sowie der der übrigen Zustandsfunktionen ist gut zu erkennen.

Sind für die Darstellung der mittleren molaren Freien Exzeßenthalpie als Funktion der Zusammensetzung einer binären Mischphase bei konstantem Druck und konstanter Temperatur zwei Konstanten notwendig, lautet die Gleichung:

$$\Delta\bar{G}^e = x_B(1 - x_B)[K_1 + K_2(2x_B - 1)] \quad (7.149)$$

Aus (7.149) lassen sich mit Hilfe von (7.129) und (7.130) folgende Exzeßpotentiale bzw. Aktivitätskoeffizienten der Komponenten einer binären Mischung gewinnen:

$$\mu^e_A = RT \ln\gamma_A = x^2_B[K_1 + K_2(4x_B - 3)] \quad (7.150)$$

$$\mu^e_B = RT \ln\gamma_B = (1 - x_B)^2[K_1 - K_2(1 - 4x_B)] \quad (7.151)$$

Läßt man $x_B$ in Gl. (7.150) gegen 1 und in Gl. (7.151) gegen 0 gehen, bekommt man die Exzeßpotentiale der Komponenten für unendliche Verdünnungen:

$$\mu^{e\infty}_A = RT \ln\gamma^\infty_A = K_1 + K_2 \quad (7.152)$$

$$\mu^{e\infty}_B = RT \ln\gamma^\infty_B = K_1 - K_2 \quad (7.153)$$

Die Konstanten $K_1$ und $K_2$ sind dann

$$K_1 = \frac{\mu_A^{e\infty} + \mu_B^{e\infty}}{2} \tag{7.154}$$

und

$$K_2 = \frac{\mu_A^{e\infty} - \mu_B^{e\infty}}{2} \tag{7.155}$$

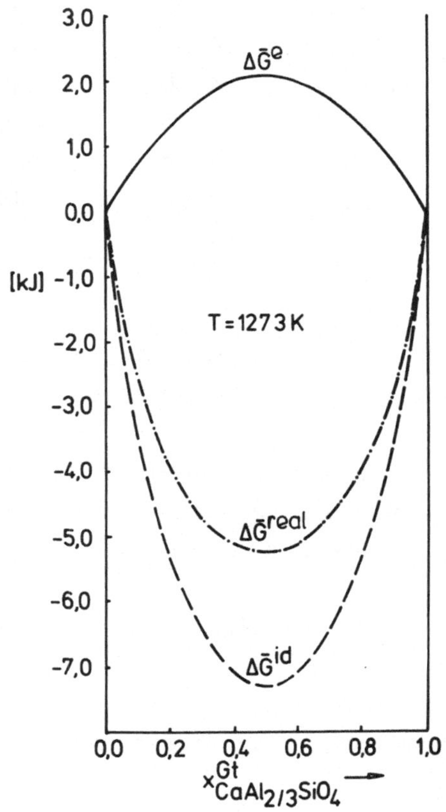


Abb. 43: Kalorische Mischungseffekte im System $CaAl_{2/3}SiO_4$ - $MgAl_{2/3}SiO_4$ (gerechnet nach den Daten von Hensen et al., 1975).

Ersetzt man $K_1$ und $K_2$ in den Gln. (7.150) und (7.151) durch die Ausdrücke aus (7.154) und (7.155), erhält man für die Aktivitätskoeffizienten der Komponenten Gleichungen, die aus den Kombinationen der Exzeßpotentiale bei unendlichen Verdünnungen bestehen, nämlich

$$RT \ln \gamma_A = x_B^2[\mu_A^{e\infty} + 2(\mu_B^{e\infty} - \mu_A^{e\infty})(1 - x_B)] \tag{7.156}$$

und

$$RT \ln\gamma_B = (1 - x_B)^2[\mu_B^{e\infty} + 2(\mu_A^{e\infty} - \mu_B^{e\infty})x_B] \qquad (7.157)$$

Durch das Ausmultiplizieren und Umordnen der Terme lassen sich aus (7.156) und (7.157) zwei weitere, in der mineralogischen Literatur oft verwendete Gleichungen (z.B. Froese und Gunter (1976) für die Aktivitätskoeffizienten gewinnen:

$$RT \ln\gamma_A = (2\mu_A^{e\infty} - 2\mu_B^{e\infty})x_B^3 + (2\mu_B^{e\infty} - \mu_A^{e\infty})x_B^2 \qquad (7.158)$$

und

$$RT \ln\gamma_B = (2\mu_B^{e\infty} - 2\mu_A^{e\infty})(1 - x_B)^3 + (2\mu_A^{e\infty} - \mu_B^{e\infty})(1 - x_B)^2 \qquad (7.159)$$

Die Gleichungen (7.150) und (7.151) sind ursprünglich von Margules (1895) aufgestellt worden. Sie werden deshalb auch Margules Gleichungen und die Konstanten Margules Konstanten genannt. Später haben Carlson und Colburn (1947) sie in die Form von (7.158) und (7.159) gebracht.

**Beispiel**: Für das System $NaAlSi_3O_8$ (Hochalbit) - $KAlSi_3O_8$ (Sanidin) wurden von Thompson und Waldbaum (1969) folgende kalorische Zusatzeffekte bestimmt:

$$U_{NaAlSi_3O_8}^{e\infty} = 26470.91 \text{ J/Mol}$$
$$V_{NaAlSi_3O_8}^{e\infty} = 0.3870 \text{ J/bar}$$
$$S_{NaAlSi_3O_8}^{e\infty} = 19.3807 \text{ J/Mol·K}$$
$$U_{KAlSi_3O_8}^{e\infty} = 32098.81 \text{ J/Mol}$$
$$V_{KAlSi_3O_8}^{e\infty} = 0.4690 \text{ J/bar}$$
$$S_{KAlSi_3O_8}^{e\infty} = 16.1356 \text{ J/Mol·K}$$

Aus diesen Daten lassen sich unmittelbar die für cie Bestimmung der Aktivitätskoeffizienten nach Carlson und Colburn (1947) benötigten Exzeßpotentiale der Komponenten in unendlichen Verdünnungen gewinnen.

$$\mu_{NaAlSi_3O_8}^{e\infty} = (U^{e\infty} + PV^{e\infty} - TS^{e\infty})_{NaAlSi_3O_8}$$

und

$$\mu_{KAlSi_3O_8}^{e\infty} = (U^{e\infty} + PV^{e\infty} - TS^{e\infty})_{KAlSi_3O_8}$$

Für 1 bar und 700°C ist dann, wenn wie üblich die Temperatur- und Druckabhängigkeit der kalorischen Exzeßgrößen vernachlässigt wird,

$$\mu_{NaAlSi_3O_8}^{e\infty}(1{,}973) = 26470.91 + 0.3870 \times 1 - 973 \times 19.3807$$
$$= \underline{7613.88 \text{ J/Mol}}$$

$$\mu^{e\infty}_{KAlSi_3O_8}(1{,}973) = 32098.81 + 0.4690 \times 1 - 973 \times 16.1356 = \underline{16399.34\ J/Mol}$$

Die Aktivitätskoeffizienten werden nach der Gl. (7.158) bzw. (7.159) gerechnet.

$$\gamma^{Fp}_{NaAlSi_3O_8} = \exp\{[2(\mu^{e\infty}_{NaAlSi_3O_8} - \mu^{e\infty}_{KAlSi_3O_8})(x^{Fp}_{KAlSi_3O_8})^3 + (2\mu^{e\infty}_{KAlSi_3O_8} - \mu^{e\infty}_{NaAlSi_3O_8})(x^{Fp}_{KAlSi_3O_8})^2]/RT\}$$

$$= \exp\{[2(7613.88 - 16399.34)(x^{Fp}_{KAlSi_3O_8})^3 + (2 \times 16399.34 - 7613.88)(x^{Fp}_{KAlSi_3O_8})^2]/RT\}$$

$$\gamma^{Fp}_{KAlSi_3O_8} = \exp\{[2(\mu^{e\infty}_{KAlSi_3O_8} - \mu^{e\infty}_{NaAlSi_3O_8})(1 - x^{Fp}_{KAlSi_3O_8})^3 + (2\mu^{e\infty}_{NaAlSi_3O_8} - \mu^{e\infty}_{KAlSi_3O_8})(1 - x_{KAlSi_3O_8})^2]/RT\}$$

$$= \exp\{[2(16399.34 - 7613.88)(1 - x^{Fp}_{KAlSi_3O_8})^3 + (2 \times 7613.88 - 16399.34)(1 - x^{Fp}_{KAlSi_3O_8})^2]/RT\}$$

Tabelle 13: Aktivitäten und Logarithmen der Aktivitätskoeffizienten von $NaAlSi_3O_8$ (Hochalbit) und $KAlSi_3O_8$ (Sanidin) in Feldspatmischkristallen bei 1 bar und 750°C.

| $x^{Fp}_{KAlSi_3O_8}$ | $\ln\gamma^{Fp}_{NaAlSi_3O_8}$ | $\ln\gamma^{Fp}_{KAlSi_3O_8}$ | $a^{Fp}_{NaAlSi_3O_8}$ | $a^{Fp}_{KAlSi_3O_8}$ |
|---|---|---|---|---|
| 0.0 | 0.0000 | 2.0271 | 1.0000 | 0.0000 |
| 0.1 | 0.0289 | 1.4660 | 0.9264 | 0.4332 |
| 0.2 | 0.1071 | 1.0193 | 0.8904 | 0.5542 |
| 0.3 | 0.2215 | 0.6740 | 0.8735 | 0.5886 |
| 0.4 | 0.3590 | 0.1470 | 0.8592 | 0.6069 |
| 0.5 | 0.5067 | 0.2352 | 0.8299 | 0.6326 |
| 0.6 | 0.6515 | 0.1158 | 0.7674 | 0.6736 |
| 0.7 | 0.7804 | 0.0456 | 0.6547 | 0.7326 |
| 0.8 | 0.8803 | 0.0115 | 0.4823 | 0.8093 |
| 0.9 | 0.9382 | 0.0007 | 0.2555 | 0.9006 |
| 1.0 | 0.9411 | 0.0000 | 0.0000 | 1.0000 |

In der Tabelle 13 sind die Logarithmen der Aktivitätskoeffizienten sowie die Aktivitäten der Komponenten $NaAlSi_3O_8$ und $KAlSi_3O_8$, die nach den oben aufgestell-

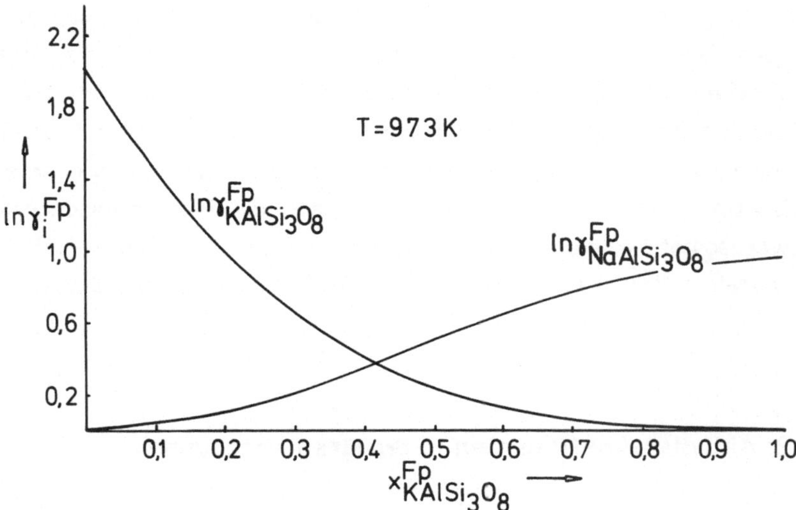


Abb. 44: Logarithmen der Aktivitätskoeffizienten von $NaAlSi_3O_8$ (Hochalbit) und $KAlSi_3O_8$ (Sanidin) in Feldspatmischkristallen bei 1 bar und 700 C (nach den Daten von Thompson und Waldbaum, 1969).

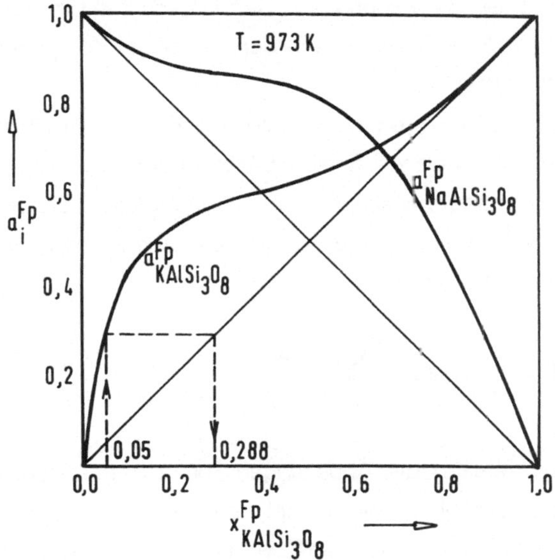


Abb. 45: Aktivitäten von $NaAlSi_3O_8$ (Hochalbit) und $KAlSi_3O_8$ (Sanidin) in Feldspatmischkristallen bei 1 bar und 700° C (nach den Daten von Thompson und Waldbaum, 1969). Erklärungen im Text.

ten Gleichungen gerechnet wurden, für 1 bar und 700° C zusammengestellt. Aus den Daten der Tabelle 13 und aus der Abb. 44 geht hervor, daß die Logarithmen der Aktivitätskoeffizienten hier nicht wie im ersten Beispiel symmetrisch, sondern asymmetrisch um x = 0.5 verlaufen. Ebenso unterscheiden sich auch $\ln\gamma_i^\infty$ der Komponenten voneinander. Abb. 45 zeigt, daß die Aktivitäten der beiden Komponenten positiv von der Idealität abweichen ($\gamma > 1$). Enthalten z.B. die Feldspatmischkristalle 5 Mol% $KAlSi_3O_8$, so hat dies dieselbe thermodynamische Wirkung, wie wenn bei idealen Verhalten bereits 28.8 Mol% der Komponente im Feldspat gelöst wären.

### 7.2.5.2. **Aktivitätskoeffizienten in ternären Mischungen**

Sind mehr als zwei Komponenten an einer Mischphase beteiligt, kann die mittlere molare Freie Exzeßenthalpie aus den Daten der binären Untersysteme ermittelt werden. Es ist:

$$\Delta\bar{G}^e = \sum_{ij} x_i x_j [A_{ij} + B_{ij}(x_j - x_i) + C_{ij}(x_j - x_i)^2 + \cdots] \qquad (7.160)$$

Gl. (7.160) ist im Prinzip mit (7.128) identisch. Die Koeffizienten A, B und C entsprechen den Konstanten $K_1$, $K_2$ und $K_3$. Der Unterschied in der Form der Gleichung ergibt sich dadurch, daß hier der Molenbruch der einen Komponente mit dem der anderen ausgedrückt werden kann.

Sollen Aktivitätskoeffizienten der Komponenten in einer mehrkomponentigen Mischphase aus der mittleren molaren Freien Exzeßenthalpie gewonnen werden, muß der allgemeine Zusammenhang zwischen den Aktivitätskoeffizienten und der mittleren molaren Freien Exzeßenthalpie beachtet werden. Ändert man alle Molenbrüche i auf Kosten der Komponente j, so gilt:

$$RT \ln\gamma_j = \Delta\bar{G}^e - \sum_{i\neq j} x_i \left(\frac{\partial \Delta\bar{G}^e}{\partial x_i}\right)_{P,T} \qquad (7.161)$$

Da $\sum x_i = 1$ ist, müssen die Änderungen von $x_i$ mit gleichen Änderungen von $x_j$ verbunden sein, aber umgekehrtes Vorzeichen besitzen. Bei Beachtung dieser Vorschrift erhält man für die Aktivitätskoeffizienten der Komponenten A, B und C im Falle einer ternären Mischphase folgende Ausdrücke:

$$RT \ln\gamma_A = \Delta\bar{G}^e - x_B\left(\frac{\partial \Delta\bar{G}^e}{\partial x_B}\right)_{P,T,x_C} - x_C\left(\frac{\partial \Delta\bar{G}^e}{\partial x_C}\right)_{P,T,x_B} \qquad (7.162)$$

$$RT \ln \gamma_B = \Delta\bar{G}^e - x_A\left(\frac{\partial \Delta\bar{G}^e}{\partial x_A}\right)_{P,T,x_C} - x_C\left(\frac{\partial \Delta\bar{G}^e}{\partial x_C}\right)_{P,T,x_A} \quad (7.163)$$

$$RT \ln \gamma_C = \Delta\bar{G}^e - x_A\left(\frac{\partial \Delta\bar{G}^e}{\partial x_A}\right)_{P,T,x_B} - x_B\left(\frac{\partial \Delta\bar{G}^e}{\partial x_B}\right)_{P,T,x_A} \quad (7.164)$$

Für eine einfache oder symmetrische ternäre Mischphase gilt nach Gl. (7.160):

$$\Delta\bar{G}^e = \sum_{ij} x_i x_j A_{ij} \quad (7.165)$$

bzw.

$$\Delta\bar{G}^e = x_A x_B A_{AB} + x_A x_C A_{AC} + x_B x_C A_{BC} \quad (7.166)$$

Aus Gl. (7.166) werden folgende Aktivitätskoeffizienten abgeleitet:

$$RT \ln \gamma_A = x_B^2 A_{AB} + x_C^2 A_{AC} + x_B x_C (A_{AC} + A_{AB} - A_{BC}) \quad (7.167)$$

$$RT \ln \gamma_B = x_C^2 A_{BC} + x_A^2 A_{AB} + x_A x_C (A_{AB} + A_{BC} - A_{AC}) \quad (7.168)$$

$$RT \ln \gamma_C = x_A^2 A_{AC} + x_B^2 A_{BC} + x_A x_B (A_{BC} + A_{AC} - A_{AB}) \quad (7.169)$$

$A_{AB}$, $A_{AC}$ und $A_{BC}$ sind die Wechselwirkungsparameter der binären Untersysteme A - B, A - C und B - C. In der Literatur werden sie wiederum häufig mit dem Buchstaben W gekennzeichnet. Das binäre Subsystem wird mit Indices angegeben.

**Beispiel**: Um die Aktivitätskoeffizienten von $Ca_3Cr_2Si_3O_{12}$ (Uwarowit), $Ca_3Fe_2Si_3O_{12}$ (Andradit) und $Ca_3Al_2Si_3O_{12}$ (Grossular) in einem Granat-Mischkristall $Ca_3(Cr,Fe,Al)_2Si_3O_{12}$ bestimmen zu können, sind die Wechselwirkungsparameter in den Subsystemen Uwarowit - Andradit, Andradit - Grossular und Uwarowit - Grossular nötig. Ganguly (1976) nimmt an, daß die sogenannten binären Untersysteme symmetrische Mischungen darstellen und gibt für die Wechselwirkungsparameter folgende Werte an:

$$A_{Uw,And} = 4604 \text{ cal/Mol} = 19263 \text{ J/Mol}$$
$$A_{And,Gros} = -1536 \text{ cal/Mol} = -6427 \text{ J/Mol}$$
$$A_{Uw,Gros} = -10660 \text{ cal/Mol} = -44183 \text{ J/Mol}$$

Nach den Gln. (7.167) bis (7.169) sind

$$1/2\, RT \ln \gamma^{Gt}_{Ca_3Cr_2Si_3O_{12}} = (x^{Gt}_{Ca_3Fe_2Si_3O_{12}})^2 A_{Uw,And} + (x^{Gt}_{Ca_3Al_2Si_3O_{12}})^2 A_{Uw,Gros}$$

$$+ x^{Gt}_{Ca_3Fe_2Si_3O_{12}} \cdot x^{Gt}_{Ca_3Al_2Si_3O_{12}} (A_{Uw,Gros} + A_{Uw,And} - A_{And,Gros})$$

$$1/2\ RT \ln \gamma^{Gt}_{Ca_3Fe_2Si_3O_{12}} = (x^{Gt}_{Ca_3Al_2Si_3O_{12}})^2 A_{And,Gros}\ (x^{Gt}_{Ca_3Cr_2Si_3O_{12}})^2 A_{Uw,And}$$

$$+ x^{Gt}_{Ca_3Cr_2Si_3O_{12}} \cdot x^{Gt}_{Ca_3Al_2Si_3O_{12}} (A_{Uw,And} + A_{And,Gros} - A_{Uw,Gros})$$

$$1/2\ RT \ln \gamma^{Gt}_{Ca_3Al_2Si_3O_{12}} = (x^{Gt}_{Ca_3Cr_2Si_3O_{12}})^2 A_{Uw,Gros} + (x^{Gt}_{Ca_3Fe_2Si_3O_{12}})^2 A_{And,Gros}$$

$$+ x^{Gt}_{Ca_3Cr_2Si_3O_{12}} \cdot x^{Gt}_{Ca_3Fe_2Si_3O_{12}} (A_{And,Gros} + A_{Uw,Gros} - A_{Uw,And})$$

Der Faktor 1/2 vor dem Logarithmus des Aktivitätskoeffizienten ergibt sich aus der Tatsache, daß es zwei Oktaederplätze pro Formeleinheit gibt, auf denen die Mischbarkeit stattfindet. Man könnte diesen Faktor weglassen, wenn man als Komponenten die halben Formeleinheiten nehmen würde.

Vernachlässigt man die Temperaturabhängigkeit der Wechselwirkungsparameter, ergeben sich für einen Granatmischkristall mit $x^{Gt}_{Ca_3Cr_2Si_3O_{12}} = 0.1$, $x^{Gt}_{Ca_3Fe_2Si_3O_{12}} = 0.3$ und $x^{Gt}_{Ca_3Al_2Si_3O_{12}} = 0.6$ bei 800°C folgende Aktivitätskoeffizienten:

$$\begin{aligned}(\gamma^{Gt}_{Ca_3Cr_2Si_3O_{12}})^{1/2} &= \exp\{[(0.3)^2 \times 19263 + (0.6)^2 \times (-44183) + 0.3 \times 0.6 \\ &\quad \times (-44183 + 19263 + 6427)]/(8.3144 \times 1073)\} \\ &= \underline{0.1406}\end{aligned}$$

$$\begin{aligned}(\gamma^{Gt}_{Ca_3Fe_2Si_3O_{12}})^{1/2} &= \exp\{[(0.6)^2 \times (-6427) + (0.1)^2 \times 19263 + 0.1 \times 0.6 \\ &\quad \times (19263 - 6427 + 44183)]/(8.3144 \times 1073)\} \\ &= \underline{1.1569}\end{aligned}$$

$$\begin{aligned}(\gamma^{Gt}_{Ca_3Al_2Si_3O_{12}})^{1/2} &= \exp\{[(0.1)^2 \times (-44183) + (0.3)^2 \times (-6427) + 0.1 \times 0.3 \\ &\quad \times (-6427 - 44183 - 19263)]/(8.3144 \times 1073)\} \\ &= \underline{0.7052}\end{aligned}$$

Für asymmetrische Mischungen, die mehr als zwei Komponenten enthalten, werden die Ausdrücke für die Aktivitätskoeffizienten zunehmend komplizierter.

## 7.3. Freie Reaktionsenthalpie

Findet in einem geschlossenen System bei konstantem Druck und konstanter Temperatur eine chemische Reaktion etwa nach dem Muster der Gl. (4.67) statt, so stehen die Molzahländerungen der Reaktionsteilnehmer, $dn_i$, in einem festen Verhältnis zueinander. Das Verhältnis wird durch die stöchiometrischen Koeffizienten vorgegeben. Bezeichnet man mit $\lambda$ die Zahl der stattgefundenen Formelumsätze, gilt:

$$dn_i = \nu_i d\lambda \tag{7.170}$$

Wird (7.170) in die Gl. (7.56) eingesetzt, erhält man die Änderung der Freien Enthalpie für einen infinitesimalen Umsatz bei konstantem Druck und konstanter Temperatur

$$dG = \sum \nu_i \mu_i d\lambda \tag{7.171}$$

bzw.

$$\left(\frac{\partial G}{\partial \lambda}\right)_{P,T} = \sum_1^C \nu_i \mu_i = \Delta G_r \tag{7.172}$$

$\Delta G_r$ nennt man *Freie Reaktionsenthalpie*. Sie gibt die Änderung der Freien Enthalpie eines reaktionsfähigen Systems pro Formelumsatz bei konstantem Druck und konstanter Temperatur an. Die Freien Reaktionsenthalpien der Bildungsreaktionen werden *Freie Bildungsenthalpien* genannt.

Die Verknüpfung zwischen der Freien Reaktionsenthalpie, der Reaktionsentropie und der Reaktionsenthalpie gibt die *Gibbs-Helmholtzsche* Gleichung wieder, die lautet:

$$\Delta G_r = \Delta H_r - T\Delta S_r \tag{7.173}$$

Sowohl die Reaktionsenthalpie als auch die Reaktionsentropie sind hier im Gegensatz zu (5.68) und (6.76) nicht fett gedruckt. Damit soll betont werden, daß es sich um kalorische Reaktionseffekte handelt, die mit Reaktionen verbunden sind, an denen die Reaktionsteilnehmer aus Mischungen reagieren und die Produkte in Mischungen vorliegen.

### 7.3.1. **Standardreaktion und Freie Standardbildungsenthalpie**

Spaltet man die chemischen Potentiale der Reaktionsteilnehmer in der Gl. (7.172) gemäß den Gl. (7.81) und (7.92) in Standard- und Restpotentiale auf, erhält man für die Freie Reaktionsenthalpie

$$\begin{aligned} \Delta G_r &= \sum \nu_i(\boldsymbol{\mu}_i + RT \ln a_i) \\ &= \sum \nu_i \boldsymbol{\mu}_i + RT \sum \nu_i \ln a_i \end{aligned} \tag{7.174}$$

Liegen alle Reaktionsteilnehmer in ihren Standardzuständen vor, sind alle $a_i = 1$ und der zweite Term in der Gl. (7.174) wird Null. Die Freie Reaktionsenthalpie ist dann gleich der stöchiometrischen Summe der Standardpotentiale der Reaktionsteilnehmer, weshalb sie auch *Freie Standardreaktionsenthalpie* genannt wird und mit $\mathbf{\Delta G_r}$ bezeichnet wird. Es ist also

$$\mathbf{\Delta G_r} = \sum \nu_i \boldsymbol{\mu}_i \qquad (7.175)$$

Eine Reaktion, an der die Reaktanten in ihren Standardzuständen teilnehmen und die Produkte ebenfalls im Standardzustand vorliegen, nennt man konsequenterweise *Standardreaktion*. Entsprechend den Ausführungen über die chemischen Potentiale gasförmiger und kondensierter Stoffe in den vorangegangenen Kapiteln werden die Standardzustände für verschiedene Stoffarten verschieden gewählt. Bei den Gasen ist es der ideale Gaszustand bei 1 bar und T. Bei festen Stoffen ist es meist die entsprechende reine Phase bei P und T der Mischung und bei wäßrigen Lösungen häufig der Zustand der unendlichen Verdünnung wiederum bei P und T.

Der zweite Term in der Gl. (7.174) gibt den Anteil der Freien Reaktionsenthalpie an, der von der sogenannten *Restreaktion* herrührt. Durch die Kombination der Gln. (7.175) und (7.174) erhält man:

$$\Delta G_r = \mathbf{\Delta G_r} + RT\sum \nu_i \ln a_i \qquad (7.176)$$

Aus Gl. (7.176) geht hervor, daß die Freie Reaktionsenthalpie aus zwei Teilen besteht: einem Standard- und einem Restteil. Der letztere tritt auf, wenn die Reaktionsteilnehmer nicht in den Standardzuständen vorliegen. Standardreaktionen besonderer Art sind sogenannte Standardbildungsreaktionen. Damit sind die Reaktionen gemeint, die zur Bildung von Verbindungen aus den Elementen bei Standardbedingungen (1 bar, 298 K) führen. Die Freien Reaktionsenthalpien nennt man in diesem Fall *Freie Standardbildungsenthalpien*. Hier sind sie mit $\mathbf{\Delta G_B}$ bezeichnet. In den thermodynamischen Datensammlungen findet man diese Größen tabelliert vor.

Die Freien Standardbildungsenthalpien der Elemente in ihren Standardzuständen sind definitionsgemäß Null, wobei als Standardzustand die bei 1 bar und 298 K stabile Form (Phase) des Elements gewählt wird. Für Gase nimmt man dafür 1 bar oder die Fugazität 1.

Mit Hilfe der Gibbs-Helmholtzschen Gleichung kann man die Freien Standardenthalpien aus den Standardbildungsenthalpien und den konventionellen Standardentropien der Reaktionsteilnehmer ausrechnen. Es ist

$$\mathbf{\Delta G_B} = \mathbf{\Delta H_B} - 298\sum \nu_i \mathbf{S}_i \qquad (7.177)$$

oder

$$\Delta G_B = \Delta H_B - 298 \Delta S_B \qquad (7.178)$$

In Analogie zu den übrigen kalorischen Standardgrößen kann man $\Delta S_B$ als *Standardbildungsentropie* bezeichnen.

An dieser Stelle erscheint es notwendig, nochmals darauf hinzuweisen, daß der Standardzustand, auf den sich die Freie Standardbildungsenthalpie bezieht, in der Regel nicht identisch ist mit dem Standardzustand, der für die Normierung des chemischen Potentials einer Komponente gewählt wird. Das Standardpotential fester Stoffe bezieht sich auf reine Phasen bei P und T der Mischung; das der Gase auf den Idealzustand bei 1 bar und T. Natürlich ist es auch möglich, für das chemische Potential die Standardbedingungen als Bezug zu wählen, es ist jedoch nicht üblich.

# 8. Thermisches Gleichgewicht

Für ein abgeschlossenes System gilt, daß im Gleichgewicht die Gesamtentropie einen Maximalwert besitzen muß, so daß stets

$$\sum dS_i = 0 \tag{8.1}$$

ist. Aus der Gleichung (8.1) folgt, daß im Gleichgewicht sowohl die Temperatur als auch der Druck in allen Teilen des Systems gleich sein müssen. Wäre das nicht der Fall, fänden spontane, d.h. irreversible Ausgleichsvorgänge statt, die nach (6.6) eine Entropieerhöhung bewirken würden.

Als Folge des 2. Hauptsatzes der Thermodynamik gilt weiter, daß in einem geschlossenen System das thermodynamische Gleichgewicht herrscht, wenn

$$dG = dH - TdS = 0 \tag{7.7a}$$

ist.

## 8.1. Stabilität und Phasengleichgewichte in Einstoffsystemen

Da es keine negative Wärmekapazität geben kann, nimmt die Entropie einer stabilen Phase mit steigender Temperatur stets zu. Diese Aussage läßt sich auch mathematisch fassen. Dazu wird die Gl. (6.17) durch dT geteilt. Wir erhalten somit:

$$\left(\frac{\partial S}{\partial T}\right)_P = \frac{C_p}{T} > 0 \tag{8.2}$$

Andererseits ist nach (7.16).

$$\left(\frac{\partial G}{\partial T}\right)_P = -S$$

Aus der Kombination beider Gleichungen folgt dann unmittelbar:

$$\left(\frac{\partial^2 G}{\partial T^2}\right)_P < 0 \tag{8.3}$$

Gemäß (8.3) ist die G(T)-Kurve einer stabilen Phase stets konkav gegen die T-Achse gekrümmt (siehe Abb. 46). Wegen G = H - TS und weil S mit steigender Temperatur stets positiv ist, ist die Steigung der G(T)-Kurve in der Regel negativ.

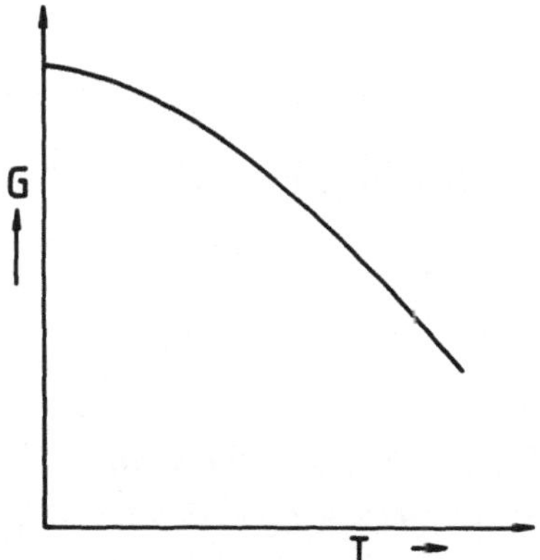


Abb. 46: Temperaturabhängigkeit der Freien Enthalpie einer stabilen Phase (schematisch).

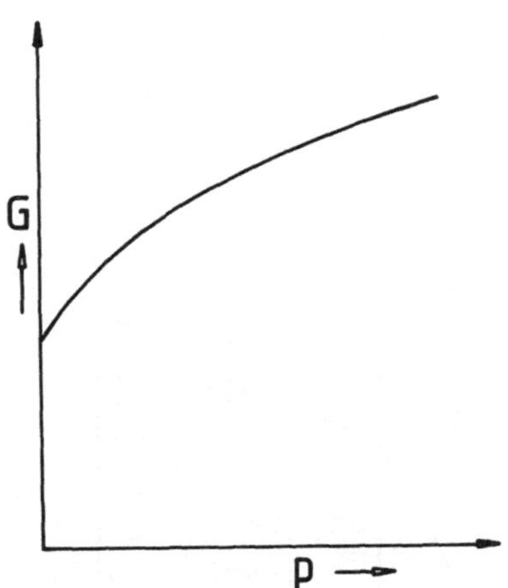


Abb. 47: Druckabhängigkeit der Freien Enthalpie einer stabilen Phase (schematisch).

Da das Volumen einer stabilen Phase mit steigendem Druck stets abnehmen muß, gilt

$$\left(\frac{\partial V}{\partial P}\right)_T < 0 \qquad (8.4)$$

Andererseits ist nach (7.15)

$$\left(\frac{\partial G}{\partial P}\right)_T = V$$

Die Kombination beider Gleichungen ergibt:

$$\left(\frac{\partial^2 G}{\partial P^2}\right)_T < 0 \qquad (8.5)$$

Nach Gl. (8.5) ist die G(P)-Kurve einer stabilen Phase stets konkav gegen die P-Achse gekrümmt (siehe Abb. 47). Wegen G = U - TS + PV und weil V stets positiv ist, ist die Steigung der Kurve positiv.

Stellt man die G(P,T)-Funktion in einem rechtwinkligen Koordinatensystem mit G,T und P als Koordinaten dar, ergibt sich eine gekrümmte Fläche. Als zusätzliche Bedingung für die Stabilität einer Phase gilt, daß jeder beliebige, zur P-T-Ebene senkrechte Schnitt durch die G(P,T)-Fläche eine Kurve ergeben muß, die konkav gegen die P-T-Ebene gekrümmt ist (vgl. Abb. 48).

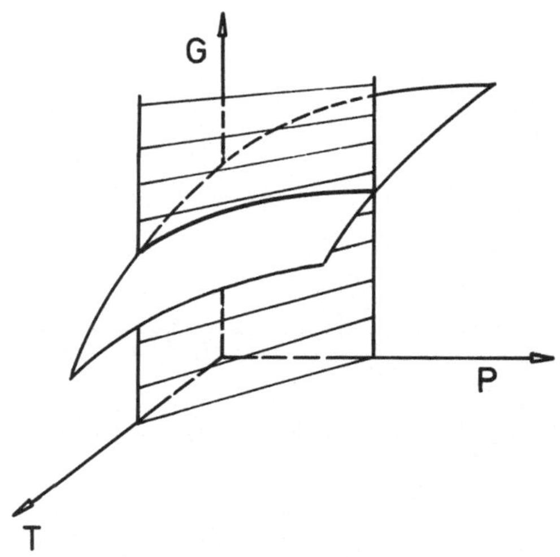


Abb. 48: G(P,T)-Funktion einer stabilen Phase mit einem zur P-T-Ebene senkrechten Schnitt (schematisch).

Kommt ein Stoff in mehreren Phasen (Modifikationen) vor, existiert von jeder Phase eine Fläche der Freien Enthalpie, die bei Konstanthaltung einer Zustandsvariablen zur Kurve wird. Um herauszufinden, welche der Phasen bei einer gegebenen Temperatur und einem gegebenen Druck die stabile ist, müssen die Freien Enthalpien der

Phasen miteinander verglichen werden. Existiert bei den vorgegebenen Bedingungen von einem Stoff neben der vorhandenen Form eine weitere Modifikation mit niedrigerer Freier Enthalpie, so müßte der Stoff nach (7.5) und (7.7) spontan (irreversibel) in die betreffende Form übergehen, wenn keine kinetischen Hemmungen auftreten. Mit anderen Worten, bei gegebener Temperatur und gegebenem Druck ist die Phase mit der niedrigsten Freien Enthalpie die stabilste. In der Abb. 49 trifft das zu bei $T < T_u^{(\alpha/\beta)}$ bis $T = T_u^{(\alpha/\beta)}$ für die Phase α, zwischen $T_u^{(\alpha/\beta)}$ und $T_s^{\beta}$ für die Phase β und oberhalb $T_s^{\beta}$ für die Schmelze.

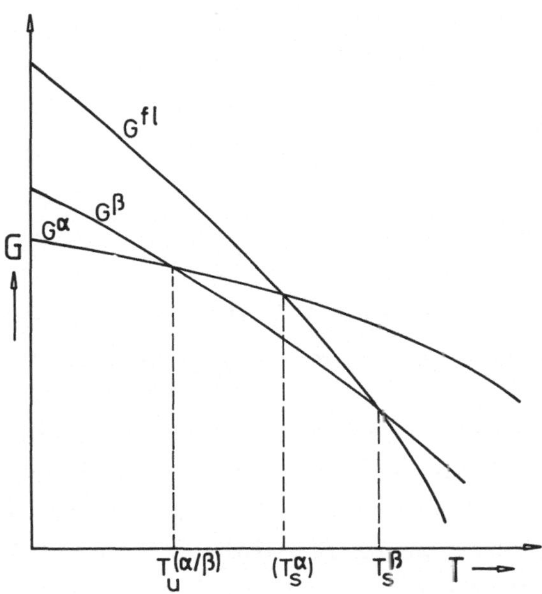


Abb. 49: Schematischer Verlauf der G(T)-Kurve eines Stoffes, der neben der Schmelze noch zwei Modifikationen im festen Zustand besitzt. $T_u^{(\alpha/\beta)}$ = Umwandlungstemperatur $\alpha \rightarrow \beta$, $T_s^{\alpha}$ = metastabile Schmelztemperatur für α, $T_s^{\beta}$ = Schmelztemperatur der Phase β.

Am Umwandlungspunkt koexistieren die verschwindende und die entstehende Phase. Nach (7.5) und (7.7) muß dort wegen des herrschenden Gleichgewichts dG = 0 sein. Für konstanten Druck und konstante Temperatur läßt sich für dG, wenn die verschwindende Phase mit α und die entstehende mit β bezeichnet werden, gemäß Gl. (7.54) schreiben:

$$dG = \left(\frac{\partial G}{\partial n_\alpha}\right)_{P,T,n_\beta} dn_\alpha + \left(\frac{\partial G}{\partial n_\beta}\right)_{P,T,n_\alpha} dn_\beta = 0 \qquad (8.6)$$

Da sich die Phase β nur auf Kosten von α bilden kann, gilt

$$dn_\beta = - dn_\alpha = dn \tag{8.7}$$

Darüber hinaus ist nach (7.55) unter Berücksichtigung, daß es sich um einen reinen Stoff handelt

$$\left(\frac{\partial G}{\partial n_\alpha}\right)_{P,T,n_\beta} = \mu^\alpha \quad \text{und} \quad \left(\frac{\partial G}{\partial n_\beta}\right)_{P,T,n_\alpha} = \mu^\beta$$

weshalb anstelle von (8.6)

$$dG = (\mu^\beta - \mu^\alpha)dn = 0 \tag{8.8}$$

geschrieben werden kann.

Die Gleichung (8.8) ist erfüllt, wenn

$$\mu^\alpha = \mu^\beta \tag{8.9}$$

ist.

Die Aussage der Gleichung (8.9) lautet: Stehen zwei Phasen eines Stoffes im thermodynamischen Gleichgewicht, so sind die chemischen Potentiale des Stoffes in beiden Phasen gleich.

Da die chemischen Potentiale identisch sind mit den molaren Freien Enthalpien des Stoffes, kann man aus (8.9) folgern, daß die Schnittpunkte der G(T)-Kurven in Abb. 49 die Orte der Phasentransformationen angeben. Bei $T_u^{(\alpha/\beta)}$ transformiert α nach β, bei $T_s^\alpha$ schmilzt α und bei $T_s^\beta$ schmilzt β. Der Punkt, in dem sich die Kurven der Freien Enthalpien der Phase α und die der Schmelze schneiden, liegt bei der fraglichen Temperatur oberhalb der Kurve die die Freie Enthalpie der Phase β angibt. Der Schmelzpunkt ist deshalb metastabil. Praktisch bedeutet das, daß aus der Schmelze α nur dann auskristallisieren kann, wenn es gelingt, die Schmelze zu unterkühlen, ohne daß zuvor β auskristallisiert.

### 8.1.1. **Druck- und Temperaturabhängigkeit von Phasengleichgewichten in Einstoffsystemen**

Im vorangehenden Kapitel wurde festgestellt, daß am Umwandlungspunkt zwei Phasen koexistieren, d.h. im thermodynamischen Gleichgewicht stehen, solange die chemischen Potentiale des betreffenden Stoffes in den sich ineinander umwandelnden Phasen gleich sind (vgl. Gl. 8.9). Soll bei Änderung der intensiven Zustandsvariablen Druck und Temperatur das Gleichgewicht zwischen zwei Phasen, die z.B. mit α bzw.

β bezeichnet werden, erhalten bleiben, dann muß folgende Koexistenzbedingung erfüllt sein:

$$d\mu_i^{\alpha} = d\mu_i^{\beta} \tag{8.10}$$

Für reine Stoffe ist nach (7.24)

$$d\mu_i = -\,S_i dT + V_i dP$$

Damit läßt sich die Gleichgewichtsbedingung auch folgendermaßen ausdrücken:

$$-\,S_i^{\alpha} dT + V_i^{\alpha} dP = -\,S_i^{\beta} dT + V_i^{\beta} dP \tag{8.11}$$

wobei $S_i^{\alpha}$ und $S_i^{\beta}$ die molaren Entropien und $V_i^{\alpha}$ und $V_i^{\beta}$ die Molvolumina der Komponente i in den Phasen α und β bei der Temperatur T und dem Druck P darstellen. In einem Einkomponentensystem könnte im Prinzip auf den Komponentennamen verzichtet werden. Da in den konkreten mineralogischen Beispielen jedoch die Benennung der Komponente schon wegen den verschiedenen Wahlmöglichkeiten (z.B. Bruchteile einer Formeleinheit) in jedem Rechenansatz erscheint, wird die Benennung beibehalten. Eine Zusammenfassung gleichnamiger Glieder in Gl. (8.11) ergibt:

$$(S_i^{\beta} - S_i^{\alpha})dT = (V_i^{\beta} - V_i^{\alpha})dP \tag{8.12}$$

Aus Gl. (8.12) erhält man durch die Umstellung:

$$\left(\frac{dP}{dT}\right)_{Gl} = \frac{S_i^{\beta} - S_i^{\alpha}}{V_i^{\beta} - V_i^{\alpha}} = \frac{\Delta S_{u,i}^{(\alpha/\beta)}}{\Delta V_{u,i}^{(\alpha/\beta)}} \tag{8.13}$$

Die Größen $\Delta S_{u,i}^{(\alpha/\beta)}$ und $\Delta V_{u,i}^{(\alpha/\beta)}$ sind die molare Umwandlungsentropie und das molare Umwandlungsvolumen.

Die Beziehung (8.13) ist unter dem Namen *Clausius-Clapeyronsche* Gleichung bekannt. Sie gibt die Steigung der Koexistenzkurve in einem P–T-Diagramm wieder. Sind Umwandlungsentropie und das Umwandlungsvolumen bekannt, läßt sich mit Hilfe der Clausius-Clapeyronschen Gleichung die Koexistenzkurve zwischen zwei Phasen ausrechnen, vorausgesetzt ein Transformationspunkt ist bekannt.

**Beispiel**: Fayalit, $Fe_2SiO_4$, geht nach den experimentellen Befunden von Akimoto et al. (1965) bei 43.5 kbar und 700°C aus der orthorhombischen Olivin- in die kubische Spinellstruktur über. Für die Berechnung des Umwandlungsdrucks bei z.B. 1000°C mit der Clausius-Clapeyronschen Gleichung braucht man das Umwandlungsvolumen und die Umwandlungsentropie. Das Umwandlungsvolumen gewinnt man aus den röntgenographischen Daten, und zwar aus den Molvolumina für Olivin- und Spinellphase. Dabei wird in Kauf genommen, daß die Daten für die Normalbedingungen und nicht für hohe Temperaturen und hohe Drücke, bei denen die Transformation stattfindet, gelten. Es sind

$$V^{Ol}_{Fe_2SiO_4} = 46.255\ \text{cm}^3/\text{Mol} = 4.6255\ \text{J/Mol}\cdot\text{bar}$$
$$V^{Sp}_{Fe_2SiO_4} = 42.023\ \text{cm}^3/\text{Mol} = 4.2023\ \text{J/Mol}\cdot\text{bar}$$
$$\Delta V^{(Ol/Sp)}_{u,Fe_2SiO_4} = 4.2023 - 4.6255 = -\ 0.4232\ \text{J/Mol}\cdot\text{bar}$$

Aus den experimentellen Daten von Akimoto et al. (1965) gewinnt man die Umwandlungsentropie

$$\Delta S^{(Ol/Sp)}_{u,Fe_2SiO_4} = -\ 19.04\ \text{J/Mol}\cdot\text{K}$$

Gemäß (8.13) lautet die Koexistenzbedingung:

$$\left(\frac{dP}{dT}\right)_{Gl} = \frac{\Delta S^{(Ol/Sp)}_{u,Fe_2SiO_4}}{\Delta V^{(Ol/Sp)}_{u,Fe_2SiO_4}}$$

oder

$$dP = \frac{\Delta S^{(Ol/Sp)}_{u,Fe_2SiO_4}}{\Delta V^{(Ol/Sp)}_{u,Fe_2SiO_4}}\,dT$$

Unter der Annahme, daß die Umwandlungsentropie und das Umwandlungsvolumen druck- und temperaturunabhängig sind, ergibt die Integration der obigen Gleichung in den Grenzen 43.5 kbar und P sowie 973 und 1273 K:

$$\int_{43500}^{P} dP = \frac{\Delta S^{(Ol/Sp)}_{u,Fe_2SiO_4}}{\Delta V^{(Ol/Sp)}_{u,Fe_2SiO_4}} \int_{973}^{1273} dT$$

$$P - 43500 = \frac{-\ 19.04}{-\ 0.42023}(1273 - 973)$$

$$P = 45.31(1273 - 973) + 43500 = \underline{57.09\ \text{kbar}}$$

Bei 1000°C beträgt der Umwandlungsdruck 57.09 kbar. Die berechnete Transformationsgerade ist in der Abb. 50 eingezeichnet. Da die Umwandlungsentropie und das Umwandlungsvolumen gleiche Vorzeichen haben, ist die Steigung der Koexistenzgeraden positiv, d.h. mit steigender Temperatur steigt der Umwandlungsdruck an.

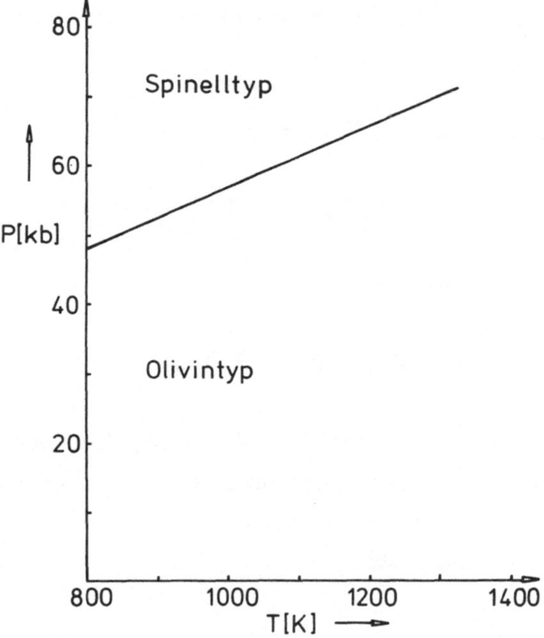


Abb. 50: Berechnetes Stabilitätsdiagramm von $Fe_2SiO_4$ nach den Daten von Akimoto et al. (1965).

## 8.2. Gleichgewichtsbedingungen in reaktionsfähigen Systemen

Läuft in einem geschlossenen System bei konstantem Druck und konstanter Temperatur eine chemische Reaktion ab, so ist die mit einem infinitesimalen Umsatz verbundene Änderung der Freien Enthalpie des Systems unter Berücksichtigung von (7.171):

$$dG = \sum \nu_i \mu_i d\lambda$$

$\lambda$ ist die Reaktionslaufzahl, die die Zahl der stattgefundenen Umsätze angibt. $\nu_i$ sind die stöchiometrischen Koeffizienten.

Im Gleichgewicht muß

$$dG = 0$$

sein. Daraus folgt

$$\left(\frac{\partial G}{\partial \lambda}\right)_{P,T} = \Delta G_r = \sum \nu_i \mu_i = 0 \qquad (8.14)$$

Werden die chemischen Potentiale in Standard- und Restpotentiale aufgespalten, wird aus (8.14)

$$\Delta G_r = \sum \nu_i \boldsymbol{\mu}_i + RT\sum \nu_i \ln a_i = 0 \tag{8.15}$$

bzw.

$$\Delta G_r = \sum \nu_i \boldsymbol{\mu}_i + RT\sum \nu_i \ln x_i + RT\sum \nu_i \ln \gamma_i = 0 \tag{8.16}$$

und unter Berücksichtigung von (7.175):

$$\Delta G_r = \boldsymbol{\Delta G_r} + RT\sum \nu_i \ln x_i + RT\sum \nu_i \ln \gamma_i = 0 \tag{8.17}$$

Die Freie Standardreaktionsenthalpie, $\boldsymbol{\Delta G_r}$, entspricht der stöchiometrischen Summe der Standardpotentiale der Reaktionsteilnehmer und darf auf keinen Fall mit der Freien Standardbildungsenthalpie verwechselt werden.

Berücksichtigt man weiter, daß

$$\sum \nu_i \ln a_i = \ln K(P,T) \tag{8.18}$$

und

$$K(P,T) = \prod [\, a_i \,]^{\nu_i} \tag{8.19}$$

ist, läßt sich (8.15) auch auf folgende Weise schreiben:

$$\boldsymbol{\Delta G_r} + RT \ln K(P,T) = 0 \tag{8.20}$$

oder

$$\boldsymbol{\Delta G_r} = - RT \ln K(P,T) \tag{8.21}$$

K(P,T) wird *thermodynamische Gleichgewichtskonstante* genannt. Sie ist auch unter dem Namen *Massenwirkungskonstante* bekannt.

### 8.2.1. Thermodynamisches Gleichgewicht in Reaktionen mit Beteiligung reiner fester Phasen

Findet eine chemische Reaktion zwischen reinen festen Phasen statt, so sind die Aktivitäten der Reaktionsteilnehmer definitionsgemäß 1, wodurch der Logarithmus der thermodynamischen Gleichgewichtskonstante Null wird. Daraus folgt, daß $\boldsymbol{\Delta G_r}$ im Gleichgewicht ebenfalls Null ist. Für die Beschreibung des thermodynamischen Gleichgewichts bei verschiedenen Druck- und Temperaturbedingungen muß daher die Abhängigkeit der Freien Standardenthalpie von den Zustandsvariablen Druck und Temperatur durch andere Zustandsfunktionen ausgedrückt werden, deren Zahlenwerte im Gleichgewicht von Null verschieden sind. Dafür eignen sich die Reaktionsenthalpie und die Reaktionsentropie, die in der Gibbs-Helmholtzschen Gleichung zusammengefaßt die Freie Enthalpie definieren. Es ist

$$\Delta G_r = \Delta H_r - T\Delta S_r \tag{7.173a}$$

Berücksichtigt man die Temperaturabhängigkeit der Funktionen in Gl. (7.173a), gilt nach (5.70) und (6.77) für 1 bar und T

$$\Delta G_r(1,T) = \Delta H_r^o + \int_{298}^{T} \Delta C_p dT - T\left[\Delta S_r^o + \int_{298}^{T} \frac{\Delta C_p}{T} dT\right] \tag{8.22}$$

Für die Herleitung der Druckabhängigkeit der Freien Standard-Reaktionsenthalpie wird von dem Schwarzschen Satz über die Vertauschbarkeit der Differentiationsfolge bei einem vollständigen Differential Gebrauch gemacht. Danach ist

$$\frac{\partial}{\partial P}\left(\frac{\partial G}{\partial \lambda}\right)_T = \frac{\partial}{\partial \lambda}\left(\frac{\partial G}{\partial P}\right)_T \tag{8.23}$$

oder

$$\left(\frac{\partial \Delta G_r}{\partial P}\right)_T = \left(\frac{\partial V_r}{\partial \lambda}\right)_{P,T} = \Delta V_r \tag{8.24}$$

$\Delta V_r$ ist das im Kapitel 4.2.4. behandelte Reaktionsvolumen. Es entspricht der Änderung des Gesamtvolumens eines Systems pro Formelumsatz.

Beim Druck P und der Temperatur T ist die Freie Reaktionsenthalpie somit

$$\Delta G_r(P,T) = \Delta G_r(1,T) + \int_1^P \Delta V_r dP \tag{8.25}$$

Wird das Reaktionsvolumen als druckunabhängig angesehen, was wegen der ähnlichen Kompressibilitäten fester Stoffe für recht große Druckbereiche zulässig ist, ohne daß der dabei entstehende Fehler ins Gewicht fällt, kann Gl. (8.25) in den Grenzen von 1 bis P integriert werden. Auf diese Weise erhält man:

$$\Delta G_r(P,T) = \Delta G_r + \Delta V_r(P - 1) \tag{8.26}$$

Wird $\Delta G_r(1,T)$ in Gl. (8.26) durch den Ausdruck (8.22) ersetzt, gewinnt man schließlich die Gleichung für die Druck- und Temperaturabhängigkeit der Freien Standardreaktionsenthalpie für Reaktionen, an denen nur feste Stoffe beteiligt sind, nämlich

$$\Delta G_r(p,T) = \Delta H_r^o + \int_{298}^{T} \Delta C_p dT - T\left[\Delta S_r^o + \int_{298}^{T} \frac{\Delta C_p}{T} dT\right] + \Delta V_r(P - 1) \quad (8.27)$$

Wegen (8.14) gilt für ein währendes Gleichgewicht

$$\Delta H_r^o + \int_{298}^{T} \Delta C_p dT - T\left[\Delta S_r^o + \int_{298}^{T} \frac{\Delta C_p}{T} dT\right] + \Delta V_r(P - 1) = 0 \quad (8.28)$$

$\Delta H_r^o$ und $\Delta S_r^o$ in den Gln. (8.27) und (8.28) geben die Reaktionseffekte an, die bei Reaktionen fester Phasen zwischen dem System und seiner Umgebung bei 298 K und 1 bar ausgetauscht werden. Sie können daher aus den Standardbildungsenthalpien und den konventionellen Standardentropien der Reaktionsteilnehmer durch einfache stöchiometrische Summation ausgerechnet werden. Ähnliches gilt für $\Delta V_r$. Die benötigten Molvolumina gewinnt man aus den röntgenographischen Daten.

Sollten schließlich auch die Temperatur- und Druckabhängigkeit des Reaktionsvolumens berücksichtigt werden, müssen die Ausdehnungs- und Kompressibilitätskoeffizienten der Reaktionsteilnehmer bekannt sein. Wird Gl. (4.34) für die Angabe des Molvolumens fester Stoffe bei P und T benutzt, lautet das Volumenintegral:

$$\begin{aligned}\int_{1}^{P} \Delta V_r dP &= \int_{1}^{P} [\Delta V_r^o + \Delta(\alpha_i V_i^o)(T - 298) - \Delta(\chi_i V_i^o)P]dP \\ &= [\Delta V_r^o + \Delta(\alpha_i V_i^o)(T - 298) - \frac{\Delta(\chi_i V_i^o)}{2} P](P - 1) \quad (8.29)\end{aligned}$$

wenn das Glied $\Delta(\chi_i V_i^o)/2 \times 1$ wegen des sehr geringen Beitrages, den es zu der Gesamtsumme leistet, vernachlässigt wird. $\Delta(\alpha_i V_i^o)$ gibt die stöchiometrische Summe der Produkte an, bestehend aus den Molvolumina der Komponenten und ihren Ausdehnungskoeffizienten. Es gilt:

$$\Delta(\alpha_i V_i^o) = \sum \nu_i \alpha_i V_i^o \quad (8.30)$$

Analogerweise stellt $\Delta(\chi_i V_i^o)$ die Summe der mit den stöchiometrischen Koeffizienten und Molvolumina multiplizierten Kompressibilitätskoeffizienten der Reaktionsteilnehmer dar, nämlich

$$\Delta(\chi_i V_i^o) = \sum \nu_i \chi_i V_i^o \quad (8.31)$$

Die Null als Superskript gibt an, daß es sich um die Molvolumina bei Standardbedingungen (1 bar und 298 K) handelt.

Mit (8.29) wird (8.28) zu

$$\Delta H_r^o + \int_{298}^{T} \Delta C_p dT - T\left[\Delta S_r^o + \int_{298}^{T} \frac{\Delta C_p}{T} dT\right] + [\Delta V_r^o + \Delta(\alpha_i V_i^o)(T - 298)$$

$$- \frac{\Delta(\chi_i V_i)}{2} P](P - 1) = 0 \qquad (8.32)$$

Es wurde bereits erwähnt, daß dann, wenn nur feste Phasen an einer Reaktion teilnehmen $\Delta C_p = 0$ gesetzt werden kann. Mit dieser Annahme entstehen wegen des ähnlichen Temperaturverlaufs von Molwärmen für recht große Temperaturintervalle sehr geringe Rechenfehler. Wird außerdem vorausgesetzt, daß $\Delta V_r$ vom Druck unabhängig ist, vereinfacht sich die Gleichung für das thermodynamische Gleichgewicht zu:

$$\Delta H_r^o - T\Delta S_r^o + \Delta V_r(P - 1) = 0 \qquad (8.33)$$

**Beispiel**: Unter der Annahme, daß $\Delta C_p = 0$ ist, und die Kompressibilitäten und die Ausdehnungskoeffizienten der Reaktionsteilnehmer nur geringfügig voneinander verschieden sind, benötigt man für die Aufstellung der Gleichgewichtsbedingung als Funktion des Drucks und der Temperatur Standardbildungsenthalpien, konventionelle Standardentropien und die Molvolumina der Reaktanten. Für die Reaktion

$$Ca_3Al_2Si_3O_{12} + SiO_2 \rightarrow CaAl_2Si_2O_8 + 2\,CaSiO_3$$

(Grossular (Quarz) (Anorthit (Wollastonit)

genügt, wenn vorausgesetzt wird, daß sowohl Edukte als auch Produkte als reine Phasen vorliegen, folgender Datensatz:

$$\Delta H^{o,Gt}_{B,Ca_3Al_2Si_3O_{12}} = -\ 6630214 \text{ J/Mol}$$
$$\Delta H^{o,Fp}_{B,CaAl_2Si_2O_8} = -\ 4223693 \text{ J/Mol}$$
$$\Delta H^{o,Tq}_{B,SiO_2} = -\ 910700 \text{ J/Mol}$$
$$\Delta H^{o,Woll}_{B,CaSiO_3} = -\ 1634113 \text{ J/Mol}$$
$$S^{o,Gt}_{Ca_3Al_2Si_3O_{12}} = 255.50 \text{ J/Mol·K}$$
$$S^{o,Fp}_{CaAl_2Si_2O_8} = 199.30 \text{ J/Mol·K}$$
$$S^{o,Tq}_{SiO_2} = 41.46 \text{ J/Mol·K}$$
$$S^{o,Woll}_{CaSiO_3} = 82.01 \text{ J/Mol·K}$$
$$V^{Gt}_{Ca_3Al_2Si_3O_{12}} = 125.30 \text{ cm}^3\text{/Mol}$$
$$V^{Fp}_{CaAl_2Si_2O_8} = 100.79 \text{ cm}^3\text{/Mol}$$
$$V^{Tq}_{SiO_2} = 22.688 \text{ cm}^3\text{/Mol}$$
$$V^{Woll}_{CaSiO_3} = 39.930 \text{ cm}^3\text{/Mol}$$

Es ergeben sich:

$$\Delta H_r^o = -\Delta H^{o,Gt}_{B,Ca_3Al_2Si_3O_{12}} - \Delta H^{o,Tq}_{B,SiO_2} + \Delta H^{o,Fp}_{B,CaAl_2Si_2O_8} + 2\Delta H^{o,Woll}_{B,CaSiO_3}$$
$$= 6630.214 + 910.700 - 4223.693 - 2 \times 1634.113 = \underline{48.995\ kJ}$$

$$\Delta S_r^o = -S^{o,Gt}_{Ca_3Al_2Si_3O_{12}} - S^{o,Tq}_{SiO_2} + S^{o,Fp}_{CaAl_2Si_2O_8} + 2S^{o,Woll}_{CaSiO_3}$$
$$= -225.50 - 41.46 + 199.30 + 2 \times 82.01 = \underline{66.36\ J/K}$$

$$\Delta V_r = -V^{Gt}_{Ca_3Al_2Si_3O_{12}} - V^{Tq}_{SiO_2} + V^{Fp}_{CaAl_2Si_2O_8} + 2\,V^{Woll}_{CaSiO_3}$$
$$= -125.30 - 22.688 + 100.79 + 2 \times 39.93 = \underline{32.662\ cm^3}$$

Das Einsetzen der kalorischen und thermischen Effekte in die Gl. (8.33) liefert:

$$48995 - 66.36T + 3.2662(P - 1) = 0$$

Hiermit kann nun für jeden beliebigen Druck die dazugehörige Gleichgewichtstemperatur, und umgekehrt für jede beliebige Temperatur der dazugehörige Gleichgewichtsdruck ausgerechnet werden.

Bei der Vorgabe des Drucks lautet die Rechnung:

$$T = \frac{3.2662(P - 1) + 48995}{66.36}$$

Für 1 bar wird

$$T = \frac{48995}{66.36} = \underline{738\ K}$$

und für 5 kbar

$$T = \frac{3.2662(5000 - 1) + 48995}{66.36} = \underline{984\ K}$$

Da Druck- und Temperaturabhängigkeiten der Reaktionseffekte in der Rechnung vernachlässigt worden sind, ist die Reaktionsgrenze eine Gerade. Ihre Lage im P-T-Feld ist durch die beiden ausgerechneten Punkte eindeutig festgelegt. Die Reaktion weist ein positives Reaktionsvolumen auf, d.h. das Gesamtvolumen des Systems nimmt zu, wenn die Reaktion in der vorgegebenen Richtung abläuft. Die Phasenkombination Wollastonit/Anorthit ist deshalb bezüglich des Drucks ungünstiger als die Paragenese Grossular/Quarz. Die Folge davon ist, daß das Feld mit den beiden zuletzt genannten Phasen in einem P—T-Diagramm auf der Niedertemperatur- Hochdruck-Seite und das Feld mit Wollastonit und Anorthit auf der Hochtemperatur- Niederdruck-Seite zu finden sein werden (siehe Abb. 51). Entlang der Reaktionsgeraden liegen alle 4 Phasen nebeneinander vor. Neben der hier ausgerechneten Gleichgewichtsgeraden ist in der Abb. 51 auch die von Huckenholz et al. (1975) experimentell bestimmte und durch die empirische Formel angepaßte Gleichgewichtsgerade (gestrichelt) eingezeichnet. Die Letztere liegt insgesamt zu etwas höheren Temperaturen verschoben und hat eine kleinere Steigung. Die Diskrepanz ist weniger auf die vereinfachenden Annahmen über die Druck- und Temperaturunabhängigkeiten der Reaktionseffekte, als vielmehr auf die Ungenauigkeit der verwendeten thermodynamischen Daten zurückzuführen.

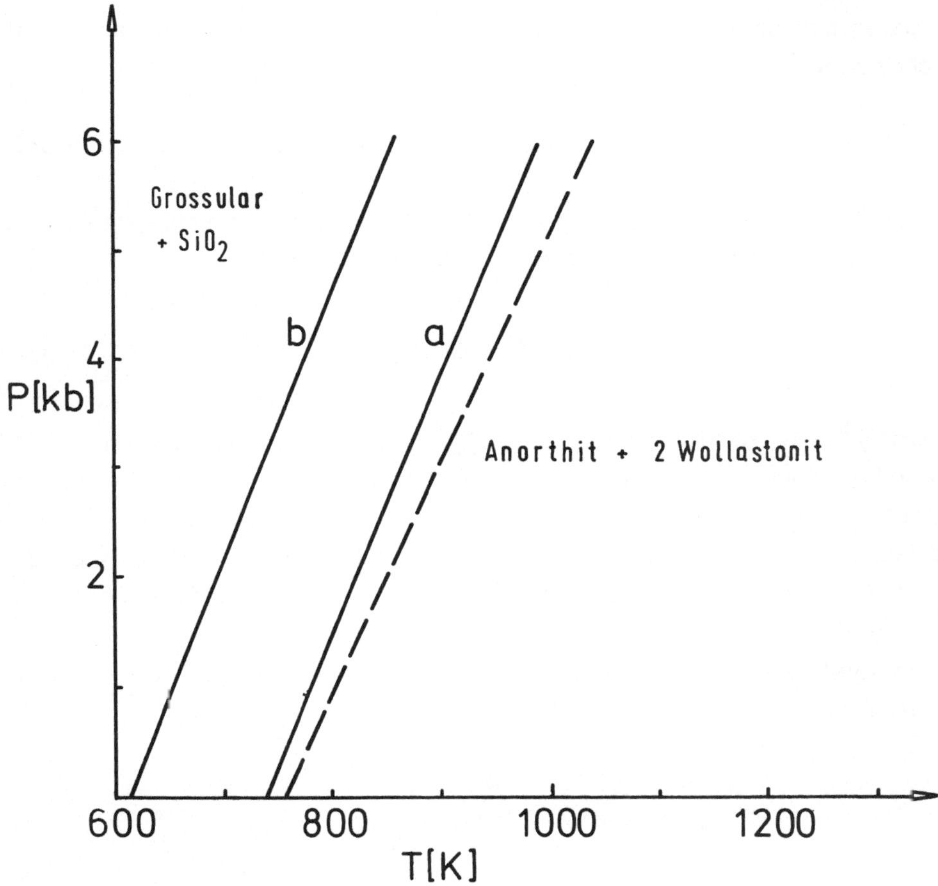


Abb. 51: Gleichgewichtskurven der Reaktion Grossular + Quarz → Anorthit + Wollastonit. Ausgezogene Linien: gerechnete Reaktionsgrenzen a) unter der Annahme, daß alle Reaktionsteilnehmer als reine Phasen vorliegen ($x_i$ = 1) und b) Anorthit als Komponente in einem Ca,Na-Feldspat–Mischkristall mit $x^{Fp}_{CaAl_2Si_2O_8}$ = 0.2 vorkommt. Die gestrichelte Linie entspricht den experimentellen Befunden von Huckenholz et al. (1975) für reine Phasen.

Auch Phasentransformationen im festen Zustand (Modifikationswechsel) lassen sich mit dem vorgestellten Formalismus behandeln. Eine Phasentransformation unterscheidet sich von einer chemischen Reaktion nur insofern, daß bei der ersteren sowohl im Edukt als auch im Produkt nur eine Komponente vorkommt. Das "Reaktionsschema" für den Übergang des Stoffes A von α nach β lautet:

$$A^{\alpha} \rightarrow A^{\beta}$$

Da es sich bei A in beiden Phasen um einen reinen festen Stoff handelt, ist im Gleichgewicht

$$\Delta G^{(\alpha/\beta)} = \mu_A^{\beta} - \mu_A^{\alpha} = 0 \qquad (8.34)$$

Läßt man die Druck- und Temperaturabhängigkeit der Umwandlungseffekte außer acht, lautet die Gleichgewichtsbedingung in Analogie zu (8.33):

$$\Delta H_{u,A}^{(\alpha/\beta)} - T\Delta S_{u,A}^{(\alpha/\beta)} + \Delta V_{u,A}^{(\alpha/\beta)}(P - 1) = 0 \qquad (8.35)$$

mit $\Delta H_{u,A}^{(\alpha/\beta)}$ = Umwandlungsenthalpie, $\Delta S_{u,A}^{(\alpha/\beta)}$ = Umwandlungsentropie und $\Delta V_{u,A}^{(\alpha/\beta)}$ = Umwandlungsvolumen des Stoffes A für den Übergang von $\alpha \rightarrow \beta$. Sind diese Größen bekannt, kann man in der Regel mit Gl. (8.35) genügend genau die Transformationslinie (die in diesem Fall eine Gerade ist) ausrechnen, ohne daß dazu, wie bei der Benutzung der Clausius-Clapeyronschen Gleichung, ein Gleichgewichtspunkt bekannt sein müßte.

**Beispiel**: Die Modifikationen des $CaCO_3$, Calcit und Aragonit, besitzen folgende Molvolumina:

$$V_{CaCO_3}^{Cc} = 3.6934 \text{ J/Mol·bar}$$
$$V_{CaCO_3}^{Arg} = 3.4150 \text{ J/Mol·bar}$$

Da Aragonit das kleinere Molvolumen aufweist, ist es die druckbegünstigte Phase des $CaCO_3$. Will man die Umwandlungsdrücke z.B. für 298 K und 700 K ausrechnen, braucht man noch die Umwandlungsenthalpie und die Umwandlungsentropie. Aus den experimentellen Daten von Johannes und Puhan (1971) lassen sich hierfür folgende Werte ermitteln:

$$\Delta H_{u,CaCO_3}^{(Cc/Arg)} = -\ 950 \text{ J/Mol}$$
$$\Delta S_{u,CaCO_3}^{(Cc/Arg)} = -\ 5.09 \text{ J/Mol·K}$$

Die Gleichgewichtsbedingung lautet dann

$$- 950 + 5.09T - 0.2784(P - 1) = 0$$

bzw.

$$P = \frac{(-5.09)T + 950}{(-0.2784)} + 1$$

Für T = 298 K ist

$$P = \frac{298(-5.09) + 950}{(-0.2784)} + 1 = \underline{2.04 \text{ kbar}}$$

und für T = 700 K

$$P = \frac{700(-5.09) + 950}{(-0.2784)} + 1 = \underline{9.39 \text{ kbar}}$$

Die gerechnete Koexistenzgerade ist in der Abb. 52 in einem P-T-Diagramm dargestellt.

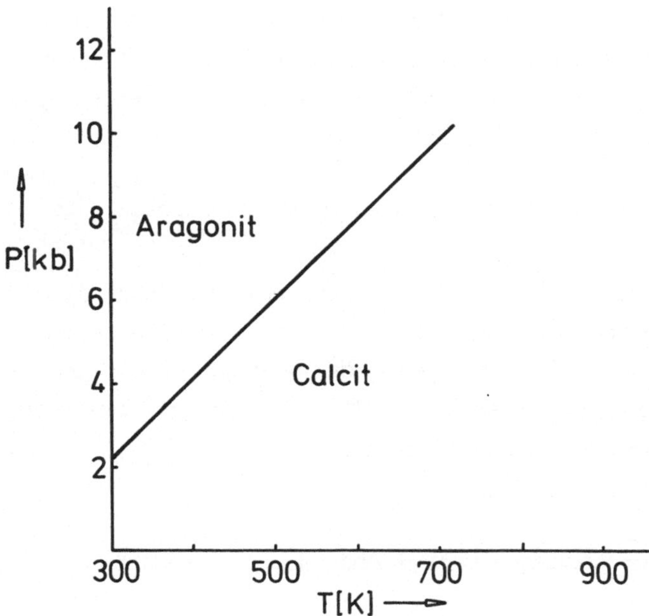


Abb. 52: Gerechnetes P-T-Diagramm von $CaCO_3$.

### 8.2.2. Fest-Festreaktionen mit Beteiligung von Mischphasen

Liegen Edukte und/oder Produkte nicht rein vor, sondern sind sie Bestandteile idealer Mischphasen, wird die thermodynamische Gleichgewichtskonstante, K(P,T), nicht 1 und deren Logarithmus nicht Null. Für eine Reaktion nach dem Schema:

$$\nu_A A + \nu_B B \rightarrow \nu_C C + \nu_D D$$

muß dann die Gleichgewichtsbedingung allgemeiner gefaßt formuliert werden, nämlich:

$$- \nu_A(\mu_A + RT \ln x_A) - \nu_B(\mu_B + RT \ln x_B) + \nu_C(\mu_C + RT \ln x_C) + \nu_D(\mu_D + RT \ln x_D) = 0 \tag{8.36}$$

oder nach der Zusammenfassung der Standardpotentiale zur Freien Standardreaktionsenthalpie gemäß (7.175)

$$\Delta G_r + RT \ln \frac{(x_C)^{\nu_C} \cdot (x_D)^{\nu_D}}{(x_A)^{\nu_A} \cdot (x_B)^{\nu_B}} = 0 \tag{8.37}$$

bzw.

$$\Delta G_r = - RT \ln \frac{(x_C)^{\nu_C} \cdot (x_D)^{\nu_D}}{(x_A)^{\nu_A} \cdot (x_B)^{\nu_B}} \tag{8.38}$$

Ersetzt man die Freie Standardreaktionsenthalpie in der Gl. (8.38) durch die Standardreaktionsenthalpie, die Standardreaktionsentropie und das Reaktionsvolumen, um damit die Druck- und Temperaturabhängigkeit des Reaktionsgleichgewichts berücksichtigen zu können, wird aus (8.38)

$$\Delta H_r^o - T\Delta S_r^o + \Delta V_r(P - 1) = - RT \ln \frac{(x_C)^{\nu_C} \cdot (x_D)^{\nu_D}}{(x_A)^{\nu_A} \cdot (x_B)^{\nu_B}} \tag{8.39}$$

Gl. (8.39) berücksichtigt natürlich nicht die Temperaturabhängigkeit der Reaktionsentropie und -enthalpie sowie die Druck- und Temperaturabhängigkeit des Reaktionsvolumens. Sollen diese Abhängigkeiten in die Rechnung einbezogen werden, müssen Wärmekapazitätsänderungen, Kompressibilitäten und Ausdehnungskoeffizienten gemäß (8.32) in die Gl. (8.39) eingesetzt werden.

**Beispiel**: Für die Reaktion:

Grossular + Quarz → Anorthit + 2 Wollastonit

sollen die Gleichgewichtsbedingungen unter der Annahme gerechnet werden, daß Grossular, Quarz und Wollastonit rein vorliegen, Anorthit aber als Komponente im Na-Ca-Plagioklas vorkommt, in dem es eine ideale Mischung bilden soll. Der Molenbruch des

Anorthits, $x^{Fp}_{CaAl_2Si_2O_8}$, soll 0.2 betragen. Zur Sicherheit sei hier darauf hingewiesen, daß nur Gleichgewichtszustände und nicht etwa Reaktionsabläufe betrachtet werden sollen.

Gemäß (8.36) wird das thermodynamische Gleichgewicht wie folgt formuliert:

$$- (\mu^{Gt}_{Ca_3Al_2Si_3O_{12}} + 3RT \ln x^{Gt}_{Ca_3Al_2Si_3O_{12}}) - (\mu^{Tq}_{SiO_2} + RT \ln x^{Tq}_{SiO_2}) +$$

$$(\mu^{Fp}_{CaAl_2Si_2O_8} + RT \ln x^{Fp}_{CaAl_2Si_2O_8}) + 2(\mu^{Woll}_{CaSiO_3} + RT \ln x^{Woll}_{CaSiO_3}) = 0$$

Obwohl im Na-Ca-Plagioklas die Mischbarkeit ähnlich wie im Granat nicht nur auf einem kristallographischen Platz stattfindet, kann z in erster Näherung gleich 1 gesetzt werden (vgl. Saxena und Ribbe, 1972).

Setzt man für die Molenbrüche Zahlen ein, erhält man:

$$- (\mu^{Gt}_{Ca_3Al_2Si_3O_{12}} + 3RT \ln 1) - (\mu^{Tq}_{SiO_2} + RT \ln 1) + (\mu^{Fp}_{CaAl_2Si_2O_8} + RT \ln (0.2))$$
$$+ 2(\mu^{Woll}_{CaSiO_3} + RT \ln 1) = 0$$

oder, wenn die Standardpotentiale zusammengefaßt werden:

$$\Delta G_r = - RT \ln (0.2)$$

Für die Bestimmung der Reaktionskurve muß gemäß (8.33) die Freie Standardreaktionsenthalpie $\Delta G_r$ durch die Reaktionsenthalpie, Reaktionsentropie und das Reaktionsvolumen ersetzt werden. Werden die Reaktionseffekte als druck- und temperaturunabhängig angesehen, ist

$$\Delta H^o_r - T\Delta S^o_r + \Delta V_r(P - 1) = - RT \ln (0.2)$$

Eine Umstellung der obigen Gleichung nach T ergibt:

$$T = \frac{\Delta H^o_r + \Delta V_r(P - 1)}{\Delta S^o_r - R \ln (0.2)}$$

Durch das Einsetzen der Daten (siehe Seite 195) erhalten wir für 1 bar:

$$T = \frac{48995}{66.36 - 8.3144 \ln (0.2)} = \underline{614\ K}$$

und für 5 kbar:

$$T = \frac{48995 + 3.2662(5000 - 1)}{66.36 - 8.3144 \ln (0.2)} = \underline{819\ K}$$

Wegen der vorangestellten Annahme, daß die Reaktionseffekte konstant seien, erhält man als Gleichgewichtslinie wiederum eine Gerade, deren Lage durch die oben ausgerechneten Temperaturen in einem P-T-Diagramm eindeutig festgelegt ist. Die Reaktionsgerade, die für die Beteiligung von Feldspatmischkristallen ($x^{Fp}_{CaAl_2Si_2O_8}$ = 0.2) ausgerechnet wurde, ist in der Abb. 51 zusammen mit der Geraden dargestellt, die für die Reaktion reiner Phasen (alle $x_i = 1$) erhalten wurde. Aus dem vorgestellten Beispiel geht hervor, daß die Lage des Gleichgewichts in bezug auf die Variablen P und T stark verschoben sein kann, wenn die Reaktionsteilnehmer aus Mischphasen heraus reagieren.

Liegen die Reaktionsteilnehmer in realen Mischungen vor, müssen die Molenbrüche in den Gl. (8.37), (8.38) und (8.39) durch die chemischen Aktivitäten ersetzt werden. Für das am Anfang des Kapitels benutzte Reaktionsschema lautet die Gleichgewichtsbedingung:

$$\Delta G_r = -RT \ln \frac{(a_C)^{\nu_C} \cdot (a_D)^{\nu_D}}{(a_A)^{\nu_A} \cdot (a_B)^{\nu_B}} \tag{8.40}$$

oder, wenn die Definition der Aktivität benutzt wird:

$$\Delta G_r = -RT \ln \frac{(x_C)^{\nu_C} \cdot (x_D)^{\nu_D}}{(x_A)^{\nu_A} \cdot (x_B)^{\nu_B}} - RT \ln \frac{(\gamma_C)^{\nu_C} \cdot (\gamma_D)^{\nu_D}}{(\gamma_A)^{\nu_A} \cdot (\gamma_B)^{\nu_B}} \tag{8.41}$$

Für die Berechnung des Reaktionsgleichgewichts wird die Freie Standardreaktionsenthalpie wieder durch die Reaktionsentropie, -enthalpie und das Reaktionsvolumen ersetzt.

**Beispiel 1**: Die Gleichgewichtsbedingung für die Reaktion

$$\underset{\text{(Anorthit)}}{3\,CaAl_2Si_2O_8} \rightarrow \underset{\text{(Grossular)}}{Ca_3Al_2Si_3O_{12}} + \underset{\text{(Kyanit)}}{2\,Al_2SiO_5} + \underset{\text{(Quarz)}}{SiO_2}$$

lautet:

$$-3\mu^{Fp}_{CaAl_2Si_2O_8} + \mu^{Gt}_{Ca_3Al_2Si_3O_{12}} + 2\mu^{Ky}_{Al_2SiO_5} + \mu^{Q}_{SiO_2} = 0$$

und aufgespalten in Standard- und Restpotentiale

$$-3(\mu^{Fp}_{CaAl_2Si_2O_8} + RT \ln a^{Fp}_{CaAl_2Si_2O_8}) + (\mu^{Gt}_{Ca_3Al_2Si_3O_{12}} + RT \ln a^{Gt}_{Ca_3Al_2Si_3O_{12}})$$

$$+ 2(\mu^{Ky}_{Al_2SiO_5} + RT \ln a^{Ky}_{Al_2SiO_5}) + (\mu^{Q}_{SiO_2} + RT \ln a^{Q}_{SiO_2}) = 0$$

Nimmt man an, daß Anorthit, Kyanit und Quarz im Gleichgewicht rein vorliegen, Grossular aber als Komponente in einem Mg,Ca-Mischkristall vorkommt, vereinfacht sich die Gleichgewichtsbedingung, da alle Aktivitäten außer der von Granat 1 sind, zu:

$$\Delta G_r + RT\ \ln a^{Gt}_{Ca_3Al_2Si_3O_{12}} = 0$$

oder

$$\Delta G_r = -\ 3RT\ \ln x^{Gt}_{Ca_3Al_2Si_3O_{12}} - 3RT\ \ln \gamma^{Gt}_{Ca_3Al_2Si_3O_{12}}$$

Die Drei vor dem Molenbruch und dem Aktivitätskoeffizienten zeigt wiederum an, daß es insgesamt drei äquivalente Gitterplätze pro Formeleinheit gibt, auf denen sich Calcium und Magnesium gegenseitig vertreten können.

Für die Bestimmung des thermodynamischen Gleichgewichts bei z.B. 1000°C wird unter Nichtbeachtung von Druck- und Temperaturabhängigkeiten der thermischen und kalorischen Reaktionseffekte folgender Rechenansatz gemacht.

$$\Delta H^o_r - T\Delta S^o_r + \Delta V_r(P - 1) = -\ 3RT\ \ln x^{Gt}_{Ca_3Al_2Si_3O_{12}}$$
$$-\ 3RT\ \ln \gamma^{Gt}_{Ca_3Al_2Si_3O_{12}}$$

Nach Hensen et al. (1975) ist

$$RT\ \ln \gamma^{Gt}_{Ca_3Al_2Si_3O_{12}} = W_G(1 - x^{Gt}_{Ca_3Al_2Si_3O_{12}})^2$$

so daß

$$\Delta H^o_r - T\Delta S^o_r + \Delta V_r(P - 1) = -\ 3RT\ \ln x^{Gt}_{Ca_3Al_2Si_3O_{12}} - 3[W_G\ (1 - x^{Gt}_{Ca_3Al_2Si_3O_{12}})^2\ ]$$

wird.

Für den Wechselwirkungsparameter geben Hensen et al. (1975) die bereits auf Seite 169 benutzte Gleichung

$$W_G = 31212.64 - 17.99\,T$$

an.

Setzt man diesen Ausdruck für $W_G$ in die Gleichung für das thermodynamische Gleichgewicht ein, erhält man:

$$\Delta H^o_r - T\Delta S^o_r + \Delta V_r(P - 1) = -\ 3RT\ \ln x^{Gt}_{Ca_3Al_2Si_3O_{12}}$$
$$-3[(31212.64 - 17.99\,T)(1 - x^{Gt}_{Ca_3Al_2Si_3O_{12}})^2]$$

und nach P entwickelt:

$$P = \frac{1}{\Delta V_r}\{T\Delta S_r^o - \Delta H_r^o - 3\,RT\,\ln x_{Ca_3Al_2Si_3O_{12}}^{Gt} - 3[(31212.64 - 17.99T)$$

$$\cdot (1 - x_{Ca_3Al_2Si_3O_{12}}^{Gt})^2 + \Delta V_r]\}$$

Angenommen, daß bei dem auszurechnenden Gleichgewichtsdruck Tiefquarz vorliegt, ergeben sich aus den Bildungsenthalpien, konventionellen Standardentropien und Molvolumina von Anorthit, Kyanit, Grossular und Quarz folgende Reaktionseffekte:

$$\Delta H_r^o = -\ 50600\ J/Mol$$
$$\Delta S_r^o = -\ 154.80\ J/K$$
$$\Delta V_r = -\ 6.6202\ J/bar$$

Für $x_{Ca_3Al_2Si_3O_{12}}^{Gt} = 0.2$ und 1000°C erhalten wir damit

$$P = \frac{1}{(-6.6202)}\{1273 \times (-154.80) + 50600 - 3 \times 8.3144 \times 1273 \times \ln(0.2) -$$

$$3[(31212.64 - 17.99 \times 1273)(1 - 0.2)^2] - 6.6202\} = \underline{16.8\ kbar}$$

**Beispiel 2**: In den bisher behandelten Beispielen lag immer nur ein Reaktionsteilnehmer als Komponente in einem Mischkristall vor. Nun sollen zwei Reaktionsteilnehmer in Mischphasen vorliegen, und zwar soll Grossular eine Komponente des Grossular - Almandin Granats und Anorthit eine Komponente des Na,Ca-Feldspatmischkristalls sein. Der Rechenansatz muß dann lauten:

$$\Delta G_r = -\ 3RT\ \ln a_{Ca_3Al_2Si_3O_{12}}^{Gt} + 3\ RT\ \ln a_{CaAl_2Si_2O_8}^{Fp} = 0$$

Die beiden Dreien vor den Termen für die Restpotentiale unterscheiden sich hinsichtlich ihrer Herkunft voneinander. Während im Granat die drei äquivalenten Plätze pro Formeleinheit gemeint sind, kommt die Drei vor dem Aktivitätsterm des Feldspats aus der chemischen Reaktionsgleichung, in der vor dem Anorthit der entsprechende stöchiometrische Koeffizient steht.

Nehmen wir zunächst wieder ideale Mischbarkeit in beiden Mischphasen an, wobei im Granat Ca und Fe auf [8]-Plätzen statistisch verteilt sein sollen. Im Feldspat wird die im Kapitel 7.2.3. diskutierte "molekulare" Mischbarkeit angenommen. Dadurch ist die Zahl der äquivalenten Plätze 1. Mit den oben angegebenen kalorischen und thermischen Reaktionseffekten kann das thermodynamische Gleichgewicht wie folgt formuliert werden:

$$- 50600 + 154.80T - 6.6202(P - 1) = -3RT \ln x^{Gt}_{Ca_3Al_2Si_3O_{12}} + 3RT \ln x^{Fp}_{CaAl_2Si_2O_8}$$

Mit $x^{Gt}_{Ca_3Al_2Si_3O_{12}} = 0.184$ und $x^{Fp}_{CaAl_2Si_2O_8} = 0.46$ (vgl. Gent, 1976) wird für 813 K (540°C):

$$P = \frac{-50600 + 813 \times 154.80 + 8.3144 \times 813 \times 3 \times \ln\frac{0.184}{0.46}}{6.6202} + 1 = \underline{8.56 \text{ kbar}}$$

Das Ergebnis der Rechnung sagt, daß für eine Gleichgewichtsparagenese: reiner Kyanit, reiner Quarz, sowie Granat mit 18.4 Mol% Grossularanteil und Na,Ca-Feldspat mit 46 Mol% Anorthit, bei 540°C ein Druck von 8.56 kbar nötig ist. Wie man sich leicht überzeugen kann, müßte ein Druck von 11.37 kbar aufgewendet werden, wenn bei derselben Temperatur die vier Phasen rein nebeneinander koexistieren sollten.

Sieht man von der Druckabhängigkeit der Aktivitätskoeffizienten ab, so sind für die angegebenen Konzentrationen folgende Werte anzunehmen:

$\gamma^{Gt}_{Ca_3Al_2Si_3O_{12}} = 0.83$ (Cressey et al., 1978)
$\gamma^{Fp}_{CaAl_2Si_2O_8} = 1.04$ (Orville, 1972)

Damit verändert sich der Ansatz für das Gleichgewicht zu

$$- 50600 + 813 \times 154.80 - 6.6202(P - 1) = - 3RT \ln x^{Gt}_{Ca_3Al_2Si_3O_{12}} -$$

$$3RT \ln \gamma^{Gt}_{Ca_3Al_2Si_3O_{12}} + 3RT \ln x^{Fp}_{CaAl_2Si_2O_8} + 3RT \ln \gamma^{Fp}_{CaAl_2Si_2O_8}$$

bzw. mit Zahlen für die Molenbrüche und Aktivitätskoeffizienten und nach P aufgelöst:

$$P = \frac{- 50600 + 813 \times 154.80 + 8.3144 \times 813 \times 3 \times \ln\frac{0.184 \times 0.83}{0.46 \times 1.04}}{6.6202} + 1 = \underline{7.87 \text{ kbar}}$$

Durch die Einführung der Aktivitätskoeffizienten für beide Mischphasen erniedrigt sich der zu 540°C gehörige Gleichgewichtsdruck um 0.69 kbar.

### 8.2.3. Reaktionsgleichgewichte mit Beteiligung von Gasen

Nehmen neben den festen auch gasförmige Komponenten an einer Reaktion teil, muß die Freie Standardreaktionsenthalpie wegen der unterschiedlichen Wahl der Standardzustände bei festen und gasförmigen Stoffen bezüglich ihrer Druck- und Temperaturabhängigkeit für beide Aggregatzustände verschieden behandelt werden. Da die chemischen Potentiale fester Stoffe in der Regel auf reine Phasen bei P und T bezogen sind, sind sie sowohl druck- als auch temperaturabhängig. Bei Gasen hingegen hängen die Standardpotentiale nur von der Temperatur ab, denn sie sind auf den Zustand eines idealen Gases und einen festen Druck (1 bar) normiert. Um diesen Sachverhalt deutlicher herauszustellen, schreiben wir die Standardpotentiale in Gl. (7.175) für feste und gasförmige Reaktionsteilnehmer getrennt und addieren sie dann zur Freien Standardreaktionsenthalpie der Gesamtreaktion

$$\Delta G_r = \sum (\nu_i \mu_i)^{fest} + \sum \nu_i^{Gas} \mu_i^{id}(1,T) \tag{8.42}$$

oder

$$\Delta G_r = \Delta G_r^{fest}(P,T) + \Delta G_r^{Gas}(1,T) \tag{8.43}$$

#### 8.2.3.1. Reaktionen unter Beteiligung idealer Gase in idealen Gasmischungen

Für Reaktionsgleichgewichte, in denen die Reaktionsteilnehmer in idealen Mischungen vorliegen, gilt, wenn P und T konstant gehalten werden:

$$\Delta G_r = - RT \ln K(P,T) = - RT \sum \nu_i \ln x_i \tag{8.44}$$

Der letzte Term in der Gl. (8.44) ist nur eine andere Schreibweise der Gl. (8.38). Ersetzt man $\Delta G_r$ durch den Ausdruck in (8.43) und trennt die Summen der Restpotentiale in Gl. (8.44) ebenfalls nach den beiden Aggregatzuständen, erhält man unter Berücksichtigung von (7.69):

$$\Delta G_r^{fest}(P,T) + \Delta G_r^{Gas}(1,T) = - RT \sum \nu_i^{fest} \ln x_i^{fest} - RT \sum \nu_i^{Gas} \ln p_i \tag{8.45}$$

Die Druck- und Temperaturabhängigkeit der freien Standardenthalpie fester Reaktionsteilnehmer ist in Analogie zur Gl. (8.32)

$$\Delta G_r^{fest}(P,T) = \Delta H_r^{o,fest} + \int_{298}^{T} \Delta C_p^{fest} dT - T[\Delta S_r^{o,fest} + \int_{298}^{T} \frac{\Delta C_p^{fest}}{T} dT] + [\Delta V_r^{o,fest} + \Delta(\alpha_i V_i)^{fest}(T - 298) - \frac{\Delta(\chi_i V_i)^{fest}}{2} P](P - 1) \tag{8.46}$$

Die Temperaturabhängigkeit der Freien Standard-Reaktionsenthalpie der beteiligten Gase läßt sich mit folgender Gleichung wiedergeben:

$$\Delta G_r^{Gas}(1,T) = \Delta H_r^{o,Gas} + \int_{298}^{T} \Delta C_p^{o,Gas} dT - T\left[\Delta S_r^{o,Gas} + \int_{298}^{T} \frac{\Delta C_p^{Gas}}{T} dT\right] \qquad (8.47)$$

Addiert man die Gln. (8.46) und (8.47) und setzt das Ergebnis in Gl. (8.45) ein, gewinnt man einen Ausdruck für das Gleichgewicht von Reaktionen, an denen sowohl Gase als auch feste Stoffe beteiligt sind:

$$\Delta H_r^o + \int_{298}^{T} \Delta C_p dT - T\left[\Delta S_r^o + \int_{298}^{T} \frac{\Delta C_p}{T} dT\right] + [\Delta V_r^{o,fest} + \Delta(\alpha_i V_i^{fest})(T - 298)$$

$$- \frac{\Delta(\chi_i V_i)^{fest}}{2} P](P - 1) = - RT\sum \nu_i^{fest} \ln x_i^{fest} - RT\sum \nu_i^{Gas} \ln p_i \qquad (8.48)$$

wenn gilt: $\Delta H_r^{o,fest} + \Delta H_r^{o,Gas} = \Delta H_r^o$, $\Delta S_r^{o,fest} + \Delta S_r^{o,Gas} = \Delta S_r^o$ und $\Delta C_p^{fest} + \Delta C_p^{Gas} = \Delta C_p$

Daß die rechte und die linke Seite der Gl. (8.48) tatsächlich gleich sind, kann man sehen, wenn man für die Partialdrücke $p_i$ gemäß dem Daltonschen Gesetz $p_i = x_i P$ (P = Gesamtdruck der Gase) einsetzt. Die Gleichung (8.48) lautet dann:

$$\Delta H_r^o + \int_{298}^{T} \Delta C_p dT - T\left[\Delta S_r^o + \int_{298}^{T} \frac{\Delta C_p}{T} dT\right] + [\Delta V_r^{o,fest} + \Delta(\alpha_i V_i)^{fest}(T - 298) -$$

$$\frac{\Delta(\chi_i V_i)^{fest}}{2} P](P - 1) = - RT\sum \nu_i^{fest} \ln x_i^{fest} - RT\sum \nu_i^{Gas} \ln x_i^{Gas} - RT\sum \nu_i^{Gas} \ln P \qquad (8.49)$$

Das letzte Glied in der Gleichung (8.49) ist die in der Freien Standardreaktionsenthalpie fehlende Druckkorrektur für Gase, die dafür deshalb auf der rechten Seite der Gleichung abgezogen werden muß.

Unter der vereinfachenden Annahme, daß $\Delta C_p = 0$ und $\Delta V_r^{fest}$ druck- und temperaturunabhängig sind, wird aus (8.48):

$$\Delta H_r^o - T\Delta S_r^o + \Delta V_r^{fest}(P - 1) = - RT\sum \nu_i^{fest} \ln x_i^{fest} - RT\sum \nu_i^{Gas} \ln p_i \qquad (8.50)$$

Aus den Gleichungen (8.48) und (8.50) wird ersichtlich, daß in den Formulierungen des thermodynamischen Gleichgewichts idealer Gase, die aus idealen Gasmischungen heraus reagieren, nicht die Molenbrüche, sondern ihre Partialdrücke eingesetzt werden. Zusammengefaßt gibt die rechte Seite der Gl. (8.50) - RT ln K(P,T), so daß

$$K(P,T) = \prod[x_i]^{\nu_i^{fest}} \cdot \prod[p_i]^{\nu_i^{Gas}} \qquad (8.51)$$

entspricht.

**Beispiel**: Die obere Stabilität des Paragonits, $NaAl_2[AlSi_3O_{10}](OH)_2$, ist durch die Entwässerungsreaktion:

$$\underset{\text{(Paragonit)}}{NaAl_2[AlSi_3O_{10}](OH)_2} = \underset{\text{(Albit)}}{NaAlSi_3O_8} + \underset{\text{(Korund)}}{Al_2O_3} + \underset{\text{(Dampf)}}{H_2O}$$

charakterisiert.

Nimmt man an, daß alle Komponenten rein vorliegen, $\Delta C_p = 0$ und $\Delta V_r^{fest}$ druck- und temperaturunabhängig sind sowie das Wasser sich wie ein ideales Gas verhält, gilt die Gleichgewichtsbedingung (8.50)

$$\Delta H_r^o - T\Delta S_r^o + \Delta V_r^{fest}(P - 1) = - RT \ln p_{H_2O}$$

Die kalorischen Reaktionseffekte können aus den tabellierten Standardbildungsenthalpien und den konventionellen Standardentropien aller Reaktionsteilnehmer und das Reaktionsvolumen aus den Molvolumina der festen Komponenten ausgerechnet werden. Mit den Daten von Robie et al. (1979) erhält man:

$$\Delta H_r^o = 103476 \text{ J}$$
$$\Delta S_r^o = 185.35 \text{ J/K}$$
$$\Delta V_r^{fest} = - 0.5975 \text{ J/bar}$$

Soll nun zu einem vorgegebenen Druck die dazugehörige Gleichgewichtstemperatur gerechnet werden, muß man zunächst die oben angegebene Gleichung nach T entwickeln. Es ist

$$T = \frac{\Delta H_r^o + \Delta V_r^{fest}(P - 1)}{\Delta S_r^o - R \ln p_{H_2O}}$$

Unter der Voraussetzung, daß der Gesamtdruck dem Wasserpartialdruck entspricht, d.h. $P_{tot} = p_{H_2O}$ ist, ergeben sich folgende Gleichgewichtstemperaturen:

Für 1 bar:

$$T = \frac{103476}{185.35} = \underline{558 \text{ K}}$$

für 500 bar:

$$T = \frac{103476 - 0.5975(500 - 1)}{185.35 - 8.3144 \times \ln(500)} = \underline{772 \text{ K}}$$

für 10 kbar:

$$T = \frac{103476 - 0.5975(10000 - 1)}{185.35 - 8.3144 \times \ln(10000)} = \underline{896 \text{ K}}$$

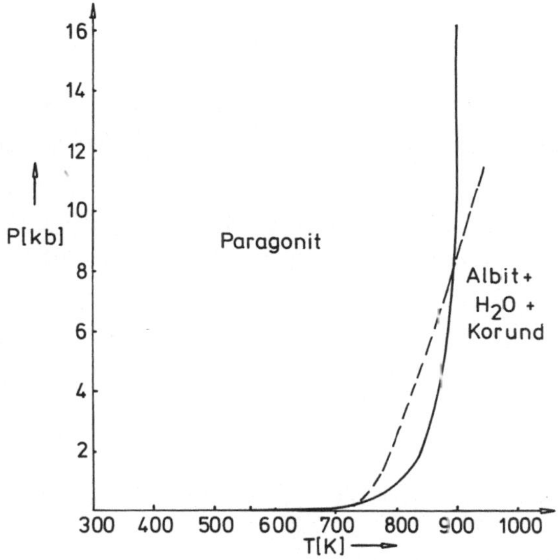


Abb. 53: Abbau des Paragonits, $NaAl_2[AlSi_3O_{10}](OH)_2$, zu Albit, $NaAlSi_3O_8$, Korund, $Al_2O_3$, und Wasser, $H_2O$. Durchgezogene Linie: $H_2O$ = ideales Gas; gestrichelt: $H_2O$ = reales Gas (gerechnet).

Die Rechenergebnisse zeigen, daß die Gleichgewichtstemperatur beim Druckanstieg von 1 bar auf 0.5 kbar ungefähr doppelt so stark zunimmt wie bei anschließender 20- facher Druckerhöhung von 0.5 auf 10 kbar. Die in der Abb. 53 eingezeichnete Reaktionskurve unterscheidet sich somit insbesondere im niedrigen Druckbereich deutlich von derjenigen, die für die Reaktionen gefunden wurde, an denen nur feste Reaktionsteilnehmer beteiligt waren. Dieser Kurvenverlauf ist für Entwässerungsreaktionen typisch. Die starke Krümmung der Gleichgewichtskurve ist eine Folge der großen Anfangskompressibilität der gasförmigen Komponente. Bei höheren Drücken nimmt die Kompressibilität der Gase allmählich ab, so daß eine zunehmende Linearisierung der Reaktionsgrenze bei hohem Druck stattfindet. Bei sehr hohen Drücken wird, zumindest rechnerisch, die Steigung der Abbaukurve sogar negativ.

Sind mehr als nur eine gasförmige Komponente an einer chemischen Reaktion beteiligt, bilden sie in der Regel eine gemeinsame Gasphase. Nimmt man an, daß alle gasförmigen Komponenten ideale Gase sind, die ideal miteinander mischen, so ist der Gesamtdruck der Gasmischung nach dem Daltonschen Gesetz gleich der Summe der Partialdrücke der beteiligten Gase:

$$P = \sum p_i \tag{8.52}$$

**Beispiel**: Bei Reaktion des Phlogopits mit Calcit und Quarz entstehen neben Tremolit und Kalifeldspat $CO_2$ und $H_2O$. Die Reaktionsgleichung lautet:

$$\underset{\text{(Phlogopit)}}{5\,KMg_3[AlSi_3O_{10}](OH)_2} + \underset{\text{(Calcit)}}{6\,CaCO_3} + \underset{\text{(Quarz)}}{24\,SiO_2} \rightarrow \underset{\text{(Tremolit)}}{3\,Ca_2Mg_5Si_8O_{22}(OH)_2}$$
$$+ \underset{\text{(K-Feldspat)}}{5\,KAlSi_3O_8} + \underset{\text{(Gas)}}{6\,CO_2} + \underset{\text{(Gas)}}{2\,H_2O}$$

Im Gleichgewicht ist

$$-5\mu^{Gl}_{KMg_3[AlSi_3O_{10}](OH)_2} - 6\mu^{Cc}_{CaCO_3} - 24\mu^{Q}_{SiO_2} + 3\mu^{Tr}_{Ca_2Mg_5Si_8O_{22}(OH)_2}$$
$$+ 5\mu^{Fp}_{KAlSi_3O_8} + 6\mu^{Gas}_{CO_2} + 2\mu^{Gas}_{H_2O} = 0$$

Wenn alle festen Reaktionsteilnehmer als reine Phasen vorliegen und Druck- und Temperaturabhängigkeiten der Reaktionseffekte, einschließlich die des Reaktionsvolumens fester Stoffe, vernachlässigt werden, kann man die Gleichgewichtsbedingung wie folgt formulieren:

$$\Delta H^o_r - T\Delta S^o_r + \Delta V^{fest}_r(P - 1) = -6\,RT\,\ln p_{CO_2} - 2\,RT\,\ln p_{H_2O}$$

Die Partialdrücke der beiden gasförmigen Komponenten lassen sich mit Hilfe der stöchiometrischen Koeffizienten und des Gesamtdrucks ausrechnen.

$$p_i = \frac{\nu_i}{\sum \nu_i} \cdot P \tag{8.53}$$

Damit wird

$$p_{CO_2} = \frac{6}{6+2} \cdot P = 3/4\,P$$

$$p_{H_2O} = \frac{2}{6+2} \cdot P = 1/4\,P$$

Sind der Gesamtdruck und der Druck der gasförmigen Mischphase gleich, können wir die Gleichung nach T auflösen und als Gleichgewichtsbedingung schreiben:

$$T = \frac{\Delta H^o_r + \Delta V^{fest}_r(P - 1)}{\Delta S^o_r - 6R\ln(3/4P) - 2R\ln(1/4P)}$$

Mit

$$\Delta H_r^o = 629819 \text{ J}$$
$$\Delta S_r^o = 1306.79 \text{ J/K}$$
$$\Delta V_r^{fest} = -15.0616 \text{ J/bar}$$

(Daten: Helgeson et al., 1978)

erhält man für 1 bar:

$$T = \frac{629819}{1306.79 - 8.3144[6 \times \ln(3/4) + 2 \times \ln(1/4)]} = \underline{469 \text{ K}}$$

und für 5 kbar:

$$T = \frac{629819 - 15.0616(5000 - 1)}{1306.79 - 8.3144[6 \times \ln(3/4 \times 5000) + 2 \times \ln(1/4 \times 5000)]} = \underline{713 \text{ K}}$$

### 8.2.3.2. **Reaktionen mit realen Gasen in idealen und realen Gasmischungen**

Nehmen reale Gase, die in idealen Gasmischungen vorliegen, an einer Reaktion teil, muß gemäß (7.74) der Partialdruck durch die Fugazität ersetzt werden. Vernachlässigt man die Druck- und Temperaturabhängigkeiten der kalorischen und thermischen Reaktionseffekte, kann man ausgehend von der Gl. (8.50) das thermodynamische Gleichgewicht einer Reaktion formulieren:

$$\Delta H_r^o - T\Delta S_r^o + \Delta V_r^{fest}(P - 1) = -RT\sum \nu_i^{fest} \ln x_i^{fest} - RT\sum \nu_i^{Gas} \ln f_i^{id} \qquad (8.54)$$

oder mit (7.75)

$$\Delta H_r^o - T\Delta S_r^o + \Delta V_r^{fest}(P - 1) = -RT\sum \nu_i^{fest} \ln x_i^{fest} - RT\sum \nu_i^{Gas} \ln p_i - RT\sum \nu_i^{Gas} \ln \varphi_i \qquad (8.55)$$

**Beispiel**: Kehrt man zu dem bereits behandelten Beispiel der Entwässerungs-Reaktion von Paragonit zurück und setzt nun reales Verhalten des Wassers voraus, lautet die Formulierung des thermodynamischen Gleichgewichts:

$$\Delta H_r^o - T\Delta S_r^o + \Delta V_r^{fest}(P - 1) = -RT \ln f_{H_2O}^{id}$$

Da hier das Wasser die einzige vorkommende Gasphase ist, haben wir ein reines reales Gas vorliegen, so daß $x_i$ in der Gl. (7.73) 1 und $f_i^{id} = \mathbf{f}_i$ werden. Unter diesen

Umständen und bei Berücksichtigung von (7.30) können wir die Gleichgewichtsbedingung umformulieren zu:

$$\Delta H_r^o - T\Delta S_r^o + \Delta V_r^{fest}(P - 1) = - RT \ln p_{H_2O} - RT \ln \varphi_{H_2O}$$

und nach T aufgelöst:

$$T = \frac{\Delta H_r^o + \Delta V_r^{fest}(P - 1)}{\Delta S_r^o - R \ln (p \cdot \varphi)_{H_2O}}$$

Für 500 bar und $p_{H_2O} = P$ ist

$$T = \frac{103476 - 0.5975(P - 1)}{185.35 - 8.3144 \times \ln(500\varphi_{H_2O})}$$

Da die Fugazität des Wassers eine Funktion des Drucks und der Temperatur ist, kann obige Gleichung nur iterativ gelöst werden. Dabei kann man auf folgende Weise vorgehen:

Zu Beginn setzt man $\varphi_{H_2O}$ willkürlich gleich 1 und rechnet die Gleichgewichtstemperatur aus. Sie beträgt wie im Beispiel davor 772 K. In den Tabellen von Helgeson und Kirkham (1974) findet man für diese Temperatur und 500 bar einen Fugazitätskoeffizienten $\varphi_{H_2O}$ = 0.65. Setzt man nun diesen Wert ein und rechnet erneut die Gleichgewichtstemperatur aus, erhält man 752 K. Das anschließende Einsetzen des zu dieser Temperatur und 500 bar gehörenden Fugazitätskoeffizienten ergibt 749 K. Nach zwei weiteren Iterationen pendelt sich die Gleichgewichtstemperatur bei 748 K ein.

Die vollständige Gleichgewichtskurve für das reale Verhalten des Wassers ist in der Abb. 53 neben der für das ideale Verhalten eingezeichnet. Der Unterschied im Kurvenverlauf wird erst bei höheren Drücken (oberhalb ca 500 bar) deutlich. Die Kurve für das ideale Verhalten verläuft zunächst flacher als die für das reale. Mit steigendem Druck nimmt ihr Anstieg jedoch sehr rasch zu, so daß sich die beiden Kurven bei ca 8 kbar kreuzen.

Sind mehrere reale Gase, die ideal miteinander mischen, an einer Reaktion beteiligt, gilt Gl. (8.55). Wenn die festen Reaktionsteilnehmer rein vorliegen und die Druck- und Temperaturabhängigkeiten der Reaktionseffekte wiederum vernachlässigt werden, gilt für das Gleichgewicht:

$$\Delta H_r^o - T\Delta S_r^o + \Delta V_r^{fest}(P - 1) = - RT\sum \nu_i^{Gas} \ln p_i - RT \sum \nu_i^{Gas} \ln \varphi_i \qquad (8.56)$$

Die Partialdrücke $p_i$ können bei einem vorgegebenen Gesamtdruck mit Hilfe der stöchiometrischen Koeffizienten gasförmiger Reaktionsteilnehmer ausgerechnet werden. Sind zudem die Fugazitätskoeffizienten der reinen Gase beim Gesamtdruck der Mischung bekannt, läßt sich die Reaktionskurve bestimmen, wobei wegen der Temperatur- und Druckabhängigkeiten der Fugazitätskoeffizienten wiederum auf Iterationsverfahren zurückgegriffen werden muß.

**Beispiel**: Unter der Voraussetzung, daß bei der Reaktion des Phlogopits mit Calcit und Quarz zu Tremolit, Kalifeldspat, $CO_2$ und $H_2O$ die festen Reaktionsteilnehmer als reine Phasen vorliegen, lautet die Gleichgewichtsbedingung:

$$\Delta H_r^o - T\Delta S_r^o + \Delta V_r^{fest}(P - 1) = - 6RT \ln p_{CO_2} - 6RT \ln \varphi_{CO_2} - 2RT \ln p_{H_2O} - 2RT \ln \varphi_{H_2O}$$

mit

$$p_{CO_2} = x_{CO_2}^{Gas} \cdot P = \frac{6}{6 + 2} \cdot P = 3/4P$$

$$p_{H_2O} = x_{H_2O}^{Gas} \cdot P = \frac{2}{6 + 2} \cdot P = 1/4P$$

wird nach der Umstellung:

$$T = \frac{\Delta H_r^o + \Delta V_r^{fest}(P - 1)}{\Delta S_r^o - R[6 \times \ln(3/4P\varphi_{CO_2}) + 2 \times \ln(1/4P\varphi_{H_2O})]}$$

Mit Zahlen von der Seite 211 erhält man unter der Voraussetzung, daß $P^{Gas} = P_{tot} = 5000$ bar ist:

$$T = \frac{629819 - 15.0616(5000 - 1)}{1306.79 - 8.3144[6 \times \ln(3/4 \times 5000 \times \varphi_{CO_2}) + 2 \times \ln(1/4 \times 5000 \times \varphi_{H_2O})]}$$

Beginnt man die Rechnung wieder so, daß man für $\varphi_{CO_2}$ und $\varphi_{H_2O}$ jeweils 1 einsetzt, erhält man zunächst eine "Gleichgewichtstemperatur" T = 713 K. Für diese Temperatur findet man in den Tabellen von Burnham (1969) den Fugazitätskoeffizienten für Wasser, $\varphi_{H_2O}$ = 0.311, und in den Tabellen von Mel'nik (1972) den für $CO_2$, $\varphi_{CO_2}$ = 12.0. Werden nun beide Werte in die Gleichung für die Bestimmung der Gleichgewichtstemperatur eingesetzt, erhält man T = 823.8 K. Die zu dieser Temperatur und 5000 bar gehörenden Fugazitätskoeffizienten sind $\varphi_{CO_2}$ = 10.4 und $\varphi_{H_2O}$ = 0.51. Der Einsatz dieser Werte liefert als Gleichgewichtstemperatur T = 825 K, die innerhalb der Bestimmungsgenauigkeit bereits als die gesuchte Gleichgewichtstemperatur für 5 kbar gelten kann.

Bilden reale Gase reale Mischungen, ist ihr chemisches Potential gegeben durch (7.84), nämlich:

$$\mu_i^{real}(P,T) = \mu_i^{id}(1,T) + RT\ \ln(P\varphi_i\gamma_i x_i)$$

Faßt man gemäß dem Daltonschen Gesetz die Molenbrüche der einzelnen Gase mit dem Gesamtdruck der Gasmischung zu Partialdrücken zusammen, erhält man unter der Voraussetzung, daß die Reaktionseffekte konstant sind, folgende Gleichung für ein währendes Gleichgewicht:

$$\Delta H_r^o - T\Delta S_r^o + \Delta V_r^{fest}(P-1) = -RT\sum \nu_i^{Gas}\ln p_i - RT\sum \nu_i^{Gas}\ln \varphi_i - RT\sum \nu_i^{Gas}\ln \gamma_i^{Gas} - RT\sum \nu_i^{fest}\ln x_i^{fest} \qquad (8.57)$$

$\gamma_i^{Gas}$ ist der im Kap. 7.2.2. definierte Aktivitätskoeffizient eines realen Gases in einer realen Gasmischung.

## 8.3. Druck- und Temperaturabhängigkeit der thermodynamischen Gleichgewichtskonstante

Die thermodynamische Gleichgewichtskonstante ist nach (8.21) gegeben durch den Ausdruck

$$\ln K(P,T) = -\frac{\Delta G_r}{RT} \qquad (8.58)$$

Differenziert man Gl. (8.58) nach dem Druck bei konstanter Temperatur, erhält man

$$\left(\frac{\partial \ln K}{\partial P}\right)_T = -\left(\frac{\partial G_r}{\partial P}\right)_T / RT = -\frac{\Delta V_r}{RT} \qquad (8.59)$$

Da, wie im vorangehenden Abschnitt diskutiert wurde, die gasförmigen Komponenten auf 1 bar und T normiert sind, entspricht die gesamte Druckabhängigkeit der Freien Reaktionsenthalpie und somit auch die Druckabhängigkeit der thermodynamischen Gleichgewichtskonstante dem Reaktionsvolumen *fester* Reaktanten. Es ist also

$$\frac{1}{RT}\left(\frac{\partial G_r}{\partial P}\right)_T = \frac{\Delta V_r^{fest}}{RT} = -\left(\frac{\partial \ln K}{\partial P}\right)_T \qquad (8.60)$$

Die Temperaturabhängigkeit der thermodynamischen Gleichgewichtskonstante erhält man durch die Differentiation der Gl. (8.58) nach der Temperatur bei konstantem Druck.

$$\left(\frac{\partial \ln K}{\partial T}\right)_P = -\frac{1}{R}\left(\frac{\partial(\Delta G_r/T)}{\partial T}\right)_P = \frac{\Delta H_r}{RT^2} \qquad (8.61)$$

Im Gegensatz zum Reaktionsvolumen enthält die Reaktionsenthalpie die Bildungsenthalpien *aller* Reaktionsteilnehmer. Die Gl. (8.61) ist als *van't Hoffsche Reaktionsisobare* bekannt.

Wenn angenommen wird, daß die Reaktionsenthalpie von der Temperatur unabhängig ist und deshalb die Standardreaktionsenthalpie eingesetzt werden kann, liefert die Integration der Gl. (8.61):

$$\ln K(1,T) = \ln K(1,298) - \frac{\Delta H_r^o}{RT} + \frac{\Delta H_r^o}{298\,R} \qquad (8.62)$$

Ähnlich liefert die Integration der Gl. (8.60) in den Grenzen von 1 bar bis P, wenn die Kompressibilitäten und die thermischen Ausdehnungen der Reaktionsteilnehmer außer acht gelassen werden:

$$\ln K(P,T) = \ln K(1,T) - \frac{\Delta V_r^{fest}}{RT}(P - 1) \qquad (8.63)$$

Ersetzt man nun $\ln K(1,T)$ in (8.63) durch den Ausdruck (8.62), erhält man

$$\ln K(P,T) = \ln K(1,298) - \frac{\Delta H_r^o}{RT} + \frac{\Delta H_r^o}{298\,R} - \frac{\Delta V_r^{fest}}{RT}(P - 1) \qquad (8.64)$$

Für $\ln K(1,298)$ können wir definitionsgemäß schreiben:

$$\ln K(1,298) = -\frac{\Delta G_r^o}{298\,R} \qquad (8.65)$$

oder wenn die Freie Standardreaktionsenthalpie mit Hilfe der Gibbs-Helmholtzschen Beziehung durch die Standardreaktionsenthalpie und -entropie ersetzt wird

$$\ln K(1,298) = -\frac{\Delta H_r^o}{298\,R} + \frac{\Delta S_r^o}{R} \qquad (8.66)$$

Setzt man den Ausdruck (8.66) in die Gl. (8.64) ein, wird schließlich:

$$\ln K(P,T) = -\frac{\Delta H_r^o}{RT} + \frac{\Delta S_r^o}{R} - \frac{\Delta V_r^{fest}}{RT}(P - 1) \qquad (8.67)$$

In der Literatur wird die thermodynamische Gleichgewichtskonstante normalerweise in Form eines Polynoms angegeben, und zwar:

$$\log K(P,T) = \frac{A}{T} + B + \frac{C(P-1)}{T} \quad (8.68)$$

Unter Berücksichtigung des Umrechnungsfaktors (2.303) für die Transformation des natürlichen in den dekadischen Logarithmus, ergibt sich aus dem Vergleich der Ausdrücke in (8.68) und (8.67) die Beziehung zwischen den Konstanten A, B, C und den thermodynamischen Reaktionseffekten. Es ist

$$A = -\frac{\Delta H_r^o}{2.303R}; \quad B = \frac{\Delta S_r^o}{2.303R}; \quad C = -\frac{\Delta V_r^{fest}}{2.303R} \quad (8.69)$$

(vgl. hierzu z.B: Williams, 1971)

**Beispiel**: Das zweiwertige Eisen im Fayalit, $Fe_2SiO_4$, kann zum Teil zu dreiwertigem oxidiert werden, ohne daß dabei die Olivinstruktur zerstört wird. Zur Bewahrung der Elektroneutralität wird parallel mit der Oxidation des Eisens eine entsprechende Zahl von Kationenleerstellen gebildet. Übersteigt die Zahl der auf diese Weise entstandenen Punktfehlstellen, wie solche Störungen genannt werden, einen kritischen Wert, zerfällt Fayalit zu Magnetit und Quarz. Die Reaktion, die man als Oxidation bezeichnen kann, läßt sich durch folgende Gleichung wiedergeben:

$$3\,Fe_2SiO_4 + O_2 \rightarrow 2\,Fe_3O_4 + 3\,SiO_2$$

Die thermodynamische Gleichgewichtskonstante der obigen Reaktion lautet:

$$K(P,T) = \frac{(a_{Fe_3O_4}^{Mt})^2 (a_{SiO_2}^{Q})^3}{(a_{Fe_2SiO_4}^{Fa})^3 (f_{O_2})}$$

Nach Myers und Eugster (1983) sowie Robie et al. (1979) werden den Konstanten A, B und C folgende Zahlen zugeordnet:

$$A = 24441.9$$
$$B = -\ 8.29$$
$$C = -\ 0.0937$$

Werden diese Zahlen in die Gl. (8.68) eingesetzt, wird:

$$\ln K(P,T) = \frac{24441.9}{T} - 8.29 - \frac{0.0937(P-1)}{T}$$

Gemäß (8.69) lassen sich aus den angegebenen Konstanten die thermodynamischen Reaktionseffekte bestimmen. Wir finden:

$$\Delta H_r^o = -\ 2.303 \times A \times R$$
$$= -\ 2.303 \times 24441.9 \times 8.3144$$
$$= \underline{-\ 468.015\ kJ}$$

$$\Delta S_r^o = 2.303 \times B \times R$$
$$= -\ 8.29 \times 2.303 \times 8.3144$$
$$= \underline{-\ 158.737\ J/K}$$

$$\Delta V_r^{fest} = -\ 2.303 \times C \times R$$
$$= -\ 2.303 \times (-\ 0.0937) \times 8.3144$$
$$= \underline{1.7942\ J/bar}$$

## 8.4. Gleichgewichts- und Stabilitätsbedingungen bei Mischphasen

Für die thermodynamische Stabilität einer Mischphase genügt es nicht, wenn die Stabilitätsbedingungen bezüglich des Drucks und der Temperatur erfüllt sind. Es muß darüber hinaus gewährleistet sein, daß die betreffende Mischphase bei konstantem Druck und konstanter Temperatur nicht das Bestreben hat, in zwei verschieden zusammengesetzte Phasen zu zerfallen, um damit eine Erniedrigung der mittleren molaren Freien Enthalpie zu erzielen.

Nehmen wir an, daß eine Mischphase aus den Komponenten A und B besteht. Ihre mittlere molare Freie Enthalpie bei konstantem Druck und konstanter Temperatur ist nach Gl. (7.58);

$$\bar{G} = \sum x_i \mu_i = (1 - x_B)\mu_A + x_B \mu_B \qquad (8.70)$$

oder aufgespalten in Standard- und Restpotentiale

$$\bar{G} = (1 - x_B)[\mu_A + RT\ln a_A] + x_B[\mu_B + RT\ln a_B] \qquad (8.71)$$

Da für die Aktivitäten nur Werte zwischen 0 und 1 sinnvoll sind, ist die mittlere molare Freie Enthalpie einer beliebig zusammengesetzten Mischphase stets kleiner als die Summe der mit den entsprechenden Molenbrüchen multiplizierten Standardpotentiale der Komponenten. Das heißt, daß in einem G - x - Diagramm die $\bar{G}(x)$-Kurve stabiler Mischphasen stets unterhalb der Verbindungslinie zwischen den Standardpotentialen der Komponenten liegen muß. Dies allein ist jedoch noch kein ausreichendes Kriterium für die Stabilität der betreffenden Mischphase bezüglich der Zusammensetzung. Die mittlere molare Freie Enthalpie muß außerdem einen *Minimalwert* besitzen.

Sie muß kleiner sein als alle mittleren Freien Enthalpien, die sich ergeben würden, wenn anstelle der homogenen Mischphase irgendein mechanisches Phasengemenge vorläge, dessen Pauschalzusammensetzung der der homogenen Mischphase entspräche. Diese Bedingung ist erfüllt, wenn die $\bar{G}(x)$-Kurve im gesamten Mischungsbereich *konvex* gegen die Konzentrationsachse gekrümmt ist, wie mittels einer schematischen Darstellung des $\bar{G}(x)$- Verlaufs erläutert werden kann.

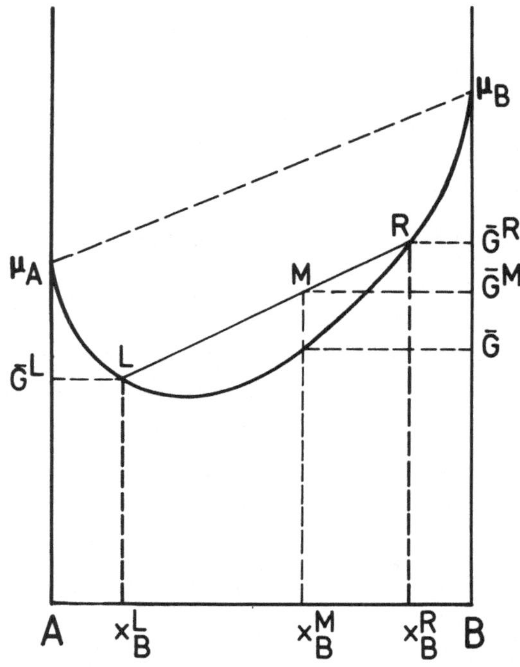


Abb. 54: Mittlere molare Freie Enthalpie eines binären Systems A – B mit vollständiger Mischbarkeit der Komponenten.

In der Abb. 54 gibt der Punkt $\bar{G}$ die mittlere molare Freie Enthalpie einer Mischphase wieder, deren Zusammensetzung $x_B^M$ beträgt. Dieselbe Zusammensetzung läßt sich erreichen, wenn man zwei Phasen miteinander mischt. Aus der $\bar{G}(x)$-Kurve entnehmen wir die mittleren molaren Enthalpien dieser Phasen, nämlich $\bar{G}^L$ und $\bar{G}^R$. Die Mengenverhältnisse der beiden Phasen sind direkt proportional zu den Strecken zwischen dem Molenbruch der Pauschalzusammensetzung, $x_B^M$, und dem Molenbruch der jeweils anderen Phase (Hebelgesetz). Die Gesamtstrecke zwischen den Molenbrüchen der beiden Phasen ist zudem proportional zu der Gesamtmenge der Mischung. Unter diesen Voraussetzungen erhält man für die Mengenproportionen der Phasen L und R folgende Ausdrücke:

Phase L: $\dfrac{x_B^R - x_B^M}{x_B^R - x_B^L}$ (8.72)

Phase R: $\dfrac{x_B^M - x_B^L}{x_B^R - x_B^L}$ (8.73)

Im G - x - Diagramm liegt die mittlere molare Freie Enthalpie der mechanischen Mischung $\bar{G}^M$ somit auf der Verbindungslinie zwischen den Enthalpien $\bar{G}^L$ und $\bar{G}^R$, und zwar bei $x_B^M$. Da die mittlere molare Freie Enthalpie der entsprechend zusammengesetzten homogenen Mischphase unterhalb von $\bar{G}^M$ liegt, würde ein Zerfall in L und R eine Erhöhung der mittleren molaren Freien Enthalpie bedeuten. Ein Prozeß, der eine Erhöhung der Freien Enthalpie zufolge hätte, läuft aber nicht freiwillig ab. Die angestellten Überlegungen gelten für jede beliebige Zusammensetzung der Mischphase, wodurch sich die konvexe Krümmung der G(x)-Kurve gegen die x-Achse als die notwendige Bedingung für den gesamten Mischungsbereich erweist.

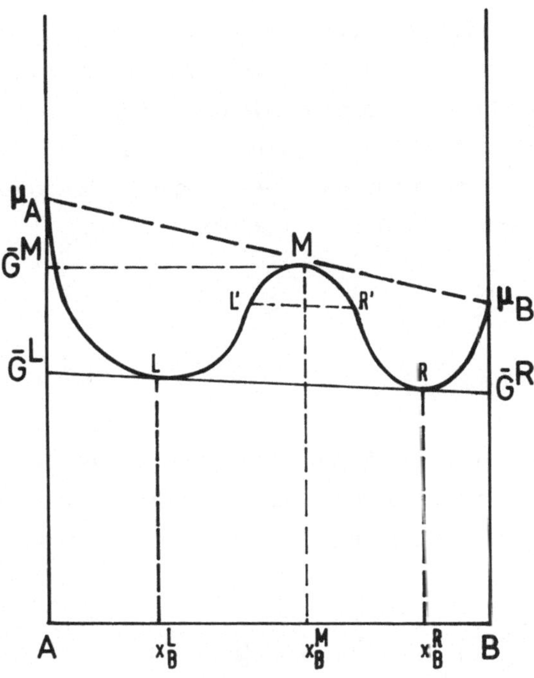


Abb. 55: Mittlere molare Freie Enthalpie einer binären Mischphase mit beschränkter Mischbarkeit der Komponenten.

In der Abb. 55 zeigt die mittlere molare Freie Enthalpie einen anderen Verlauf. Ein Teil der Kurve ist nämlich konkav gegen die x-Achse gekrümmt. Der Punkt M gibt die mittlere molare Freie Enthalpie einer angenommenen homogenen Mischphase, die die Zusammensetzung $x_B^M$ besitzt. Dieselbe Zusammensetzung läßt sich erzielen, wenn zwei Phasen (L und R), deren Molenbrüche $x_B^L$ und $x_B^R$ betragen, im richtigen Verhältnis gemischt werden. Die mittlere molare Freie Enthalpie einer derartigen Mischung liegt in Analogie zu dem vorne behandelten Beispiel wiederum auf einer Geraden, die die Freien Enthalpien der beiden Phasen miteinander verbindet, und zwar bei $x_B^M$. Jede zufällige Schwankung der Zusammensetzung in den atomaren Dimensionen, die sich in der Ausbildung kurzzeitiger inhomogener Teilbereiche äußert, führt also zu einer Erniedrigung der mittleren molaren Freien Enthalpie des Systems. Die anfänglichen "Zusammensetzungsstörungen" können sich deshalb verstärken, denn jeder weitere in Richtung auf L' und R' gehende Schritt verbessert die Energiebilanz des Systems. Die homogene Mischphase M ist also bei konstanter Temperatur und konstantem Druck in bezug auf zwei verschiedene Phasen, deren Pauschalzusammensetzung mit der Zusammensetzung dieser homogenen Phase übereinstimmt, *instabil.* Der Entmischungsprozeß verläuft über die interne Diffusion, bedarf keiner Keimbildung und ist kontinuierlich.

Die Frage, wie weit die entmischten Phasen in ihren Zusammensetzungen auseinanderdriften können, kann an dieser Stelle noch nicht beantwortet werden. Wir fragen zunächst nach den thermodynamischen Kriterien, nach denen die Zusammensetzungen der *stabilen* Phasen angegeben werden können.

Das thermodynamische Gleichgewicht herrscht nach Gl. (8.9) dann, wenn die chemischen Potentiale der Komponenten untereinander in allen koexistierenden Phasen gleich sind. Im vorliegenden Fall muß also gelten:

$$\mu_A^L = \mu_A^R \quad \text{und} \quad \mu_B^L = \mu_B^R \tag{8.74}$$

Die chemischen Potentiale der Komponenten einer binären Mischphase lassen sich nach (7.59) und (7.60) mit Hilfe der mittleren molaren Freien Enthalpie und ihren Ableitungen nach dem Molenbruch einer Komponente ausdrücken. Es ist für die Komponente A:

$$\bar{G}^L + (1 - x_B^L)\left(\frac{\partial \bar{G}^L}{\partial x_B}\right)_{P,T} = \bar{G}^R + (1 - x_B^R)\left(\frac{\partial \bar{G}^R}{\partial x_B}\right)_{P,T} \tag{8.75}$$

und für B:

$$\bar{G}^L - x_B^L\left(\frac{\partial \bar{G}^L}{\partial x_B}\right)_{P,T} = \bar{G}^R - x_B^R\left(\frac{\partial \bar{G}^R}{\partial x_B}\right)_{P,T} \tag{8.76}$$

Aus den Gln. (8.75) und (8.76) ist ersichtlich, daß die bei $x_B^L$ und $x_B^R$ an die $\bar{G}(x)$-Kurve angelegten Tangenten jeweils gleiche Ordinatenabschnitte besitzen, was gleichbedeutend ist mit der Gleichheit der chemischen Potentiale der Komponenten in den koexistierenden Phasen. Ihre Zusammensetzungen werden durch die Berührungspunkte der gemeinsamen Tangente festgelegt.

Die eben beschriebenen Gleichgewichtszusammensetzungen werden jedoch nur dann verwirklicht, wenn die koexistierenden Phasen in Form sich berührender Körner vorliegen. In Entmischungsprozessen innerhalb eines Korns können diese Zusammensetzungen normalerweise nicht erreicht werden, und zwar aus folgenden Gründen:

Entmischungen stehen zumindest zu Beginn in einem engen kristallographischen Bezug zu der Ausgangsphase, indem Netzebenen der letzteren in der entmischten Phase fortgesetzt werden. Man nennt solche Entmischungen *kohärent*. Die Kohärenz ist möglich, wenn die entmischte und die Ausgangsphase ähnliche Kristallstrukturen besitzen. Dadurch, daß die Gitterdimensionen der Gast- und der Wirtphase jedoch nie ganz übereinstimmen, treten Verspannungen auf, die sich in der Gitterenergie und schließlich in der Freien Enthalpie bemerkbar machen. Diese Energiebeträge gehen mit einem positiven Vorzeichen in die Freie Enthalpie ein. Durch sie wird die Lage der ursprünglichen $\bar{G}(x)$-Kurve verändert. Die mittlere Freie Enthalpie eines Systems, in dem Energiebeiträge aus den Verspannungen des Gitters bei einer kohärenten Entmischung herrühren, läßt sich nach Robin (1974) wie folgt angeben:

$$\Phi = \bar{G} + k(x - x^o)^2 \qquad (8.77)$$

Die Größe $\Phi$ wird von Robin als Cahn - Energie bezeichnet, da sie in ihrer ursprünglichen Form von Cahn (1962) postuliert wurde.

**Beispiel**: Einen typischen Vertreter für kohärente Enmischungen stellen die Kryptoperthite dar. Ihre thermodynamische Behandlung soll daher hier näher erläutert werden.

Da die chemischen Standardpotentiale zahlenmäßig nicht bekannt sind, wird anstelle von $\bar{G}$ hier $\Delta\bar{G}_m$ in die Gl. (8.77) eingesetzt. Die in Gl. (7.120) definierte mittlere molare Freie Mischungsenthalpie, die für eine binäre Mischung (A,B) folgende Form besitzt,

$$\Delta\bar{G}_m = RT[(1 - x_B)\ln a_A + x_B \ln a_B] \qquad (8.78)$$

weist nämlich dieselben Charakteristika auf wie die mittlere molare Freie Enthalpie. Der Unterschied besteht lediglich darin, daß die $\Delta\bar{G}_m(x)$-Kurve bei 0 beginnt und endet. Für die zahlenmäßige Erfassung wird die analytische Gleichung der $\Delta\bar{G}_m(x)$-Kurve des $NaAlSi_3O_8$ - $KAlSi_3O_8$ Systems, wie sie von Thompson und Waldbaum

(1969) ermittet wurde, benutzt. Mit x wird der $KAlSi_3O_8$-Gehalt einer Lamelle des Kryptoperthits angegeben, deren mittlere molare Freie Enthalpie $\Delta\bar{G}_m$ beträgt. $x^o$ gibt die mittlere Konzentration des $KAlSi_3O_8$ im Kryptoperthit an. k ist eine Konstante, die aus den Elastizitätsdaten des Feldspats ermittelt werden kann und 2525.5 J/Mol beträgt. Unter Verwendung der vorstehenden Daten ergibt sich das in der Abb. 56 dargestellte Diagramm.

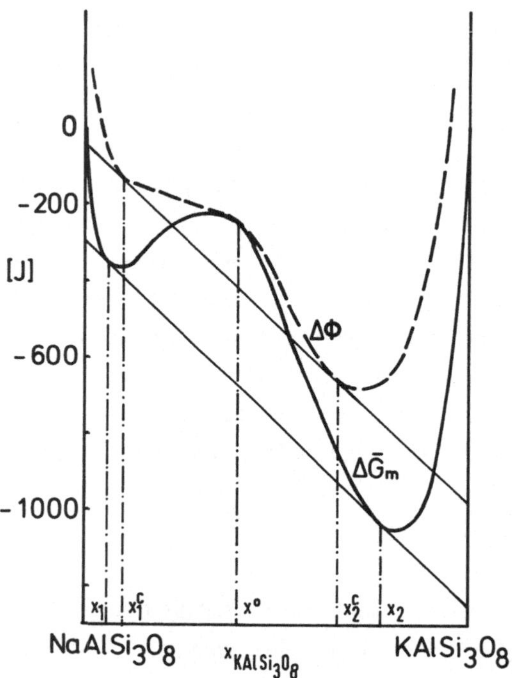


Abb. 56: Mittlere molare Freie Mischungsenthalpie des Systems $NaAlSi_3O_8$ - $KAlSi_3O_8$ bei 1 kbar und 500°C. Gestrichelt: $\Delta\Phi(x)$, ausgezogen: $\Delta\bar{G}_m(x)$; $x^o$ = mittlere Zusammensetzung des Kryptoperthits; $x_{1,2}$ und $x^c_{1,2}$ = Molenbrüche der koexistierenden Phasen für nichtkohärente bzw. kohärente Entmischungen.

Wie aus der Abb. 56 hervorgeht, ist die Cahn-Energie, die neben der Freien Mischungsenthalpie auch die Energiebeiträge enthält, die von der Verspannung des Gitters infolge kohärenter Entmischungen herrühren, gegenüber der mittleren molaren Freien Mischungsenthalpie verspannungsfreier Mischkristalle erhöht. Sie weist sonst aber eine ähnliche Form auf wie die letztere. Wird eine Tangente so an die $\Delta\Phi(x)$-Kurve angelegt, daß diese zweimal berührt wird, ergeben die Berührungspunkte die Zusammensetzungen *kohärenter Phasen* ($x^c_{1,2}$). Ein Entmischungsprozeß kann von diesen Zusammensetzungen weiter in Richtung auf die Gleichgewichte verspannungsfreier Phasen ($x_{1,2}$), die sich aus der $\Delta\bar{G}_m(x)$-Kurve ermitteln lassen, nur fortschreiten, wenn die Kohärenz aufgehoben wird.

Die $\Delta\Phi(x)$-Funktion besitzt wie die mittlere molare Freie Mischungsenthalpie bzw. die mittlere molare Freie Enthalpie zwei Wendepunkte, die hier *kohärente Spinoden* genannt werden. Für den Konzentrationsbereich zwischen den Wendepunkten gilt das, was bereits auf Seite 220 für die Mischphase mit der Zusammensetzung $x_B^M$ gesagt wurde. Hier kann eine spontane Entmischung stattfinden, die nur durch die Größe der Diffusionskoeffizienten der diffundierenden Spezies begrenzt ist.

Hat eine homogene Mischphase eine Zusammensetzung, die zwischen einem der Wendepunkte und den Zusammensetzungen der kohärenten Phasen liegt, so bedeuten infinitesimale Umverteilungen in Richtung eines Phasenzerfalls stets eine Erhöhung der mittleren Freien Enthalpie (Cahn - Energie). Erst ein Zerfall in zwei Phasen, von denen eine auf der Seite des zweiten Wendepunktes soweit in Richtung auf die kohärente Zusammensetzung verschoben ist, daß eine Linie, die beide Punkte auf der $\Delta\Phi(x)$-Kurve verbindet, unterhalb des $\Delta\Phi$-Wertes für die homogene Mischphase liegt, bewirkt eine Energieerniedrigung des Systems. Für die Bildung solcher Phasen müssen jedoch Keime gebildet werden, und die Keimbildung erhöht wiederum die Freie Enthalpie, so daß ein Fortschreiten des Entmischungsprozesses stark gehemmt oder verhindert wird. Weil zwischen den kohärenten Spinoden und den Berührungspunkten der gemeinsamen Tangente für das Fortschreiten der Entmischung die Keimbildung notwendig ist, wird dieser Bereich als Bereich der *homogenen Keimbildung* bezeichnet.

Die Wendepunkte an der $\Delta\bar{G}_m(x)$- (Abb 56) bzw. $\bar{G}(x)$-Kurve (Abb. 55) werden *chemische Spinoden* genannt. Sie sind in bezug auf Entmischungsprozesse in festen Phasen ohne Bedeutung.

Der kontinuierliche Verlauf der $\bar{G}(x)$- bzw. $\Delta\bar{G}_m(x)$-Kurve verlangt, daß sich die koexistierenden Phasen zwar hinsichtlich der Zusammensetzungen, nicht aber hinsichtlich ihrer Kristallstrukturen und Aggregatzustände unterscheiden. Besitzen die bei einem bestimmten Druck und einer bestimmter Temperatur koexistierenden Phasen verschiedene Strukturen, ist eine kontinuierliche $\bar{G}(x)$- bzw. $\Delta\bar{G}_m(x)$-Kurve nicht möglich. Es müssen zwei getrennte Kurven existieren, und zwar für jede Phase eine. Unter der Voraussetzung, daß beide Komponenten rein auch die Strukturen der Mischphase besitzen, diese allerdings bei unterschiedlichen P- und T-Bedingungen stabil sind, sind ihre $\bar{G}(x)$-Kurven durchgehend. Der jeweilige Anfang bzw. das jeweilige Ende sind um die Beträge der Freien Umwandlungsenthalpien der reinen Komponenten gegeneinander versetzt (vgl. Abb. 57). Da die mittlere molare Freie Enthalpie der Phase L im Bereich zwischen $x_B = 0$ und $x_B^L$ niedriger ist als die der Phase R, ist sie im genannten Konzentrationsbereich stabil. Im Bereich von $x_B^R$ bis $x_B = 1$ ist dagegen R die stabile Phase. Die Gleichgewichtskonzentrationen der Komponenten A und B werden durch die gemeinsame Tangente definiert.

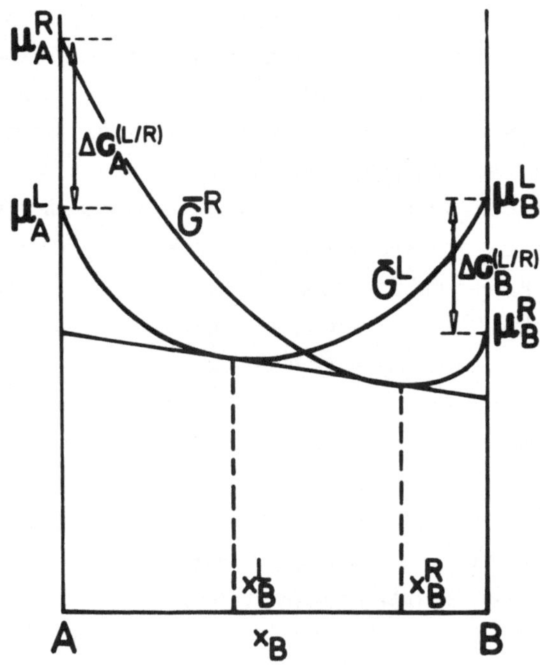


Abb. 57: Mittlere molare Freie Enthalpien der Mischphasen in Systemen mit Komponenten, die bei P und T der Mischung in unterschiedlichen Strukturen vorliegen.

Besitzen reine Komponenten eines Systems keine übereinstimmenden Strukturen, können die mittleren molaren Freien Enthalpien nicht durchgehend sein, sondern zeigen einen Verlauf, wie er in der Abb. 58 dargestellt ist.

Die Zusammensetzungen der koexistierenden Phasen werden wiederum durch die gemeinsame Tangente festgelegt. Ein Vergleich der Abbildungen 57 und 58 zeigt, daß sich beide Diagramme sehr stark ähneln. Der Unterschied besteht hauptsächlich im Verlauf der $\bar{G}(x)$-Kurven bei $x_B = 0$ und $x_B = 1$. In der Abb. 57 enden sie für beide Komponenten bei einem endlichen Wert. In der Abb. 58 sind deren Enden jedoch unbestimmt. Die Komponente A kommt zwar rein als Phase L vor und nimmt als solche auch Anteile von B auf, so daß $\bar{G}^L$ bei $x_B = 0$ beginnt und mit einer konvexen Krümmung gegen die Konzentrationsachse verläuft. Im Gegensatz dazu existiert die Komponente B rein nicht als Phase L. Aus diesem Grund kann die $\bar{G}^L$- Kurve nicht bei $x_B = 1$ (reines B) enden. Völlig analog, nur im umgekehrten Sinne, verhält sich die $\bar{G}^R$-

Kurve, denn nur die Komponente B kommt rein als Phase R vor und nimmt als solche gewisse Anteile der Komponente A auf.

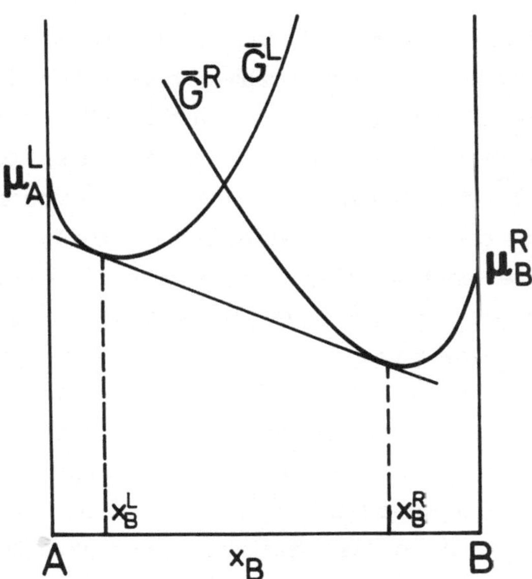


Abb. 58: Mittlere molare Freie Enthalpien in einem System mit Komponenten, die keine gemeinsamen Strukturen besitzen.

Für Komponenten, die nicht in entsprechenden Phasen vorkommen, sind in der mineralogischen Literatur oft fiktive Zustände definiert worden (Lindsley et al., 1981; Saxena, 1981; Cemic, 1983). Auf diese Weise wird ein System künstlich auf die Form der Abb. 57 gebracht. Obwohl mit solchen fiktiven Zuständen der Komponenten durchaus sinnvolle Ergebnisse erzielt werden können, sind sie nicht ganz unproblematisch, da es sich dabei immer um Extrapolationen der Eigenschaften handelt, die die betreffende Komponente in der entsprechenden Mischphase besitzt. Wie gut dadurch die wahren thermodynamischen Gegebenheiten erfaßt werden, hängt von der Weite des Extrapolationsbereiches ab.

### 8.4.1. Beziehungen zwischen der mittleren molaren Freien Enthalpie bzw. mittleren molaren Freien Mischungsenthalpie und dem Phasendiagramm in binären Systemen

Bedingt durch individuelle Abhängigkeiten der Komponentenaktivitäten in einer Mischphase von den intensiven Zustandsvariablen Druck und Temperatur, ändert sich bei der Änderung dieser Größen auch der Verlauf der mittleren molaren Freien Enthalpie bzw. der mittleren molaren Freien Mischungsenthalpie. Aus der Aufeinanderfolge von $\bar{G}(x)$- oder $\Delta\bar{G}_m(x)$-Kurven bei verschiedenen Temperaturen läßt sich ein T-x- Diagramm und aus der bei verschiedenen Drücken ein P-x-Diagramm konstruieren. Ein Beispiel für die Konstruktion eines T-x-Diagramms aus den $\Delta G_m(x)$-Kurven ist in der Abb. 59 dargestellt. Eingezeichnet sind die mittleren molaren Freien Mischungsenthalpien für ein binäres System, das aus den Komponenten A und B besteht, für vier verschiedene Temperaturen $T_1$, $T_2$, $T_3$ und $T_4$. Steigende Indices kennzeichnen steigende Temperaturen. Die Gesamtheit der Punkte, die die stabilen Phasenpaare in bezug auf ihre Grenzzusammensetzungen charakterisieren, ergibt die Begrenzung des Zweiphasenfeldes. Die begrenzende Linie wird *nichtkohärenter Solvus* (engl. strainfree solvus) genannt und gibt die Zusammensetzungen nichtkohärenter Phasenpaare im Gleichgewicht an. Die Temperatur, bei der die Tangente die $\Delta\bar{G}_m(x)$- Kurve nur einmal berührt und mit der x-Achse parallel verläuft, wird *kritische Mischungstemperatur* genannt und mit $T_k$ gekennzeichnet. Den Berührungspunkt der Tangente nennt man den *kritischen Punkt* und den dazugehörenden Molenbruch den *kritischen Molenbruch* ($x_{kr}$). Oberhalb der kritischen Mischungstemperatur sind die Komponenten A und B lückenlos miteinander mischbar.

Wie bereits auf den Seiten 222 und 223 diskutiert wurde, können die stabilen Grenzzusammensetzungen, die durch den nichtkohärenten Solvus angegeben sind, nur erreicht werden, wenn sich keine kohärenten Entmischungen bilden, bzw. wenn die Kohärenz nachträglich aufgehoben wird. Bei Berücksichtigung der Verspannungsenergie, die durch die Kohärenz zwischen der entmischten Phase und der Wirtphase auftritt, wird die Freie Enthalpie des Systems angehoben, wie in Abb. 56 demonstriert wurde. Die Berührungspunkte der gemeinsamen Tangente an der $\Delta\Phi(x)$-Kurve liefern die Zusammensetzungen kohärenter Phasen. Eine zu der in der Abb. 59 demonstrierten analoge Konstruktionsweise ergibt den *kohärenten Solvus*. Bis zu den Zusammensetzungen, die durch diesen Solvus definiert sind, können homogene Mischkristalle kohärent entmischen. Die Stelle, an der die Tangente nur einen Berührungspunkt mit der $\Delta\Phi(x)$- Kurve hat, wird hier, wie bereits oben, der kritische Mischungspunkt und die dazugehörige Temperatur die kritische Mischungstemperatur genannt. Die letztere liegt bei dem kohärenten Solvus tiefer als bei dem nichtkohärenten.

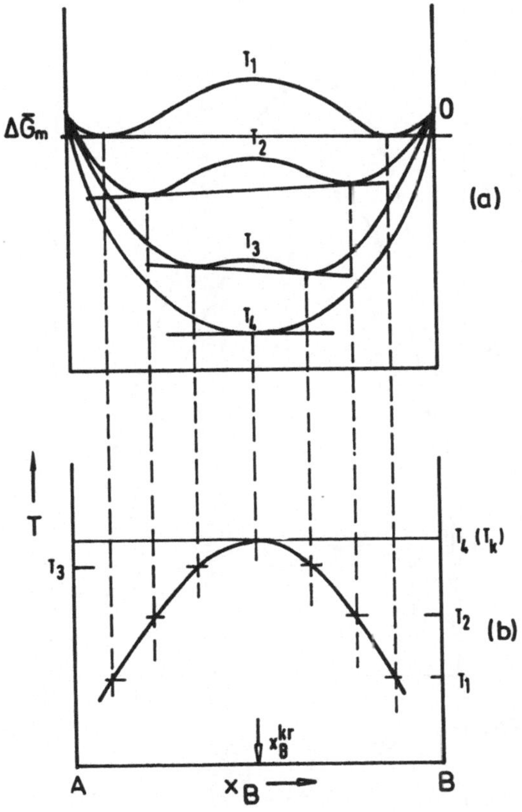


Abb. 59: Konstruktion eines Zustandsdiagramms mit einer Mischungslücke aus dem Verlauf der $\Delta\bar{G}_m(x)$-Kurven bei verschiedenen Temperaturen. a) $\Delta\bar{G}_m(x)$- Diagramm für die Temperaturen $T_1$, $T_2$, $T_3$ und $T_4$; b) Zustandsdiagramm mit einem nichtkohärenten Solvus.

Verbindet man die kohärenten Spinoden (siehe Seite 223) verschiedener Temperaturen miteinander, erhält man eine Kurve, deren Maximum mit dem des kohärenten Solvus zusammenfällt. Die Kurve, die *kohärente Spinodale* genannt wird, umschließt das Gebiet, innerhalb dessen eine spontane Entmischung stattfindet. Es wird häufig als der *instabile* Bereich bezeichnet (vgl. Yund, 1975).

Die Gesamtheit der chemischen Spinoden (Wendepunkte an der $\Delta\bar{G}_m(x)$-Kurve) ergibt die chemischen Spinodalen. Sie haben jedoch nur für Flüssigkeiten eine Bedeutung. Abb. 60 zeigt das T-x-Diagramm des Systems $NaAlSi_3O_8$ - $KAlSi_3O_8$ bei 1 kbar. Es wurde nach Robin (1974) gezeichnet.

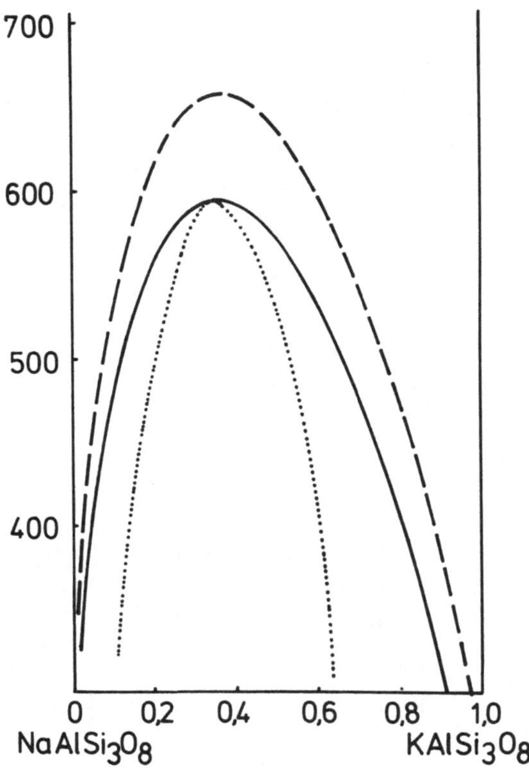


Abb. 60: Das System $NaAlSi_3O_8$ – $KAlSi_3O_8$ bei 1 kbar. Gestrichelt: nichtkohärenter Solvus; ausgezogen: kohärenter Solvus; gepunktet: kohärente Spinodale (nach Robin, 1974).

In der Abb. 61a ist das Phasendiagramm eines binären Systems dargestellt, in dem zwei Phasen ($\alpha$ und $\beta$) mit verschiedenen Strukturen vorkommen. In beiden Phasen sind die Komponenten A und B vollständig mischbar. Für die mit $T_1$ bis $T_4$ gekennzeichneten Temperaturen sind $\bar{G}(x)$-Kurven in der Abb. 61 b bis e zu sehen.

Bei der Temperatur $T_1$ liegt die G(x)-Kurve der Phase $\alpha$ im gesamten Konzentrationsbereich von $x_B = 0$ bis $x_B = 1$ unterhalb der der Phase $\beta$. Nach den bisherigen Ausführungen heißt das, daß nur die Phase $\alpha$ bei dieser Temperatur stabil ist. Bei der nächsthöheren Temperatur $T_2$ schneiden sich die $\bar{G}(x)$-Kurven der beiden Mischphasen bei einer relativ hohen Konzentration von B. Die Berührungspunkte der gemeinsamen Tangente liefern die Grenzen des Zweiphasenfeldes. Innerhalb dieses Feldes koexistieren $\alpha$ und $\beta$ mit den Zusammensetzungen $x_B^{\alpha}$ und $x_B^{\beta}$. Ein ähnliches Bild wie bei $T_2$ findet man auch bei $T_3$. Der Unterschied besteht nur darin, daß sich die $\bar{G}(x)$Kurven bei $T_3$ bei niedrigeren Gehalten von B kreuzen. Bei $T_4$ liegt schließlich die $\bar{G}(x)$Kurve der Phase $\beta$ im gesamten Konzentrationsbereich von $x_B = 0$ bis $x_B = 1$ unterhalb der

der Phase α. Das bedeutet, daß bei dieser Temperatur nur die Phase β stabil ist.

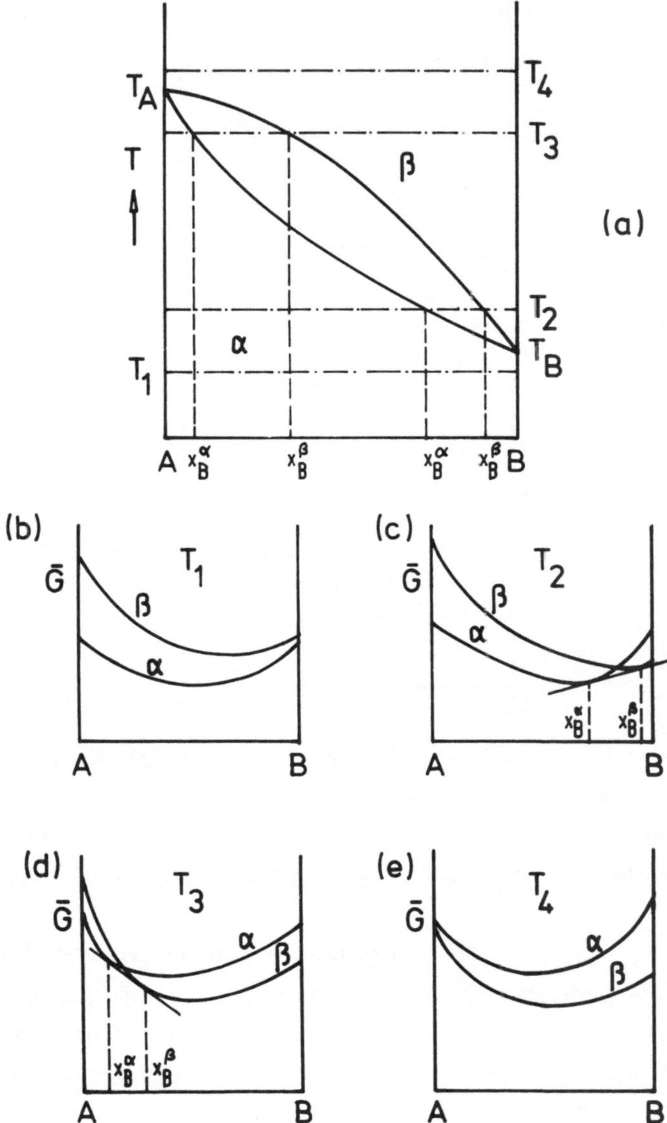


Abb. 61: a) T-x-Diagramm eines Systems mit vollständiger Mischbarkeit der Komponenten A und B in den Phasen α und β. b) bis e) $\bar{G}(x)$-Kurven der Phasen α und β bei verschiedenen Temperaturen. $x_B^\alpha$ und $x_B^\beta$ geben die Molenbrüche koexistierender Phasen an.

Da die Temperatur vereinbarungsgemäß von $T_1$ nach $T_4$ steigen soll, läßt sich zusammenfassend sagen, daß die Phase α die Tieftemperatur- und die Phase β die Hochtemperaturform der Mischkristalle zwischen A und B ist.

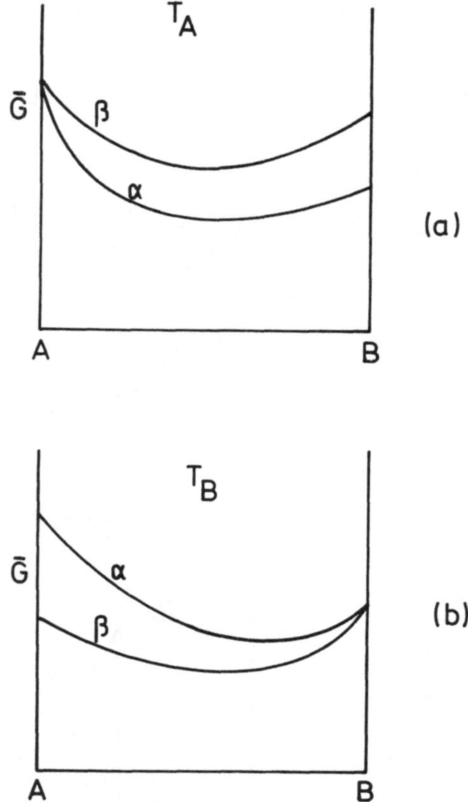


Abb. 62: $\bar{G}(x)$-Kurven der Phasen α und β, in denen die Komponenten A und B vollständig mischbar sind, bei den Transformationstemperaturen der reinen Komponenten. $T_A$ = Umwandlungstemperatur der reinen Komponente A; $T_B$ = Umwandlungstemperatur der reinen Komponente B.

Die Abbildungen 62a und 62b zeigen die G(x)-Kurven des eben behandelten Systems bei den Temperaturen $T_A$ und $T_B$. Das sind die Temperaturen, bei denen die reinen Komponenten von α nach β transformieren. Da am Transformationspunkt die chemischen Potentiale der sich ineinander umwandelnden Phasen gleich sind, müssen sich die $\bar{G}(x)$-Kurven bei $x_B = 0$ bzw. $x_B = 1$ berühren.

## 8.5. Gibbs'sche Phasenregel

Die Gibbs'sche Phasenregel gibt die Zahl der *Freiheitsgrade* an, die bei einer vorgegebenen Zahl der Komponenten und Phasen in einem System existieren. Unter dem Begriff Freiheitsgrade versteht man die Zahl der Variablen, die unabhängig voneinander variiert werden können, ohne daß sich die Zahl der Phasen im System ändert. Rechnerisch stellen sie die Differenz zwischen der Zahl der Variablen und der Zahl der Bestimmungsgleichungen dar, die die Variablen verknüpfen.

Kommen alle Komponenten in allen Phasen vor, dann gibt es bei $\Phi$ Phasen und C Komponenten insgesamt $\Phi \times C$ Molenbrüche. Für jede Phase gilt:

$$\sum_{1}^{C} x_i = 1$$

Bei $\Phi$ Phasen gibt es $\Phi$ solche Beziehungen, so daß bei der Einbeziehung von Druck und Temperatur die Gesamtzahl der Variablen

$$\Phi C - \Phi + 2$$

beträgt, denn von $\Phi C$ Molenbrüchen sind nur $\Phi C - \Phi$ unabhängig. Für jede Phase ist ein Molenbruch durch $C - 1$ andere Molenbrüche festgelegt. Die Zahl 2 steht für Druck und Temperatur.

Die Verknüpfung der Variablen geschieht durch die chemischen Potentiale. Im Gleichgewicht sind die chemischen Potentiale einer Komponente in allen Phasen gleich. Für eine Komponente i kann man aus diesem Grunde schreiben:

$$\mu_i^1 = \mu_i^2 = \mu_i^3 = \cdots\cdots \mu_i^{\Phi}$$

Bei $\Phi$ Phasen kann man für jede Komponente nur $(\Phi - 1)$ unabhängige Gleichgewichtspaare formulieren. Ist z.B. die Komponente i in drei Phasen (1, 2, 3) vertreten, so lauten die beiden unabhängigen Gleichgewichtspaare:

$$\mu_i^1 = \mu_i^2 \quad \text{und} \quad \mu_i^2 = \mu_i^3$$

Das Gleichgewichtspaar

$$\mu_i^1 = \mu_i^3$$

ist von den ersten beiden nicht unabhängig, denn sind $\mu_i^1 = \mu_i^2$ und $\mu_i^2 = \mu_i^3$, dann ist zwangsläufig auch $\mu^1 = \mu_i^3$.

Für C Komponenten gibt es also insgesamt $C(\Phi - 1)$ verknüpfende Bestimmungsgleichungen. Die Zahl der frei verfügbaren Variablen $\omega$ ist somit

$$\omega = \Phi C - \Phi + 2 - C(\Phi - 1)$$

$$\omega = C - \Phi + 2 \qquad (8.79)$$

Je nach Zahl der Freiheitsgrade wird ein Gleichgewicht als *invariant* ($\omega$ = 0), *univariant* ($\omega$ = 1), *divariant* ($\omega$ = 2) usw. bezeichnet.

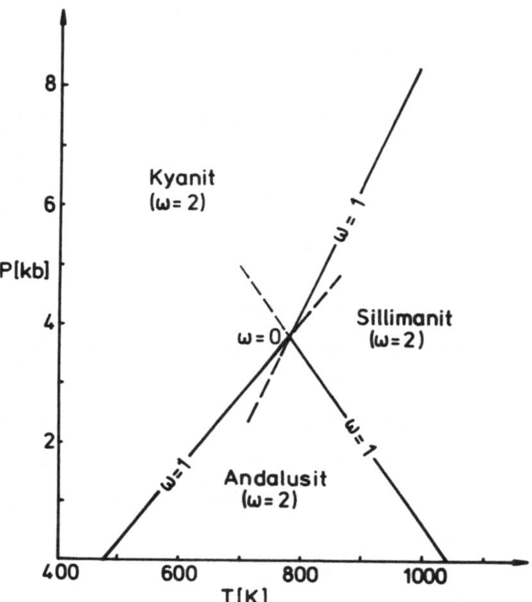


Abb. 63: P–T–Diagramm von $Al_2SiO_5$ nach den Daten von Holdaway (1971) ($\omega$ = Freiheitsgrad).

**Beispiel**: Das Einkomponentensystem $Al_2SiO_5$ (Abb. 63) ist trimorph, d.h. die Komponente kommt in drei Modifikationen (Kyanit, Andalusit und Sillimanit) vor. Nach der Gibbs'schen Phasenregel können alle drei Phasen nebeneinander koexistieren. Die Zahl der Freiheitsgrade ist dann

$$\omega = 1 - 3 + 2 = 0$$

Das Gleichgewicht ist also invariant, d.h. Druck und Temperatur sind festgelegt. In einem P–T–Diagramm entspricht das einem Punkt, der wegen der 3 koexistierenden Phasen auch *Tripelpunkt* genannt wird.

Koexistieren 2 Phasen miteinander (z.B. Kyanit und Andalusit oder Kyanit und Sillimanit oder Andalusit und Sillimanit), liegt ein univariantes Gleichgewicht vor. In einem P–T–Diagramm entspricht jedem Gleichgewicht eine Kurve, entlang der die jeweilige Paragenese vorkommt. Wegen

$$\omega = 1 - 2 + 2 = 1$$

kann eine Variable (P oder T) frei gewählt werden. Die zweite ist dann festgelegt.

Liegt nur eine Phase vor, dann ist

$$\omega = 1 - 1 + 2 = 2$$

d.h. beide Variablen (P und T) sind innerhalb bestimmter Grenzen, die durch die thermodynamische Stabilität der betreffenden Phase gegeben sind, frei wählbar. In einem P—T—Diagramm entspricht dies einem divarianten Feld.

Obwohl die Gibbs'sche Phasenregel sehr einfach erscheint, ist ihre Anwendung insbesondere auf natürliche Paragenesen häufig problematisch, da die Komponenten des Systems nicht ohne weiteres benannt werden können. So besagt ein Widerspruch zur Gibbs'schen Phasenregel zwar, daß das Gleichgewicht fehlt, jedoch ist eine Übereinstimmung mit ihr noch keine Garantie für ein vorhandenes Gleichgewicht.

Die Zahl der möglichen Gleichgewichte oder Paragenesen läßt sich nach Schreinemakers mit Hilfe der kombinatorischen Formel ausrechnen.

Kennzeichnet M die Gesamtzahl der möglichen Phasen in einem System, $\Phi$ die Zahl der vorhandenen Phasen und $\omega$ die dazugehörigen Freiheitsgrade, so lautet die Formel für die Zahl der möglichen Paragenesen Z:

$$Z = \frac{M!}{\Phi!\ \omega!}$$

**Beispiel**: Für ein Einkomponentensystem wie z.B. $Al_2SiO_5$, in dem insgesamt 3 Phasen vorkommen können, gilt für die Zahl der univarianten Gleichgewichte:

$$Z = \frac{3!}{2!\,1!} = 3$$

Es gibt also drei Kurven, entlang derer jeweils zwei Phasen koexistieren.

Die Zahl der invarianten Punkte im selben System ist:

$$Z = \frac{3!}{3!\,0!} = 1$$

Eine Rückverlängerung der univarianten Kurven über den Tripelpunkt hinaus gibt gleichnamige *metastabile* Gleichgewichte (siehe Kujawa und Eugster, 1966).

Es würde den Rahmen dieses Buches weit überschreiten, wenn man sich eingehender mit der Konstruktion von sogenannten Schreinemakers-Diagrammen beschäftigen wollte. Da es sich dabei jedoch um ein wichtiges Werkzeug für Mineralogen handelt, soll hier auf die Spezial-Literatur hingewiesen werden (z.B. E-An Zen, 1966).

In der Erde variieren Druck und Temperatur kontinuierlich. In einem Gesteinskörper mit einer größeren Ausdehnung können daher *invariante* und *univariante* Gleichgewichte praktisch nicht existieren. Ersteres würde bedeuten, daß ein bestimmter Druck und eine bestimmte Temperatur nicht nur gleichzeitig aufgebaut, sondern auch noch über längere Zeit hinweg konstant gehalten werden müßten. Im Falle der univarianten Gleichgewichte müßte einer bestimmten Druckänderung eine ganz bestimmte Temperaturänderung folgen. Sieht man von Zufällen ab, sind solche Bedingungen nicht verwirklicht. Die Konsequenz davon ist, daß stabile Paragenesen in Gesteinen mindestens zwei Freiheitsgrade besitzen müssen. Unter Heranziehung der Gibbs'schen Phasenregel bedeutet das, daß

$$\Phi \leq C \qquad (8.80)$$

erfüllt sein muß.

Die Ungleichung (8.80) gilt allerdings nur für Paragenesen mit festen Phasen. Ist eine fluide Phase bei der Bildung einer Paragenese (z.B. in den Poren eines Gesteins) beteiligt, gilt

$$\Phi \leq C - 1 \qquad (8.81)$$

Die Ungleichungen (8.80) und (8.81) geben den Inhalt der sogenannten *mineralogischen Phasenregel* von Goldschmidt wieder.

## 8.6. **Verteilungskoeffizient**

Gehören zwei oder mehrere Phasen zum thermodynamischen Gleichgewicht, das durch die äußeren Zustandsvariablen festgelegt wird, so sind diese, von wenigen Ausnahmen abgesehen, verschieden zusammengesetzt. Ist eine Komponente in allen Phasen vertreten, dann kommt sie darin in verschiedenen Konzentrationen vor. Dies ist eine Folge der Forderung, daß im thermodynamischen Gleichgewicht die chemischen Potentiale der Komponenten untereinander in allen Phasen gleich sein müssen. Da die Standardpotentiale allein diese Bedingung in der Regel nicht erfüllen (sonst würde es keine Transformationseffekte in Einstoffsystemen geben können), muß der Ausgleich über die Restpotentiale ($RT \ln a_i$), d.h. über die Aktivitäten bzw. Molenbrüche erfolgen. Ein relativ einfaches Beispiel dafür ist der Fall, daß eine Komponente, nennen wir sie wieder B, in zwei Phasen, z.B. $\alpha$ und $\beta$, die bei einer bestimmten Temperatur und einem bestimmten Druck miteinander im Gleichgewicht stehen, vorkommt. Die Koexistenzbedingung muß in diesem Fall lauten:

$$\mu_B^{\alpha} + RT \ln a_B^{\alpha} = \mu_B^{\beta} + RT \ln a_B^{\beta} \tag{8.82}$$

$$\mu_B^{\alpha} + RT \ln x_B^{\alpha} + RT \ln \gamma_B^{\alpha} = \mu_B^{\beta} + RT \ln x_B^{\beta} + RT \ln \gamma_B^{\beta} \tag{8.83}$$

$$\frac{x_B^{\alpha}}{x_B^{\beta}} \cdot \frac{\gamma_B^{\alpha}}{\gamma_B^{\beta}} = \exp\left\{- \frac{\mu_B^{\alpha} - \mu_B^{\beta}}{RT}\right\} \tag{8.84}$$

Das Verhältnis der Molenbrüche in den koexistierenden Phasen wird *Verteilungskoeffizient* genannt. Es ist in idealen Mischungen ($\gamma_i^j = 1$) bei konstantem Druck und konstanter Temperatur unabhängig von der Gesamtzusammensetzung. Für binäre Systeme ist das selbstverständlich, denn unter den gegebenen Restriktionen ist die Zahl der Freiheitsgrade Null ($\omega = C + 0 - \Phi = 2 + 0 - 2 = 0$). Nicht so selbstverständlich ist das in Drei- und Mehrkomponentensystemen. In einem ternären System z.B. bleibt bei konstanter Temperatur und konstantem Druck, wenn zwei Phasen miteinander koexistieren, immer noch ein Freiheitsgrad übrig - nämlich die Pauschalzusammensetzung. Die Aussage der Gl. (8.84) gewinnt hier weitgehende Bedeutung. Sie impliziert zusätzlich, daß der Verteilungskoeffizient von der Gesamtmenge des gelösten Stoffes unabhängig ist.

Nehmen wir an, ein ternäres System bestehe aus den Komponenten A, B und C. A und B sollen mit C binäre Mischungen bilden, d.h. A soll nicht in B bzw. in (B,C) und B nicht in A bzw. in (A,C) löslich sein.

Im thermodynamischen Gleichgewicht ist

$$\mu_C^{(A,C)} = \mu_C^{(B,C)} \tag{8.85}$$

Nach der Aufspaltung der Potentiale in einen Standard- und einen konzentrationsabhängigen Restanteil wird aus (8.85):

$$\mu_C^{(A,C)} + RT \ln a_C^{(A,C)} = \mu_C^{(B,C)} + RT \ln a_C^{(B,C)} \tag{8.86}$$

Unter Berücksichtigung der Definition der Aktivität erhält man nach dem Entlogarithmieren und Umordnen aus Gl. (8.86)

$$\frac{a_C^{(A,C)}}{a_C^{(B,C)}} = \frac{x_C^{(A,C)}}{x_C^{(B,C)}} \cdot \frac{\gamma_C^{(A,C)}}{\gamma_C^{(B,C)}} = \exp\left\{- \frac{\mu_C^{(A,C)} - \mu_C^{(B,C)}}{RT}\right\} = \text{const} \tag{8.87}$$

Normiert man auf die reine Komponente C, sind die Zustandsänderungen, die beim Mischungsvorgang eventuell stattfinden müssen, weil Strukturen der Mischphasen von der Struktur der reinen Komponente C verschieden sind, in den Aktivitäten enthalten. Anstelle von (8.86) ist dann

$$\mu_C + RT \ln a_C^{(A,C)} = \mu_C + RT \ln a_C^{(B,C)} \tag{8.88}$$

$$RT \ln \frac{a_C^{(A,C)}}{a_C^{(B,C)}} = RT \ln \frac{x_C^{(A,C)}}{x_C^{(B,C)}} - RT \ln \frac{\gamma_C^{(B,C)}}{\gamma_C^{(A,C)}} = 0 \tag{8.89}$$

$$RT \ln \frac{x_C^{(A,C)}}{x_C^{(B,C)}} = RT \ln \frac{\gamma_C^{(B,C)}}{\gamma_C^{(A,C)}} \tag{8.90}$$

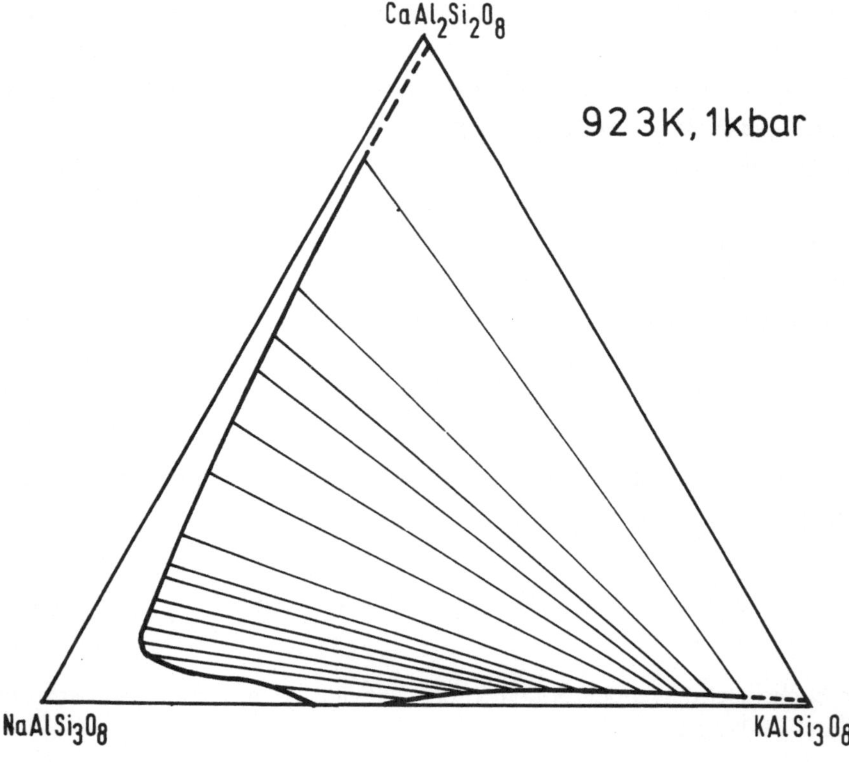


Abb. 64: Das System $CaAl_2Si_2O_8$ - $NaAlSi_3O_8$ - $KAlSi_3O_8$ bei 923 K und 1 kbar nach Seck (1971); dünne Linien (Konoden) verbinden koexistierende Phasenpaare miteinander.

**Beispiel**: Das ternäre Feldspatsystem $NaAlSi_3O_8$ - $KAlSi_3O_8$ - $CaAl_2Si_2O_8$ wurde von Seck (1971) experimentell untersucht. Die Ergebnisse bei 650°C und 1 kbar zeigen, daß bei diesen Bedingungen die Löslichkeit von $CaAl_2Si_2O_8$ (Anorthit) in $(K,Na)AlSi_3O_8$- Mischkristallen (Alkalifeldspat) gering ist (1.5 - 2.0 Mol%) und somit in erster Näherung vernachlässigt werden kann. Auch die Löslichkeit von $KAlSi_3O_8$ in $(Ca,Na)(Al,Si)AlSi_2O_8$ - Mischkristallen (Plagioklasen) ist bei niedrigen $NaAlSi_3O_8$-Gehalten gering. Sie nimmt bei hohen $NaAlSi_3O_8$-Konzentrationen etwas zu (vgl. Abb. 64). Obwohl auch diese geringen Mischbarkeiten der dritten Komponente in den binären Randsystemen bereits zu systematischen Fehlern führen müssen, benutzte Saxena (1973) die experimentellen Daten von Seck, um nach dem oben vorgestellten Modell die Aktivitäten der Komponenten in beiden Randsystemen $NaAlSi_3O_8$ - $KAlSi_3O_8$ und $NaAlSi_3O_8$ - $CaAl_2Si_2O_8$ zu bestimmen. Gemäß den vorangehenden Ausführungen betrachtete Saxena die koexistierenden Mischphasen Alkalifeldspat und Plagioklas als rein binär und rechnete die in der Originalarbeit von Seck für ternäre Mischungen angegebenen Molenbrüche wie folgt um:

$$x_{KAlSi_3O_8}^{Alkf} = \frac{x_{KAlSi_3O_8}^{Alkf}}{x_{KAlSi_3O_8}^{Alkf} + x_{NaAlSi_3O_8}^{Alkf}}$$

$$x_{NaAlSi_3O_8}^{Alkf} = \frac{x_{NaAlSi_3O_8}^{Alkf}}{x_{KAlSi_3O_8}^{Alkf} + x_{NaAlSi_3O_8}^{Alkf}}$$

$$x_{CaAl_2Si_2O_8}^{Pl} = \frac{x_{CaAl_2Si_2O_8}^{Pl}}{x_{CaAl_2Si_2O_8}^{Pl} + x_{NAlSi_3O_8}^{Pl}}$$

$$x_{NaAlSi_3O_8}^{Pl} = \frac{x_{NaAlSi_3O_8}^{Pl}}{x_{CaAl_2Si_2O_8}^{Pl} + x_{NaAlSi_3O_8}^{Pl}}$$

Im Gleichgewicht sind die chemischen Potentiale der $NaAlSi_3O_8$ -Komponente im Alkalifeldspat und Plagioklas gleich:

$$\mu_{NaAlSi_3O_8}^{Alkf} = \mu_{NaAlSi_3O_8}^{Pl}$$

oder

$$\mu_{NaAlSi_3O_8}^{Ab} + RT \ln a_{NaAlSi_3O_8}^{Alkf} = \mu_{NaAlSi_3O_8}^{Ab} + RT \ln a_{NaAlSi_3O_8}^{Pl}$$

wenn, Albit als Standardzustand für die $NaAlSi_3O_8$ - Komponente gewählt wird. Gemäß Gl. (8.90) ist dann

$$RT \ln \frac{x^{Pl}_{NaAlSi_3O_8}}{x^{Alkf}_{NaAlSi_3O_8}} = RT \ln \frac{\gamma^{Alkf}_{NaAlSi_3O_8}}{\gamma^{Pl}_{NaAlSi_3O_8}}$$

Nimmt man mit Saxena weiter an, daß die binären Mischungen asymmetrisch sind und daß für die Darstellung der Aktivitätskoeffizienten zwei Wechselwirkungsparameter genügen, erhält man:

$$RT \ln \frac{x^{Pl}_{NaAlSi_3O_8}}{x^{Alkf}_{NaAlSi_3O_8}} = (x^{Alkf}_{KAlSi_3O_8})^2[\mu^{e,\infty,Alkf}_{NaAlSi_3O_8} - 2(\mu^{e,\infty,Alkf}_{NaAlSi_3O_8} - \mu^{e,\infty,Alkf}_{KAlSi_3O_8})$$

$$(1 - x^{Alkf}_{KAlSi_3O_8})] - (x^{Pl}_{CaAl_2Si_2O_8})^2[\mu^{e,\infty,Pl}_{NaAlSi_3O_8} - 2(\mu^{e,\infty,Pl}_{NaAlSi_3O_8} - \mu^{e,\infty,Pl}_{CaAl_2Si_2O_8})$$

$$(1 - x^{Pl}_{CaAl_2Si_2O_8})]$$

$\mu^{e,\infty,Alkf}_{NaAlSi_3O_8}$, $\mu^{e,\infty,Alkf}_{NaAlSi_3O_8}$, $\mu^{e,\infty,Pl}_{NaAlSi_3O_8}$ und $\mu^{e,\infty,Pl}_{CaAl_2Si_2O_8}$ sind gemäß (7.156) die Exzeßpotentiale der Komponenten bei unendlichen Verdünnungen in entsprechenden Mischphasen. Da diese Größen bei konstantem Druck und konstanter Temperatur konstant sind, lassen sie sich aus den Gleichgewichtskonzentrationen ausrechnen.

Sowohl im allgemeinen Fall als auch im konkreten Beispiel der Feldspäte war nur eine Komponente auf die beiden koexistierenden Mischphasen verteilt. Eine weitere Möglichkeit der Verteilung ist gegeben, wenn die koexistierenden Mischphasen nach dem Schema (A,B)X bzw. (A,B)Y aufgebaut sind. Hier liegen zwei Komponenten, A und B, vor. Sie sind nicht unabhängig voneinander auf die koexistierenden Mischphasen verteilt. Die Endglieder der beiden Mischreihen sind AX, BX, AY und BY. Für den Spezialfall, daß Y lediglich ein Vielfaches von X ist, liegt wiederum ein ternäres System vor.

Für die Erfassung des Verteilungsgleichgewichts formuliert man abweichend von dem oben vorgestellten Beispiel eine sogenannte *Austauschreaktion*. Sie gleicht einer chemischen Reaktion für doppelte Umsetzungen. In unserem Fall muß man schreiben:

$$AX + BY \rightarrow AY + BX \quad (8.91)$$

Die thermodynamische Gleichgewichtskonstante der Reaktion (8.91) lautet:

$$K(P,T) = \frac{a_{AY} \cdot a_{BX}}{a_{AX} \cdot a_{BY}} = \frac{x_{AY} \cdot x_{BX}}{x_{AX} \cdot x_{BY}} \cdot \frac{\gamma_{AY} \cdot \gamma_{BX}}{\gamma_{AX} \cdot \gamma_{BY}} \quad (8.92)$$

oder

$$K(P,T) = K_D \cdot K_\gamma \quad (8.93)$$

mit

$$K_D = \frac{x_{AY} \cdot x_{BX}}{x_{AX} \cdot x_{BY}} \quad \text{und} \quad K_\gamma = \frac{\gamma_{AY} \cdot \gamma_{BX}}{\gamma_{AX} \cdot \gamma_{BY}} \tag{8.94}$$

$K_D$ ist der Verteilungskoeffizient. Sind die koexistierenden Mischphasen ideal, ist der Verteilungskoeffizient identisch mit der thermodynamischen Gleichgewichtskonstante.

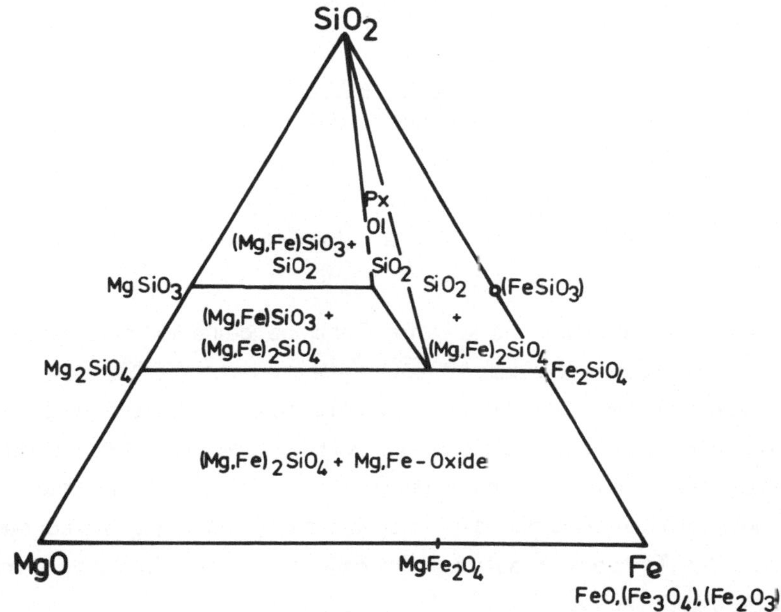


Abb. 65: Das System MgO - $SiO_2$ - Fe - $O_2$ in der Projektion von der $O_2$-Ecke auf die MgO - $SiO_2$ - Fe-Basis bei 1 bar Gesamtdruck und T = constant im Kontakt mit metallischem Eisen. Die Phasen in den Klammern sind bei den gegebenen Bedingungen nicht stabil. Für die Oxide $Fe_3O_4$ und $Fe_2O_3$ ist die Sauerstoff-Fugazität zu niedrig. $FeSiO_3$ ist eine Hochdruckphase (nach Nafziger und Muan, 1967).

**Beispiel**: Das bekannteste und auch sehr eingehend untersuchte mineralogische Beispiel für die oben beschriebene Art des Verteilungsgleichgewichts ist die Verteilung von Eisen auf Olivin, $(Mg,Fe)_2SiO_4$, und Orthopyroxen, $(Mg,Fe)SiO_3$ (siehe Abb. 65). Bezogen auf das oben vorgestellte allgemeine Beispiel wären hier MgO = A, FeO = B, $SiO_2$ = X und $2SiO_2$ = Y. Wir haben also das vorne erwähnte Beispiel vorliegen, bei dem Y ein Vielfaches von X ist, wodurch das System als ternär aufgefaßt werden kann. Sowohl die Olivin- als auch die Pyroxenphase sind binär. Die Komponenten des Olivins sind $Mg_2SiO_4$ und $Fe_2SiO_4$ und die der Orthopyroxene $MgSiO_3$ und $FeSiO_3$.

Die Austauschreaktion kann wie folgt formuliert werden:

$$MgSi_{0.5}O_2 + FeSiO_3 \rightarrow FeSi_{0.5}O_2 + MgSiO_3$$

$Mg_2SiO_4$ und $Fe_2SiO_4$ sind halbiert worden, damit die Reaktion auf der "Ein-Kation-Basis" aufgestellt werden kann (vgl. Kap 7.2.3.).

Bei konstanter Temperatur und konstantem Druck ist die thermodynamische Gleichgewichtskonstante der oben angeschriebenen Austauschreaktion:

$$K(P,T) = \frac{a_{MgSiO_3} \cdot a_{FeSi_{0.5}O_2}}{a_{MgSi_{0.5}O_2} \cdot a_{FeSiO_3}}$$

oder

$$K(P,T) = \frac{(1 - x_{FeSiO_3}) \cdot x_{FeSi_{0.5}O_2}}{x_{FeSiO_3} \cdot (1 - x_{FeSi_{0.5}O_2})} \cdot \frac{\gamma_{MgSiO_3} \cdot \gamma_{FeSi_{0.5}O_2}}{\gamma_{MgSi_{0.5}O_2} \cdot \gamma_{FeSiO_3}}$$

Wird sowohl für Olivine als auch für Pyroxene ideale Mischbarkeit vorausgesetzt, was für Temperaturen oberhalb 1200°C annähernd zutrifft (Saxena, 1973), sind alle Aktivitätskoeffizienten 1 und die thermodynamische Gleichgewichtskonstante ist gleichzeitig auch der Verteilungskoeffizient. Ob wirklich eine ideale Mischbarkeit angenommen werden kann, kann man leicht überprüfen, indem man experimentell bestimmte Verteilungskoeffizienten gegen die Pauschalzusammensetzung bei konstantem Druck und konstanter Temperatur aufträgt. Im Falle des idealen Verhaltens muß sich eine zur Konzentrationsachse parallele Gerade ergeben.

Die Austauschreaktionen eignen sich auch für die Beschreibung von mineralogisch wichtigen *intrakristallinen* Verteilungsgleichgewichten. Damit sind vor allem Verteilungen von Kationen auf verschiedene, energetisch oft nur wenig unterschiedliche Gitterpositionen und die damit bedingten Ordnungs- und Unordnungsprozesse gemeint.

**Beispiel**: Es wurde bereits mehrmals erwähnt, daß im Olivin zwei Arten von Oktaederplätzen vorhanden sind. Beide Plätze sind nach der Form und Größe nur wenig verschieden, so daß eine partielle und von den äußeren Zustandsparametern Druck und Temperatur abhängige Ordnung des Eisens bzw. Magnesiums auf diesen Plätzen erwartet werden kann. Für den Ordnungsprozeß läßt sich folgende Austauschreaktion aufstellen:

$$Fe_{M1} + Mg_{M2} \rightarrow Mg_{M1} + Fe_{M2}$$

Die obige Reaktionsgleichung beschreibt den Platztausch zwischen Eisen und Magnesium. Ein Eisenatom wechselt von der kleineren M1 auf die größere M2 Position.

Umgekehrt geht dafür ein Magnesium von M2 auf M1. Bei Annahme einer idealen Mischbarkeit für beide Atomsorten auf beiden Plätzen ist der Verteilungskoeffizient identisch mit der thermodynamischen Konstante obiger Reaktion. Es ist

$$K_D = K(P,T) = \frac{x_{Mg,M1} \cdot x_{Fe,M2}}{x_{Fe,M1} \cdot x_{Mg,M2}}$$

oder

$$K_D = K(P,T) = \frac{x_{Mg,M1} \cdot (1 - x_{Fe,M1})}{(1 - x_{Mg,M1}) \cdot x_{Fe,M1}}$$

$x_{i,j}$ sind Atombrüche der Komponenten Magnesium und Eisen auf den entsprechenden Gitterpositionen im Mischkristall. Die beiden Gitterplätze werden als separate Mischphasen aufgefaßt, in denen $Mg^{2+}$ und $Fe^{2+}$ mischen.

Experimentell läßt sich der Verteilungskoeffizient in dem hier besprochenen Fall mit Hilfe der Mößbauerspektroskopie bestimmen. Es ist jedoch bis heute nicht eindeutig gesichert, ob und in welchem Maße die genannte Kationenverteilung im Olivin von den Zustandsvariablen Druck und Temperatur abhängt. Im Gegensatz dazu ist eine entsprechende Verteilung von Magnesium und Eisen in Orthopyroxenen, deren M1 und M2 Plätze deutlicher verschieden sind, gesichert (siehe z.B. Saxena und Ghose, 1971; Virgo und Hafner, 1969).

### 8.6.1. **Temperatur- und Druckabhängigkeit des Verteilungskoeffizienten**

Die Temperatur- und Druckabhängigkeit des Verteilungskoeffizienten ergibt sich aus den entsprechenden Abhängigkeiten der Koexistenzbedingungen oder den Reaktionsgleichgewichten. Da die ersteren zu komplizierten und schlecht überschaubaren Ausdrücken führen, wird hier nur die in der mineralogischen Literatur ohnehin häufig vorgefundene Formulierung der Druck- und Temperaturabhängigkeit vorgestellt, die von chemischen Reaktionen ausgeht.

Für eine Austauschreaktion in der Art der Gl. (8.91) gilt:

$$\Delta G_r = - RT \ln \frac{a_{AY} \cdot a_{BX}}{a_{AX} \cdot a_{BY}} \tag{8.95}$$

oder unter Berücksichtigung von (8.93) und (8.94)

$$\Delta G_r = - RT \ln K_D - RT \ln \frac{\gamma_{AY} \cdot \gamma_{BX}}{\gamma_{AX} \cdot \gamma_{BY}} \tag{8.96}$$

bzw.

$$\ln K_D = -\frac{\Delta G_r}{RT} - \sum \nu_i \ln \gamma_i \qquad (8.97)$$

Können die Änderungen der Wärmekapazität des Systems und der Unterschied der Kompressibilitäten der Reaktionsteilnehmer vernachlässigt werden, gilt für jede beliebige Temperatur und jeden beliebigen Druck:

$$\ln K_D = -\frac{\Delta H_r}{RT} + \frac{\Delta S_r}{R} - \frac{\Delta V_r}{RT}(P-1) - \sum \nu_i \ln \gamma_i(x_i,P,T) \qquad (8.98)$$

$\Delta V_r$ ist das Reaktionsvolumen. Dieses ist bei intrakristallinen Austauschreaktionen in der Regel sehr klein, wodurch die Druckabhängigkeit solcher Gleichgewichte gering ist. Die Klammer hinter dem Aktivitätskoeffizienten in der Gl. (8.98) soll andeuten, daß dieser als Funktionen des Drucks und der Temperatur bekannt sein muß.

Bleiben wir bei dem gewählten hypothetischen Beispiel und nehmen an, daß beide Subsysteme, die hier einfachheitshalber mit X (AX - BX) und Y (AY - BY) bezeichnet werden, symmetrische Mischungen sind. Für den Logarithmus des Verteilungskoeffizienten können wir dann schreiben:

$$\begin{aligned}\ln K_D = &-\frac{\Delta H_r}{RT} + \frac{\Delta S_r}{R} - \frac{\Delta V_r}{RT}(P-1) - \frac{(U_Y^{e,\infty} - TS_Y^{e,\infty} + PV_Y^{e,\infty})}{RT}(1-x_{AY})^2 - \\ &\frac{(U_X^{e,\infty} - TS_X^{e,\infty} + PV_X^{e,\infty})}{RT}(x_{AX})^2 + \frac{(U_X^{e,\infty} - TS_X^{e,\infty} + PV_X^{e,\infty})}{RT}(1-x_{AX})^2 \\ &+ \frac{(U_Y^{e,\infty} - TS_Y^{e,\infty} + PV_Y^{e,\infty})}{RT}(x_{AY})^2 \end{aligned} \qquad (8.99)$$

bzw. nach dem Zusammenfassen und Ausklammern gleichnamiger Glieder:

$$\begin{aligned}\ln K_D = &-\frac{\Delta H_r}{RT} + \frac{\Delta S_r}{R} - \frac{\Delta V_r}{RT}(P-1) + \frac{(U_X^{e,\infty} - TS_X^{e,\infty} + PV_X^{e,\infty})}{RT}(1-2x_{AX}) \\ &- \frac{(U_Y^{e,\infty} - TS_Y^{e,\infty} + PV_Y^{e,\infty})}{RT}(1-2x_{AY}) \end{aligned} \qquad (8.100)$$

$U_i^{e,\infty}$, $S_i^{e,\infty}$ und $V_i^{e\infty}$ sind Exzeßfunktionen bei unendlichen Verdünnungen der Komponenten, die in einer symmetrischen Mischung innerhalb einer binären Mischreihe für beide Komponenten gleich sind. In den Fällen, in denen die partielle molare Exzeßentropie und das partielle Exzeßvolumen so klein sind, daß sie innerhalb des Bestimmungsfehlers liegen, können sie vernachlässigt werden und der Wechselwirkungsparameter wird eine Konstante. Anstelle von (8.100) ist dann:

$$\ln K_D = -\frac{\Delta H_r}{RT} + \frac{\Delta S_r}{R} - \frac{\Delta V_r}{RT}(P - 1) + \frac{W_X}{RT}(1 - 2x_{AX}) - \frac{W_Y}{RT}(1 - x_{AY}) \quad (8.101)$$

# 9. Thermodynamik wäßriger Lösungen und silikatischer Schmelzen

Wäßrige Lösungen im unterkritischen und überkritischen Bereich und silikatische Schmelzen spielen bei der Gesteinsbildung eine sehr wichtige Rolle. Wenn man von Flüssigkeitseinschlüssen in den Mineralen und von vulkanischen Gläsern absieht, finden sich Anzeichen der ursprünglichen Existenz dieser Phasen nur noch im Mineralchemismus und - unter bestimmten Umständen - in der Art der Kristallausbildung konserviert. Gerade wegen des Fehlens fluider Komponenten in den der Untersuchung zugänglichen Mineralparagenesen ist man bei der Deutung von Befunden auf die Hilfe der Thermodynamik angewiesen.

Auch für die Auswertung von Experimenten zur Phasenstabilität sind thermodynamische Kenntnisse sowohl von Schmelzen als auch von wäßrigen Lösungen notwendig, denn in fast allen Versuchen auf dem Gebiet der Hochtemperatur- und der Hochdruckforschung wird Wasser als Kristallisationshilfe eingesetzt. Wenn keine nominell wasserhaltigen Minerale oder wenn neben dem Wasser keine anderen fluiden Phasen, wie z.B. $CO_2$, an der Reaktion teilnehmen, wird Wasser als reine Phase behandelt. Dies ist nicht korrekt und geschieht nur in Ermangelung von Löslichkeits- und Aktivitätsdaten von geowissenschaftlich relevanten Stoffen.

Aus einschlägigen Experimenten ist bekannt, daß in einer silikatischen Schmelze gelöstes Wasser die Solidustemperaturen erniedrigt (siehe z.B. das System $NaAlSi_3O_8$ - $KAlSi_3O_8$). Diese Beobachtung läßt sich damit erklären, daß beim Lösen des Wassers in der Schmelze die $SiO_2$-Aktivität geändert wird (Nicholls, 1978).

## 9.1, Wäßrige Lösungen

Wäßrige Lösungen spielen in der Natur unter anderem insbesondere bei Transportphänomenen eine sehr wichtige Rolle. Das gilt sowohl für die überkritischen fluiden Lösungen (z.B. im Pegmatitisch-Pneumatolytischen Bereich) als auch für die unterkritischen wäßrigen Lösungen (z.B. im hydrothermalen und sedimentären Bereich).

Im überkritischen Bereich wird Wasser thermodynamisch hauptsächlich als eine Gasphase behandelt, in der Gase wie $H_2$ und $O_2$ gelöst sind. Weitere Komponenten, deren Konzentrationen die der vorgenannten Gase meist übersteigen, sind $CO_2$, F und $CH_4$.

Die in den Gasmischungen gelösten Spezies werden hauptsächlich wegen fehlender experimenteller Daten nicht als weitere Komponenten berücksichtigt. Ihr Einfluß auf die Partialdrücke (bzw. Fugazitäten) der Hauptkomponenten muß deshalb notgedrungen vernachlässigt werden.

Normierungen und Beziehungen zwischen den Aktivitäten und den Molenbrüchen der Komponenten in idealen und realen Gasmischungen wurden im Kapitel 7.2.2. ausführlich diskutiert. Die dort gewonnenen Erkenntnisse gelten unverändert auch für das $H_2O$ - $CO_2$ - System. In der Literatur findet man Fugazitätsdaten für die beiden Gase normiert auf den Zustand idealer Gase bei 1 bar und der Temperatur T. Nach der Gl. (7.83) kann man das chemische Potential des Wassers in einer Gasmischung wie folgt ausdrücken:

$$\mu_{H_2O}^{Gas}(P,T) = \mu_{H_2O}^{Gas,id}(1,T) + RT \ln P + RT \ln \varphi_{H_2O} + RT \ln x_{H_2O}^{Gas} + RT \ln \gamma_{H_2O}^{Gas} \quad (9.1)$$

Da $\gamma_{H_2O}^{Gas}$, außer für das System $H_2O$ - $CO_2$ und auch dort nur für einen recht engen Druck- und Temperaturbereich nicht bekannt ist, wird es in den entsprechenden thermodynamischen Rechnungen gleich 1 gesetzt. Das heißt, das Wasser wird als ein reales Gas, welches ideale Mischungen bildet, behandelt.

In den Elektrolytlösungen kommen die Komponenten dissoziiert in einzelne Ionen vor, die infolge des Dipolcharakters des Wassers hydratisiert, d.h. mit einer "Wasserhülle" umgeben sind. Diese Hülle schwächt die zwischen den Ionen wirkenden Anziehungskräfte so stark ab, daß sich die hydratisierten Ionen in einer verdünnten Lösung frei bewegen können. Der Hydratationsvorgang ist exotherm. Die freiwerdende Energie ist insbesondere bei den Ionen mit kleinen Radien und hohen Ladungen beträchtlich. Ionen der Übergangsmetalle bilden mit Wasser Komplexe. Bei steigender Konzentration des gelösten Stoffes in der Elektrolytlösung verstärkt sich die Wechselwirkung zwischen den Ionen. Es bilden sich Ionenpaare, Triplets bzw. Ionenschwärme und Cluster, die geladen oder auch neutral sein können.

Das chemische Potential einer einzelnen Ionensorte j in der Lösung ist nach (7.55) gegeben durch

$$\mu_j = \left(\frac{\partial G}{\partial n_j}\right)_{P,T,n_{i \neq j}} \quad (9.2)$$

Es entspricht der Änderung der Freien Enthalpie der Lösung, wenn ihr ein Mol der Komponente j unter Konstanthaltung aller übrigen Komponenten einschließlich des Lösungsmittels, bei konstanter Temperatur und konstantem Druck hinzugefügt wird. Wegen der Elektroneutralitätsbedingung lassen sich Lösungen jedoch nur mit insgesamt neutralen Ionenkombinationen herstellen. Aus diesem Grund läßt sich das chemische Potential eines Elektrolyten, der in der Lösung in $\nu_K$ Kationen und $\nu_A$ Anionen zerfällt, wie folgt formulieren:

$$\mu_{KA} = \nu_K \mu_K + \nu_A \mu_A \quad (9.3)$$

oder nach der Aufspaltung in Standard- und Restpotentiale:

$$\mu_{KA} = \nu_K\mu_K^\infty + RT \ln a_K^{\nu_K} + \nu_A\mu_A^\infty + RT \ln a_A^{\nu_A}$$

$$= \nu_K\mu_K^\infty + \nu_A\mu_A^\infty + RT \ln (a_K^{\nu_K} \cdot a_A^{\nu_A}) \qquad (9.4)$$

Die stöchiometrische Summe der Standardpotentiale der gelösten Spezies ergibt das Standardpotential des Elektrolyts in der Lösung.

$$\mu_{KA}^\infty = \nu_K\mu_K^\infty + \nu_A\mu_A^\infty \qquad (9.5)$$

Als Bezugszustände dienen hier ideal verdünnte Lösungen. Die Konzentrationsangaben werden hier aber nicht in Molenbrüchen, sondern in Kilogrammolaritäten (Mole gelöste Spezies pro 1000g Lösungsmittel) bzw. in Litermolaritäten (Mol/Liter) gemacht. Im Henryschen Bereich ist das chemische Potential einer Komponente i gegeben durch

$$\mu_i = \mu_i^\infty + RT \ln m_i \qquad (9.6)$$

wenn die Konzentration in Kilogrammolaritäten und

$$\mu_i = \mu_i^\infty + RT \ln c_i \qquad (9.7)$$

wenn sie in Litermolaritäten gemessen wird.

Aus den Gln. (9.6) und (9.7) geht hervor, daß das Standardpotential der Komponente i das Potential ist, das diese Komponente hätte, wenn sie in einer 1-molaren Lösung die Eigenschaften der idealen Verdünnung besäße. Es handelt sich also um einen nichtrealisierbaren extrapolierten Zustand (vgl. Kap. 7.2.4.2.).

Für die Konzentrationen, die oberhalb des Henryschen Bereiches liegen, muß der Aktivitätskoeffizient eingeführt werden, so daß aus (9.6) und (9.7)

$$\mu_i = \mu_i^\infty + RT \ln (m_i \cdot \gamma_{i,m}^\infty)$$
$$\lim_{m \to 0} \gamma_{i,m}^\infty = 1 \qquad (9.8)$$

bzw.

$$\mu_i = \mu_i^\infty + RT \ln (c_i \cdot \gamma_{i,c}^\infty)$$
$$\lim_{m \to 0} \gamma_{i,c}^\infty = 1 \qquad (9.9)$$

werden.

Zwischen den Aktivitätskoeffizienten binärer Lösungen mit den Konzentrationsangaben in Molenbrüchen, Kilogrammolaritäten und Litermolaritäten existieren folgende Beziehungen:

$$\gamma_i = \gamma_{i,m}^{\infty}(1 + 0.001\,M_1 m_2) = \gamma_{i,c}^{\infty}\left[\frac{\rho - 0.001\,c_2(M_2 - M_1)}{\rho_1}\right] \tag{9.10}$$

$$\gamma_{i,c}^{\infty} = \gamma_{i,m}^{\infty}(1 + 0.001\,m_2 M_2)\frac{\rho_1}{\rho} \tag{9.11}$$

In den Gln. (9.11) und (9.12) bedeuten:

$M_1$ = Molmasse des Lösungsmittels
$M_2$ = Molmasse des gelösten Stoffes
$m_2$ = Kilogrammolarität des gelösten Stoffes
$c_2$ = Litermolarität des gelösten Stoffes
$\rho_1$ = Dichte des Lösungsmittels
$\rho$ = Dichte der Lösung

Die Aktivitätskoeffizienten, die sich auf die Konzentrationsangaben in Mol/Liter beziehen, weisen neben den üblichen noch weitere Druck- und Temperaturabhängigkeiten auf. Wie man zeigen kann, sind diese Abhängigkeiten eine Folge der temperatur- bzw. druckbedingten Änderungen des Dichteverhältnisses zwischen der gelösten Komponente und dem Lösungsmittel. Wird die Gl. (9.11) zunächst logarithmiert und anschließend nach T differenziert, erhält man:

$$\left(\frac{\partial \ln \gamma_{i,c}^{\infty}}{\partial T}\right)_{P,c_i} = \left(\frac{\partial \ln \gamma_{i,m}^{\infty}}{\partial T}\right)_{P,m_i} + \left(\frac{\partial \ln \rho_1/\rho}{\partial T}\right)_{P,c_i}$$

$$= -\frac{H_i - H_{i,m}^{\infty}}{RT^2} + \left(\frac{\partial \ln \rho_1/\rho}{\partial T}\right)_{P,c_i} \tag{9.12}$$

$H_{i,m}^{\infty}$ ist die molare Enthalpie der gelösten Komponente bei der Konzentration m = 1, aber mit den Eigenschaften einer ideal verdünnten Lösung.

Die Differentiation der logarithmierten Gl. (9.11) nach dem Druck bei konstanter Temperatur ergibt:

$$\left(\frac{\partial \ln \gamma_{i,c}^{\infty}}{\partial P}\right)_{T,c_i} = \frac{V_i - V_{i,m}^{\infty}}{RT} + \left(\frac{\partial \ln \rho_1/\rho}{\partial P}\right)_{T,c_i} \tag{9.13}$$

$V_{i,m}^{\infty}$ ist das Molvolumen der Komponente i in unendlicher Verdünnung, extrapoliert auf $m_i$ = 1. Da dieser Zustand nicht realisiert werden kann, ist dieses Volumen eine reine Rechengröße.

Entsprechend den verschiedenen Möglichkeiten der Konzentrationsangabe für eine Komponente in einer wäßrigen Lösung kann ihre Aktivität ebenfalls verschieden ausgedrückt werden. Dissoziiert z.B. ein Elektrolyt KA in die Kationen K und Anionen A, so läßt sich seine Aktivität wie folgt schreiben:

$$a_{KA} = a_K^{\nu_K} \cdot a_A^{\nu_A} = m_K^{\nu_K}(\gamma_{K,m}^{\infty}) \cdot m_A^{\nu_A}(\gamma_{A,m}^{\infty})^{\nu_A}$$

$$= c_K^{\nu_K}(\gamma_{K,c}^{\infty})^{\nu_K} \cdot c_A^{\nu_A}(\gamma_{A,c}^{\infty})^{\nu_A} \tag{9.14}$$

Berücksichtigt man, daß die Gesamtzahl der Ionen

$$\nu = \nu_K + \nu_A \tag{9.15}$$

ist, kann man eine *mittlere Ionenkonzentration*

$$m_{K,A} = (m_K^{\nu_K} \cdot m_A^{\nu_A})^{1/\nu} \quad \text{bzw.} \quad c_{K,A} = (c_K^{\nu_K} \cdot c_A^{\nu_A})^{1/\nu} \tag{9.16}$$

sowie einen *mittleren Aktivitätskoeffizienten*

$$\gamma_{K,A,m}^{\infty} = [(\gamma_{K,m}^{\infty})^{\nu_K} \cdot (\gamma_{A,m}^{\infty})^{\nu_A}]^{1/\nu} \tag{9.17}$$

für die Konzentrationsangabe in Kilogrammolaritäten und

$$\gamma_{K,A,c}^{\infty} = [(\gamma_{K,c}^{\infty})^{\nu_K} \cdot (\gamma_{A,c}^{\infty})^{\nu_A}]^{1/\nu} \tag{9.18}$$

für die Konzentrationsangabe in Litermolaritäten definieren.

Die *mittlere Aktivität* ist dann analog

$$a_{K,A} = [a_K^{\nu_K} \cdot a_A^{\nu_A}]^{1/\nu} \tag{9.19}$$

Wegen

$$m_K = \nu_K m_{KA} \quad \text{und} \quad m_A = \nu_A m_{KA} \tag{9.20}$$

erhält man unter Berücksichtigung von (9.16) bis (9.19):

$$a_{KA} = a_{K,A}^{\nu} = m_{K,A}^{\nu}(\gamma_{K,A,m}^{\infty})^{\nu} \tag{9.21}$$

($m_{KA}$ = Molalität des undissoziierten Elektrolyts)

**Beispiel**: Der Elektrolyt $Na_2SO_4$ dissoziiert in der Lösung zu

$$Na_2SO_4 \rightarrow 2\,Na^+ + SO_4^{2-}$$

Hier sind $\nu_K = 2$, $\nu_A = 1$ und $\nu = 3$

Gemäß Gl. (9.21) ist die Aktivität der Komponente $Na_2SO_4$ in der Lösung

$$a_{Na_2SO_4} = 2^2 \cdot 1^1 [m_{Na_2SO_4} \cdot \gamma^{\infty}_{Na^+,SO_4^{2-}}]^{2+1}$$

$$= 4 m^3_{Na_2SO_4} (\gamma^{\infty}_{Na^+,SO_4^{2-}})^3$$

mit

$$\gamma^{\infty}_{Na^+,SO_4^{2-}} = [(\gamma^{\infty}_{Na^+,m})^2 \cdot (\gamma^{\infty}_{SO_4^{2-},m})]^{1/3}$$

als dem mittleren Aktivitätskoeffizienten, wenn die Konzentration in Kilogrammolaritäten gemessen wird.

Die Beobachtung, daß in genügend verdünnten Lösungen die Wechselwirkung zwischen den Ionen (der Einfluß auf die Aktivitätskoeffizienten) offensichtlich nicht auf die spezifischen Eigenschaften der Ionen zurückgeführt werden kann, sondern daß es dabei nur auf die Zahl der Ionen und ihre Ladung ankommt, führte zur Aufstellung des Begriffs *Ionenstärke*. Die empirische Gleichung dafür lautet:

$$I_m = \frac{1}{2} \sum m_i z_i^2 \quad \text{bzw.} \quad I_c = \frac{1}{2} \sum c_i z_i^2 \qquad (9.22)$$

$I_m$ und $I_c$ kennzeichnen die Ionenstärken für die entsprechenden Konzentrationsangaben. $m_i$ und $c_i$ sind die Konzentrationen der betreffenden Ionen und $z_i$ ihre Wertigkeiten.

Zwischen dem mittleren Aktivitätskoeffizienten und der Ionenstärke besteht folgende Beziehung:

$$\log \gamma^{\infty}_{K,A} = - \frac{A|z_+ z_-|\sqrt{I_m}}{1 + Ba\sqrt{I_m}} \qquad (9.23)$$

Die Größen A und B hängen von der Temperatur und vom Druck ab und sind lösungsmittelspezifisch. Klein a gibt die größte Annäherung der Ionen an und wird in Å (Ångström) ausgedrückt. Es ist ein empirischer Anpassungsfaktor.

Die Gl. (9.23) ist anwendbar für Ionenstärken bis $I_m \approx 0.1$. In stark verdünnten Lösungen ist der Term $Ba\sqrt{I_m}$ klein gegenüber 1 und kann vernachlässigt werden. Auf diese Weise kommt man zu dem Debye-Hückel Grenzgesetz, das lautet:

$$\log \gamma^{\infty}_{K,A} = - A|z_+ z_-|\sqrt{I_m} \qquad (9.24)$$

Für hohe Konzentrationen gibt es empirische Formeln, die im wesentlichen auf Gl. (9.23) zurückführbar sind und sich von ihr durch zusätzliche Korrekturglieder unterscheiden.

Die Ionen der im Wasser gelösten Salze können dem Wasser gegenüber als Säuren oder Basen wirken. Dabei wirken die meisten Anionen basisch und die hydratisierten, mehrfach geladenen Metallkationen sauer. Beide Prozesse lassen sich mit Änderungen der $H_3O^+$-Aktivität in Verbindung bringen. Man hat aus diesem Grunde einen besonderen Begriff geprägt, nämlich den des *pH-Wertes* einer Lösung, worunter der negative dekadische Logarithmus der Hydroniumionen-Aktivität verstanden wird. Es ist

$$pH = -\log a_{H_3O^+} \tag{9.25}$$

oder mit dem natürlichen Logarithmus

$$pH = -\frac{1}{2.303} \ln a_{H_3O^+} \tag{9.26}$$

Neutrale Lösungen haben pH = 7, saure < 7 und alkalische > 7.

**Beispiel**: In reinem Wasser löst sich Hämatit nur zu geringen Anteilen. Der Lösungsvorgang läßt sich mit folgender Reaktionsgleichung beschreiben:

$$Fe_2O_3(s) + 3H_2O \rightarrow 2Fe^{3+}_{aq} + 6OH^-$$

Die Bezeichnungen (s) und "aq" stehen für den festen Stoff und das hydratisierte Ion.

Fügt man zur obigen Gleichung das Dissoziationsgleichgewicht des Wassers hinzu, erhält man:

$$\begin{array}{l} Fe_2O_3(s) + 3H_2O \rightarrow 2Fe^{3+}_{aq} + 6OH^- \\ \underline{6OH^- \quad + 6H_3O^+ \rightarrow 12H_2O \qquad\qquad} \\ Fe_2O_3(s) + 6H_3O^+ \rightarrow 2Fe^{3+}_{aq} + 9H_2O \end{array}$$

Da die Aktivitäten aller Komponenten in der Bruttoreaktion außer der der $H_3O^+$- und $Fe^{3+}_{aq}$-Ionen 1 sind, lautet die thermodynamische Gleichgewichtskonstante

$$K(P,T) = \frac{(a_{Fe^{3+}})^2}{(a_{H_3O^+})^6}$$

oder

$$\log K(P,T) = 2\log a_{Fe^{3+}_{aq}} - 6\log a_{H_3O^+}$$

Nach der Umstellung der Gleichung und mit Berücksichtigung der Definition von pH, ergibt sich für die Aktivität der $Fe^{3+}_{aq}$ - Ionen folgender Ausdruck:

$$\log a_{Fe^{3+}_{aq}} = 1/2 \log K(P,T) - 3pH$$

Ist die thermodynamische Gleichgewichtskonstante der Reaktion bekannt, kann die Stabilität des Hämatits im Koordinatensystem $\log a_{Fe^{3+}_{aq}}/pH$ aufgetragen werden.

Eine ähnliche Bedeutung wie der pH-Wert für Säure/Base Reaktionen besitzt das Redoxpotential, eH, für Redox-Reaktionen. Unter Redox-Reaktionen versteht man Vorgänge, bei denen eine Elektronenverschiebung zwischen den Reaktionspartnern stattfindet.

Taucht man z.B. ein Eisenblech in eine Kupfersalzlösung ein, so scheidet sich metallisches Kupfer auf dem Eisen ab, wobei die vorher blaue Lösung allmählich grün wird. Als Reaktion kann man schreiben:

$$Fe + Cu^{2+}_{aq}(\text{blau}) \rightarrow Fe^{2+}_{aq}(\text{grün}) + Cu \tag{9.27}$$

Die Bruttoreaktion (9.27) läßt sich formal in zwei Halbreaktionen oder Halbzellenreaktionen zerlegen, nämlich in die Oxidation des metallischen Eisens zum zweiwertigen Ion unter Abgabe zweier Elektronen

$$Fe \rightarrow Fe^{2+} + 2e^- \tag{9.28}$$

und der Reduktion des zweiwertigen Kupferions zu metallischem Kupfer unter der Aufnahme von zwei Elektronen;

$$Cu^{2+} + 2e^- \rightarrow Cu \tag{9.29}$$

Die bei der Reduktion stattfindende Ladungsverschiebung läßt sich als elektrischer Strom messen, wenn Vorgänge (9.28) und (9.29) durch geeignete Anordnung räumlich getrennt sind, was praktisch auf folgende Weise geschehen kann:

Man teilt das Gefäß mit Hilfe einer Tonwand in zwei Hälften und füllt die eine mit einer $CuSO_4$- und die andere mit einer $FeSO_4$-Lösung. Anschließend läßt man in die erste Hälfte ein Cu- und in die zweite ein Fe-Blech eintauchen. Die beiden Bleche werden dadurch zu Elektroden, und wenn man sie mit einem elektrischen Leiter verbindet, fließen Elektronen vom Kupfer zum Eisen, wobei Eisen durch die Bildung von $Fe^{2+}$-Ionen (Oxidation) in Lösung geht. Auf der Kupferseite werden $Cu^{2+}$-Ionen an der Kupferelektrode zu metallischem Kupfer reduziert. Da durch diesen Prozeß die $Fe^{2+}$-Konzentration auf der Fe-Seite zunimmt, wandern zum Ladungsausgleich $SO_4^{2-}$ - Ionen durch die poröse Tonwand von der Cu- auf die Fe-Seite. Bei einer derartigen

Versuchsanordnung läßt sich die maximale Reaktionsarbeit, entsprechend der Änderung der Freien Enthalpie, als elektrische Arbeit gewinnen. Es ist

$$A = \Delta G_r = nUF \tag{9.30}$$

n gibt die Zahl der pro Formelumsatz verschobenen Elektronen, U ist die zwischen den Elektroden herrschende Spannung und F die Faradaykonstante, die 96486 Coulomb bzw. 23.06 kcal pro Volt und Grammäquivalent beträgt.

Damit es zur Ausbildung einer Potentialdifferenz kommen kann, die bei der Verbindung beider Elektroden durch einen elektrischen Leiter zur Ladungsverschiebung führt, müssen die Tendenzen, Elektronen abzugeben und als Ion in Lösung zu gehen, für Eisen und Kupfer verschieden groß sein. Um darüber eine quantitative Angabe machen zu können, bedarf es eines Bezugs, denn die Oxidations- bzw. Reduktionswirkung eines Teilchens läßt sich nur im Vergleich mit einem anderen Teilchen messen.

An einer Redoxreaktion nehmen immer zwei *Redoxpaare* teil. Unter einem Redoxpaar versteht man die reduzierte und die oxidierte Form des betreffenden Teilchens. Beide sind durch eine Halbreaktion (vgl. Gln. 9.28 und 9.29) miteinander verknüpft. Dieser Sachverhalt kann mit einer allgemeinen Gleichung

$$\text{Red} \rightarrow \text{Ox} + ne^- \tag{9.31}$$

beschrieben werden.

Die Redoxreaktion lautet dann

$$\text{Red}_I + \text{Ox}_{II} \rightarrow \text{Ox}_I + \text{Red}_{II} \tag{9.32}$$

An obiger Reaktion sind folgende Redoxpaare beteiligt: $\text{Red}_I/\text{Ox}_I$ und $\text{Red}_{II}/\text{Ox}_{II}$. Ein Vergleich der Gln (9.32) und (9.27) zeigt, daß in Gl. (9.27) $Fe/Fe^{2+}$ und $Cu/Cu^{2+}$ die Redoxpaare sind. Für quantitative Messungen braucht man ein Redoxpaar, mit dem die Redoxwirkung aller anderen verglichen werden kann. Man hat als solches das Paar $H^o/H^+$, das als *Wasserstoffnormalelektrode* bezeichnet wird, gewählt. Die zu diesem Paar gehörende Halbreaktion lautet:

$$H_2 \rightarrow 2H^+ + 2e^- \tag{9.33}$$

oder, da Protonen allein nicht existieren können

$$H_2 + 2H_2O \rightarrow 2H_3O^+ + 2e^- \tag{9.34}$$

Da die Redoxpotentiale verschiedener Redoxpaare, wie bereits erwähnt, nur relativ zu dem des $H^o/H^+$- Paares gemessen werden, kann das des letzteren willkürlich 0 gesetzt werden. Das Potential des Redoxpaares, dessen reduzierte Form stärker reduzierend wirkt als Wasserstoff, bekommt ein negatives Vorzeichen und das des Paares, dessen oxidierte Form stärker oxidierend wirkt als $H_3O^+$, erhält ein positives Vorzeichen. Das Redoxpotential des Paares $Fe^{2+}/Fe^{3+}$ ist positiv, d.h. das dreiwertige Eisenion wirkt stärker oxidierend als das $H_3O^+$-Ion. Als Redoxreaktion kann man schreiben:

$$2\,Fe^{3+} + H_2 + 2\,H_2O \rightarrow 2\,Fe^{2+} + 2\,H_3O^+ \qquad (9.35)$$

Die Freie Reaktionsenthalpie ist gemäß (9.30):

$$\Delta G_r = -\,2\,UF \qquad (9.36)$$

Das negative Vorzeichen vor der Gleichung (9.36) weist darauf hin, daß die Reaktion (9.35) freiwillig von links nach rechts verläuft, d.h. Arbeit zu leisten vermag.

Wegen

$$\Delta G_r = \mathbf{\Delta G_r} + RT\ \ln K(P,T) \qquad (9.37)$$

ist dann, wenn alle Reaktionsteilnehmer in den Standardzuständen vorliegen, d.h. die Aktivität 1 besitzen,

$$\Delta G_r = \mathbf{\Delta G_r} = -\,2\,\mathbf{U}F \qquad (9.38)$$

Für 1 bar und 298 K wird $\mathbf{\Delta G_r}$ zu $\mathbf{\Delta G_r^o}$ und kann aus den Freien Standardbildungsenthalpien der Reaktionsteilnehmer durch eine einfache stöchiometrische Addition gewonnen werden. Es ist

$$\mathbf{\Delta G_r^o} = -\,2\mathbf{\Delta G^o_{B,Fe^{2+}}} - \mathbf{\Delta G^o_{B,H_2}} - 2\mathbf{\Delta G^o_{B,H_2O}} + 2\mathbf{\Delta G^o_{B,Fe^{2+}}} + 2\mathbf{\Delta G^o_{B,H_3O^+}} \qquad (9.39)$$

Zum Ergebnis der Gl. (9.39) gelangt man auch, wenn man von den beiden Halbzellenreaktionen

$$2\,Fe^{3+} + 2e^- \rightarrow Fe^{2+} \quad \text{und} \qquad (9.40)$$

$$H_2 + 2H_2O \rightarrow 2\,H_3O^+ + 2e^- \qquad (9.41)$$

ausgeht und die dazugehörigen Freien Reaktionsenthalpien summiert. Es sind

$$\Delta G_r^o(9.40) = -\,2\Delta G_{B,Fe^{3+}}^o - 2\Delta G_{B,e}^o + 2\Delta G_{B,Fe^{2+}}^o \tag{9.42}$$

$$\Delta G_r^o(9.41) = -\,\Delta G_{B,H_2}^o - 2\Delta G_{B,H_2O}^o + 2\Delta G_{B,H_3O^+}^o + 2\Delta G_{B,e}^o \tag{9.43}$$

Für die Gesamtreaktion gilt:

$$\Delta G_r^o = \Delta G_r^o(9.40) + \Delta G_r^o(9.41) \tag{9.44}$$

denn die Freien Bildungsenthalpien der Elektronen summieren sich zu Null und fallen somit aus der Gesamtbilanz heraus.

Durch die Festlegung der Wasserstoffelektrode als Bezug ist die Freie Reaktionsenthalpie $\Delta G_r^o(9.41)$ definitionsgemäß Null. Daher gilt:

$$\Delta G_r^o = \Delta G_r^o(9.40) = -\,2\mathbf{U}F \tag{9.45}$$

Die Spannung **U** in den Gln. (9.38) und (9.45) wird *Normalpotential* genannt und normalerweise mit $\mathbf{E^o}$ bezeichnet. Es entspricht der Potentialdifferenz zwischen der Wasserstoffnormalelektrode und einem Redoxpaar, wenn die Aktivitäten der reduzierten und oxidierten Teilchen des Redoxpaares 1 sind.

Das Potential des Redoxpaares $Fe^{2+}/Fe^{3+}$ in einer beliebigen Konzentration ist in Analogie zur Gleichung (9.37) unter Berücksichtigung des Vorzeichens gegeben durch:

$$E = \mathbf{E^o} + \frac{RT}{2F}\cdot 2\ln\frac{a_{Fe^{3+}}}{a_{Fe^{2+}}} = \mathbf{E^o} + \frac{RT}{F}\ln\frac{a_{Fe^{3+}}}{a_{Fe^{2+}}} \tag{9.46}$$

Das Potential eines Redoxpaares, das wie im vorgestellten Beispiel gegen die Wasserstoffnormalelektrode gemessen wird, bezeichnet man allgemein als *Oxidationspotential* $E_h$.

Für eine Halbzellenreaktion, die mit dem allgemeinen Reaktionsschema

$$aA + bB \rightarrow cC + dD + ne^- \tag{9.47}$$

angegeben werden kann, ist das Oxidationspotential $E_h$

$$E_h = \mathbf{E^o} + \frac{RT}{nF}\ln\frac{(a_C)^c\cdot(a_D)^d}{(a_A)^a\cdot(a_B)^b} \tag{9.48}$$

**Beispiel**: Mangan $Mn^{2+}$ kann in saurer Lösung zu $MnO_4^-$ (entspricht $Mn^{7+}$) oxidiert werden. Die Halbzellenreaktion dafür lautet:

$$12\,H_2O + Mn^{2+} \rightarrow MnO_4^- + 8\,H_3O^+ + 5e^-$$

Das Oxidationspotential muß dann wie folgt formuliert werden:

$$E_h = E^o + \frac{RT}{5F} \ln \frac{(a_{MnO_4^-})(a_{H_3O^+})^8}{a_{Mn^{2+}}}$$

bzw.

$$E_h = E^o + \frac{2.303\,RT}{5F} \log \frac{a_{MnO_4^-}}{a_{Mn^{2+}}} - \frac{2.303\,RT}{5F} \times 8pH$$

Da $E^o$ = + 1.50 Volt ist, besitzt eine Lösung, die $Mn^{2+}$- zu $MnO_4^-$-Ionen im Verhältnis 1000 : 1 enthält, bei 25°C (298K) und einem pH von 0 folgendes Oxidationspotential:

$$E_h = 1.50 - \frac{2.303 \times 8.3144 \times 298}{5 \times 96486} \log 1000 = \underline{1.495 \text{ Volt}}$$

bei pH = 7 aber

$$E_h = 1.50 - 1.183 \times 10^{-2} \times \log 1000 - 1.183 \times 10^{-2} \times 7 = \underline{1.382 \text{ Volt}}$$

Die Beziehung zwischen $E_h$ und pH wird in der Geochemie zur Darstellung der Existenzbereiche von Mineralen genutzt.

**Beispiel**: Die untere Stabilitätsgrenze des Magnetits wird durch seine Reduktion zu metallischem Eisen festgelegt. Ausgehend vom metallischen Eisen findet an der Stabilitätsgrenze folgende Redoxreaktion statt:

$$4\,H_2O + 3\,Fe \rightarrow Fe_3O_4 + 8\,H^+ + 8e^-$$

Anstelle der sonst üblichen Hydroniumionen stehen hier auf der rechten Seite der Gleichung nur Protonen. Das ändert nichts am Inhalt der Gleichung, gibt aber mehr Übersichtlichkeit für die späteren Rechnungen. Würde $H_3O^+$ eingesetzt werden, müßten statt vier zwölf Wassermoleküle auf der linken Seite der Reaktionsgleichung stehen. Bei der Berechnung der Freien Reaktionsenthalpie (siehe unten) müßte dann die Freie Bildungsenthalpie des Hydroniumions berücksichtigt werden, indem die Freie Standardbildungsenthalpie des Wassers anteilmäßig (8x) abzuziehen wäre.

Die Aktivitäten der festen Stoffe Fe und $Fe_3O_4$ sind 1. Zudem soll die Lösung soweit verdünnt sein, daß auch für das Wasser die Aktivität 1 eingesetzt werden kann. Das Oxidationspotential ist dann:

$$E_h = E^\circ + \frac{2.303\ RT}{8F} 8 \log H^+$$

Für T = 298 K erhält man:

$$E_h = E^\circ - 0.059\,pH$$

Wie bereits gezeigt wurde, läßt sich $E^\circ$ aus der Freien Standardreaktionsenthalpie ausrechnen. Es gilt

$$E^\circ = \frac{\Delta G_r^\circ}{nF} \tag{9.49}$$

wobei $\Delta G_r^\circ$ aus den Freien Standardbildungsenthalpien der Reaktionsteilnehmer ermittelt wird. Im konkreten Fall ist

$$\Delta G_r^\circ = -4\,\Delta G^\circ_{B,H_2O} - 3\,\Delta G^\circ_{B,Fe} + \Delta G^\circ_{B,Fe_3O_4} + 8\,\Delta G^\circ_{b,H^+} + 8\,\Delta G^\circ_{B,e^-}$$

$$= -4 \times (-237.141) - 3 \times 0 + (-1012.566) + 8 \times 0 + 8 \times 0$$

$$= \underline{-\ 64.002\ kJ}$$

Setzt man diese Zahl in die Gl. (9.49) ein, wird

$$E^\circ = \frac{-\ 64002}{8 \times 96486} = -\ \underline{0.083\ Volt}$$

und somit

$$E_h = -\ 0.083 - 0.059\ pH$$

Die unterste Stabilitätsgrenze von $Fe_3O_4$ in bezug auf seine Reduktion zu metallischem Eisen ist in einem $E_h$ - pH - Diagramm also eine Gerade mit der Steigung -0.059.

Andererseits kann Magnetit zu Hämatit oxidiert werden. Die dazugehörige Redoxgleichung lautet:

$$H_2O + 2Fe_3O_4 \rightarrow 3Fe_2O_3 + 2H^+ + 2e^-$$

Die Freie Standardreaktionsenthalpie setzt sich in diesem Fall wie folgt zusammen:

$$\Delta G_r^\circ = \Delta G^\circ_{B,H_2O} - 2\,\Delta G^\circ_{B,Fe_3O_4} + 3\,\Delta G^\circ_{B,Fe_2O_3} + 2\,\Delta G^\circ_{B,H^+} + \Delta G^\circ_{B,e^-}$$

$$= -\ (-237.141) - 2 \times (-1012.566) + 3 \times (-742.683) + 2 \times 0 + 2 \times 0$$

$$= \underline{34.224\ kJ}$$

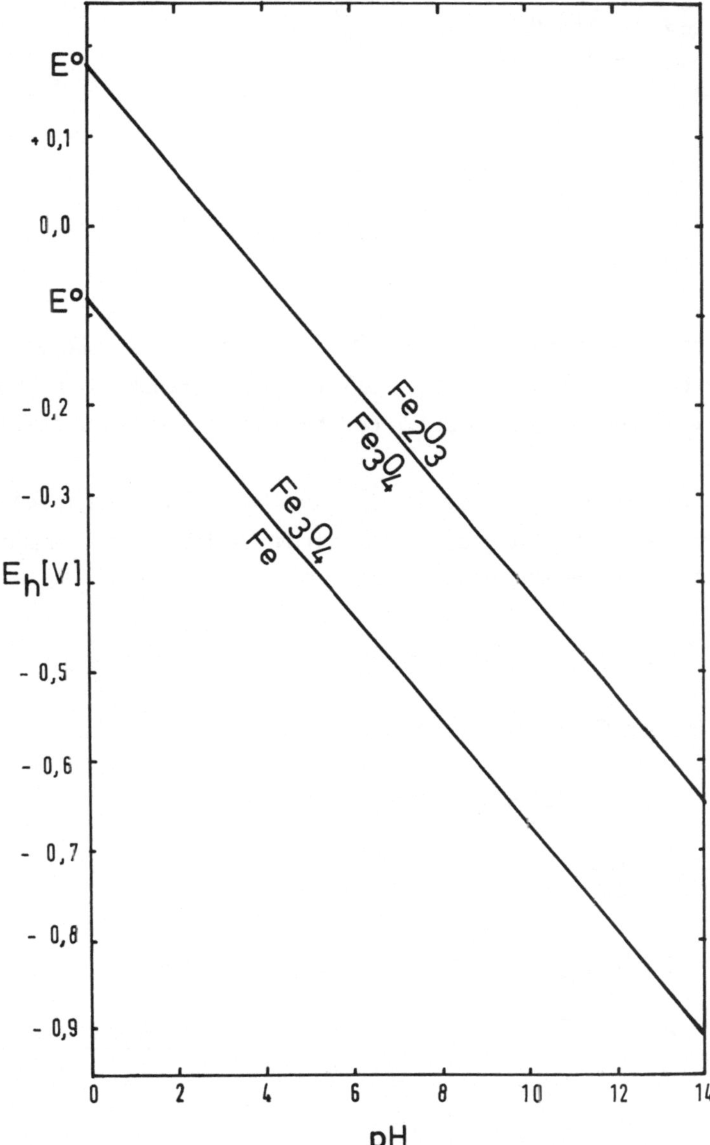


Abb. 66: pH - $E_h$-Diagramm mit dem Stabilitätsfeld des Magnetits bei 1 bar und 298 K.

Der Einsatz der Freien Standard-Reaktionsenthalpie in Gl. (9.49) liefert:

$$E^{\circ} = \frac{34224}{2 \times 96486} = \underline{0.177 \text{ Volt}}$$

Damit wird

$$E_h = 0.177 + \frac{0.059}{2} \log(H^+)^2$$

bzw.

$$E_h = 0.177 - 0.059\,pH$$

Ein Vergleich der Gleichungen für die Stabilitätsgrenzen des Magnetits in bezug auf seine Reduktion und Oxidation zeigt, daß sie zwei Parallelen definieren, die um 0.26 Volt gegeneinander versetzt sind. Die geschilderten Verhältnisse sind in der Abb. 66 dargestellt.

Wichtig für die Geochemie ist die Stabilität des Wassers in bezug auf die $E_h$/pH-Koordinaten. Die obere Stabilitätsgrenze ist durch die Oxidation des Wassers gegeben, die durch folgende Halbreaktion beschrieben werden kann:

$$2\,H_2O \rightarrow O_2 + 4H^+ + 4e^-$$

Für T = 298 K ist das Oxidationspotential demnach

$$E_h = E^{\circ} + \frac{0.059}{4} \log(H^+)^4$$

mit

$$E^{\circ} = \frac{\Delta G_r^{\circ}}{4F}$$

und

$$\Delta G_r^{\circ} = -\,2\,\Delta G^{\circ}_{B,H_2O} + \Delta G^{\circ}_{B,O_2} + 4\,\Delta G^{\circ}_{B,H^+} + 4\,\Delta G^{\circ}_{B,e^-}$$

$$= -\,2 \times (-237.141) + 0 + 4 \times 0 + 4 \times 0 = \underline{474.282 \text{ kJ}}$$

so daß

$$E^{\circ} = \frac{474282}{4 \times 96486} = \underline{1.229 \text{ Volt}}$$

und

$$E_h = 1.229 - 0.059\,pH$$

werden.

Obige Gleichung ist für $f_{O_2} = 1$ gültig. Für die Sauerstoffugazitäten, die von 1 verschieden sind, gilt

$$E_h = 1.229 + \frac{0.059}{4} \log f_{O_2} - 0.059\,pH$$

da die Sauerstoffugazität aus dem Bruch für die thermodynamische Gleichgewichtskonstante in diesen Fällen nicht verschwindet.

Mit der letzten Gleichung wird eine Schar paralleler Geraden erzeugt, die den Stabilitätsgrenzen des Wassers in bezug auf seine Oxidation bei gleichbleibender Sauerstoffugazität entsprechen.

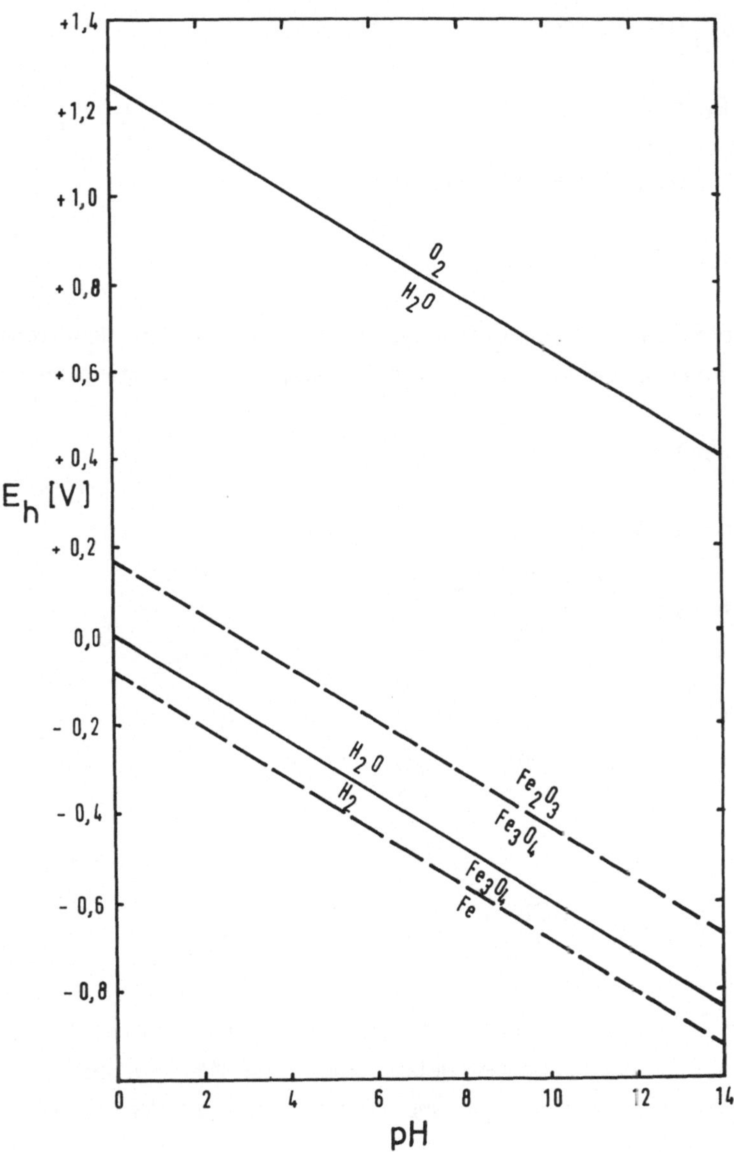


Abb. 67: pH-$E_h$-Diagramm des Wassers. Im Vergleich dazu die Stabilität des Magnetits.

Zur Bestimmung der Stabilitätsgrenze des Wassers in bezug auf seine Reduktion kann man folgende Halbzellenreaktion aufstellen:

$$H_2O + H_2 \rightarrow 2H_3O^+ + 2e^-$$

oder kürzer

$$H_2 \rightarrow 2H^+ + 2e^-$$

Das Oxidationspotential ist somit

$$E_h = E^o - \frac{0.059}{2} \log f_{H_2} - 0.059\,pH$$

Für $f_{H_2} = 1$ (die unterste Stabilitätsgrenze) ist

$$E_h = E^o - 0.059\,pH$$

Die Fugazitäten des Wasserstoffs und des Sauerstoffs sind nicht voneinander unabhängig. Sie sind über die thermodynamische Gleichgewichtskonstante der Reaktion

$$H_2O \rightarrow 1/2\,O_2 + H_2$$

miteinander gekoppelt. Wegen

$$K(1{,}298) = \frac{(f_{O_2})^{1/2} \cdot f_{H_2}}{a_{H_2O}}$$

ist

$$\ln f_{H_2} = \ln K(1{,}298) + \ln a_{H_2O} - 1/2 \ln f_{O_2}$$

Andererseits ist

$$\ln K(1{,}298) = \frac{\Delta G^{o,fl}_{B,H_2O}}{298\,R} = -\frac{237141}{298\,R} = \underline{-\,95.71}$$

$\Delta G^{o,fl}_{B,H_2O}$ ist die Freie Standardbildungsenthalpie des Wassers im flüssigen Zustand.

Setzt man nun den oben ausgerechneten numerischen Wert für den Logarithmus der Gleichgewichtskonstante in die Gleichung für die Berechnung der Wasserstoffugazität ein, erhält man:

$$\ln f_{H_2} = -\,95.71 - 1/2 \ln f_{O_2}$$

Wird ideales Verhalten der Gase vorausgesetzt, gilt

$$\ln p_{H_2} = -95.71 - 1/2 \ln p_{O_2}$$

**Beispiel:** Für $p_{O_2} = 10^{-10}$ bar ist

$$\ln p_{H_2} = -95.71 + 1/2 \times 20.723 = -85.35$$

$$p_{H_2} = \underline{8.58 \times 10^{-38}\ \text{bar}}$$

Wie die Abb. 67 zeigt, liegt das Gleichgewicht $Fe/Fe_3O_4$ unterhalb der Reduktionsgrenze des Wassers.

## 9.2. Schmelzen

Für das Verständnis geowissenschaftlicher Vorgänge wäre die thermodynamische Beherrschung Schmelzen sehr wichtig. Leider sind unsere bisherigen Kenntnisse über diesen Aggregatzustand noch immer sehr dürftig. So sind nicht einmal die Schmelzenthalpien der meisten geowissenschaftlich relevanten Minerale bekannt. Der Grund dafür sind die relativ hohen Schmelztemperaturen silikatischer Verbindungen, die direkte kalorimetrische Bestimmungen dieser Größen zumindest sehr erschweren, wenn nicht gar unmöglich machen. Sogar von einem so wichtigen Mineral wie Forsterit ist die Schmelzenthalpie noch nicht direkt gemessen worden. Eine andere wichtige Zustandsgröße ist die Molwärme, mit deren Hilfe thermodynamische Effekte auf verschiedene Temperaturen umgerechnet werden. Auch hier ist das Angebot von Daten noch sehr klein.

Für die Schmelzen, die aus verschiedenen Komponenten bestehen und im thermodynamischen Sinne als Mischphasen aufzufassen sind, stellt die Beziehung zwischen der Konzentration einer Komponente in der Schmelze und ihrer Aktivität ein bisher nur für wenige Sonderfälle gelöstes Problem dar.

### 9.2.1. Schmelzen reiner Phasen

Das Schmelzen eines Minerals, das nur aus einer Komponente besteht, stellt thermodynamisch eine Phasentransformation dar. Für das Gleichgewicht flüssig/fest steht nach der Gibbs'schen Phasenregel in einem Einkomponentensystem nur ein Freiheitsgrad, d.h. Druck oder Temperatur, zur Verfügung. Durch die Wahl des einen Parameters wird der andere festgelegt. In einem P-T-Diagramm wird daher das

Schmelzgleichgewicht mit einer Linie (Schmelzkurve) dargestellt.

Für die rechnerische Wiedergabe der Schmelzkurve nutzt man die Tatsache, daß differentielle Änderungen der chemischen Potentiale einer Komponente in den koexistierenden Phasen gleich sein müssen. Kennzeichnet man die feste Phase mit s und die Schmelze mit l, lautet die Gleichgewichtsbedingung:

$$d\mu^s = d\mu^l \tag{9.50}$$

Nach (7.24) läßt sich anstelle von (9.50) auch schreiben:

$$-\mathbf{S}^s dT + \mathbf{V}^s dP = -\mathbf{S}^l dT + \mathbf{V}^l dP \tag{9.51}$$

$\mathbf{S}^s$ und $\mathbf{V}^s$ sind die molare Entropie und das Molvolumen des festen Minerals, $\mathbf{S}^l$ und $\mathbf{V}^l$ die entsprechenden Größen der Schmelze.

Die Umstellung der Gl. (9.51) ergibt die Clausius-Clapeyronsche Gleichung für das Gleichgewicht flüssig/fest, nämlich

$$\left(\frac{dT}{dP}\right)_{koex} = \frac{\mathbf{V}^l - \mathbf{V}^s}{\mathbf{S}^l - \mathbf{S}^s} \tag{9.52}$$

oder

$$\left(\frac{dT}{dP}\right)_{koex} = \frac{\Delta \mathbf{V}_s^{(s/l)}}{\Delta \mathbf{S}_s^{(s/l)}} \tag{9.53}$$

$\Delta \mathbf{V}_s^{(s/l)}$ und $\Delta \mathbf{V}_s^{(s/l)}$ sind das Schmelzvolumen und die Schmelzentropie des betreffenden Minerals.

Ersetzt man die Schmelzentropie durch die Schmelzenthalpie $\Delta \mathbf{H}_s^{(s/l)}$ und Schmelztemperatur $T_s$ gemäß Gl. (6.35), wird

$$\left(\frac{dT}{dP}\right)_{koex} = \frac{T_s \Delta \mathbf{V}_s^{(s/l)}}{\Delta \mathbf{H}_s^{(s/l)}} \tag{9.54}$$

Im Unterschied zu den Koexistenzkurven für fest-fest Transformationen sind die Schmelzkurven auch in erster Näherung keine Geraden mehr. Der Grund dafür liegt in den unterschiedlichen Kompressibilitäten beider Phasen. Bei hohen Drücken gleichen sich die Kompressibilitäten einander an. Dieses Verhalten kommt in der halbempirischen *Simon-Gleichung* zum Ausdruck, mit der der Umwandlungsdruck als Funktion der Temperatur wie folgt angegeben wird:

$$P = P_o + a[(T/T_o)^c - 1] \tag{9.55}$$

$T_o$ ist die Schmelztemperatur bei $P_o$. Die Konstanten a und c sind mineralspezifisch und müssen experimentell ermittelt werden.

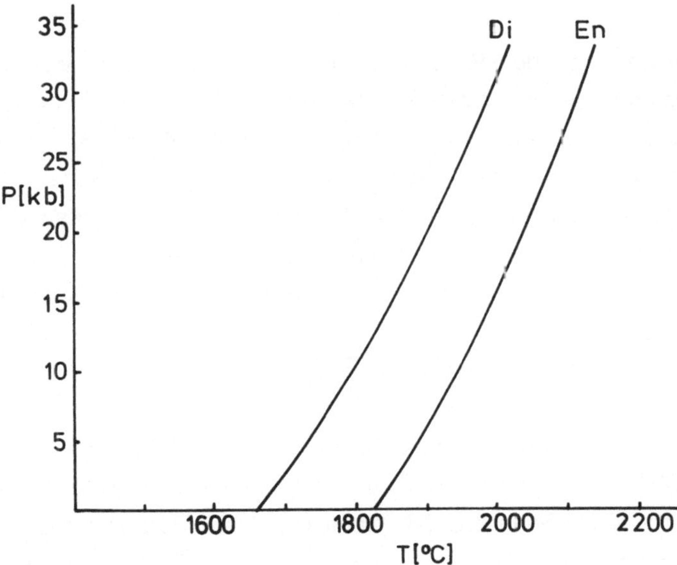


Abb. 68: Schmelzkurven von Enstatit (En) und Diopsid (Di) (nach den Daten von Boyd und England, 1963 sowie Boyd et al. 1964).

Abb. 68 zeigt die Schmelzkurven von Diopsid, $CaMgSi_2O_6$, und Enstatit, $Mg_2Si_2O_6$, die nach den Daten von Boyd und England (1963) und Boyd et al. (1964) gezeichnet wurden.

## 9.2.2. Schmelzen mehrkomponentiger Systeme

Um Beziehungen zwischen den Konzentrationen der Komponenten und ihren Aktivitäten in einer Schmelze aufstellen zu können, sind verschiedene Modellvorstellungen über die Struktur der Schmelzen entwickelt worden. Alle Modelle beruhen in irgendeiner Form auf der *Temkinschen Hypothese*, die für geschmolzene Salze aufgestellt worden ist. Nach dieser Hypothese ist die Aktivität einer Komponente AB, die in der Schmelze vollständig in Ionen $A^+$ und $B^-$ dissoziiert ist, gegeben durch folgende Formel:

$$a_{AB} = \frac{n_{A^+}}{\sum N^+} \cdot \frac{n_{B^-}}{\sum N^-} \qquad (9.56)$$

wenn mit $n_{A^+}$ und $n_{B^-}$ die Molzahlen der Kationen bzw. Anionen des betreffenden Salzes sowie mit $\sum N^+$ und $\sum N^-$ die Molzahlen aller Kationen und aller Anionen in der Schmelze angegeben werden. Mit Molenbrüchen ausgedrückt lautet die Gl. (9.56):

$$a_{AB} = (x_{A^+})(x_{B^-}) \tag{9.57}$$

Diese Theorie geht von der Vorstellung aus, daß in der Schmelze infolge der Coulombschen Anziehungs- und Abstoßungskräfte ein Kation nur von Anionen und umgekehrt ein Anion nur von Kationen umgeben ist. Es bildet sich also eine Nahordnung aus, und man kann von einer *Kationen-* bzw. einer *Anionenmatrix* reden. Die Matrizen sind mit Gitterpositionen im festen Zustand vergleichbar. Mischen gleichnamige Ionen verschiedener Komponenten auf jeweiligen "Plätzen" statistisch, d.h. ideal, läßt sich der konfigurative Beitrag zur Mischungsentropie wie folgt ausdrücken:

$$\Delta S_m = -R\left[\sum x_{K_i^+} \ln x_{K_i^+} + \sum x_{A_i^-} \ln x_{A_i^-}\right] \tag{9.58}$$

$x_{K_i^+}$ und $x_{A_i^-}$ sind die Molenbrüche der Kationen und Anionen der i-ten Art.

Richardson (1956) nahm an, daß die Temkin-Hypothese auf silikatische Schmelzen, die Metalloxide enthalten, anwendbar ist, wenn das $MeO/SiO_2$-Verhältnis während eines Mischungsprozesses konstant bleibt. Mischen die $Me^{2+}$ -Ionen in der Kationenmatrix ideal und bleiben die Anionen unverändert, leisten die letzteren keinen Beitrag zur Mischungsentropie. Anstelle von (9.58) bleibt somit nur noch

$$\Delta S_m = -R\sum x_{K_i^+} \ln x_{K_i^+} \tag{9.59}$$

als der konfigurative Beitrag zur Mischungsentropie.

Bei der Anwendung der Temkin-Hypothese auf silikatische Schmelzen wird immer eine vollständige Dissoziation in Kationen und Anionen vorausgesetzt. Wie groß der Dissoziationsgrad tatsächlich ist, ist aber nur in wenigen Fällen einigermaßen bekannt. In binären Systemen, die Orthosilikatzusammensetzungen aufweisen, scheint es zwar keine vollständige Dissoziation zu geben, jedoch kommen als Anionen tatsächlich in der Hauptsache $SiO_4^{4-}$-Gruppen und als Kationen $Me^{2+}$ und $Me^+$ vor (siehe Bottinga et al., 1981).

Über die binären Systeme mit mehr als 33 Mol% $SiO_2$ ist nicht sehr viel bekannt. Es gibt jedoch Anzeichen dafür, daß als Anionen neben den Orthosilikatgruppen Dimere, $Si_2O_7^{6-}$, Trimere, $Si_3O_9^{6-}$ und höhere Polymere vorkommen können, wobei sie die Formen von Ketten oder Ringen besitzen (Smart und Glaser, 1978).

Für Schmelzen, deren $MeO/SiO_2$-Verhältnis sich im betrachteten Mischungsbereich ändert, wurden andere Modelle entwickelt. Diese gehen davon aus, daß die reine

$SiO_2$-Schmelze mehr oder weniger vollständig dissoziiert ist. Silizium ist dabei von Sauerstoff tetraedrisch koordiniert. Die $SiO_4^{4-}$-Tetraeder sind so über die Sauerstoffecken zu einem dreidimensionalen Netzwerk verknüpft, daß zwei Silizium sich einen Sauerstoff teilen und dieser somit keine Restladung mehr besitzt. Über die Art der Verknüpfung herrscht keine Klarheit. Manche Autoren, wie z.B. Mammone et al. (1981) nehmen an, daß es zwei Arten von Baugruppen gibt, und zwar $SiO_2$-Vierer- und $SiO_2$ -Sechserringe. Seifert et al. (1982) sind der Meinung, daß es zwei Typen von dreidimensional verknüpften $SiO_2$-Sechserringen gibt. Sie unterscheiden sich bezüglich der Winkel, die von zwei $SiO_4^{4-}$-Tetraedern und dem sie verbindenden Sauerstoff gebildet werden.

Geschmolzene Metalloxide sind demgegenüber nur wenig oder gar nicht polymerisiert. Sie sind in $Me^{2+}$ und $O^{2-}$ dissoziiert. Werden solche Metalloxide einer Schmelze beigemischt, bricht die dreidimensionale Vernetzung von $SiO_4$-Tetraedern teilweise auf. An den Bruchstellen befinden sich dann Sauerstoffe, die nur noch an ein Silizium gebunden sind und somit eine einfach negative Restladung aufweisen. Die dadurch entstehenden Überschußladungen werden durch die Metallkationen kompensiert. Die letzteren nehmen quasi "Netzwerklücken" ein. Das sind Plätze außerhalb des polymeren Gerüsts.

Das Auseinanderbrechen des $SiO_2$-Netzwerks läßt sich schematisch beschreiben:

$$O^{2-} + -\overset{|}{\underset{|}{Si}} - O - \overset{|}{\underset{|}{Si}} - \;\rightarrow\; -\overset{|}{\underset{|}{Si}} - O^{-} \;+\; O^{-} - \overset{|}{\underset{|}{Si}} - \qquad (9.6C)$$

Die Effektivität, mit der durch die Zugabe von Metalloxiden zu einer silikatischen Schmelze das $SiO_2$-Gerüst aufgebrochen wird, ist nicht für alle Kationen gleich. So ist z.B. CaO effektiver als FeO.

Eine besondere Rolle spielt $Al_2O_3$, da Aluminium sowohl in die Netzwerklücken gehen kann, wodurch das $SiO_2$-Netz aufgebrochen wird, als auch Siliziumplätze einnehmen kann. Welche der beiden Möglichkeiten verwirklicht wird, hängt von der Art und Konzentration der übrigen Kationen und von den Anteilen des $SiO_2$ in der Schmelze ab. Gibt es genügend Kationen, die die Netzwerklücken einnehmen, geht das Aluminium an die Stelle des Siliziums im $SiO_2$-Gerüst. Sind dagegen nur wenige Kationen vorhanden, die die Netzwerklücken einnehmen könnten, wirkt Al als Netzwerkwandler.

Auf der Basis der Raman-Spektroskopischen Daten von Gläsern vermuten Seifert et al. (1982), daß sich in Na-haltigen Alumosilikatschmelzen das $Al^{3+}$ hauptsächlich in den zu Sechserringen verknüpften Tetraedern an Stelle des Siliziums befindet, wobei eine der beiden vorne erwähnten Baugruppen bevorzugt zu sein scheint. Im Gegensatz dazu befinden sich nach diesen Autoren in Ca- und Mg-haltigen Alumosilikatschmelzen dreidimensional verknüpfte Viererringe aus $Al_2Si_2O_8^{2-}$ als Baueinheiten. Die relativen Konzentrationen der einzelnen Gruppen hängen von dem Al/(Al + Si)-Verhältnis in der

Schmelze ab.

Ähnlich ambivalent wie das Aluminium verhält sich auch das Wasser. Es kann sich mit dem brückenbildenden Sauerstoff zu $OH^-$ verbinden und auf diese Weise als Netzwandler wirken, oder es wird als $H_2O$-Molekül in der Schmelze gelöst.

Unter der Voraussetzung, daß das Reaktionsverhalten des brückenbildenden Sauerstoffs nicht von der Größe der Polymeren, in die er eingebaut ist, abhängt, kann die Reaktion (9.60) verkürzt geschrieben werden:

$$O^{2-} + O^{o} \rightarrow 2O^{-} \tag{9.61}$$

$O^{2-}$ sind die vom Metalloxid stammenden freien, $O^{o}$ die brückenbildenden und $O^-$ die einfach negativ geladenen Sauerstoffionen, die an den Bruchstellen des $SiO_2$ vorkommen.

Wird für alle Sauerstoffspezies ideales Mischungsverhalten vorausgesetzt, lautet die thermodynamische Gleichgewichtskonstante der Reaktion (9.61):

$$K^*(P,T) = \frac{(x_{O^-})^2}{x_{O^{2-}} \cdot x_{O^o}} \tag{9.62}$$

Damit ist die Reaktionsenthalpie der Reaktion (6.91):

$$\Delta G_r^* = - RT \ln K^*(P,T) \tag{9.63}$$

oder

$$\Delta G_r = - RT \ln K(P,T) \tag{9.64}$$

wenn wie von Toop und Samis (1962) die thermodynamische Gleichgewichtskonstante K(P,T) für eine zur (9.62) reziproke Reaktion definiert wird, und zwar:

$$K(P,T) = \frac{x_{O^{2-}} \cdot x_{O^o}}{(x_{O^-})^2} \tag{9.65}$$

Toop und Samis (1962) postulierten, daß im System MgO - $SiO_2$ nur die Anionen einen Beitrag zur Mischungsentropie liefern. Die Molzahl der Sauerstoffionen, die gemäß (9.61) reagieren, entspricht der Hälfte der Molzahl des einfach negativ geladenen Sauerstoffs. Die auf ein Mol Schmelze bezogene Freie Mischungsenthalpie läßt sich deshalb wie folgt schreiben:

$$\Delta \bar{G}_m = (1/2 n_{O^-}) RT \ln K(P,T) \tag{9.66}$$

Die Beziehung zwschen der Zusammensetzung der Schmelze und den Molzahlen der einzelnen Sauerstoffarten liefert folgende Überlegung:

In einer Schmelze, die x Mole $SiO_2$ und 1 - x Mole MeO enthält, ist wegen der tetraedrischen Koordination des Siliziums die Bedingung

$$2n_{O^o} + n_{O^-} = 4x \qquad (9.67)$$

erfüllt. Die Molzahl der $O^{2-}$ ist andererseits durch die Konzentration des MeO in der Schmelze festgelegt. Sie entspricht nämlich der Molzahl des MeO, vermindert um den Anteil der Sauerstoffe, die sich am Aufbrechen des Gerüsts beteiligen, d.h. an ein Silizium gebunden sind. Es ist also

$$n_{O^{2-}} = (1 - x) - \frac{n_{O^-}}{2} \qquad (9.68)$$

Unter Berücksichtigung der Definition des Molenbruchs läßt sich die Gl. (9.65) umschreiben und zwar

$$K(P.T) = \frac{n_{O^{2-}} \cdot n_{O^o}}{(n_{O^-})^2} \qquad (9.69)$$

Ersetzt man nun die Molzahlen in (9.69) durch die Ausdrücke in Gln. (9.67) und (9.68), erhält man

$$K(P,T) = \frac{\left[1 - x - \frac{n_{O^-}}{2}\right]\left[2x - \frac{n_{O^-}}{2}\right]}{(n_{O^-})^2} \qquad (9.70)$$

Gleichung (9.70) enthält neben der thermodynamischen Gleichgewichtskonstante und $SiO_2$-Konzentration, x, nur noch eine Sauerstoffspezies, nämlich $O^-$.

Eine Umformung der Gl. (9.70) liefert:

$$[4K(P,T) - 1](n_{O^-})^2 + (2 + 2x)n_{O^-} + 8x(x - 1) = 0 \qquad (9.71)$$

Ist die thermodynamische Gleichgewichtskonstante bekannt, läßt sich mit Hilfe der Gl. (9.71) die Freie Mischungsenthalpie ausrechnen. Umgekehrt ist es möglich, aus der Kenntnis der Freien Mischungsenthalpie durch Anwendung eines iterativen Verfahrens die Konzentrationen einzelner Sauerstoffspezies zu ermitteln.

## 10. Geothermometrie und Geobarometrie

Die Druck- und Temperaturabhängigkeit thermodynamischer Gleichgewichte kann zur Bestimmung der Bildungsbedingungen von Gesteinen genutzt werden. Dies geschieht mit Hilfe sogenannter Geothermo- und Geobarometer. Man versteht darunter ausgewählte, für eine Gesteinsart typische Phasenkombinationen, deren thermodynamische Gleichgewichtsbedingungen in Laboruntersuchungen genau ermittelt worden sind. Als potentielle Geothermo- bzw. Geobarometer werden solche Systeme angesehen, die Phasen enthalten, in denen einzelne Komponenten begrenzt mischbar sind. Gut brauchbar sind solche Phasenkombinationen, die möglichst deutlich auf Änderungen nur *eines* Parameters (Druck oder Temperatur) reagieren. Geeignet sind auch temperatur- oder/und druckabhängige Verteilungen von einer oder mehreren Komponenten auf die im Gleichgewicht koexistierenden Phasen. In besonderen Fällen können dazu auch die temperatur- oder druckabhängigen Verteilungen von einer oder mehreren Kationensorten auf verschiedene nichtäquivalente Gitterpositionen in einem Mischkristall oder in einer reinen Phase verwendet werden.

Neben den Bestimmungen von Bildungstemperaturen und Bildungsdrücken ist die Ermittlung von Konzentrationen flüchtiger Komponenten, die bei einer Gesteinsbildung zugegen waren, eine ebenso wichtige petrologische Aufgabe. Abgesehen von den eventuell vorhandenen Flüssigkeitseinschlüssen sind diese Komponenten als selbständige Phasen in einer beobachtbaren Paragenese nicht mehr vorhanden. Sie treten als Komponenten in anderen Phasen auf, oder sie hinterlassen Zustände, aus denen geschlossen werden kann, daß sie bei der Gesteinsbildung vorhanden waren. So ist z.B. Wasser in nominell wasserhaltigen Silikaten, Hydroxiden usw. (Amphibole, Glimmer, Brucit) vertreten. Es kann aber auch in Phasen vorliegen, die nominell wasserfrei sind (z.B. in Granaten) oder in Phasen, die formal sowohl mit oder ohne Wasser vorkommen (z.B. der Cordierit). Aus den Wassergehalten solcher Minerale lassen sich unter Umständen sogar quantitative Aussagen zu den bei der Gesteinsbildung herrschenden Wasserpartialdrücken gewinnen. Das Vorhandensein von $CO_2$ äußert sich im Vorkommen von Carbonaten. Der Grad der Oxidation von Mineralen, die Übergangsmetalle führen, kann Auskunft über den Sauerstoffpartialdruck geben. Die verschiedenen Sulfidisationsstufen künden von der Höhe der Schwefelaktivität in den Paragenesen. Will man die Konzentrationen der flüchtigen Komponenten bestimmen, die bei der Kristallisation von Mineralen vorhanden waren, müssen die Gleichgewichtsfugazitäten betreffender Gase ermittelt werden.

Die Möglichkeit der Nutzung bestimmter Phasenkombinationen zur quantitativen Bestimmung der Bildungsparameter ist in der Gl. (8.21) begründet:

$$\Delta G_r = -RT \ln K(P,T)$$

Die Temperaturabhängigkeit der thermodynamischen Gleichgewichtskonstante ist nach (8.61)

$$\left(\frac{\partial \ln K}{\partial T}\right)_P = \frac{\Delta H_r}{RT^2}$$

und die Druckabhängigkeit nach (8.59)

$$\left(\frac{\partial \ln K}{\partial P}\right)_T = -\frac{\Delta V_r}{RT}$$

Aus den letzten Gleichungen läßt sich entnehmen, daß als *Geothermometer* solche Reaktionen besonders geeignet sind, die eine große Reaktionsenthalpie aufweisen, denn dies bedeutet eine starke Temperaturabhängigkeit der betreffenden Reaktion. Damit die Temperaturabhängigkeit nicht durch die Druckabhängigkeit überlagert wird, sollte das Reaktionsvolumen möglichst klein sein. Umgekehrt sind als *Geobarometer* die Reaktionen geeignet, die mit einem großen Reaktionsvolumen und einer kleinen Reaktionsenthalpie verbunden sind. Eine Reaktion, die nur von einer Zustandsvariablen abhängt, läßt sich kaum finden, zumal solche Reakionen nicht frei wählbar, sondern an natürliche Paragenesen gebunden sind. Hängt eine an sich geeignete Reaktion von beiden Zustandsvariablen ähnlich stark ab, muß einer der Parameter unabhängig aus einer anderen Paragenese ermittelt werden.

Sind sowohl feste als auch gasförmige Komponenten an einer Reaktion beteiligt, kann man unter Vernachlässigung der Temperatur- und Druckabhängigkeit der Reaktionseffekte gemäß (8.57) das thermodynamische Gleichgewicht wie folgt formulieren:

$$\Delta H_r^o - T\Delta S_r^o + \Delta V_r^{o,fest}(P-1) = -RT\sum \nu_i^{fest} \ln x_i^{fest} - RT\sum \nu_i^{Gas} \ln(p_i \varphi_i \gamma_i)$$

Um rechnen zu können, müssen die thermodynamischen Grunddaten, wie Bildungsenthalpien, konventionelle Standardentropien und Molvolumina der Reaktionsteilnehmer bekannt sein. Ebenso bekannt sein müssen die Beziehungen zwischen den Konzentrationen der Komponenten und ihren Aktivitäten für kondensierte Phasen und die Beziehungen zwischen den Partialdrücken und Fugazitäten für die gasförmigen Reaktionsteilnehmer. Leider fehlen bisher sowohl die Aktivitäts- als auch die Fugazitätskoeffizienten in den allermeisten Fällen, so daß der Anwender noch immer gezwungen ist, mit Ansätzen für ideale Mischungen zu rechnen. Dadurch ergeben sich unter Umständen jedoch erhebliche Bestimmungsfehler.

Damit die unter Laboratoriumsbedingungen aufgestellten und kalibrierten Geothermo- und Geobarometer auf natürliche Vorkommen angewendet werden können, muß gewährleistet sein, daß die beobachtete natürliche Paragenese ein eingefrorenes thermodynamisches Gleichgewicht darstellt, das nicht nachträglich etwa durch retrograde Prozesse verändert worden ist. Die Gewißheit, daß diese Bedingung erfüllt ist, läßt sich jedoch nicht immer aus dem zur Verfügung stehenden Material gewinnen.

## 10.1. Beispiele für Geothermometer und Geobarometer

Von den vielen in der mineralogischen Literatur vorgeschlagenen und z.T auch bereits erfolgreich angewendeten Geothermo- und Geobarometern, können hier nur einige wenige vorgestellt werden. Bei der Auswahl wurde darauf geachtet, daß die wichtigsten Arten thermodynamischer Gleichgewichte, die zur Ermittlung der Bildungsbedingungen von Gesteinen verwendet werden, vertreten sind.

Als Geothermo- bzw. Geobarometer können sowohl Ein- als auch Mehrstoffsysteme herangezogen werden. Dadurch, daß sich die Zahl der Freiheitsgrade mit der Zahl der Komponenten vergrößert, erweitert sich der bestimmbare P-T-Bereich, wenn man von Ein- zu Mehrkomponentensystemen übergeht.

An einem Phasengleichgewicht können sowohl reine Phasen als auch Mischphasen beteiligt sein. In einem Einstoffsystem kommen natürlich nur reine Phasen vor. Treten nur reine Phasen in einem mehrkomponentigen System auf, gibt es im P- T- Feld für jede mögliche Phasenkombination jeweils nur eine univariante Linie. Die Wahrscheinlichkeit, daß natürliche Paragenesen genau auf einer solchen Linie liegen, ist nicht besonders groß, so daß mit Hilfe solcher Systeme in der Regel bestenfalls ein maximaler bzw. minimaler Bildungsdruck oder eine maximale bzw. minimale Bildungstemperatur ermittelt werden können. Sind dagegen an einem Gleichgewicht Phasen beteiligt, die größere Homogenitätsbereiche aufweisen, kann es für jede Phasenkombination eine ganze Schar univarianter Gleichgewichte geben, wobei die individuellen Zusammensetzungen koexistierender Phasen durch Druck und Temperatur bestimmt werden. Entlang univarianter Linien bleiben die Zusammensetzungen der Phasen konstant. Ist eine Zustandsvariable bekannt, läßt sich die andere aus den Zusammensetzungen der koexistierenden Phasen bestimmen.

Spricht man von Verteilungsgleichgewichten, meint man in der Regel Verteilungen von geochemisch ähnlichen Elementen auf kristallographisch nichtäquivalente Plätze in einer Struktur oder Verteilungen eines oder mehrerer Elemente auf zwei oder mehrere Phasen. Im ersten Fall sind es ***intra**kristalline* und im zweiten ***inter**kristalline* Gleichgewichte.

### 10.1.1. Phasengleichgewichte in Einstoffsystemen

Das wohl bekannteste und hinsichtlich der Lage des invarianten Punktes und der univarianten Linien noch immer nicht eindeutig geklärte Einstoffsystem ist das des

$Al_2SiO_5$.

Nach allgemeiner Übereinstimmung liegt der von Althaus (1969) bestimmte Tripelpunkt, in dem Andalusit, Kyanit und Sillimanit koexistieren (6.5 kbar und 595°C), bezüglich des Drucks eindeutig zu hoch. Die Meinungen über die entsprechenden Angaben von Richardson et al. (1969) und Holdaway (1971) sind dagegen geteilt. Nach Richardson et al. befindet sich der Tripelpunkt bei 5.5 kbar und 622°C und nach Holdaway

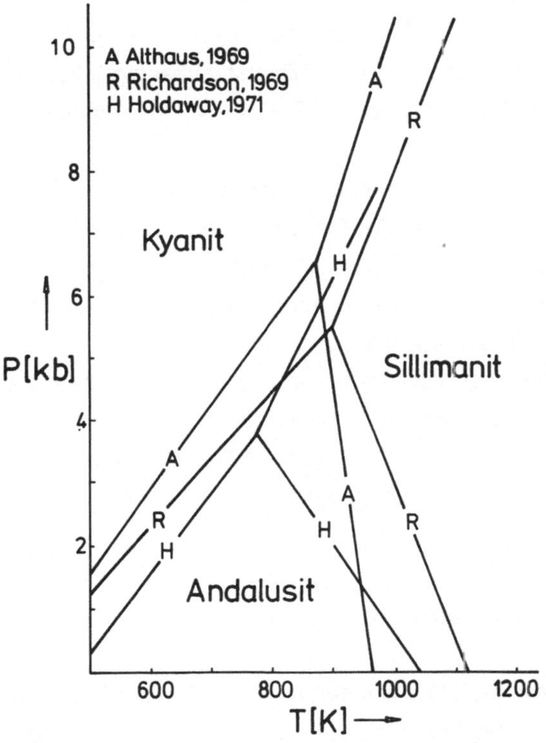


Abb. 69: Zustandsdiagramm des $Al_2SiO_5$ nach Althaus (1969), Richardson et al. (1969) und Holdaway (1971).

bei 3.76 kbar und 501 C. Aufgrund von Ergebnissen der kalorimetrischen Messungen an natürlichen Andalusiten sind Anderson et al. (1977) der Auffassung, daß die Daten von Holdaway (1971) die besseren sind, zumal der zuletzt genannte Autor die später von Navrotsky et al. (1973) kalorimetrisch bestimmte Unordnungsenthalpie des Sillimanits richtig vorausgesagt hatte. Auch andere Autoren, wie z.B. Chatterjee (1973) halten anhand ihrer eigenen experimentellen Ergebnisse an Systemen, an denen $Al_2SiO_5$ als Reaktionspartner beteiligt war, oder aufgrund thermodynamischer Analysen (Day und Kumin, 1980) die Daten von Holdaway für die wahrscheinlich richtigeren. Wie ein

Vergleich der in der Abb. 69 dargestellten Stabilitätsdiagramme des $Al_2SiO_5$ von Althaus (1969), Richardson et al. (1969) und Holdaway (1971) zeigt, ist die Übereinstimmung der Koexistenzkurven für Kyanit/Sillimanit- und Kyanit/Andalusit-Gleichgewichte zwar hinsichtlich ihrer Lagen im P-T-Diagramm nicht besonders gut, die Steigungen dieser Kurven sind jedoch recht ähnlich. Daß die oben angegebenen Tripelpunkte dennoch so weit voneinander liegen, hängt hauptsächlich mit der Schwierigkeit zusammen, mit der die experimentelle Bestimmung der Koexistenzkurve Andalusit/Sillimanit verbunden ist. Die große Reaktionsträgheit verhindert eine genaue Einklammerung der univarianten Kurve. Darüber hinaus ist die Steigung dieser Koexistenzkurve, die nach Weil (1966) bei 1 bar 775°C (mittlerer Temperaturwert aus 795 und 755°C) beginnen soll, von der Al/Si- Ordnung im Sillimanit abhängig. Die Verwendung natürlicher Sillimanite, die unterschiedliche Al/Si-Ordnungen besaßen, führte somit zu unterschiedlichen Ergebnissen.

Trotz bleibender Unsicherheiten hinsichtlich der genauen Gleichgewichtsbedingungen wird das System sehr häufig für die P-T-Bestimmung herangezogen. Oft benutzt man es als zusätzliches P-T-Raster, um Bestimmungen aus anderen Quellen zu unterstützen. Tritt nur eine der drei Phasen in einer Paragenese auf, kann sie als sogenanntes "Indexmineral" zur Eingrenzung von P- T-Bereichen verwendet werden. Findet man jedoch eine der drei univarianten, aus zwei Phasen bestehenden Paragenesen vor, läßt sich eine Variable genauer angeben, vorausgesetzt, die dann noch fehlende zweite Variable ist aus anderen Zusammenhängen bekannt und die texturellen Gegebenheiten sprechen für ein Gleichgewicht.

### 10.1.1. **Intrakristalline Gleichgewichte**

Die Verteilung von Magnesium und Eisen auf die beiden nichtäquivalenten Oktaederplätze in Orthopyroxenen, $(Mg,Fe)_2Si_2O_6$, ist nach den experimentellen Befunden von Virgo und Hafner (1969) sowie Saxena und Ghose (1971) deutlich temperaturabhängig. Dabei wird $Fe^{2+}$ bevorzugt in die größeren und stärker verzerrten M2 Positionen und $Mg^{2+}$ in die kleineren und weniger verzerrten M1 Positionen eingebaut. Mit steigender Temperatur nimmt die Präferenz des $Fe^{2+}$ für die M2 Positionen etwas ab. Die Umverteilung von Kationen ist mit kleinen Volumenänderungen verbunden, so daß eine geringe Druckabhängigkeit des Verteilungsgleichgewichts zu erwarten ist. Von daher gesehen wäre das System also ein ideales Geothermometer. Leider sind die Reequilibrierungszeiten sehr kurz. Sie betragen bei 500°C nur wenige Wochen, bei 800°C einige Stunden und bei 1000°C nur noch einige Sekunden (Virgo und Hafner, 1969; Saxena und Ghose, 1971; Besancon, 1981), so daß die $Mg^{2+}/Fe^{2+}$-Verteilung in Orthopyroxenen eher die Abkühlungsgeschwindigkeit eines Gesteins als seine Bildungstemperatur widerspiegelt.

Um die Verteilung von Magnesium und Eisen thermodynamisch behandeln zu können, wird folgende Austauschreaktion angenommen:

$$Fe_{M2} + Mg_{M1} \rightarrow Fe_{M1} + Mg_{M2}$$

Die thermodynamische Gleichgewichtskonstante lautet dann:

$$K(P,T) = \frac{x_{Fe,M1} \cdot x_{Mg,M2}}{x_{Fe,M2} \cdot x_{Mg,M1}} \cdot \frac{\gamma_{Fe,M1} \cdot \gamma_{Mg,M2}}{\gamma_{Fe,M2} \cdot \gamma_{Mg,M1}}$$

oder

$$K(P,T) = \frac{x_{Fe,M1} \cdot [1 - x_{Fe,M2}]}{x_{Fe,M2} \cdot [1 - x_{Fe,M1}]} \cdot \frac{\gamma_{Fe,M1} \cdot \gamma_{Mg,M2}}{\gamma_{Fe,M2} \cdot \gamma_{Mg,M1}}$$

wenn die Magnesiumkonzentrationen auf beiden Positionen mit Hilfe der Atombrüche für Eisen ausgedrückt werden.

Der erste Bruch in der obigen Gleichung gibt nach Gl. (8.94) den Verteilungskoeffizienten $K_D$ wieder, so daß die thermodynamische Gleichgewichtskonstante folgende Form erhält:

$$K(P,T) = K_D \cdot \frac{\gamma_{Fe,M1} \cdot \gamma_{Mg,M2}}{\gamma_{Fe,M2} \cdot \gamma_{Mg,M1}}$$

Saxena (1973) betrachtet sowohl M1 als auch M2 Positionen als symmetrische Mischungen und gibt für die Aktivitätskoeffizienten die unten stehenden Gleichungen an.

$$\ln \gamma_{Fe,M1} = \frac{W_{M1}}{RT} [1 - x_{Fe,M1}]^2$$

$$\ln \gamma_{Mg,M1} = \frac{W_{M1}}{RT} x_{Fe,M1}^2$$

$$\ln \gamma_{Fe,M2} = \frac{W_{M2}}{RT} [1 - x_{Fe,M2}]^2$$

$$\ln \gamma_{Mg,M2} = \frac{W_{M2}}{RT} x_{Fe,M2}$$

$W_{M1}$ und $W_{M2}$ stellen die Wechselwirkungsparameter für die Positionen M1 und M2 dar.

Der Logarithmus der thermodynamischen Gleichgewichtskonstante ist damit

$$\ln K(P,T) = \ln K_D + \frac{W_{M1}}{RT} [1 - 2x_{Fe,M1}] - \frac{W_{M2}}{RT} [1 - 2x_{Fe,M2}]$$

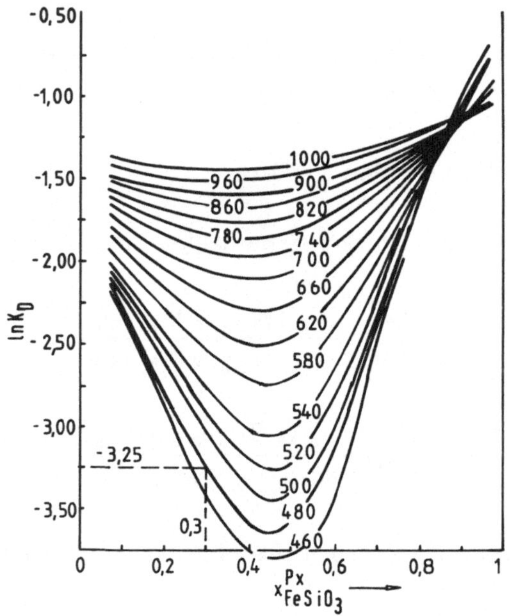


Abb. 70: $\ln K_D - x_{FeSiO_3}$ - Isothermen zur Bestimmung der Gleichgewichtstemperatur aus dem Verteilungskoeffizienten für $Mg^{2+}$ und $Fe^{2+}$.

Die Wechselwirkungsparameter ermittelte Saxena (1973) aus den experimentellen Bestimmungen der Temperaturabhängigkeit der Verteilung von Eisen und Magnesium auf die besagten Plätze. Es sind

$$W_{M1} = 3525(10^3/T) - 1667\,[\mathrm{cal/Mol}]$$
$$W_{M2} = 2458(10^3/T) - 1261\,[\mathrm{cal/Mol}]$$

Mit

$$\Delta G_r = 4479 - 1948(10^3/T)\,[\mathrm{cal/Mol}]$$

läßt sich wegen (8.21), wonach

$$\ln K(P,T) = -\frac{\Delta G_r}{RT}$$

ist, im Prinzip für jede beliebige Temperatur und jedes beliebige $Mg^{2+}/Fe^{2+}$-Verhältnis der Verteilungskoeffizient ausrechnen. Trägt man $\ln K_D$ gegen den Ferrosilitgehalt (Fe-Konzentration) des Pyroxens auf, erhält man Isothermen, wie sie in der Abb. 70 dargestellt sind. Dieses Diagramm kann nun als Geothermometer dienen. Sind sowohl die Gesamtzusammensetzung als auch die Eisenverteilung auf beide Plätze bekannt, kann die dazugehörige Gleichgewichtstemperatur aus der Abb. 70 direkt abgelesen werden. So gehört z.B. zu einem $\ln K_D = -3.25$ und einem Ferrosilit-Gehalt ($x^{Px}_{FeSiO_3}$) von 0.3 eine Gleichgewichtstemperatur von 480°C.

Wie bereits zu Beginn dieses Abschnitts erwähnt wurde, erfolgt die Umverteilung der Kationen bei Temperaturänderungen sehr schnell, so daß dieses sonst fast ideale Geothermometer kaum seinen Zweck erfüllen kann.

### 10.1.2. Phasengleichgewichte in einem Zweistoffsystem

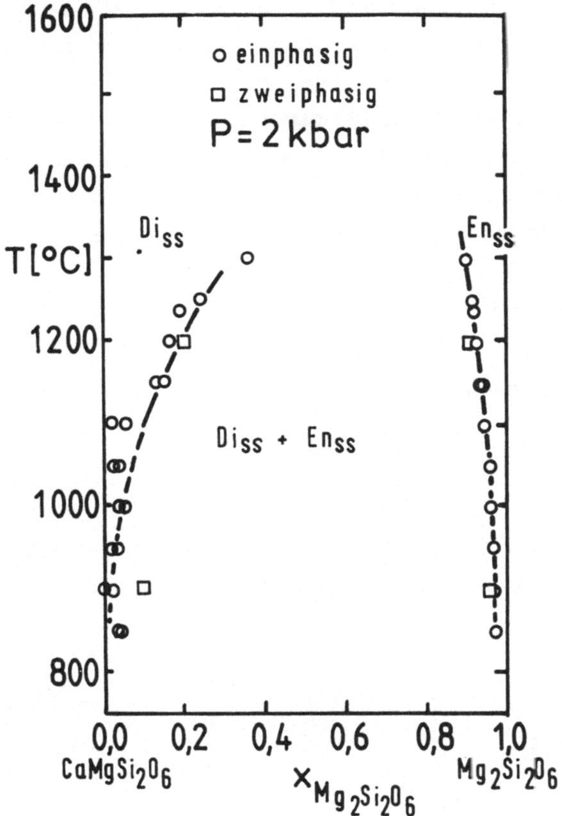


Abb. 71: System $CaMgSi_2O_6$ (Diopsid) - $Mg_2Si_2O_6$ (Orthoenstatit) bei 2 kbar; (nach Warner und Luth, 1974).

Im System $Mg_2Si_2O_6$ - $CaMgSi_2O_6$ existiert zwischen den Ca-reichen Klinopyroxenen und Ca-armen Orthopyroxenen eine breite Mischungslücke, deren Begrenzungen (Solvi) temperatur- aber nur wenig druckabhängig sind (vgl. Abb. 71). Diese Tatsache macht das genannte System zum potentiellen Geothermometer für pyroxenhaltige Paragenesen mit wenig FeO und $Al_2O_3$, weshalb es in der Vergangenheit sehr intensiv sowohl experimentell (z.B. Davis und Boyd, 1966; Warner und Luth, 1974; Mori und Green, 1976) als auch rein theoretisch (z.B. Wood und Banno, 1973; Nehru und Wyllie, 1974; Saxena und Nehru, 1975; Powell, 1978; Wells, 1977; Holland et al., 1979; Lindsley et al., 1981; Saxena, 1981) bearbeitet wurde. Für die Aufstellung einer Gleichung, mit deren Hilfe aus den Zusammensetzungen koexistierender Phasenpaare die Bildungstemperatur ermittelt werden könnte, braucht man zunächst ein thermodynamisches Modell, das die experimentell bestimmten Beziehungen zwischen Druck, Temperatur und Zusammensetzung befriedigend wiedergibt.

Das System stellt den im Kapitel 8.4. besprochenen Fall dar, in dem reine Komponenten bei P und T der Mischung verschiedene Strukturen besitzen. Als problematisch erweist sich nun die Tatsache, daß $Mg_2Si_2O_6$ zwar als Klinoenstatit, $CaMgSi_2O_6$, dagegen aber nicht als Orthoenstatit existiert, wodurch für die zuletzt genannte Komponente die Standardwerte wie Umwandlungsenthalpie, Umwandlungsentropie und Umwandlungsvolumen experimentell nicht bestimmt werden können.

Für die Überführung des $Mg_2Si_2O_6$ aus der Orthoenstatit- in die Klinoenstatit-Mischphase kann man folgende Reaktionsgleichung schreiben:

$$Mg_2Si_2O_6^{Opx} \rightarrow Mg_2Si_2O_6^{Cpx} \qquad (I)$$

Im Gleichgewicht ist damit

$$\Delta G_{r,I} = - RT \ln \frac{a_{Mg_2Si_2O_6}^{Cpx}}{a_{Mg_2Si_2O_6}^{Opx}} \qquad (II)$$

$\Delta G_{r,I}$ gibt die Freie Umwandlungsenthalpie an. Bei Vernachlässigung der Druck- und Temperaturabhängigkeiten der Umwandlungseffekte kann anstelle der Gleichung (II) auch

$$- \Delta H_{r,I} + T\Delta S_{r,I} - \Delta V_{r,I}(P - 1) = RT \ln a_{Mg_2Si_2O_6}^{Cpx} - RT \ln a_{MgSi_2O_6}^{Opx} \qquad (III)$$

benutzt werden.

$\Delta H_{r,I}$, $\Delta S_{r,I}$ und $\Delta V_{r,I}$ sind die Umwandlungsenthalpie, Umwandlungsentropie und das Umwandlungsvolumen der reinen Komponente $Mg_2Si_2O_6$. Die Größen sind hier als Reaktionseffekte gekennzeichnet, um anzudeuten, daß es sich nicht um eine echte Transformation im physikalischen Sinne, sondern nur um einen Teil des Mischungsvorgangs handelt. Wenn davon ausgegangen wird, daß Ca nur die größeren M2 Positionen in der jeweiligen Pyroxenstruktur besetzen kann, haben wir nur einen äquivalenten

Platz pro Formeleinheit, auf dem die Mischbarkeit stattfindet, wodurch der Molenbruch gleich $x^{j}_{Mg_2Si_2O_6}$ gesetzt werden kann. j steht für Klino- bzw. Orthophase. Wird weiter angenommen, daß sowohl Orthopyroxene als auch Klinopyroxene symmetrische Mischungen sind, können wir für die beiden Aktivitätskoeffizienten gemäß Gleichungen (7.133):

$$RT\ \ln \gamma^{Opx}_{Mg_2Si_2O_6} = (\mu^{e,\infty,Opx}_{Mg_2Si_2O_6})(1 - x^{Opx}_{Mg_2Si_2O_6})^2 \qquad \text{(IV)}$$

und

$$RT\ \ln \gamma^{Cpx}_{Mg_2Si_2O_6} = (\mu^{e,\infty,Cpx}_{Mg_2Si_2O_6})(1 - x^{Cpx}_{Mg_2Si_2O_6})^2 \qquad \text{(V)}$$

schreiben.

Werden die Ausdrücke (IV) und (V) in (III) eingesetzt, erhält man

$$-\Delta H_{r,I} + T\Delta S_{r,I} - \Delta V_{r,I}(P - 1) = RT\ \ln \frac{x^{Cpx}_{Mg_2Si_2O_6}}{x^{Opx}_{Mg_2Si_2O_6}} + (\mu^{e,\infty,Cpx}_{Mg_2Si_2O_6})(1 - x^{Cpx}_{Mg_2Si_2O_6})^2$$

$$- (\mu^{e,\infty,Cpx}_{Mg_2Si_2O_6})(1 - x^{Opx}_{Mg_2Si_2O_6})^2 \qquad \text{(VI)}$$

Gemäß Gl. (7.139) sollten die beiden Exzeßpotentiale prinzipiell Funktionen des Drucks und der Temperatur sein. Im Falle des $\mu^{e,\infty,Opx}_{Mg_2Si_2O_6}$ sind diese Abhängigkeiten jedoch nicht beobachtet worden (siehe z.B. Nehru, 1975; Powell, 1978; Holland et al., 1979). Im Gegensatz dazu zeigt $\mu^{e,\infty,Cpx}_{Mg_2Si_2O_6}$ zwar auch keine Temperatur-, jedoch eine Druckabhängigkeit, wodurch das Exzeßpotential, das bei Holland et al. (1979) als Wechselwirkungsparameter $W_G$ bezeichnet wird, in der hier verwendeten Schreibweise folgende Form annimmt:

$$\mu^{e,\infty,Cpx}_{Mg_2Si_2O_6} = U^{e,\infty,Cpx}_{Mg_2Si_2O_6} + PV^{e,\infty,Cpx}_{Mg_2Si_2O_6} \qquad \text{(VII)}$$

$U^{e,\infty,Cpx}_{Mg_2Si_2O_6}$ und $V^{e,\infty,Cpx}_{Mg_2Si_2O_6}$ sind die partielle molare innere Exzeßenergie und das partielle Exzeßvolumen des $Mg_2Si_2O_6$ bei unendlicher Verdünnung in der Klinoenstatit-Mischphase.

Unter Berücksichtigung von allen oben getroffenen Vereinbarungen lautet die Gleichung für das thermodynamische Gleichgewicht

$$-\Delta H_{r,I} + T\Delta S_{r,I} - \Delta V_{r,I}(P - 1) = RT \ln \frac{x^{Cpx}_{Mg_2Si_2O_6}}{x^{Opx}_{Mg_2Si_2O_6}} + (U^{e,\infty} + PV^{e,\infty})^{Cpx}_{Mg_2Si_2O_6}$$

$$(1 - x^{Cpx}_{Mg_2Si_2O_6})^2 - \mu^{e,\infty,Opx}_{Mg_2Si_2O_6}(1 - x^{Opx}_{Mg_2Si_2O_6})^2 \qquad \text{(VIII)}$$

Eine Umformung der Gl. (VIII) nach T liefert unter Annahme, daß $\Delta V_{r,I} \approx 0$ ist (Newton et al., 1979), schließlich den gesuchten Ausdruck für die Ermittlung der

Gleichgewichtstemperatur aus den Zusammensetzungen koexistierender Pyroxenpaare, nämlich:

$$T = \frac{\Delta H_{r,I} + (U^{e,\infty} + PV^{e,\infty})^{Cpx}_{Mg_2Si_2O_6}(1 - x^{Cpx}_{Mg_2Si_2O_6})^2 - \mu^{e,\infty,Opx}_{Mg_2Si_2O_6}(1 - x^{Opx}_{Mg_2Si_2O_6})^2}{\Delta S_{r,I} - R(\ln x^{Cpx}_{Mg_2Si_2O_6} - \ln x^{Opx}_{Mg_2Si_2O_6})} \qquad \text{(IX)}$$

Nach Holland et al. (1979) betragen:

$\Delta H_{r,I}$ = 6.8 kJ/Mol

$\Delta S_{r,I}$ = 2.75 J/Mol•K

$U^{e,\infty,Cpx}_{Mg_2Si_2O_6}$ = 24.47 kJ/Mol

$V^{e,\infty,Cpx}_{Mg_2Si_2O_6}$ = 0.105 J/bar

$\mu^{e,\infty,Opx}_{Mg_2Si_2O_6}$ = 34 kJ/Mol

An dieser Stelle soll noch erwähnt werden, daß neben dem symmetrischen Mischungsmodell für die Klinopyroxenphase auch Modelle mit zwei Parametern benutzt werden (z.B. Lindsley, et al., 1981). Eine eingehende Beschäftigung damit würde über den Rahmen dieses Buches hinausgehen.

Schwierigkeiten bei der Anwendung des Systems $Mg_2Si_2O_6$ - $CaMgSi_2O_6$ als Geothermometer ergeben sich in der Hauptsache daraus, daß natürliche Pyroxene neben Ca und Mg auch andere Kationen, wie Eisen und Aluminium, enthalten. Diese Kationen wirken sich auf die Aktivitäten der Komponenten in den beiden Mischphasen aus. Die Temperaturbestimmungsgleichung (IX) liefert dann falsche Werte. Um dieses Geothermometer allgemein einsetzbar zu machen, wurden viele experimentelle Untersuchungen und thermodynamische Berechnungen an entsprechend erweiterten Systemen unternommen (siehe Wells, 1977; Lindsley et al., 1981; Gasparik, 1984).

### 10.1.3. Reaktionsgleichgewichte mit festen Phasen als Reaktionsteilnehmer

Die Paragenesen Plagioklas - Orthopyroxen - Granat - Quarz bzw. Plagioklas - Klinopyroxen - Granat - Quarz lassen sich nach Newton und Perkins (1982) auf folgende Reaktionen zurückführen:

$$CaAl_2Si_2O_8 + Mg_2Si_2O_6 \rightarrow 1/3\,Ca_3Al_2Si_3O_{12} + 2/3\,Mg_3Al_2Si_3O_{12} + SiO_2 \qquad \text{(I)}$$

und

$$CaAl_2Si_2O_8 + CaMgSi_2O_6 \rightarrow 2/3\,Ca_3Al_2Si_3O_{12} + 1/3\,Mg_3Al_2Si_3O_{12} + SiO_2 \qquad \text{(II)}$$

Beide Reaktionen sind mit großen Volumenänderungen verbunden. In der Reaktion (I) sind es 14.32% (-23.398 $cm^3$) und in der Reaktion (II) 13.72% (-22.902 $cm^3$) pro

Formelumsatz. Dadurch sind die Reaktionsgleichgewichte stark druckabhängig und potentiell für die Ermittlung des Bildungsdrucks graratführender Gesteine geeignet.

Newton und Perkins (1982) kalibrierten dieses Geobarometer mit Hilfe der zur Verfügung stehenden thermodynamischen Daten und überprüften es dann an den in der Literatur beschriebenen natürlichen Vorkommen.

Um die Konsistenz der Schreibweise zu wahren, wird die von den vorgenannten Autoren vorgestellte Herleitung der geobarometrischen Formel leicht geändert wiedergegeben.

Bei Vernachlässigung der Kompressibilitäten und der thermischen Ausdehnungen der Reaktionsteilnehmer lauten die Gleichgewichtsbedingungen für die Reaktionen (I) und (II) wie folgt:

$$\Delta H^{o}_{r,I} - T\Delta S^{o}_{r,I} + \int_{298}^{T} \Delta C_{p,I}\,dT - T\int_{298}^{T} \frac{\Delta C_{p,I}}{T}\,dT + \Delta V_{r,I}(P-1) =$$

$$- RT \ln \frac{a^{Gt}_{CaAl_{2/3}SiO_4} \cdot (a^{Gt}_{MgAl_{2/3}SiO_4})^2}{a^{Fp}_{CaAl_2Si_2O_8} \cdot a^{Opx}_{Mg_2Si_2O_6}}$$

$$\Delta H^{o}_{r,II} - \Delta S^{o}_{r,II} + \int_{298}^{T} \Delta C_{p,II}\,dT - T\int_{298}^{T} \frac{\Delta C_{p,II}}{T}\,dT + \Delta V_{r,II}(P-1) =$$

$$- RT \ln \frac{(a^{Gt}_{CaAl_{2/3}SiO_4})^2 \cdot a^{Gt}_{MgAl_{2/3}SiO_4}}{a^{Fp}_{CaAl_2Si_2O_8} \cdot a^{Cpx}_{CaMgSi_2O_6}}$$

wenn $CaAl_{2/3}SiO_4$, $MgAl_{2/3}SiO_4$, $Mg_2Si_2O_6$, $CaMgSi_2O_6$ und $CaAl_2Si_2O_8$ als Komponenten gewählt werden. Die Aktivität von $SiO_2$ (Quarz) erscheint nicht in der Massenwirkungskonstante, da es in beiden Fällen als reine Phase vorliegt und somit die Aktivität 1 besitzt. $\Delta H^{o}_{r,i}$, $\Delta S^{o}_{r,i}$ $\Delta V_{r,i}$ und $\Delta C_{p,i}$ sind die Standardreaktionsenthalpie, Standardreaktionsentropie, das Reaktionsvolumen bei 1 bar und 298 K sowie die reaktionsbedingte Änderung der Wärmekapazität des Systems. Für die Ermittlung dieser Größen benutzten Newton und Perkins (1982) die neuesten Daten aus der Hochtemperatur-Lösungskalorimetrie (Charlu et al., 1975; Charlu et al., 1978; Newton et al., 1980), aus DSC (Differential scanning calorimetry) und sonstigen Bestimmungen der Wärmekapazitäten (Robie et al., 1979; Haselton und Newton, 1980; Krupka et al., 1979a; Krupka et al., 1979b). Die kalorischen Effekte wurden von Newton und Perkins alle auf 1000 K umgerechnet und dann für den in Frage kommenden Temperaturbereich ($900<T<1150$) als Konstanten angesehen. Die Zahlen unterscheiden sich daher etwas von diesen, die hier angegeben sind und für die Standardbedingungen gerechnet wurden. Im einzelnen betragen:

$\Delta H^o_{r,I}$ = 11.01 kJ $\quad$ $\Delta H^o_{r,II}$ = -0.913 kJ

$\Delta S^o_{r,I}$ = - 29.22 J/K $\quad$ $\Delta S^o_{r,II}$ = - 44.043 J/K

$\Delta V_{r,I}$ = - 2.373 J/bar $\quad$ $\Delta V_{r,II}$ = - 2.290 J/bar

Molwärmen [J/Mol·K]:

$$C^{Fp}_{p,CaAl_2Si_2O_8} = 391.42 + 12.556 \times 10^{-3}T - 3.0362 \times 10^6T^{-2} - 2.5832 \times 10^3T^{-1/2}$$
$$C^{Opx}_{p,Mg_2Si_2O_6} = 345.92 - 0.31076 \times 10^{-3}\,T - 1.4172 \times 10^6T^{-2} - 2.8632 \times 10^3T^{-1/2}$$
$$C^{Cpx}_{p,CaMgSi_2O_6} = 328.19 + 1.8881 \times 10^{-3}\,T - 1.4430 \times 10^6\,T^{-2} - 2.5192 \times 10^3\,T^{-1/2}$$
$$C^{Gt}_{p,Mg_3Al_2Si_3O_{12}} = 544.95 + 20.680 \times 10^{-3}T - 8.3312 \times 10^6T^{-2} - 2.283 \times 10^3T^{-1/2}$$
$$C^{Gt}_{p,Ca_3Al_2Si_3O_{12}} = 545.02 + 23.828 \times 10^{-3}T - 9.2074 \times 10^6T^{-2} - 2.0003 \times 10^3T^{-1/2}$$
$$C^{Q}_{p,SiO_2} = 104.35 + 6.07 \times 10^{-3}T + 0.0342 \times 10^6T^{-2} - 1.07 \times 10^3T^{-1/2}$$

Als nächstes stellt sich die Frage nach den Beziehungen zwischen den Aktivitäten der Komponenten und ihren Molenbrüchen. In Ermangelung der Daten für die Mangankomponente im Granat (Spessartin) betrachten die Autoren Granate als ternäre Mischungen im System $Ca_3Al_2Si_3O_{12}$ - $Fe_3Al_2Si_3O_{12}$ - $Mg_3Al_2Si_3O_{12}$, für die der Ansatz für symmetrische Mischungen gültig sein soll. Gemäß (7.167) ist der Aktivitätskoeffizient für $CaAl_{2/3}SiO_4$ dann:

$$RT\ \ln\gamma^{Gt}_{CaAl_{2/3}SiO_4} = (x^{Gt}_{FeAl_{2/3}SiO_4})^2A_{Ca/Fe} + (x^{Gt}_{MgAl_{2/3}SiO_4})^2A_{Ca/Mg}$$
$$+ (A_{Ca/Mg} + A_{Ca/Fe} - A_{Fe/Mg})x^{Gt}_{FeAl_{2/3}SiO_4}\cdot x^{Gt}_{MgAl_{2/3}SiO_4}$$

und für $MgAl_{2/3}SiO_4$:

$$RT\ \ln\gamma^{Gt}_{MgAl_{2/3}SiO_4} = (x^{Gt}_{CaAl_{2/3}SiO_4})^2A_{Ca/Mg} + (x^{Gt}_{FeAl_{2/3}SiO_4})^2A_{Fe/Mg}$$
$$+ (A_{Fe/Mg} + A_{Ca/Mg} - A_{Ca/Fe})x^{Gt}_{CaAl_{2/3}SiO_4}\cdot x^{Gt}_{FeAl_{2/3}SiO_4}$$

$A_{ij}$ sind die Wechselwirkungsparameter in den binären Subsystemen: $CaAl_{2/3}SiO_4$ - $FeAl_{2/3}SiO_4$, $FeAl_{2/3}SiO_4$ - $MgAl_{2/3}SiO_4$ und $CaAl_{2/3}SiO_4$ - $MgAl_{2/3}SiO_4$. $A_{Ca/Fe}$ und $A_{Fe/Mg}$ sind nach den bisherigen experimentellen Erkenntnissen sehr klein und können gleich Null gesetzt werden. Für $A_{Ca/Mg}$ aber gilt:

$$A_{Ca/Mg} = 13807.2 - 6.276T\,[J]$$

Unter diesen Voraussetzungen vereinfachen sich die Aktivitätskoeffizienten zu:

$$RT\ \ln\gamma^{Gt}_{CaAl_{2/3}SiO_4} = (13807.2 - 6.276T)[(x^{Gt}_{MgAl_{2/3}SiO_4})^2$$
$$+ x^{Gt}_{MgAl_{2/3}SiO_4}\cdot x^{Gt}_{FeAl_{2/3}SiO_4}]$$

und

$$RT \ln \gamma^{Gt}_{MgAl_{2/3}SiO_4} = (13807.2 - 6.276T)[(x^{Gt}_{CaAl_{2/3}SiO_4})^2 + x^{Gt}_{CaAl_{2/3}SiO_4} \cdot x^{Gt}_{FeAl_{2/3}SiO_4}]$$

Für die Aktivitätskoeffizienten der Plagioklase müssen zweiparametrige Margules-Gleichungen entsprechend (7.156) bzw. (7.157) verwendet werden. Es ist dann

$$RT \ln \gamma^{Fp}_{CaAl_2Si_2O_8} = (x^{Fp}_{NaAlSi_3O_8})^2[\mu^{e,\infty,Fp}_{CaAl_2Si_2O_8} + 2(\mu^{e,\infty,Fp}_{CaAl_2Si_2O_8} - \mu^{e,\infty,Fp}_{NaAlSi_3O_8})x^{Fp}_{CaAl_2Si_2O_8}]$$

mit

$$\mu^{e,\infty,Fp}_{CaAl_2Si_2O_8} = 8472.6 \text{ J}$$
$$\mu^{e,\infty,Fp}_{NaAlSi_3O_8} = 28225.3 \text{ J}$$

Darüber hinaus wird noch die sogenannte "Al-avoidance"-Regel berücksichtigt, die besagt, daß Al in den Plagioklasen nicht in den benachbarten Tetraedern des $SiO_2$- Gerüsts vorkommt. Dadurch muß der Ausdruck für die Aktivität von der üblichen Form abweichen (Kerrick und Darken, 1975):

$$a^{Fp}_{CaAl_2Si_2O_8} = \gamma^{Fp}_{CaAl_2Si_2O_8} \cdot \frac{x^{Fp}_{CaAl_2Si_2O_8}(1 + x^{Fp}_{CaAl_2Si_2O_8})^2}{4}$$

Für Ortho- und Klinopyroxene werden von Newton und Perkins (1982) "ideale Zweiplatz-Mischungen" angenommen, so daß die Aktivitäten von $Mg_2Si_2O_6$ und $CaMgSi_2O_6$ folgende Formen haben:

$$a_{Mg_2Si_2O_6} = x_{Mg,M2} \cdot x_{Mg,M1}$$

$$a_{CaMgSi_2O_6} = x_{Ca,M2} \cdot x_{Mg,M1}$$

Die Autoren nehmen ferner an, daß die großen Kationen in beiden Mischungen die M2 und die kleineren die M1 Positionen besetzen. Ausschließlich auf M2 gehen demnach: $Ca^{2+}$, $Na^+$ und $Mn^{2+}$ und ausschließlich auf M1 $Fe^{3+}$, $Ti^{4+}$ und $Al^{3+}$. Die noch verbleibenden Plätze werden paritätisch von $Mg^{2+}$ und $Fe^{2+}$ besetzt. Die Bevorzugung des Eisens für die M2 Plätze wird somit nicht berücksichtigt. Sind alle oben aufgezählten Kationen vertreten, lauten die Aktivitäten für die beiden Komponenten z.B. in der Klinopyroxenphase:

$$a^{Cpx}_{Mg_2Si_2O_6} = \left[\frac{Mg^{2+}}{Ca^{2+} + Mg^{2+} + Fe^{2+} + Mn^{2+} + Na^{+}}\right]_{M2} \cdot \left[\frac{Mg^{2+}}{Fe^{3+} + Fe^{2+} + Al^{2+} + Ti^{4+} + Mg^{2+}}\right]_{M1}$$

und

$$a^{Cpx}_{CaMgSi_2O_6} = \left[\frac{Ca^{2+}}{Ca^{2+} + Mg^{2+} + Fe^{2+} + Mn^{2+} + Na^{+}}\right]_{M2} \cdot \left[\frac{Mg^{2+}}{Fe^{3+} + Fe^{2+} + Al^{3+} + Ti^{4+} + Mg^{2+}}\right]_{M1}$$

Faßt man alles zusammen, ergeben sich folgende Druckbestimmungsgleichungen:

$$P = \{- 11010 - 29.220T - [- 88.017(T - 298) + \frac{15.554 \times 10^{-3}}{2}(T^2 - 298^2) + 4.1357 \times 10^6(1/T - 1/298) + 2 \times 2.1876 \times 10^3(\sqrt{T} - \sqrt{298})] + T[- 88.017 \ln(T/298) + 15.554 \times 10^{-3}(T - 298) + \frac{4.1357 \times 10^6}{2}(1/T^2 - 1/298^2) - 2 \times 2.1876 \times 10^3(1/\sqrt{T} - 1/\sqrt{298})] - 2.373$$

$$- RT \ln \frac{x^{Gt}_{CaAl_{2/3}SiO_4} \cdot (x^{Gt}_{MgAl_{2/3}SiO_4})^2 \cdot 4}{x^{Fp}_{CaAl_2Si_2O_8} \cdot (1 + x^{Fp}_{CaAl_2Si_2O_8})^2 \cdot x^{Opx}_{Mg,M2} \cdot x^{Opx}_{Mg,M1}}$$

$$- (13807.2 - 6.276T)[(x^{Gt}_{MgAl_{2/3}SiO_4})^2 + x^{Gt}_{MgAl_{2/3}SiO_4} \cdot x^{Gt}_{FeAl_{2/3}SiO_4}]$$

$$- 2(13807.2 - 6.276T)[(x^{Gt}_{CaAl_{2/3}SiO_4})^2 + x^{Gt}_{CaAl_{2/3}SiO_4} \cdot x^{Gt}_{FeAl_{2/3}SiO_4}]$$

$$+ (x^{Fp}_{NaAlSi_3O_8})^2[8472.6 + 2(8472.6 - 28225.3)x^{Fp}_{CaAl_2Si_2O_8}]\} \frac{1}{(-2.373)}$$

für die Paragenese mit Orthopyroxen. Für die Paragenese mit Klinopyroxen ist dann analog:

$$P = \{913 - 44.043T - [- 70.263(T - 298) + \frac{14.405 \times 10^{-3}}{2}(T^2 - 298^2) + 4.4019 \times 10^6(1/T - 1/298) + 2 \times 1.9379 \times 10^3(\sqrt{T} - \sqrt{298})] + T[- 70.263 \ln(T/298) + 14.405 \times 10^{-3}(T - 298) + \frac{4.4019 \times 10^6}{2}(1/T^2 - 1/298^2) - 2 \times 1.9379 \times 10^3(1/\sqrt{T} - 1/\sqrt{298})] - 2.290$$

$$- RT \ln \frac{(x^{Gt}_{CaAl_{2/3}SiO_4})^2 \cdot x^{Gt}_{MgAl_{2/3}SiO_4} \cdot 4}{x^{Fp}_{CaAl_2Si_2O_8} \cdot (1 + x^{Fp}_{CaAl_2Si_2O_8})^2 \cdot x^{Cpx}_{Ca,M2} \cdot x^{Cpx}_{Mg,M1}}$$

$$- 2(13807.2 - 6.276T)[(x^{Gt}_{MgAl_{2/3}SiO_4})^2 + x^{Gt}_{MgAl_{2/3}SiO_4} \cdot x^{Gt}_{FeAl_{2/3}SiO_4}]$$

$$- (13807.2 - 6.276T)[(x^{Gt}_{CaAl_{2/3}SiO_4})^2 + x^{Gt}_{CaAl_{2/3}SiO_4} \cdot x^{Gt}_{FeAl_{2/3}SiO_4}]$$

$$+ (x^{Fp}_{NaAlSi_3O_8})^2[8472.6 + 2(8472.6 - 28225.3)x^{Fp}_{CaAl_2Si_2O_8}]\}\frac{1}{(-2.290)}$$

### 10.1.4. **Reaktionsgleichgewichte mit Beteiligung gasförmiger Komponenten**

Die Mischbarkeiten in den quasibinären Systemen $Fe_3O_4$ - $Fe_2TiO_4$ und $Fe_2O_3$ - $FeTiO_3$ wurden von Lindsley (1963) und Buddington und Lindsley (1964) als Anzeiger für Bildungstemperaturen und Sauerstoffugazitäten eingeführt. Für die Ermittlung dieser Variablen wurden Zusammensetzungen koexistierender Magnetit - Ilmenit - Mischkristallphasen benutzt, wobei mit Ilmenit die rhomboedrische Mischphase im System $Fe_2O_3$ - $FeTiO_3$ und mit Magnetit die kubische Mischphase mit der Spinellstruktur (inverse Spinelle) im System $Fe_3O_4$ - $Fe_2TiO_4$ bezeichnet werden. Die Koexistenz dieser Phasen bei 2 kbar, 700°C und drei verschiedenen Sauerstoffugazitäten zeigt beispielhaft die Abb. 72. Die Gleichgewichtszusammensetzungen sind durch die entsprechenden Konoden eingezeichnet.

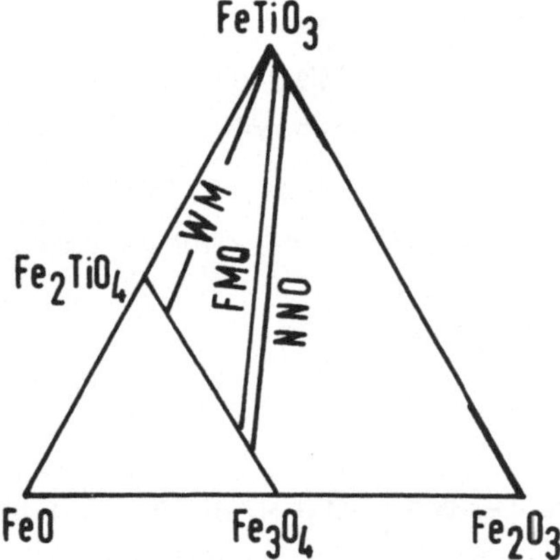


Abb. 72: Koexistierende Magnetit-Ilmenit Mischkristalle bei 2 kbar, 700°C und durch Puffer festgelegte Sauerstoffugazitäten. NNO = Ni/NiO, FQM = $Fe_2SiO_4/Fe_3O_4/SiO_2$, WM = $FeO/Fe_3O_4$.

Nach einer neueren Arbeit von Spencer und Lindsley (1981) ist das thermodynamische Gleichgewicht durch zwei Reaktionen charakterisiert:

1. Durch die Austauschreaktion:

$$Fe_3O_4^{Mt} + FeTiO_3^{Ilm} \rightarrow Fe_2TiO_4^{Mt} + Fe_2O_3^{Ilm} \qquad (I)$$

und

2. durch die Oxidation:

$$4\,Fe_3O_4^{Mt} + O_2 \rightarrow 6\,Fe_2O_3^{Ilm} \qquad (II)$$

Die Indices "Mt" und "Ilm" kennzeichnen die kubische bzw. die rhomboedrische Mischphase.

Im Gleichgewicht müssen gleichzeitig folgende Bedingungen erfüllt sein:

$$\Delta G_{r,I} = -RT \ln \frac{a_{Fe_2TiO_4}^{Mt} \cdot a_{Fe_2O_3}^{Ilm}}{a_{Fe_3O_4}^{Mt} \cdot a_{FeTiO_3}^{Ilm}} \qquad (III)$$

und

$$\Delta G_{r,II} = -RT \ln \frac{(a_{Fe_2O_3}^{Ilm})^6}{(a_{Fe_3O_4}^{Mt})^4} + RT \ln f_{O_2} \qquad (iV)$$

In der Ilmenitstruktur bilden die Sauerstoffe eine hexagonal dichteste Kugelpackung. Die Metallatome besetzen die Oktaederlücken so, daß entlang [0001] zwei unterschiedliche Kationenschichten miteinander abwechseln. Die Plätze in den Schichten werden entsprechend mit A und B gekennzeichnet. Im reinen Ilmenit befinden sich $Fe^{2+}$ auf der A- und $Ti^{4+}$ auf der B-Position. Spencer und Lindsley (1981) nehmen an, daß in den rhomboedrischen Ilmenit-Mischkristallen $Fe^{2+}$ auch ausschließlich auf A- und $Ti^{4+}$ ausschließlich auf B-Positionen gehen, $Fe^{3+}$ aber sowohl A als auch B Plätze einnehmen kann, wobei keine Bevorzugung einer bestimmten Position vorhanden sein soll. Das entspricht der Mischbarkeit auf zwei äquivalenten Plätzen, so daß

$$a_i^{Ilm} = (x_i^{Ilm})^2 (\gamma_i^{Ilm})^2 \qquad (V)$$

ist.

Bei reinem Magnetit und reinem Ulvit handelt es sich um inverse Spinelle mit kubisch dichtesten Kugelpackungen der Sauerstoffatome. Die Tetraederlücken, die zu einem Viertel gefüllt sind, werden im reinen Magnetit bei niedrigen Temperaturen nur von $Fe^{3+}$ besetzt. Bei höheren Temperaturen ist es wegen des sehr schnellen Wechsels des einen Elektrons zwischen $Fe^{2+}$ und $Fe^{3+}$ (electron hopping) nicht mehr möglich, zwischen den beiden Wertigkeitsstufen zu unterscheiden. Im reinen Ulvit werden die besetzbaren Tetraederplätze von der Hälfte des insgesamt vorhandenen zweiwertigen Eisens eingenommen. Die Oktaederlücken sind in einer Spinellstruktur zur Hälfte besetzt. Im reinen Magnetit werden sie zwischen dem noch verbleibenden dreiwertigen und dem zweiwertigen Eisen aufgeteilt. Im Ulvit sind die besetzbaren Oktaederlücken durch $Ti^{4+}$ und den Rest des $Fe^{2+}$ gefüllt. Für die Mischkristalle postulieren Spencer und Lindsley (1981) die "molekulare" Mischbarkeit. Danach ist wegen der Wechselwirkung zwischen dem oktaedrisch koordinierten $Ti^{4+}$ und dem tetraedrisch koordinierten $Fe^{3+}$ (im Ulvit) sowie dem oktaedrisch bzw. tetraedrisch koordinierten $Fe^{3+}$ (im Magnetit) auch in den Mischkristallen jedes $Ti^{4+}$ an $Fe^{2+}$ und jedes $Fe^{3+}[4]$ an $Fe^{3+}[6]$ gekoppelt. Die Mischbarkeit kann unter diesen Umständen nur paarweise erfolgen. Die Aktivität ist somit gegeben durch:

$$a_i^{Mt} = x_i^{Mt} \gamma_i^{Mt} \qquad \text{(VI)}$$

Setzt man Gln. (V) und (VI) in die Gl. (III) ein, erhält man:

$$\Delta G_{r,I} = -RT \ln \frac{(x_{Fe_2TiO_4}^{Mt})(1 - x_{FeTiO_3}^{Ilm})^2}{(1 - x_{Fe_2TiO_4}^{Mt})(x_{FeTiO_3}^{Ilm})^2} - RT \ln \frac{(\gamma_{Fe_2TiO_4}^{Mt})(\gamma_{Fe_2O_3}^{Ilm})^2}{(\gamma_{Fe_3O_4}^{Mt})(\gamma_{FeTiO_3}^{Ilm})^2} \qquad \text{(VII)}$$

und

$$\Delta G_{r,II} = -RT \ln \frac{(1 - x_{FeTiO_3}^{Ilm})^{12}}{(1 - x_{Fe_2TiO_4}^{Mt})^4} - RT \ln \frac{(\gamma_{Fe_2O_3}^{Ilm})^{12}}{(\gamma_{Fe_3O_4}^{Mt})^4} + RT \ln f_{O_2} \qquad \text{(VIII)}$$

Für die Aktivitätskoeffizienten nehmen Spencer und Lindsley (1981) asymmetrische Mischungsmodelle mit zweiparametrigen Margules Gleichungen an. Da sie nach dem Muster

$$zRT \ln \gamma_i = x_j^2[\mu_i^{e,\infty} + 2x_i(\mu_j^{e,\infty} - \mu_i^{e,\infty})] \qquad \text{(IX)}$$

gebildet werden, ist die Zahl der äquivalenten Plätze bereits enthalten. j und i sind die Komponenten des jeweiligen binären Systems, und $\mu_i^{e,\infty}$ sowie $\mu_j^{e,\infty}$ sind ihre chemischen Potentiale bei unendlichen Verdünnungen. Der Aktivitätskoeffizient für $Fe_2TiO_4$ in der Spinellphase lautet somit:

$$RT \ln \gamma_{Fe_2TiO_4}^{Mt} = (x_{Fe_3O_4}^{Mt})^2[\mu_{Fe_2TiO_4}^{e,\infty,Mt} + 2x_{Fe_2TiO_4}^{Mt}(\mu_{Fe_3O_4}^{e,\infty,Mt} - \mu_{Fe_2TiO_4}^{e,\infty,Mt})] \qquad \text{(X)}$$

und der für $Fe_2O_3$ in der rhomboedrischen Mischphase:

$$RT \ln \gamma_{Fe_2O_3}^{Ilm} = (x_{FeTiO_3}^{Ilm})^2[\mu_{Fe_2O_3}^{e,\infty,Ilm} + 2x_{Fe_2O_3}^{Ilm}(\mu_{FeTiO_3}^{e,\infty,Ilm} - \mu_{Fe_2O_3}^{e\infty,Ilm})] \qquad \text{(XI)}$$

Die Aktivitätskoeffizienten der beiden anderen Komponenten haben analoge Formen. Werden die Druckabhängigkeiten der Freien Reaktionsenthalpie vernachlässigt, erhält man nach dem Einsetzen der Reaktionsenthalpie und Reaktionsentropie gemäß der Gibbs- Helmholtzschen Beziehung:

$$\Delta H_{r,I} - T\Delta S_{r,I} = -RT \ln\frac{(x^{Mt}_{Fe_2TiO_4})(1 - x^{Ilm}_{FeTiO_3})^2}{(1 - x^{Mt}_{Fe_2TiO_4})(x^{Ilm}_{FeTiO_3})^2} - (x^{Mt}_{Fe_3O_4})^2[\mu^{e,\infty;Mt}_{Fe_2TiO_4}$$

$$+ 2x^{Mt}_{Fe_2TiO_4}(\mu^{e,\infty,Mt}_{Fe_3O_4} - \mu^{e,\infty,Mt}_{Fe_2TiO_4})] - (x^{Ilm}_{FeTiO_3})^2[\mu^{e,\infty,Ilm}_{Fe_2O_3} + 2x^{Ilm}_{Fe_2O_3}$$

$$(\mu^{e,\infty,Ilm}_{FeTiO_3} - \mu^{e,\infty,Ilm}_{Fe_2O_3})] + (x^{Ilm}_{Fe_2O_3})^2[\mu^{e,\infty,Ilm}_{FeTiO_3} + 2x^{Ilm}_{FeTiO_3}(\mu^{e,\infty,Ilm}_{Fe_2O_3} - \mu^{e,\infty,Ilm}_{FeTiO_3})]$$

$$+ (x^{Mt}_{Fe_2TiO_4})^2[\mu^{e,\infty,Mt}_{Fe_3O_4} + 2x^{Mt}_{Fe_3O_4}(\mu^{e,\infty,Mt}_{Fe_2TiO_4} - \mu^{e,\infty,Mt}_{Fe_3O_4})] \qquad \text{(XII)}$$

und

$$\Delta H_{r,II} - T\Delta S_{r,II} = -RT \ln\frac{(x^{Ilm}_{Fe_2O_3})^{12}}{(x^{Mt}_{Fe_3O_4})^4} - 6(x^{Ilm}_{FeTiO_3})^2[\mu^{e,\infty,Ilm}_{Fe_2O_3} + 2x^{Ilm}_{Fe_2O_3}$$

$$(\mu^{e,\infty,Ilm}_{FeTiO_3} - \mu^{e,\infty,Ilm}_{Fe_2O_3})] + 4(x^{Mt}_{Fe_2TiO_4})^2[\mu^{e,\infty,Mt}_{Fe_3O_4} + 2x^{Mt}_{Fe_3O_4}(\mu^{e,\infty Mt}_{Fe_2TiO_4} -$$

$$\mu^{e,\infty,Mt}_{Fe_3O_4})] + RT \ln f_{O_2} \qquad \text{(XIII)}$$

Die chemischen Exzeßpotentiale in den Gleichungen (XII) und (XIII) sind zwar nicht druck-, jedoch temperaturabhängig. Berücksichtigt man, daß wegen der Druckunabhängigkeit $U^{e,\infty}$ gleich $H^{e,\infty}$ gesetzt werden kann, läßt sich das Exzeßpotential der Komponente i wie folgt schreiben:

$$\mu^{e,\infty}_i = H^{e,\infty}_i - TS^{e,\infty}_i \qquad \text{(XIV)}$$

Ersetzt man die chemischen Exzeßpotentiale in Gln. (XII) und (XIII) durch die partielle molare Exzeßenthalpie und die partielle molare Exzeßentropie nach dem Muster der Gl. (XIV), ergeben sich nach Umstellung mathematische Ausdrücke, mit deren Hilfe die Bildungstemperaturen bzw. Gleichgewichtsfugazitäten des Sauerstoffs gerechnet werden können, und zwar

$$T = \frac{-A_1H^{e,\infty,Mt}_{Fe_2TiO_4} - A_2H^{e,\infty,Mt}_{Fe_3O_4} + A_3H^{e,\infty,Ilm}_{FeTiO_3} + A_4H^{e,\infty,Ilm}_{Fe_2O_3} + \Delta H_{r,I}}{-A_1S^{e,\infty,Mt}_{Fe_2TiO_4} - A_2S^{e,\infty,Mt}_{Fe_3O_4} + A_3S^{e,\infty,Ilm}_{FeTiO_3} + A_4S^{e,\infty,Ilm}_{Fe_2O_3} + \Delta S_{r,I} - R \ln K_D} \qquad \text{(XV)}$$

wobei

$$A_1 = -3(x^{Mt}_{Fe_2TiO_4})^2 + 4(x^{Mt}_{Fe_2TiO_4}) - 1$$

$$A_2 = 3(x^{Mt}_{Fe_2TiO_4})^2 - 2(x^{Mt}_{Fe_2TiO_4})$$

$$A_3 = -3(x^{Ilm}_{FeTiO_3})^2 + 4(x^{Ilm}_{FeTiO_3}) - 1$$

$$A_4 = 3(x^{Ilm}_{FeTiO3})^2 - 2(x^{Ilm}_{FeTiO3})$$

$$\ln K_D = [(x^{Mt}_{Fe2TiO4})(1 - x^{Ilm}_{FeTiO3})^2]/[(1 - x^{Mt}_{Fe2TiO4})(x^{Ilm}_{FeTiO3})^2]$$

bedeuten.

Für die Sauerstoffugazität erhält man

$$\ln f_{O2} = 1/RT(\Delta H_{r,II} - T\Delta S_{r,II}) + 12\ln(1 - x^{Ilm}_{FeTiO3}) - 4\ln(1 - x^{Mt}_{Fe2TiO4})$$

$$1/RT[- 8(x^{Mt}_{Fe2TiO4})^2(1 - x^{Mt}_{Fe2TiO4})(H^{e,\infty,Mt}_{Fe2TiO4} - TS^{e,\infty,Mt}_{Fe2TiO4}) + 4(x^{Mt}_{Fe2TiO4})^2$$

$$\times\ (1 - 2x^{Mt}_{Fe2TiO4})(H^{e,\infty,Mt}_{Fe3O4} - TS^{e,\infty,Mt}_{Fe3O4}) + 12(x^{Ilm}_{FeTiO3})^2(1 - x^{Ilm}_{FeTiO3})$$

$$(H^{e,\infty,Ilm}_{FeTiO3} - TS^{e,\infty,Ilm}_{FeTiO3}) - 6(x^{Ilm}_{FeTiO3})^2(1 - 2x^{Ilm}_{FeTiO3})(H^{e,\infty,Ilm}_{Fe2O3} - TS^{e,\infty,Ilm}_{Fe2O3})]$$

Für Temperaturen oberhalb 800°C nehmen Spencer und Lindsley (1981) an, daß die kubische, mit "Mt" gekennzeichnete Mischphase ideales Verhalten aufweist, wodurch $\mu^{e,\infty,Mt}_{Fe3O4}$ und $\mu^{e,\infty,Mt}_{Fe2TiO4}$ Null werden. Die übrigen Größen werden von den Autoren wie folgt angegeben:

| | | | |
|---|---|---|---|
| $H^{e,\infty,Mt}_{Fe2TiO4}$ | = 64835 J | $S^{e,\infty;Mt}_{Fe2TiO4}$ | = 60.296 J/K |
| $H^{e,\infty,Mt}_{Fe3O4}$ | = 20798 J | $S^{e,\infty,Mt}_{Fe3O4}$ | = 19.652 J/K |
| $H^{e,\infty,Ilm}_{FeTiO3}$ | = 102374 J | $S^{e,\infty,Ilm}_{FeTiO3}$ | = 71.095 J/K |
| $H^{e,\infty,Ilm}_{Fe2O3}$ | = 36818 J | $S^{e,\infty,Ilm}_{Fe2O3}$ | = 7.7714 J/K |
| $\Delta H_{r,I}$ | = - 3073.1 J | $\Delta S_{r,I}$ | = 10.7724 J/K |
| $\Delta H_{r,II}$ | = 471693.4 J | $\Delta S_{r,II}$ | = 267.4218 J/K |

O'Neill und Navrotsky (1983) und O'Neill und Navrotsky (1984) entwickelten für Spinelle Aktivitätsmodelle, die den Grad der Fehlordnung ("falsche" Besetzung der unterschiedlichen kristallographischen Plätze) berücksichtigen. Die Autoren führten zu diesem Zweck sogenannte Präferenzfaktoren für die einzelnen Positionen ein. Da dabei zwischen $Fe^{2+}$ und $Fe^{3+}$ wiederum unterschieden werden muß, stellt sich im Falle des Magnetits die Frage, ob mit diesen Modellen in den hier vorgestellten Rechnungen eine Verbesserung erzielt werden kann.

## 11. Gewinnung thermodynamischer Daten aus den Gleichgewichtsuntersuchungen an Ein- und Mehrstoffsystemen

Neben den direkten Bestimmungen der Zustandsgrößen von Mineralen, z.B. mit kalorimetrischen Methoden, stellen Gleichgewichtsuntersuchungen an entsprechenden Systemen eine weitere Möglichkeit der Datengewinnung dar. Die Lage und Neigung einer Transformationskurve im P-T- Feld gibt z.B. Auskunft über die Umwandlungsenthalpie, das Umwandlungsvolumen und die Umwandlungsentropie. Aus der Lage und Form von Reaktionskurven lassen sich neben den Reaktionseffekten unter Umständen auch die Aktivitätskoeffizienten der Reaktionsteilnehmer gewinnen, vorausgesetzt, die Zahl der experimentell bestimmten Gleichgewichtspunkte auf den Reaktionskurven ist groß und genau genug. Silikatische Systeme neigen zur Bildung von metastabilen Gleichgewichten, wodurch Ergebnisse falsch interpretiert werden können.

Die Lagen univarianter Kurven in einem P—T-Feld werden experimentell meistens durch sogenanntes "Einklammern" auskartiert. Dazu werden Proben, die sowohl Edukte als auch die zu erwartenden Produkte enthalten, in divarianten Feldern beiderseits einer Univarianten den entsprechenden Druck- und Temperaturbedingungen ausgesetzt. Röntgenographische und mikroskopische Untersuchungen der Proben nach dem Versuch zeigen, welche Phasen mengenmäßig zu und welche davon abgenommen haben. Durch die systematische Änderung der Zustandsvariablen wird die Lage der Univarianten im Verlauf einer Versuchsserie immer enger eingeklammert. Bei höheren Temperaturen (meistens um 1000°C) sowie in schnell reagierenden Systemen finden unter Umständen vollständige chemische Umsätze statt. Beteiligen sich z.B. Mischphasen an einer Reaktion und sind irgendwelche physikalischen oder kristallographischen Eigenschaften dieser Phasen in Abhängigkeit von ihren Zusammensetzungen bekannt und zudem leicht meßbar, können sogar Punkte auf den Reaktionskurven gefunden werden. Solche Punkte repräsentieren im Gegensatz zu den Ergebnissen der "Einklammerungsversuche" direkt das entsprechende thermodynamische Gleichgewicht.

Für die Auswertung der experimentell bestimmten Gleichgewichte benutzt man Gleichungen, die für die rechnerische Wiedergabe von thermodynamischen Gleichgewichten geeignet sind. Bei Beteiligung reiner fester Phasen ist gemäß (8.28)

$$\Delta H_r^o - T\Delta S_r^o + \int_{298}^{T} \Delta C_p dT - T\int_{298}^{T} \frac{\Delta C_p}{T} dT + \Delta V_r(P - 1) = 0$$

wenn die Kompressibilitäten und die Ausdehnungskoeffizienten der Reaktionsteilnehmer außer acht gelassen werden. Bringt man die beiden Integrale und den Volumenterm auf die rechte Seite der Gleichung, erhält man

$$\Delta H_r^o - T\Delta S_r^o = -\int_{298}^{T} \Delta C_p dT + T\int_{298}^{T} \frac{\Delta C_p}{T} dT - \Delta V_r(P - 1) \qquad (11.1)$$

Wird der Ausdruck auf der rechten Seite der Gleichung (11.1) über der Temperatur (in K) aufgetragen, ergibt sich eine Gerade, deren Ordinatenabschnitt (T = 0) unmittelbar die Standardreaktionsenthalpie, $\Delta H_r^o$, und deren Steigung die Standardreaktionsentropie, $\Delta S_r^o$, liefert. Wenn nur feste Stoffe an einer Reaktion beteiligt sind, ist $\Delta C_p \approx 0$, wodurch Gleichung (11.1) vereinfacht werden kann zu

$$\Delta H_r^o - T\Delta S_r^o = -\Delta V_r(P - 1) \qquad (11.2)$$

Da Standardreaktionsenthalpien und Standardreaktionsentropien stöchiometrische Summen der Standardbildungswärmen bzw. der konventionellen Standardentropien darstellen, lassen sich die beiden zuletzt genannten Größen für einen Reaktionsteilnehmer aus den experimentellen Gleichgewichtsdaten ausrechnen, vorausgesetzt, die Standarddaten der übrigen Reaktionsteilnehmer sind bekannt.

**Beispiel**: In der Abb. 73 sind die experimentellen Ergebnisse einer Untersuchung von Holland (1980) zur Druck- und Temperaturstabilität des Hochalbits relativ zu Jadeit und Quarz dargestellt. Die Kreise geben die P-T-Bedingungen an, unter denen in einer Probe, die aus Hochalbit, Jadeit und Quarz bestand, nach dem Versuch die Phasen Jadeit und Quarz mengenmäßig zugenommen haben. Die Reaktion, die zur Zunahme von Jadeit und Quarz geführt hatte, lautet:

$$NaAlSi_3O_8 \rightarrow NaAlSi_2O_6 + SiO_2 \qquad (11.3)$$

Die Kreuze in der Abb. 73 geben die Versuche an, bei denen keine beobachtbare Änderung des Phasenverhältnisses in der Probe stattgefunden hat. Mit Dreiecken sind die Versuche markiert, bei denen das Wachstum des Hochalbits auf Kosten von Jadeit und Quarz beobachtet wurde.

Die erste Gruppe der experimentellen Befunde zeigt an, daß unter den gegebenen P-T-Bedingungen die Abbauprodukte, nämlich Jadeit und Quarz, stabil sind. Das Existenzfeld des Hochalbits wurde im Experiment bereits überschritten.

Man wäre geneigt, die P-T-Bedingungen der zweiten Gruppe, in der keine Reaktion beobachtet wurde, für die Gleichgewichtsbedingungen zu halten. Dies trifft allerdings nur dann zu, wenn kinetische Hemmungen ausgeschlossen werden können.

In der Gruppe der Versuche, die mit den Dreiecken gekennzeichnet sind, lagen Druck und Temperatur offensichtlich noch im Stabilitätsfeld des Hochalbits.

Die Reaktionskurve sollte zwischen den Versuchspunkten der ersten und der dritten Gruppe liegen. In der Abb. 73 wurde sie als Bestgerade nach Augenmaß eingezeichnet.

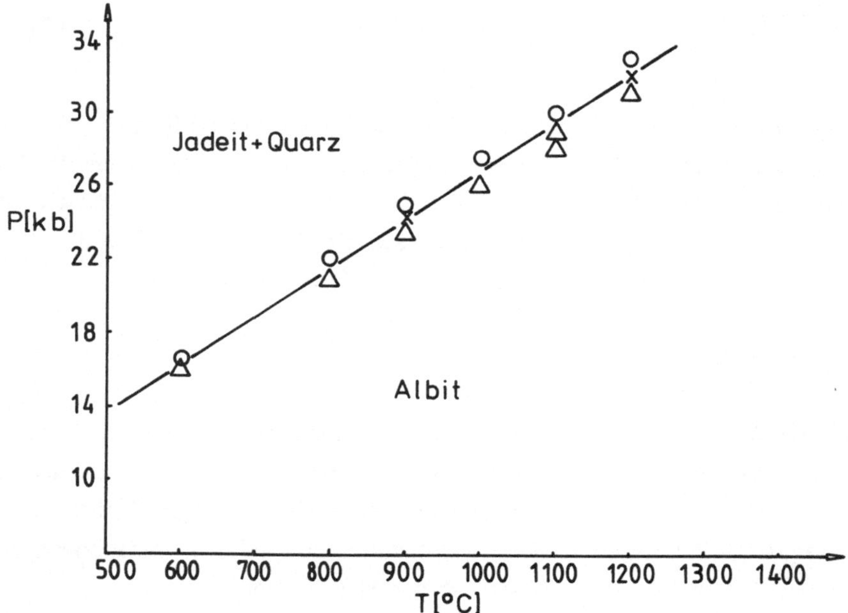


Abb. 73: Das P-T-Diagramm der Reaktion Hochalbit → Jadeit + Quarz (nach Holland, 1980).

Gleichungen (11.1) bzw. (11.2) gelten für den Gleichgewichtszustand. Sieht man jedoch von den Versuchen ab, die mit Kreuzen in das Diagramm der Abb. 73 eingetragen sind, repräsentieren sie keine Gleichgewichtszustände. Für die Versuche der ersten Gruppe gilt vielmehr $\Delta G_r < 0$, da die Reaktionskurve überschritten wurde und die Bedingung für einen irreversiblen Prozeßablauf (in der von Gl. (11.3) vorgegebenen Richtung) erfüllt ist. In den Versuchen, in denen Albit auf Kosten von Jadeit und Quarz zugenommen hat, ist offensichtlich $\Delta G_r > 0$, d.h. die Reaktion läuft *nicht* in die von der Gl. (11.3) angegebenen Richtung ab. Die Bestimmung thermodynamischer Daten aus diesen Experimenten kann nur über die "Lösung" eines Systems von Ungleichungen erfolgen (Gordon, 1973; Halbach und Chatterjee, 1978; Halbach und Chatterjee, 1982). Ein solches System hat natürlich keine Lösung, die auf die Bestimmung von Koeffizienten hinausliefe. Es wird nur ein zulässiges Gebiet ermittelt, in dem Ungleichungen erfüllt sind.

Für die von Holland (1980) durchgeführten Experimente zur Albitstabilität kann man in dem oben diskutierten Sinne die in der Tabelle 14 aufgeführten Ungleichungen aufstellen. (Zum Vergleich sind der Versuchsdruck und die Versuchsergebnisse hinter den Ungleichungen aufgeführt). Als Reaktionsvolumen wurden -1.734 J/bar in die Rechnungen eingesetzt. Die Versuche, in denen keine Reaktion beobachtet wurde, sind weggelassen worden.

Im Koordinatensystem $\Delta H_r^o - \Delta S_r^o$ liegen alle "Lösungen" von irgendeiner der obigen Ungleichungen in der Halbebene entweder rechts oder links der Geraden, die die Funktion

$$\Delta H_r^o - T\Delta S_r^o = - \Delta V_r(P_i - 1) \qquad (11.4)$$

angibt. Für Ungleichungen mit "größer als" liegen die "Lösungen" auf der rechten, für die mit "kleiner als" auf der linken Seite der Geraden.

Tabelle 14: Ungleichungen zur Ermittlung des zulässigen Gebiets für die Reaktion Hochalbit → Jadeit + Quarz (nach den Ergebnissen von Holland, 1980).

| | P[kbar] | gewachsen |
|---|---|---|
| 1. $\Delta H_r^o - 873\Delta S_r^o > 27744$ | 16.0 | Ab |
| 2. $\Delta H_r^o - 873\Delta S_r^o < 28611$ | 16.5 | Jd + Q |
| 3. $\Delta H_r^o - 1073\Delta S_r^o > 36414$ | 21.0 | Ab |
| 4. $\Delta H_r^o - 1073\Delta S_r^o < 38148$ | 22.0 | Jd + Q |
| 5. $\Delta H_r^o - 1173\Delta S_r^o > 39882$ | 23.0 | Ab |
| 6. $\Delta H_r^o - 1173\Delta S_r^o < 43350$ | 25.0 | Jd + Q |
| 7. $\Delta H_r^o - 1273\Delta S_r^o > 45084$ | 26.0 | Ab |
| 8. $\Delta H_r^o - 1273\Delta S_r^o < 47685$ | 27.5 | Jd + Q |
| 9. $\Delta H_r^o - 1373\Delta S_r^o > 48552$ | 28.0 | Ab |
| 10. $\Delta H_r^o - 1373\Delta S_r^o > 50286$ | 29.0 | Ab |
| 11. $\Delta H_r^o - 1373\Delta S_r^o < 52020$ | 30.0 | Jd + Q |
| 12. $\Delta H_r^o - 1373\Delta S_r^o < 52020$ | 30.0 | Jd + Q |
| 13. $\Delta H_r^o - 1473\Delta S_r^o > 53754$ | 31.0 | Ab |
| 14. $\Delta H_r^o - 1473\Delta S_r^o < 57222$ | 33.0 | Jd + Q |

Abb. 74 zeigt die Funktion (11.4) für die Ungleichungen 1 und 14. Die Lösungsgebiete der beiden Ungleichungen sind schraffiert. Dort, wo sich die Lösungsgebiete überschneiden, sind beide Ungleichungen erfüllt. Die gemeinsamen Überlappungen *aller* Lösungshalbebenen ergeben das zulässige Gebiet für alle Ungleichungen. Wie in der Abb. 75 zu sehen ist, hat das zulässige Gebiet die Form eines Polygons.

Die beiden Extremwerte, die an den äußersten Ecken des Polygons liegen, geben die Maximal- und Minimalzahlen für die Reaktionsenthalpie und die Reaktionsentropie an. Werden alle experimentellen Daten von Holland (1980) verwendet, erhält man -70.50 kJ und 36.65 kJ als die beiden Extremwerte für die Reaktionsenthalpie, sowie

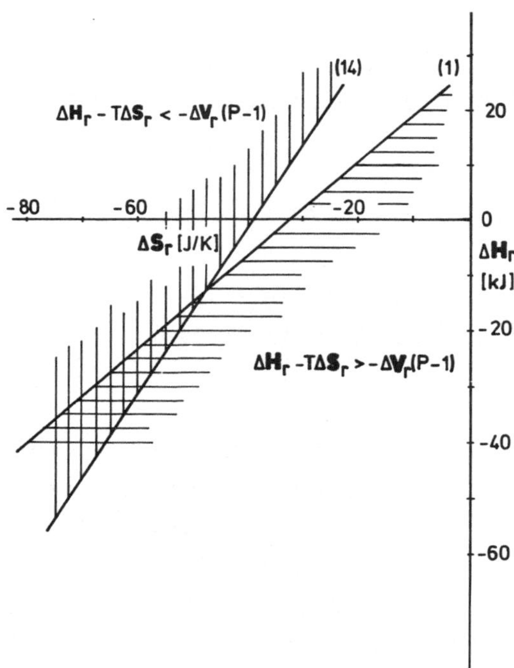


Abb. 74: Lösungsgebiet zweier Ungleichungen in einem $\Delta H_r^o/\Delta S_r^o$-Diagramm. Die Überlappung der Halbebenen gibt das zulässige Gebiet für beide Gleichungen an.

-86.71 J/K und -8.67 J/K für die Reaktionsentropie. Dies sind keine Fehlergrenzen, sondern nur Werte, die mit den Experimenten verträglich sind. Betrachtet man die Abb. 73, stellt man fest, daß die Versuche 9 und 10 dasselbe Ergebnis lieferten, wobei der Versuch Nummer 10 ganz offensichtlich näher an der Reaktionsgeraden liegt als Nummer 9. Der letztgenannte Versuch kann deshalb bei der Ermittlung des zulässigen Gebiets unberücksichtigt bleiben. Dadurch verkleinert sich das zulässige Gebiet und man erhält folgende Extremwerte: -51.65 kJ und 23.01 kJ für die Reaktionsenthalpie sowie -78.04 J/K und -17.34 J/K für die Reaktionsentropie (vgl. Abb. 75). Im Zentrum des zulässigen Gebiets befinden sich die "Bestwerte". Wie diese Werte zu ermitteln sind, ist man sich noch nicht ganz einig. Meistens werden hierzu rechnerische Optimierungsverfahren unter Heranziehung kalorimetrischer Daten der Reaktionsteilnehmer angewendet (vgl. Halbach und Chatterjee, 1982).

In unserem Fall, in dem die experimentellen Daten sehr nahe an einer Geraden liegen, kann man sich behelfen, indem man die Steigung der "Bestgeraden" in der Abb. 73 zur Bestimmung des "Bestwertes" für die Reaktionsentropie heranzieht. Es ist:

$$\frac{dP}{dT} = \frac{\Delta S_r^o}{\Delta V_r} = 26.286 \text{ bar/K}$$

$$\Delta S_r^o = 26.286 \times (-1.734) = \underline{-\ 45.58 \text{ J/K}}$$

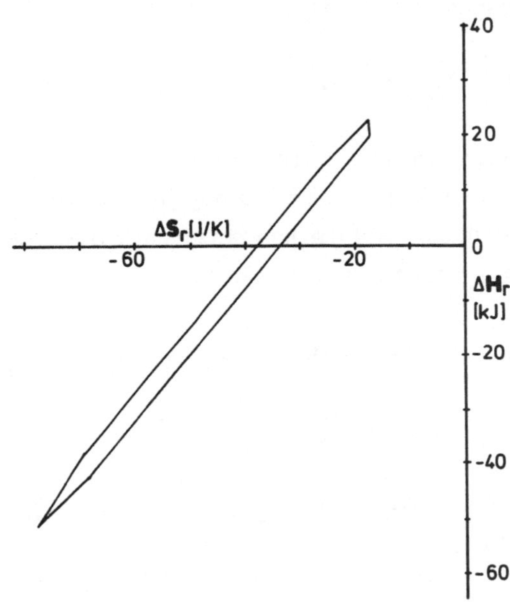


Abb. 75: Zulässiges Gebiet für die Ungleichungen 1 bis 14

Die Reaktionsenthalpien, die zu dieser Reaktionsentropie gehören, befinden sich innerhalb des zulässigen Gebietes. Der niedrigste und der höchste Zahlenwert betragen -9.92 kJ und -13.59 kJ. In der Abb. 75 entsprechen diese Zahlen den Begrenzungen des Lösungsgebiets bei $\Delta S_r^o$ = -45.58 J/K. Numerisch werden die Enthalpien ermittelt, indem der "Bestwert" für die Reaktionsentropie, das oben angegebene Reaktionsvolumen und die Drücke aus den Ungleichungen 1 bis 14 in die Gl. (11.4) eingesetzt werden. Die Rechnung ergibt $-11.765 \pm 1.835$ kJ. Diese Zahl kann als Mittelwert für die Reaktionsenthalpie aufgefaßt werden. Ob der gewählte "Bestwert" für die Reaktionsentropie, mit deren Hilfe dieser Mittelwert ermittelt wurde, der "richtige" ist, läßt sich erst entscheiden, wenn Daten aus kalorimetrischen Messungen zur Verfügung stehen.

11. 1. **Fehlerfortpflanzung**

Tabellierte thermodynamische Daten sind, wie alle Meßgrößen, fehlerbehaftet. Werden sie zur Gewinnung von zusammengesetzten Größen mathematisch miteinander verknüpft, pflanzen sich ihre Fehler in der neuen Größe fort. Dabei gilt das Gaußsche Fehler-Fortpflanzungsgesetz, das allgemein formuliert lautet:

$$\sigma_y = \left[\sum\left(\frac{\partial y}{\partial x_i}\right)^2 \cdot \sigma_{x_i}^2\right]^{1/2} \tag{11.5}$$

wenn y die Zustandsfunktion und $x_i$ die Variablen sind.

**Beispiel 1**: Will man mit Hilfe der im vorangehenden Beispiel ermittelten Reaktionseffekte die Bildungsenthalpie und die konventionelle Standardentropie des Hochalbits ausrechnen, lauten die Rechenansätze wie folgt:

$$\Delta H^{HAb}_{B,NaAlSi_3O_8} = -\ \Delta H^o_r + \Delta H^{Jd}_{B,NaAlSi_2O_6} + \Delta H^Q_{B,SiO_2} \tag{11.6}$$

$$S^{HAb}_{NaAlSi_3O_8} = -\ \Delta S^o_r + S^{Jd}_{NaAlSi_2O_6} + S^Q_{SiO_2} \tag{11.7}$$

Die für die Ausführung der Rechnung zusätzlich benötigten Daten findet man bei Robie et al. (1979). Es sind

$$\Delta H^{Jd}_{B,NaAlSi_2O_6} = -\ 3029.400 \pm 4.180 \text{ kJ/Mol}$$

$$\Delta H^Q_{B,SiO_2} = -910.700 \pm 1.000 \text{ kJ/Mol}$$

$$S^{Jd}_{NaAlSi_2O_6} = 133.47 \pm 1.25 \text{ J/Mol·K}$$

$$S^Q_{SiO_2} = 41.46 \pm 0.20 \text{ J/mol·K}$$

Die Bildungsenthalpie des Hochalbits bei 1 bar und 298 K ist somit:

$$\Delta H^{HAb}_{B,NAlSi_3O_8} = 11.765 - 3029.400 - 910.700 = \underline{-\ 3928.335 \text{ kJ/Mol}}$$

Gemäß Gl. (11.5) setzt sich der Fehler für die Standardbildungsenthalpie des Hochalbits wie folgt zusammen:

$$\sigma_{\Delta H^{HAb}_{B,NaAlSi_3O_8}} = \left[\sigma^2_{\Delta H^o_r} + \sigma^2_{\Delta H^{Jd}_{B,NaAlSi_2O_6}} + \sigma^2_{\Delta H^Q_{B,SiO_2}}\right]^{1/2}$$

$$= [(1.835)^2 + (4.180)^2 + (1.000)^2]^{1/2}$$

$$= \underline{4.673 \text{ kJ/Mol}}$$

Die vollständige Angabe der Standardbildungsenthalpie des Hochalbits ist somit

$$\Delta H^{HAb}_{B,NaAlSi_3O_8} = \underline{-\ 3928.335\ \pm 4.673\ kJ/Mol}$$

Entsprechend ist die konventionelle Standardentropie des Hochalbits:

$$\Delta S^{o,HAb}_{NaAlSi_3O_8} = 45.58 + 133.47 + 41.46$$
$$= \underline{220.51\ J/Mol{\cdot}K}$$

und der Fehler:

$$\sigma_{S^{HAb}_{NaAlSi_3O_8}} = \left[\sigma^2_{\Delta S^o_r} + \sigma^2_{S^{Jd}_{NaAlSi_2O_6}} + \sigma^2_{S^{Q}_{SiO_2}}\right]^{1/2}$$
$$= [(3.53)^2 + (1.25)^2 + (0.20)^2]^{1/2}$$
$$= \underline{3.75\ J/Mol{\cdot}K}$$

Der Fehler für die Reaktionsentropie wurde aus der Breite des zulässigen Gebiets an der Stelle $\Delta H^o_r = -\ 11.765$ kJ ermittelt. Die vollständige Angabe für die konventionelle Standardentropie des Hochalbits ist

$$S^{HAb}_{NaAlSi_2O_6} = \underline{220.51 \pm 3.75\ J/Mol{\cdot}K}$$

**Beispiel 2**: Will man für eine gegebene Temperatur aus den vorhandenen thermodynamischen Daten in umgekehrter Weise den Gleichgewichtsdruck für die Abbaureaktion Hochalbit → Jadeit + Quarz ausrechnen, gilt unter Vernachlässigung der Temperatur- und Druckabhängigkeiten thermischer und kalorischer Reaktionseffekte, folgende Gleichung:

$$P = \frac{-\ \Delta H^o_r + T\Delta S^o_r}{\Delta V_r} \tag{11.8}$$

wenn 1 gegenüber P unberücksichtigt bleibt.

Die Größen $\Delta H^o_r$, $\Delta S^o_r$ und $\Delta V_r$ sind nach ihrer thermodynamischen Bedeutung Konstanten, doch werden sie bei der Fehlerbetrachtung als Variablen angesehen, denn wegen der Ungenauigkeit der Bestimmung gibt es in jeder Meßreihe dafür mehrere Werte. Mit der vorne beschriebenen Methode wurden nur die wahrscheinlichsten bestimmt.

Leitet man P nach den Variablen $\Delta S^o_r$, $\Delta H^o_r$ und $\Delta V_r$ ab, erhält man:

$$\left(\frac{\partial P}{\partial \Delta H^o_r}\right) = \frac{1}{\Delta V_r}$$

$$\left(\frac{\partial P}{\partial \Delta S_r^o}\right) = \frac{T}{\Delta V_r} = \frac{\Delta H_r^o + \Delta V_r \cdot P}{\Delta S_r^o \cdot \Delta V_r}$$

$$\left(\frac{\partial P}{\partial \Delta V_r}\right) = \frac{-\Delta H_r^o + T \Delta S_r^o}{(\Delta V_r)^2} = \frac{P}{\Delta V_r}$$

Der berechnete Druck wird dann mit folgendem Fehler behaftet sein:

$$\sigma_P = \left[\left(\frac{1}{\Delta V_r}\right)^2 \sigma_{\Delta H_r^o} + \left(\frac{\Delta H_r^o + \Delta V_r \cdot P}{\Delta S_r^o \cdot \Delta V_r}\right)^2 \sigma^2_{\Delta S_r^o} + \left(\frac{1}{\Delta V_r}\right)^2 \sigma^2_{\Delta V_r}\right]^{1/2}$$

Für 10 kbar erhält man damit

$$\sigma_{10\,kbar} = \left[\frac{1}{1.734^2} \times 1.835^2 + \left(\frac{-11.765 - 1.734 \times 10000}{(-45.58)(-1.734)}\right)^2 \times 3.35^2 + \left(\frac{10000}{(-1.734)}\right)^2 \right.$$

$$\left. \times\ 0.013^2\right]^{1/2} = \underline{0.739 \text{ kbar}}$$

Der Volumenfehler von ± 0.013 J/bar wurde den Daten von Robie et al. (1979) entnommen.

## 12. Literatur

*Allgemeine Grundlagen der Physikalischen Chemie*

Denbigh, K.: The principles of chemical equilibrium, 3rd edn. Cambridge University Press, Cambridge, 1971.

Kortüm, G.: Einführung in die chemische Thermodynamik, Verlag Chemie GmbH, Weinheim/Bergstraße, 1966.

Kortüm, G.: Lehrbuch der Elektrochemie, Verlag Chemie GmbH, Weinheim/Bergstraße, 1972.

Moore, W.: Physical chemistry, Longmans, London, 1962.

Swallin, R.A.: Thermodynamics of solids, Wiley, New York, 1962.

*Anwendung der Physikalischen Chemie auf dem Gebiet der Mineralogie bzw. Petrologie*

Barth, T.F.W.: Theoretical petrology, 2nd edn., Wiley, New York, 1962.

Broecker, W.S. und Oversby, V.M.: Chemical equilibria in the earth. McGraw-Hill, New York, 1971.

Charmichael, I.S.E., Turner, F.J. und Verhoogen, J.: Igneous petrology, McGraw-Hill, New York, 1974.

Ehlers, E.G.: The interpretation of geological phasediagrams, Freeman and Company, San Francisco, 1972.

Ernst, W.G.: Petrologic phase equilibria, Freeman and Company, San Francisco, 1976.

Fraser, D.G.: Thermodynamics in geology, D. Riedel Publishing Company, Dodrecht, 1976.

Froese, E.: Application of thermodynamics in metamorphic petrology, Geological Survey of Canada, Paper 75-43, 1976.

Fyfe, W.S., Price, N.J. und Thompson, A.B.: Developments in geochemistry 1, Fluids in the earth's crust, Elsevier Scientific Publishing Company, Amsterdam, Oxford, New York, 1978.

Garrels, R.M. und Christ, C.L.: Solution, minerals, and equilibria, Harper and Row Publishers, New York, 1965.

Greenwood H.J. (ed): Short course in application of thermodynamics to petrology and ore deposits, MSA Canada, Evergreen Press, 1978.

Kern, R. und Weisbrod, A.: Thermodynamics for geologists, Freeman and Cooper, San Francisco, 1967.

Masing, G.: Ternary systems, introduction to the theory of three component system, Dover Publications, New York, 1960.

Mcdelov-Petrosjan: Thermodynamik der Silikate, VEB Verlag für Bauwesen, Berlin, 1965.

Meyer, K. Physikalisch-chemische Kristallographie, VEB Verlag für Grundstoffindustrie, Leipzig, 1968.

Mueller, R.F. und Saxena, S.K.: Chemical petrology, Springer Verlag, New York, 1977.

Newton, R.C., Navrotsky, A. und Wood, B.J. (eds): Thermodynamics of minerals and melts. Advances in physical geochemistry, vol. 1, Springer Verlag, New York, 1981.

Petzold, A. und Hinz, W.: Silikatchemie, Einführung in die Grundlagen, Enke-Verlag, Stuttgart, 1979.

Powell, R.: Equilibrium thermodynamics in petrology. An introduction, Harper and Row Publishers, London, 1978.

Predel, B.: Heterogene Gleichgewichte, Steinkopff Verlag, Darmstadt, 1982.

Saxena, S.K.: Thermodynamics of rock-forming crystalline solutions, Springer Verlag, New York, 1973.

Saxena, S.K. (ed) Kinetics and equilibrium in mineral reactions, Advances in physical geochemistry, Springer Verlag, New York, 1983.

Schmalzried, H. und Navrotsky, A.: Festkörperthermodynamik, Chemie des festen Zustandes, Verlag Chemie GmbH. Weinheim/Bergstraße, 1975.

Turner, F.J. und Verhoogen, J.: Igneous and metamorphic petrology, 2nd edn. McGraw-Hill, New York, 1960.

Wood, B.J. und Fraser, D.G.: Elementary thermodynamics for geologists, Oxford University Press, 1976.

*Spezielle Literatur*

Akimoto, S., Fujisawa, H. und Katsura, T. (1965): The olivine-spinel transition in $Fe_2SiO_4$ and $Ni_2SiO_4$. J. Geophys. Res., **70**, 1969 - 1977.

Althaus, E. (1969): Das System $Al_2O_3$ - $SiO_2$ - $H_2O$. Experimentelle Untersuchungen und Folgerungen für die Petrogenese der metamorphen Gesteine. N. Jb. Miner. Abh., **111**, 111 - 161.

Anderson, P.A.M., Newton, R.C. und Kleppa, O.J. (1977): The enthalpy change of the andalusite-sillimanite reaction and the $Al_2SiO_5$ diagram. Am. J. Sci., **277**, 585 - 593.

Babushka, V., Fiala, J., Kumuzawa, M. und Ohno, I. (1978): Elastic properties of garnet solid-solution series. Phys. Earth Planet. Inter., **16**, 157 - 176.

Berman, R.G. und Brown, T.H. (1984): A thermodynamic model for multicomponent melts, with application to the system CaO - $Al_2O_3$ - $SiO_2$. Geochim. Cosmochim. Acta, **48**, 661 - 678.

Besancon, J.R. (1981): Rate of cation disordering in orthopyroxenes. Am. Mineral., **66**, 965 - 973.

Birch, F. (1966): Compressibility: elastic constants, in Clark, S.P.jr (ed), Handbook of physical constants, Geol. Soc. Am., New York, pp 97 - 173.

Bottinga, Y., Weil, D.F. und Richet, P. (1981): Thermodynamic modeling of silicate melts, in Newton, R.C., Navrotsky, A. und Wood, B.J. (eds.), Advances in physical geochemistry, vol 1, Thermodynamics of minerals and melts, Springer Verlag, New York, pp 207 - 245.

Boyd, F.R. und England, J.L. (1963): Effects of pressure on the melting points of diopside, $CaMgSi_2O_6$, and albite, $NaAlSi_3O_8$, in the range up to 50 kilobars. J. Geophys. Res., **68**, 311 - 323.

Boyd, F.R., England, J.L. und Davis, B.T.C. (1964): Effects of pressure on melting and polymorphism of enstatite, $MgSiO_3$. J. Geophys. Res., **69**, 2101 - 2109.

Buddington, A.F. und Lindsley, D.H. (1964): Iron-titanium oxide minerals and synthetic equivalents. J. Petrol., **5**, 310 - 357.

Burnham, C.W., Holloway, J.R. und Davis, N.F. (1969): Thermodynamic properties of water to 1000°C and 10,000 bars. Geol. Soc. Am. Spec. Paper, **132**, 1 - 96.

Cahn, J.W. (1962): Coherent fluctuations and nucleation in isotropic solids. Acta Met., **10**, 907 - 913.

Carlson, H.C. und Colburn, A.P. (1947): Vapor-liquid equilibria of nonideal solutions. Utilization of theoretical methods to extended data. Ind. Eng. Chem., **34**, 581 - 589.

Carmichael, D.M. (1977): Chemical equilibria involving pure crystalline compounds, in Greenwood, H.J. (ed), Short course in application of thermodynamics to petrology and ore deposits. Mineral Assoc. Canada, Evergreen Press, pp 47 - 65.

Cemic, L. (1983): Chemische Aktivitäten in mineralogischen Systemen: Theorie und ihre Anwendung auf das System ZnS - FeS. Fortschr. Miner., **61**, 169 - 191.

Charlu, T.V., Newton, R.C. und Kleppa, O.J. (1975): Enthalpies of formation at 970 K of compounds in the system MgO - $Al_2O_3$ - $SiO_2$ from high temperature solution calorimetry. Geochim. Cosmochim. Acta, **39**, 1487 - 1497.

Charlu, T.V., Newton, R.C. und Kleppa, O.J. (1978): Enthalpy of formation of some lime silicates by high temperature solution calorimetry, with discussion of high pressure phase equilibria. Geochim. Cosmochim. Acta. **42**, 367 - 375.

Chatterjee, N.D. (1972): The upper stability of paragonite. Contrib. Mineral. Petrol., **34**, 288 - 303.

Chatterjee, N.D. (1973): Low-temperature compatibility relations of the assemblage quartz-paragonite and the thermodynamic status of the phase rectorite. Contrib. Mineral. Petrol., **42**, 259 - 271.

Chatterjee, N.D. and Froese, E. (1975): A thermodynamic study of pseudobinary join muscovite - paragonite in the system $KAlSi_3O_8$ - $NaAlSi_3O_8$ - $Al_2O_3$ - $SiO_2$ - $H_2O$. Am. Mineral., **60**, 985 - 993.

Cressey, G., Schmid, R. und Wood, B.J. (1978): Thermodynamic properties of almandine-grossular garnet solid solutions. Contrib. Mineral. Petrol., **67**, 397 - 404.

Davis, B.T.C. und Boyd, F.R. (1966): The join $Mg_2Si_2O_6$ - $CaMgSi_2O_6$ at 30 kilobars pressure and its application to pyroxenes from kimberlites. J. Geophys. Res. **71**, 3567 - 3576.

Day, H.W. und Kumin, H.J. (1980): Thermodynamic analysis of the aluminium silicate triple point. Am. J. Sci., **280**, 265 - 287.

Decker, D.L. (1966): Equation of state of sodium chloride. J. Appl. Phys., **37**, 5012 - 5015.

Decker, D.L. (1971): High-Pressure equation of state for NaCl, KCl and CsCl. J. Appl. Phys., **42**, 3239 - 3244.

Deer, W.A., Howie, R.A. und Zusman, J. (1963): Rock-forming minerals. Wiley, New York.

Froese, E. und Gunter, A.E. (1976): A note on the pyrrhotite sulfur vapor equilibrium. Econ. Geol., **71**, 1589 - 1594.

Ganguly, J. (1973): Activity-composition relation of jadeite in omphacite pyroxene: theoretical deductions. Earth Planet. Sci. Letters, **19**, 145 - 153.

Ganguly, J. (1976): The energetics of natural garnet solid solutions. II mixing of the calcium silicate end-members. Contrib. Mineral. Petrol., **55**, 81 - 90.

Gasparik, T. (1984): Two-pyroxene thermobarometry with new experimental data in the system CaO - MgO - $Al_2O_3$ - $SiO_2$. Contrib. Mineral. Petrol., **87**, 87 - 97.

Gent, E.D. (1976): Plagioclase - garnet - $Al_2SiO_5$ - quartz: a potential geobarometer -

geothermometer. Am. Mineral., **61**, 710 - 714.

Gordon, T.M. (1973): Determination of internally consistent thermodynamic data from phase equilibrium experiments. J. Geol., **81**, 199 - 208.

Guggenheim, E.A. (1937): A theoretical basis of Raoult's law. Trans. Faraday Soc., **33**, 151 - 159.

Halbach, H. und Chatterjee, N.D. (1978): Über die Anwendung von Optimierungsmethoden zur Bestimmung thermodynamischer Daten von Mineralen. Fortschr. Miner., **56**, (1) 34 - 35.

Halbach, H. und Chatterjee, N.D. (1982a): An empirical Redlich-Kwong-type equation of state for water to 1,000°C and 200 kbar. Contrib. Mineral. Petrol., **79**, 337 - 345.

Halbach, H. und Chatterjee. N.D. (1982b): The use of linear parametric programing for determining internally consistent thermodynamic data for minerals, in Schreyer, W. (ed), High Pressure Researches in Geoscience, Schweizerbart'sche Verlagsbuchhandlung, Stuttgart.

Haselton, H.T. und Newton, R.C. (1980): Thermodynamics of pyrope-grossular garnets and their stabilities at high temperatures and high pressures. J. Geophys. Res., **85**, 6973 - 6982.

Hazen, R.M. (1976a): Effects of temperature and pressure on the cell dimensions and x-ray temperature factors of periclase. Am. Mineral., **61**, 266 - 271.

Hazen, R.M. (1976b): Effects of temperature and pressure on the crystal structure of forsterite. Am. Mineral., **61**, 1280 - 1293.

Hazen, R.M. und Finger, L.W. (1978): Crystal structures and compressibilities of pyrope and grossular to 60 kbar. Am. Mineral., **63**, 297 - 303.

Helgeson, H.C. und Kirkham, D.H. (1974): Theoretical prediction of the thermodynamic behaviour of aqueous electrolyts at high pressures and temperatures: I Summary of the thermodynamic/electrostatic properties of the solvent. Am. J. Sci., **274**, 1089 - 1198.

Helgeson, H.C., Delany, J.M., Nesbitt, H.W. und Bird, D.K. (1978): Summary and critique of the thermodynamic properties of rock-forming minerals. Am. J. Sci., **278A**, 1 - 229.

Hemingway, B.S., Krupka, K.M. und Robie, R.A. (1981): Heat capacities of the alkali feldspars between 350 and 1000 K from differential scanning calorimetry, the thermodynamic functions of the alkali feldspars from 298.15 to 1400 K, and the reaction quartz + jadeite = analbite, Am. Mineral., **66**, 1202 -1215.

Hensen, B.J., Schmid, R. und Wood, B.J. (1975): Activity relationship for pyrope-grossular garnet. Contrib. Mineral. Petrol., **51**, 161 -166.

Holdaway, M.J. (1971): Stability of andalusite and aluminium silicate phase diagram. Am. J. Sci., **271**, 97 -131.

Holland, T.B.J. (1980): The reaction albite = jadeite + quartz determined experimentally in the range 600 - 1200°C. Am. Mineral., **65**, 129 - 134.

Holland, T.B.J. (1981): Thermodynamic analysis of simple mineral systems, in Newton, R.C., Navrotsky, A. und Wood, B.J. (eds), Advances in physical geochemistry, vol. 1, Thermodynamics of minerals and melts. Springer Verlag, New York, pp 207 - 245.

Holland, T.B.J., Navrotsky, A. und Newton, R.C. (1979): Thermodynamic parameters of $CaMgSi_2O_6$ - $Mg_2Si_2O_6$ pyroxenes based on regular solution and cooperative disordering models. Contrib. Mineral. Petrol., **69**, 337 - 344.

Holloway, J.R. (1977): Fugacity and activity of molecular species in supercritical fluids. in Fraser, D.G. (ed), Thermodynamics in geology, D. Riedel Publishing Company, Dodrecht, pp 161 - 181.

Huckenholz, H.G. und Knittel, D. (1975): Uvarovite: Stability of uvarovite-grossularite solid solutions at low pressure. Contrib. Mineral. Petrol., **49**, 211 - 232.

Huckenholz, H.G., Hölzel, E. und Lindhuber, W. (1975): Grossularite, its solidus and liquidus relations in the CaO - $Al_2O_3$ -$SiO_2$ - $H_2O$ system up to 10 kbar. N. Jb. Mineral. Abh., **124**, 1- 46.

Johannes, W. und Puhan, D. (1971): The calcite-aragonite transition, reinvestigated. Contrib. Mineral. Petrol., **31**, 28 - 38.

Kerrick, D.M. und Darken, L.S. (1975): Statistical thermodynamic model for ideal oxide and silicate solutions, with application to plagioclase. Geochim. Cosmochim. Acta, **39**, 1431 - 1442.

Krupka, K.M., Kerrick, D.M. und Robie, R.A. (1979a): Heat capacities of synthetic orthoenstatite and natural anthophyllite from 5 to 1000 K. EOS, **60**, 405.

Krupka, K.M., Robie, R.A. und Hemingway, B.S. (1979b): High temperature heat capacities of corundum, periclase, anorthite, $CaAl_2Si_2O_8$ glass, muscovite, pyrophyllite, $KAlSi_3O_8$ glass, grossular, and $NaAlSi_3O_8$ glass. Am. Mineral., **64**, 86 - 101.

Kubaschewski, O., Evans, B.W. und Alcock, C.B. (1967): Metallurgical thermochemistry. Pergamon Press, Oxford.

Kujawa, F.B. und Eugster, H.P. (1966): Stability sequences and stability levels in unary systems. Am. J. Sci., **264**, 620 - 642.

Lindsley, D.H. (1983): Equilibrium relations of coexisting pairs of Ti - Fe oxides. Yb. Carnegie Instn. Wash., **62**, 60 - 66.

Lindsley, D.H. und Dixon, S.A. (1976): Diopside - enstatite equilibria at 850 to 1400°C, 5 to 35 kbars. Am. J. Sci., **276**, 1285 - 1301.

Lindsley, D.H., Grover, J.E. und Davidson, P.M. (1981): The thermodynamics of the $Mg_2Si_2O_6$ - $CaMgSi_2O_6$ join: a review and an improved model, in Newton, R.C., Navrotsky, A. und Wood, B.J. (eds), Advances in physical geochemistry, vol. 1, Thermodynamics of minerals and melts, Springer Verlag, New York, pp 149 - 175.

Mammone, J.F., Sharma, S.K. and Nicholl, M.F. (1981): Ring structures in silica glass - A Raman spectroscopic investigation. EOS, **62**, 425.

Mel'nik, Y.P. (1972): Thermodynamic parameters of compressed gases and metamorphic reactions involving water and carbon dioxide. Geochem. Int., **9**, 419 - 426.

Mori, T. und Green, D.H. (1975): Pyroxenes in the system $Mg_2Si_2O_6$ - $CaMgSi_2O_6$ at high pressure. Earth Planet. Sci. Letters, **26**, 277 - 286.

Mori, T. und Green, D.H. (1976): Subsolidus equilibria between pyroxenes in the CaO - MgO - $SiO_2$ system at high pressures and temperatures. Am. Mineral., **61**, 616 - 625.

Myers, J. und Eugster, H.P. (1983): The system Fe - Si - O: oxygen buffer calibrations to 1,500 K. Contrib. Mineral. Petrol., **82**, 75 - 90.

Nafziger, R.H. und Muan, A. (1967): Equilibrium phase compositions and thermodynamic properties of olivines and pyroxenes in the system MgO - "FeO" - $SiO_2$. Am. Mineral., **52**, 1364 - 1385.

Navrotsky, A., Newton, R.C. und Kleppa, O.J. (1973): Sillimanite disordering enthalpy by calorimetry. Geochim. Cosmochim. Acta, **37**, 2497 - 2508.

Nehru, C.E. und Wyllie. P.J. (1974): Electron microprobe measurements of pyroxenes coexisting with $H_2O$ - undersaturated liquid on the join $CaMgSi_2O_6$ - $Mg_2Si_2O_6$ - $H_2O$ at 30 kilobars with application to geothermometry. Contrib. Mineral. Petrol., **48**, 221 - 228.

Newton, R.C. und Wood, B.J. (1980): Volume behaviour of silicate solid solutions. Am. Mineral., **65**, 733 - 745

Newton, R.C. und Perkins III, D. (1982): Thermodynamic calibration of geobarometers based on the assemblage garnet-plagioclase-orthopyroxene (clinopyroxene)-quartz. Am. Mineral., **67**, 203 - 222.

Newton, R.C., Charlu, T.V., Anderson, P.A.M. und Kleppa, O.J. (1979): Thermochemistry of synthetic clinopyroxenes on the join $CaMgSi_2O_6$ - $Mg_2Si_2O_6$. Geochim.

Cosmochim. Acta, **43**, 55 - 60.

Newton, R.C., Charlu, T.V. und Kleppa, O.J. (1980): Thermochemistry of high structural state of plagioclase. Geochim. Cosmochim. Acta, **44**, 55 - 60.

Newton, R.C., Wood, B.J. und Kleppa, O.J. (1981): Thermochemistry of silicate solid solutions. Bull. Mineral., **104**, 162 - 171.

Nicholls, J. (1978): The calculation of the displacement of mineral equilibria by solution of $H_2O$ in silicate melts, in Greenwood, H.J. (ed), Short course in application of thermodynamics to petrology and ore deposits, Mineral. Assoc. Canada, Evergreen Press, pp 160 - 184.

O'Neill, H.St.C. und Navrotsky, A. (1983): Simple spinels: crystallographic parameters, cation radii, lattice energies and cation distribution. Am. Mineral., **68**, 181 - 194.

O'Neill, H.St.C. und Navrotsky, A. (1984): Cation distribution and thermodynamic properties of binary spinel solid solutions. Am. Mineral., **69**, 733 - 753.

Openshaw, R.E., Hemingway, B.S., Robie, R.A., Waldbaum, D.R. und Krupka, K.M. (1976): The heat capacities at low temperatures and entropies at 298,15 K of low albite, analbite, microcline, and high sanidine. U.S. Geol. Surv. J. Res., **4**, 195 - 204.

Orville, P.M. (1967): Unit-cell parameters of the microcline-low albite and sanidine-high albite solid solution series. Am. Mineral., **52**, 55 - 86.

Orville, P.M. (1972): Plagioclase cation exchange equilibria with aqueous chloride solutions at 700°C and 2,000 bars in the presence of quartz. Am. J. Sci., **222**, 234 - 272.

Powell, R. (1978): The thermodynamics of pyroxene geotherms. Phil. Trans. Roy. Soc. London, Ser. A **288**, 457 - 469.

Ramdohr, P und Strunz, H. (1978): Klockmanns Lehrbuch der Mineralogie. Ferdinand Enke Verlag, Stuttgart.

Redlich, R.C. und Kwong, J.N.S. (1949): On thermodynamics of solutions V: An equation of state. Fugacities of gaseous solutions. Chem. Rev., **44**, 233 - 244.

Richardson, F.D. (1956): Activities in ternary silicate melts. Trans. Farad. Soc., **52**, 1312 - 1324.

Richardson, F.D., Gilbert, M.C. und Bell, P.M. (1969): Experimental determination of kyanite- andalusite-sillimanite equilibria, the aluminium silicate triple point. Am. J. Sci., **267**, 259 - 272.

Robie, R.A., Hemingway, B.S. und Fisher, J.R. (1979): Thermodynamic properties of minerals and related substances at 298.15 K und 1 bar (10  Pascals) pressure and at higher temperatures. Geol. Surv. Bull., 1452, Washington.

Robie, R.A., Hemingway, B.S. und Takai, H. (1982): Heat capacities and entropies of $Mg_2SiO_4$, $Mn_2SiO_4$ and $Co_2SiO_4$ between 5 and 380 K. Am. Mineral., 470 - 482.

Robin, P.-Y.F. (1974): Stress and strain in cryptoperthite lamellae and the coherent solvus of alkali feldspars. Am. Mineral., **59**, 1299 - 1318.

Saxena, S.K. (1981): Fictive component model of pyroxenes and multicomponent phase equilibria. Contrib. Mineral. Petrol., **78**, 345 - 351.

Saxena, S.K. und Ghose, S. (1971): $Mg^{2+}$ - $Fe^{2+}$ order-disorder and thermodynamics of orthopyroxene-crystalline solution. Am. Mineral., **56**, 532 - 559.

Saxena, S.K. und Nehru, C.E. (1975): Enstatite-diopside solvus and geothermometry. Contrib. Mineral. Petrol., **49**, 259 - 267.

Saxena, S.K. und Ribbe, P.H: (1972): Activity-composition reactions in feldspars. Contrib. Mineral. Petrol., **37**, 131 - 138.

Seck, H.A. (1971): Koexistierende Alkalifeldspäte und Plagioklase im System $NaAlSi_3O_8$ - $KAlSi_3O_8$ - $CaAl_2Si_2O_8$ - $H_2O$ bei Temperaturen von 650°C bis 900°C. N. Jb. Miner. Abh., **115**, 315 - 345.

Seifert, F. (1978): Bedeutung und Nachweis von thermodynamischem Gleichgewicht und Interpretation von Ungleichgewichten. Fortschr. Miner., **55**, 111 - 134.

Seifert, F., Mysen, B.O. und Virgo, D. (1982): Three-dimensional network structure of quenched melts (glass) in the system $SiO_2$ - $NaAlO_2$, $SiO_2$ - $CaAl_2O_4$ and $SiO_2$ - $MgAl_2O_4$. Am. Mineral., **67**, 696 - 717.

Skinner, B.J. (1956): Physical properties of end-members of the garnet group. Am. Mineral., **41**, 428 - 436.

Skinner, B.J. (1966): Thermal expansion, in Clark, S.P.jr.(ed), Handbook of physical constants. Geol. Soc. Am., New York, pp 75 -95.

Smart, R.M. und Glasser, F.P. (1978): Silicate constitution of lead silicate glasses and crystals. Phys. Chem. Glass., **19**, 95 - 102.

Spencer, K.J. and Lindsley, D.H. (1981): A solution model for coexisting iron-titanium oxides. Am. Mineral., **66**, 1186 - 1201.

Sumino, Y., Anderson, O.L. und Suzuki, I. (1983): Temperature coefficients of elastic constants of single crystal MgO between 80 and 1300 K. Phys. Chem. Minerals, **9**, 38 - 47.

Thompson, J.B. (1967): Thermodynamic properties of simple solutions, in Abelson,

P.H. (ed), Researches in geochemistry, vol. 2, John Wiley and Sons, New York, pp 340 - 361.

Thompson, J.B.jr und Waldbaum, D.R. (1969): Mixing properties of sanidine crystalline solutions: IV Phase diagrams from equation of state. Am. Mineral., **54**, 1274 - 1298.

Toop, G.W. und Samis, C.S. (1962): Activities of ions in silicate melts. Trans. Met. Soc. AIME, **224**, 878 - 887.

Virgo, D. und Hafner, S.S. (1969): $Fe^{2+}$, $Mg^{2+}$ order-disorder in heated orthopyroxenes. MSA, Special Pap., **2**, 67 - 81.

Waldbaum, D.R. und Thompson, J.B. (1968): Mixing properties of sanidine crystalline solutions: II calculations based on volume data. Am. Mineral., **53**, 2000 - 2017.

Warner, R.D. und Luth, W.C. (1974): The diopside-enstatite two-phase region in the system $CaMgSi_2O_6$ - $Mg_2Si_2O_6$. Am. Mineral., **59**, 98 - 109.

Weil, D.S. (1966): Stability relations in the $Al_2O_3$ - $SiO_2$ system calculated from solubilities in the $Al_2O_3$ - $NaAlF_6$ system. Geochim. Cosmochim. Acta, **30**, 223 - 237.

Wells, P.R.A. (1977): Pyroxene thermometry in simple and complex systems. Contrib. Mineral. Petrol., **62**, 129 - 139.

Williams, R.J. (1971): Reaction constants in the system Fe - MgO - $SiO_2$ - $O_2$ at 1 atm between 900° and 1300°C. Am. J. Sci., **270**, 334 - 360.

Wood, B.J. und Banno, S. (1973): Garnet-orthopyroxene, orthopyroxene-clinopyroxene relationship in simple and complex systems. Contrib. Miner. Petrol., **42**, 109 - 124.

Wood, B.J., Holland, T.B.J., Newton, R.C. und Kleppa, O.J. (1980): Thermochemistry of jadeite-diopside pyroxenes. Geochim. Cosmochim. Acta, **44**, 1363 - 1371.

Yund, R.A. (1975): Microstructure, kinetics and mechanisms of alkali feldspar exsolution, in Ribbe, P.H. (ed), MSA, Short course notes, Feldspar mineralogy. pp Y 29 - Y 57.

Zen, E-An (1966): Construction of pressure-temperature diagrams for multicomponent systems after the method of Schreinemakers - a geometric approach. U.S. Geol. Surv. Bull., **1225**, 1 - 56.

# 13. Sachverzeichnis


Aktivität 148, 155
  mittlere 248
Aktivitätskoeffizient 147, 148, 155
  Druckabhängigkeit 163-164, 247
  mittlerer 248
  Temperaturabhängigkeit 162-163, 247
  in symmetrischen Mischungen 167
  in ternären Mischungen 178-180
  in wäßrigen Lösungen 246
Al-avoidance Regel 281
Anionenmatrix 264
Atombrüche 150. 151, 154
Atomwärme 82
Ausdehnungskoeffizient
  thermischer 33
  Druckabhängigkeit 35, 36
  mittlerer 37-38
  Temperaturabhägigkeit 34, 36
  wahrer 37

Bezugsfugazität 137
Bildungsenthalpie 104
Bildungswärme 104

Debye-Hückel Grenzgesetz 249
Debye-Temperatur 84
Druck
  Dimension 15
  als Zustandsvariable 15
Dulong-Petitsche Regel 82-83

Cahn-Energie 221
Chemische Zusammensetzung 16-18
  Ablesemöglichkeit 26
  graphische Darstellung 18-29
  Projektion 26-29
Chemisches Exzeßpotential 165
Chemisches Potential 135
  in idealen festen Mischphasen 150-155
  idealer Gase in idealen Mischphasen 144-146
  der Komponenten in Misch- phasen 141-144
  der Komponenten in unendlichen Verdünnungen 167
  in kondensierten Mischphasen 149
  realer Gase in idealen Gasmischungen 146
  realer Gase in realen Gasmischungen 147-148
  in realen festen Mischphasen 155
  reiner fester Phasen 140-141
  reiner idealer Gase 136
  reiner realer Gase 136-138
  reiner Phasen 135
Clausius-Clapeyronsche Gleichung 189

egoistisches Prinzip 72
$E_h$-Wert 254
$E_h$-pH-Diagramm 256, 257, 259
Einklammern 288
Einklammerungsversuche 288
Elektrolytlösungen 245
Enthalpie 78
  mittlere molare 96
  molare 89, 96
  partielle molare 96
  reiner Phasen 79
  Temperaturabhängigkeit 89-90
  zusammengesetzter Systeme 95-103
Enthalpiefunktion 90
Enthalpieinhalt 89-90
Entmischungen, kohärente 221
Entropie 109
  Definition 110-111

konventionelle 114
in Mischungen 124
molare 113
Näherungsformeln 115
partielle molare 124
reiner Phasen 111
Temperaturabhängigkeit 113-114
Exzeßenthalpie, mittlere molare 97
partielle molare 98
Exzeßentropie, mittlere molare 165-166
Exzeßvolumen, molares 60
mittleres 61

Fehlerfortpflanzung 294-296
Freie Bildungsenthalpie 181
Freie Energie 133, 134
Freie Enthalpie 133, 134
mittlere molare 142, 143
partielle molare 142, 143
Freie Gesamtenthalpie 142
Freie Mischungsenthalpie
mittlere molare 165
Freie Reaktionsenthalpie 181
Freie Standardreaktionsenthalpie 182
Freiheitsgrade 230-231
Fugazität 136
eines realen Gases
in idealen Gasmischungen 146-147
in realen Gasmischungen 147-148
Fugazitätskoeffizient 137
partieller 147
Fugazitätsregel von Lewis und
Randall 148

Gaskonstante, universelle 48
Gaußsche Fehlerfortpflanzungs-
Geobarometer 9, 268-270
Geobarometer und Geothermometer
Beispiele 270-287
Einstoffsysteme 270-275
fest-fest Gleichgewichte 278-283
fest-Gas Gleichgewichte 283-287
interkristalline Gleichgewichte 270
intrakristalline Gleich-
gewichte 270, 272-275
Geobarometrie 268-270
Geothermometer 9, 268-270
Geothermometrie 268-270
Gesamtenthalpie 95, 96
binärer Mischphasen 96
Gesamtentropie 124
Gesamtvolumen 54-56
Gewichtskonzentration, molare 16, 17
Gewichtsprozente 16, 17
Gibbs-Helmholtz Gleichung 181
Gibbs'sche Freie Enthalpie 133, 134
Gibbs'sche Phasenregel 230-234
Gibbs'sches Konzentrationsdreieck 22
Glasbildungstemperatur 119
Gleichgewicht, divariantes 232
inneres 113
interkristallines 270
intrakristallines 270
invariantes 232, 234
metastabiles 233
thermisches 184
thermodynamisches 184, 188
univariantes 232, 234
Gleichgewichtsbedingung in
reaktionsfähigen Systemen 191-192
Gleichgewichtszustand 8
Grüneisenkonstante 81

Hauptsatz der Thermodynamik
dritter 113
erster 73
zweiter 109
Halbzellenreaktion 251
Hebelgesetz 18-22
Henry-Bereich 156

Gerade 156
Konstante 157, 161
Hydroniumionen-Aktivität 250

innere Energie 73
reiner Phasen 79
instabiler Bereich 227
Ionenkonzentration, mittlere 248
Ionenstärke 249
Isobare 31
Isochore 31
Isotherme 31

Kationenmatrix 264
Kelvin-Skala 16
Kirchhoffsche Gesetz 105
Koexistenzkurve 189
Komponente 12, 13
Kompressibilitätskoeffizient
isothermer 34
mittlerer 38
momentaner (wahrer) 37
Temperaturabhängigkeit 35,36
Konzentrationsangaben 16
kritischer Mischungspunkt 226

Lösungsgebiet 291-292

Makrozustände eines Systems 127
Massenwirkungskonstante 192
Mikrozustände eines Systems 127
Mischphase 17
Stabilität 217-221
Mischungen, asymmetrische 166
molekulare 153
reguläre 168
symmetrische 166
Mischungsenthalpie 97
Mischungsentropie 128
idealer Mischkristalle 127-130
mittlere molare 125-127
partielle molare 127
Mischungstemperatur, kritische 226
Mischungswärme 97
integrale 99
Molalität 16, 17
Molarität 16, 18
Molenbruch 16-17
kritischer 226
Molprozente 17
Molvolumen 15, 52
mittleres 57
partielles 55
Molwärmen $C_V$ und $C_p$ 80-84
Temperaturabhängigkeit 84-89
Mosaikgleichgewichte 9

Nernstsche Wärmetheorem 113
Nernst-Lindemannsche Gleichung 81
Netzwerkwandler 265
Neumann-Koppsche Regel 83
Normalpotential 254
Nullpunkt, absoluter 16
Nullpunktsentropie 113

Ordnungsprozesse 240
Oxidationspotential 254

Partialdruck 145
pH-Wert 250
Phase 11
kohärente 222
Phasengleichgewicht 186-188
Druckabhängigkeit 189
Temperaturabhängigkeit 189
Phasenregel, mineralogische 234
Phasenstabilität 184, 186
Druckabhängigkeit 188
Temperaturabhängigkeit 189
Phasentransformation 91
irreversible 118

isobare 117
isotherme 117
reversible 118
Polymorphie 91
Prozesse, adiabatische 72
isobare 112
isochore 112

Raoult-Bereich 155, 156
Gerade 155, 156
Reaktion, endotherme 104
exotherme 104
Reaktionsarbeit, maximale 252
Reaktionsenthalpie 103
Temperaturabhängigkeit 105-107
Reaktionsentropie 130-131
Temperaturabhängigkeit 131
Reaktionslaufzahl λ 191
Reaktionsvolumen 63
Redlich-Kwong Gleichung 49
Redox-Paar 252
Redoxpotential 251
Redox-Reaktion 252
reduzierte Wärme 110
Restpotential 181
Restreaktion 182
Richardson-Hypothese 264

Schmelzenthalpie 262
Schmelzentropie 262
Schmelzkurve 262
Schmelzvolumen 262
Schreinemakers Analyse 233-234
Diagramme 233
Schwarzsche Satz 193
Solvus, kohärenter 226
nichtkohärenter 226
Spinodale, kohärente 227
Spinode, chemische 223
kohärente 223
Standardbildungsenthalpie 104
Standardbildungsentropie 183
Standardentropie, konventionelle 114
Standardbildungswärme 104
Standardpotential 136
eines Elektrolyts 246
Normierung 157-162
Standardzustand 97, 182
Systeme, abgeschlossene 10, 11
geschlossene 10, 11
homogene 11
heterogene 11
offene 10, 11
thermodynamische 10-11

Übergangsbereich 157
Umgebung eines Systems 10
Umwandlungsenthalpie 91-95
Umwandlungsentropie, molare 117
Umwandlungswärme, molare 92
Ungleichgewicht 9
Unordnungsprozesse 240
Untersysteme, binäre 22

Van der Waals Gleichung 49
van't Hoffsche Reaktionsisobare 215
Vegardsche Regel 54-55
Verdünnung, unendliche 97, 158
Verteilungsgleichgewichte
intrakristalline 240
Verteilungskoeffizient 235
Druckabhängigkeit 241-243
Temperaturabhängigkeit 241-243
Virialkoeffizient 48
Volumen
binärer Mischungen 58-62
Dimension 30
idealer Gase 48
kondensierter Stoffe 51
von Mischphasen 54

realer Gase 48-49
reiner Phasen 30-31
spezifisches 15
Volumenarbeit 73-74
an Festkörpern 75-76
an idealen Gasen 74
Volumenkoeffizient 30
Volumenkonzentration, molare 16, 18

$T^3$-Gesetz 84
Temkin-Hypothese 263-264
Temperatur, absolute 16
Zahlenwert 16
als Zustandsvariable 15-16
Thermodynamik
der Schmelzen 261-267
wäßriger Lösungen 244-261
thermodynamische Daten
Gewinnung 288-294
Thermodynamische Gleichgewichts-
konstante 192
Druckabhängigkeit 214
Temperaturabhängigkeit 215
Thermometer 16
Toop und Samis Theorie 266-267
trimorph 232
Tripelpunkt 232

Wahrscheinlichkeit
thermodynamische 127
Wärmekapazitäten $C_V$ und $C_p$ 79-80
Wände eines Systems 72
adiabatische 72
diathermische 72
Wasserstoffnormalelektrode 252
Wechselwirkungsparameter 167, 169

zulässiges Gebiet 290-291
Zusatzvolumen, mittleres 61
molares 60
Zustand, eingefrorener 9
der unendlichen Verdünnung 160
Zustandsänderung, irreversible 110
reversible 110
Zustandsfunktion 13-15
extensive 14
intensive 14
einer Mischphase 15
Zustandsgleichung, kalorische 79
thermische 30
vereinfachte 50-51